SUITES

A

BUFFON,

FORMANT,

avec les œuvres de cet auteur,

UN COURS COMPLET D'HISTOIRE NATURELLE.

Collection

accompagnée de Planches.

PARIS

A LA LIBRAIRIE ENCYCLOPÉDIQUE DE RORET,

Rue Hautefeuille, N.º 10 bis.

POURRAT Frères, Rue des Petits Augustins, N.º 5.

HISTOIRE NATURELLE

DES

VÉGÉTAUX.

—

PHANÉROGAMES.

IV.

ÉVERAT, IMPRIMEUR,

Rue du Cadran, n° 16.

HISTOIRE NATURELLE

DES

VÉGÉTAUX.

PHANÉROGAMES.

Par M. Édouard SPACH,

AIDE-NATURALISTE AU MUSÉUM D'HISTOIRE NATURELLE, MEMBRE DE LA
SOCIÉTÉ DES SCIENCES NATURELLES DE FRANCE, CORRESPONDANT
DE LA SOCIÉTÉ DE BOTANIQUE MÉDICALE DE LONDRES.

TOME QUATRIÈME.

OUVRAGE ACCOMPAGNÉ DE PLANCHES.

PARIS.

LIBRAIRIE ENCYCLOPÉDIQUE DE RORET,

RUE HAUTEFEUILLE, N° 10 BIS.

1835.

... résolu-

... es accuse de trahison MM. de
onnet, de Chantelanze, de Guernon-

VÉGÉTAUX PHANÉROGAMES

DICOTYLÉDONES.

VEGETABILIA DICOTYLEDONEA.

SEPTIÈME CLASSE.

(SUITE.)

LES COLUMNIFÈRES.

COLUMNIFERÆ Bartl.

CINQUANTE-DEUXIÈME FAMILLE.

LES TILIACÉES. — *TILIACEÆ.*

(*Tiliaceæ* Juss. Gen. — Vent. Tabl. III, p. 204. — Kunth. , Malv. p. 14. — Bartl. Ord. Nat. p. 338. — *Tiliaceæ* et *Elæocarpeæ* De Cand. Prodr. I, p. 503 et 519.)

Le nom des *Tiliacées* dérive des *Tilleuls* ou *Tilia;* mais ce genre, le seul d'ailleurs qu'on puisse envisager comme indigène, est loin de donner une idée complète des caractères de la famille, qui renferme des végétaux très-disparates. On connaît au moins deux cents espèces, dont une trentaine seulement croissent en dehors de la zone équatoriale.

Les propriétés des Tiliacées ont beaucoup d'analogie avec celles des autres Columnifères. Leurs parties vertes contiennent en général un mucilage copieux qui les rend utiles en thérapeutique ou dans l'économie domestique. Leurs écorces offrent des fibres tenaces et textiles; mais les bois des arbres de cette famille sont peu solides. Une foule d'espèces se parent de fleurs très-apparentes.

Caractères.

Arbres, ou *arbrisseaux*, ou moins souvent *herbes*.

Feuilles simples, alternes (par exception opposées), penninervées ou palmatinervées, entières, ou palmatilobées, ou crénelées, ou dentées, ou dentelées. Stipules géminées, libres, le plus souvent caduques.

Fleurs hermaphrodites, régulières, très-souvent disposées en cime ou en corymbe. Pédoncules axillaires, ou intra-axillaires, ou oppositifoliés, ou terminaux, uniflores, ou pauciflores, ou pluriflores, bractéolés.

Calice inadhérent, non-persistant, souvent coloré, à 3-7 (le plus souvent 5) sépales libres ou plus ou moins soudés; estivation valvaire.

Disque annulaire ou plus souvent inapparent.

Gynophore plane ou stipitiforme.

Pétales (par exception nuls) hypogynes (insérés plus bas que les étamines, lorsque l'ovaire est stipité), libres, en même nombre que les sépales et alternes avec eux, onguiculés, souvent squamulifères ou fovéolés à la base; estivation imbricative.

Étamines en nombre indéterminé (rarement en nombre déterminé), hypogynes (toujours insérées au sommet du gynophore). Filets libres, ou moins souvent soit courtement monadelphes, soit polyadelphes (quelque-

fois une ou plusieurs séries de filets stériles pétaloïdes).
Anthères ovales, ou suborbiculaires, ou oblongues, versatiles, ou adnées, à 2 bourses parallèles et contiguës,
ou disjointes et plus ou moins divergentes, déhiscentes
antérieurement soit par des fentes longitudinales, soit
par des pores apicilaires.

Pistil: Ovaire 2-5-loculaire (rarement pluriloculaire).
Ovules solitaires, ou géminés, ou en nombre indéterminé, axifixes. Style indivisé ou nul, continu. Stigmates
en même nombre que les loges de l'ovaire, ordinairement libres.

Péricarpe capsulaire, ou baccien, ou drupacé, ou carcérulaire, 2-5-loculaire (rarement pluriloculaire), ou
par avortement 1-loculaire ; loges monospermes, ou
oligospermes, ou polyspermes.

Graines axifixes, quelquefois arillées. Périsperme
charnu. Embryon curviligne ou plus souvent rectiligne,
axile ; cotylédons planes, ou quelquefois convolutés ou
chiffonnés ; radicule infère ou rarement supère, appointante.

La famille des Tiliacées se compose comme suit :

Ire TRIBU. **LES TILIACÉES.** — *TILIACEÆ* De Cand. Prodr.

Pétales indivises. Anthères déhiscentes longitudinalement.

Entelea R. Br. — *Sparmannia* Thunb. — *Heliocarpus*
Linn. (Montia Houst.) — *Antichorus* Linn. fil. (Car-
richtera Scop.) — *Corchorus* Linn. — *Honckneya* Willd.
— *Triumfetta* Linn. (Bartramia Gærtn.) — *Porpa* Blum.
— *Grewia* Linn. (Microcos Linn. Malococca Forst. Cha-
dara Forsk.) — *Columbia* Pers. (Colona Cavan.) — *Ti-
lia* Linn. — *Diplophractum* Desfont. — *Sloanea* Linn.
— *Apeiba* Aubl. (Aubletia Schreb. Oxytandrum Neck.)

— *Muntingia* Linn. — *Christiania* De Cand. — *Luhea* Willd. (Alegria Moç. et Sess.) — *Mollia* Mart.

II° TRIBU. LES ÉLÉOCARPÉES. — *ELÆOCARPEÆ* Jus. — De Cand. Prodr.

Pétales lobés ou fimbriés au sommet. Anthères déhiscentes par deux pores apicilaires.

Elæocarpus Linn. (Ganitrus Gærtn. Adenodus Lour.) — *Aceratium* De Cand. — *Dicera* Forst. — *Friesia* De Cand. — *Vallea* Mutis. — *Tricuspidaria* Ruiz et Pav. (Tricuspis Pers.) — *Acronodia* Blum. (Acrezus Spreng.)

GENRES VOISINS DES TILIACÉES, OU INCOMPLÉTEMENT CONNUS.

Brownlowia Roxb. — *Ablania* Aubl. (Trichocarpus Schreb.) — *Hasseltia* Kunth. — *Vatica* Linn. — *Espera* Willd. — *Berrya* Roxb. — *Trilix* Linn. — *Gluta* Linn. — *Decadia* Lour. — *Vateria* Linn.

Iʳᵉ TRIBU. LES TILIACÉES — *TILIACEÆ* De Cand. Prodr.

Pétales indivisés. Étamines ordinairement très-nombreuses. Anthères obtuses, déhiscentes par deux fentes longitudi-nales.

Genre ENTÉLÉA. — *Entelea* R. Brown.

Calice à 4 ou 5 sépales libres. Pétales 4 ou 5, étalés, de la longueur du calice. Étamines nombreuses, toutes fertiles; filets à peine toruleux; anthères arrondies. Stigmate ombiliqué, denticulé. Capsule spinelleuse, globuleuse, à 5 ou 6 loges polyspermes. Graines bisériées, obovées.

Arbre. Feuilles grandes, cordiformes, anguleuses. Pubescence étoilée. Pédoncules longs, axillaires. Fleurs grandes, blanches, , disposées en ombelles composées et involucrées.

Ce genre, très-voisin du *Sparmannia*, ne renferme que l'espèce suivante :

Entéléa arborescent. — *Entelea arborescens* R. Br. in Bot. Mag. tab. 2480.

Petit arbre. Feuilles acuminées, doublement crénelées, 5-nervées, longues d'un demi-pied, sur 4 à 5 pouces de large : les jeunes cotonneuses; les adultes pubescentes. Pétiole renflé à la base, long de 4 à 5 pouces. Stipules petites, persistantes, foliacées. Ombelles bifurquées, multiflores; pédoncule commun un peu moins long que le pétiole. Pédicelles filiformes, penchés, non-bractéolés. Fleurs larges de 1 pouce. Sépales oblongs-lancéolés, acuminés. Pétales ovales, acuminés, flasques. Étamines courtes, jaunâtres. Capsule couverte de longues pointes subulées, roides, opaques, pubescentes, terminées en spinule transparente.

Cet arbre croît à la Nouvelle-Zélande. Il est remarquable par la légèreté de son bois, dont les naturels du pays se servent en guise de Liége, pour soutenir les filets au-dessus de l'eau. L'*Entéléa* ressemble beaucoup au *Sparmannia*; depuis quelques années on le cultive dans les orangeries.

Genre SPARMANNIA. — *Sparmannia* Thunb.

Calice à 4 sépales libres. Pétales 4, étalés, plus grands que les sépales. Étamines nombreuses, plurisériées; filets des séries extérieures stériles, moniliformes; anthères médifixes, suborbiculaires. Ovaire sessile, à 5 ou 6 loges pluriovulées; ovules bisériés. Style filiforme, ascendant, infrapicilaire. Stigmate petit, pénicilliforme. Capsule spinelleuse, 5-gone, 5-loculaire, loculicide; loges polyspermes. Graines appendantes, pyriformes, irrégulièrement anguleuses, brunâtres; chalaze apicilaire, mammiforme. Embryon rectiligne.

Feuilles longuement pétiolées, cordiformes, lobées ou anguleuses, inégalement crénelées, palmatinervées. Stipules longues, subulées. Pédoncules solitaires, axillaires ou oppositifoliés, multiflores. Fleurs grandes, blanches, en ombelle simple.

Voici la seule espèce qui rentre dans ce genre :

SPARMANNIA DU CAP. — *Sparmannia africana* Linn. fil. — Vent. Malm. tab. 78. — Bot. Mag. tab. 516.

Petit arbre haut de 15 à 20 pieds ; cime arrondie, touffue. Ramules, pétioles, pédoncules et calices hérissés de poils blancs étalés. Feuilles molles, hérissées, cordiformes-ovales ou arrondies, anguleuses, ou lobées ; lobes plus ou moins allongés : le terminal toujours pointu ou acuminé ; les latéraux quelquefois arrondis ; lame longue de 3 à 5 pouces, sur une largeur souvent égale ; pétiole un peu plus court que la lame. Stipules membranacées, longues de près d'un pouce. Pédoncules plus longs que les pétioles. Bractées subulées. Pédicelles penchés avant la floraison. Sépales oblongs-lancéolés, blanchâtres. Corolle blanche, longue de 1 pouce ; pétales multinervés, obovales ; filets dressés, plus courts que la corolle, plus longs que le style : les extérieurs (stériles) jaunes ; les intérieurs (fertiles) d'un pourpre noirâtre.

Le *Sparmannia*, originaire du cap de Bonne-Espérance, se cultive dans toutes les orangeries, comme plante d'agrément. Pendant la plus grande partie de l'année, même au milieu de l'hiver, il est paré de son ample feuillage, et couvert d'une multitude de fleurs.

Genre HÉLIOCARPE. — *Heliocarpus* Linn.

Calice à 4 sépales colorés, libres. Pétales 4, inégaux, plus courts que le calice. Étamines 12-20, toutes fertiles. Ovaire stipité, à 4 loges uniovulées. Style plus court que les étamines. Stigmate bifurqué, recourbé. Capsule stipitée, claviforme, comprimée, ciliée, biloculaire, bivalve, disperme. Graines ovoïdes.

Arbres ou arbrisseaux à pubescence étoilée. Feuilles trilobées. Fleurs petites, disposées en cime ou en panicule. Pédoncules terminaux.

Ce genre, dont le nom fait allusion à la capsule bordée de

poils rayonnants, ne renferme que les deux espèces suivantes :

Héliocarpe du Pérou.—*Heliocarpus popayanensis* Kunth, in Humb. et Bonpl. Nov. Gen. et Spec. v. 5.

Ramules et inflorescence floconneux. Feuilles suborbiculaires, trilobées, irrégulièrement dentelées, scabres en dessus, cotonneuses (brunâtres) en dessous. Cimes trifurquées, subdichotomes, très-rameuses, divariquées.

Grand arbre. Feuilles membranacées, 7-nervées, longues et larges d'un demi-pied; veines et nervures hérissées. Pétioles courts, cotonneux. Fleurs fasciculées, jaunâtres, de la grandeur de celles d'un Tilleul. Sépales linéaires-lancéolés, pointus, nerveux. Pétales spatulés, obtus. Étamines de la longueur de la corolle. Capsule longue d'un demi-pouce.

Cette espèce, remarquable par la beauté de son feuillage, a été observée par MM. de Humboldt et Bonpland à Popayan.

Héliocarpe d'Amérique. — *Heliocarpus americana* Linn. —Hort. Cliff. tab. 16. —Trew. Ehret. tab. 45. —Jacq. Hort. Schœnbr. tab. 4.

Cette espèce, qui se cultive dans les serres chaudes, diffère de la précédente par ses feuilles et ses panicules glabres. Elle forme un arbrisseau élégant, haut de quinze à vingt pieds.

Genre CORÈTE. — *Corchorus* Linn.

Calice à 5 sépales libres. Pétales 5, obovales, un peu plus courts que les sépales. Étamines nombreuses. Filets subulés, flexueux; anthères petites, versatiles, arquées. Gynophore court. Ovaire à 2-5 loges incomplètes, multiovulées; ovules bisériés, pendants. Style tubuleux, filiforme. Stigmate globuleux, fimbrié. Capsule siliquiforme, moins souvent ovoïde ou globuleuse, 2-5-valve, 2-5-loculaire, polysperme. Graines glabres, anguleuses, superposées. Embryon diversement replié : radicule allongée; cotylédons linéaires ou orbiculaires.

Arbrisseaux, ou sous-arbrisseaux, ou herbes. Feuilles dentées : les inférieures souvent plus petites et d'autre forme que les supérieures. Pédoncules oppositifoliés ou latéralement axillaires, uniflores ou pluriflores, bractéolés. Corolle jaune, petite.

Ce genre renferme une trentaine d'espèces, toutes indigènes dans la zone équatoriale. Le mucilage copieux que contiennent ces végétaux, principalement dans leurs feuilles et leurs fruits, en fait cultiver plusieurs dans les pays chauds comme plantes alimentaires. Voici les espèces les plus notables :

a) *Capsule siliquiforme, 3-6-valve, non-corniculée au sommet.*

Corète triloculaire. — *Corchorus trilocularis* Linn. — Jacq. Hort. Vind. tab. 173.

Feuilles ovales, ou ovales-oblongues, ou ovales-elliptiques, obliquement cordiformes à la base, inégalement crénelées. Pédoncules oppositifoliés, subgéminés, uniflores, courts. Capsule 3-valve, trigone, linéaire, obtuse, scabre.

Herbe annuelle, rameuse, hérissée de poils très-courts, haute de 1 à 2 pieds. Feuilles d'un vert foncé, longues de 1 à 3 pouces, sur $^1/_2$ à 2 pouces de large ; les deux crénelures basilaires souvent terminées en soie réfléchie ; pétiole long d'un pouce ou moins. Stipules petites, subulées. Capsule grêle, longue de 2 pouces.

Cette plante se cultive comme herbe potagère, en Barbarie et en Arabie.

Corète comestible. — *Corchorus olitorius* Linn. — Jacq. Hort. Vind. tab. 85. — Pluck, tab. 27, fig. 3. — Bot. Mag. tab. 2810.

Feuilles ovales ou ovales-oblongues, acuminées, doublement dentelées ; dentelures basilaires sétifères. Pédoncules oppositifoliés, solitaires, uniflores, très-courts. Capsule 5-valve, anguleuse, oblongue, glabre, rétrécie en bec obtus.

Herbe entièrement glabre, rameuse, haute de 1 à 2 pieds. Feuilles longues de 1 à 3 pouces, sur 6 à 18 lignes de large. Capsule longue de 2 à 3 pouces, sur 3 à 4 lignes de diamètre.

Cette espèce est commune dans toute la zone équatoriale, et se cultive très-fréquemment comme herbe potagère en Égypte, en Orient et dans l'Inde. C'est un aliment fade, mais assez nourrissant, et comparable en tout point au Gombo.

b) *Capsule globuleuse, spinelleuse, déprimée.*

(GANJA Rumph. — De Cand.)

CORÈTE CAPSULAIRE. — *Corchorus capsularis* Linn. — *Ganja sativa* Rumph. Amb. 5, tab. 78, fig. 1. — Gærtn. Fr. tab. 29. — Jacq. fil. Ecl. 2, tab. 120. — Pluck. tab. 275, fig. 4.

Feuilles ovales-lancéolées, acuminées, dentelées : les 2 dentelures inférieures sétifères. Pédoncules courts, uniflores, subgéminés. Capsule glabre.

Herbe annuelle, rameuse vers le sommet, s'élevant jusqu'à 10 pieds. Feuilles longues de 5 à 6 pouces, sur 1 à 2 pouces de large, vertes en dessus, grisâtres en dessous. Capsule du volume d'une Groseille à maquereau.

Cette espèce croît dans les deux presqu'îles de l'Inde, et se cultive fréquemment dans ces mêmes contrées ainsi qu'aux Moluques. Ses feuilles servent de légume, comme celles des espèces précédentes. L'écorce des tiges fournit une filasse très-forte, dont on se sert pour faire des filets, du fil à coudre, etc.

Genre GREWIA. — *Grewia* (Linn.) Juss.

Calice à 5 sépales libres, coriaces, colorés en dessus. Pétales 5, étroits, glandulifères ou squamulifères à la base, insérés plus bas que les étamines. Étamines nombreuses, toutes fertiles, insérées au sommet d'un gynophore stipitiforme; filets grêles; anthères médifixes, oblongues, arquées après l'anthèse. Ovaire 4-lobé, 4-loculaire. Style filiforme. Stigmate arrondi, 4-lobé. Étairion à 4 (ou 3 par avortement) drupes soudés par la base, biloculaires, dispermes, ou par avortement monospermes; ou bien un seul drupe à plusieurs noyaux.

Arbres ou arbrisseaux. Feuilles persistantes, coriaces, tr

pli- ou quintupli-nervées à la base, dentées, ou moins souvent lobées; stipules petites, ordinairement caduques. Pédoncules solitaires ou fasciculés, uniflores ou pluriflores, oppositifoliés. Fleurs ordinairement assez grandes, blanches, ou jaunâtres, ou rougeâtres, le plus souvent disposées en cime ou en ombelle simple.

| ¦Les *Grewia* sont en général des végétaux très-élégants, mais on n'en possède qu'un petit nombre dans les collections de plantes vivantes. On en connaît une cinquantaine, la plupart indigènes dans les contrées intertropicales de l'ancien continent. Voici les espèces les plus remarquables :

a) *Pétales très-courts. Feuilles triplinervées inférieurement.*

GREWIA A FEUILLES DE GUAZUMA.—*Grewia guazumæfolia* Juss. Diss. in Annal. du Mus. 4, tab. 48, fig. 3.

Feuilles ovales-oblongues, acuminées, dentelées, subéquilatérales, glabres en dessus, cotonneuses en dessous. Pédoncules longs, solitaires, triflores. Sépales linéaires-oblongs, obtus, 2 fois plus longs que les étamines.

Feuilles longues d'environ 4 pouces, sur 2 pouces de large; dentelures subobtuses : les inférieures glanduleuses. Fleurs larges de 1 ¹/₂ pouce. Pédoncules longs de 2 pouces.

Cette espèce croît à Java.

GREWIA COTONNEUX. — *Grewia tomentosa* Juss. l. c. tab. 49, fig. 1.

Feuilles ovales-lancéolées, pointues, dentelées, cotonneuses aux 2 faces, très-obliques. Pédoncules solitaires, courts, multiflores. Sépales oblongs, obtus, de la longueur des étamines.

Feuilles longues d'environ 5 pouces, larges de 1 ¹/₂ pouce à la base; dentelures pointues. Pédoncules longs de 1 pouce. Fleurs larges de ¹/₂ pouce.

Cette espèce est indigène à Java.

GREWIA A PETIT FRUIT.—*Grewia microcos* Linn. —Burm. Zeyl. 159, tab. 174. — Hort. Malab. 1, tab. 56.

Feuilles ovales-lancéolées, acuminées, glabres, veineuses en dessous, légèrement crénelées, ou entières. Fleurs paniculées, terminales. Sépales plus longs que les étamines.

Petit arbre haut de 5 à 6 pieds. Feuilles longues de 6 pouces. Fleurs jaunâtres. Drupes subpyriformes, noirs, de la grosseur d'un Pois, d'une saveur douceâtre.

Cette espèce croît au Malabar. Les Hindous en mangent les drupes.

b) *Pétales presque aussi longs que les sépales. Feuilles triplinervées à la base.*

GREWIA ÉLEVÉ.—*Grewia excelsa* Vahl.—*Chadara arborea* Forsk. — *Grewia arborea* Lamk.

Feuilles oblongues, inégalement dentelées, glabres en dessus, incanes en dessous. Pédoncules subsolitaires, triflores. Sépales lancéolés, plus longs que les étamines. Pétales oblongs, plus courts que le calice.

Arbre très-élevé. Pédoncules cotonneux. Feuilles longues d'environ 4 pouces. Fleurs jaunâtres, larges de 1 pouce. Drupe globuleux, jaunâtre; pulpe charnue, ferme : noyau 8-loculaire. Cet arbre croît dans les montagnes de l'Yémen, où il porte le nom de *Sérak.*

GREWIA LUISANT. — *Grewia nitida* Juss. l. c. tab. 50, fig. 2.

Feuilles oblongues, obtuses, dentelées, subéquilatérales, glabres. Pédoncules courts, 1- ou 3-flores. Sépales ovales-lancéolés, pointus. Étamines et corolle subisomètres. Pétales ovales, tronqués, plus courts que les sépales.

Feuilles longues de 1 à 2 pouces, sur 5 à 8 lignes de large. Fleurs longues de 1 pouce.

Cette espèce habite la Chine.

GREWIA BICOLORE. — *Grewia bicolor* Juss. l. c. tab. 50, fig. 2.

Feuilles ovales-oblongues, obtuses, ciliolées-denticulées, glabres, subéquilatérales, vertes en dessus, blanchâtres en dessous.

Pédoncules grêles, solitaires ou géminés, 1-3-flores. Pétales et sépales linéaires, isomètres.

Feuilles longues d'environ 2 pouces, larges de 8 à 12 lignes. Pédoncules de moitié plus courts que les feuilles. Fleurs larges de ¹/₂ pouce.

Cette espèce croît au Sénégal.

GREWIA GLANDULEUX. — *Grewia glandulosa* Linn. — Juss. l. c. tab. 48, fig. 1.

Feuilles ovales-lancéolées, pointues, |dentelées, glabres. Pédoncules solitaires, très-courts, subtriflores. Sépales oblongs, obtus, de la longueur des étamines. Pétales ovales, plus courts que les sépales.

Feuilles longues de 3 pouces, larges de 18 lignes : dentelures fines, rapprochées : les inférieures glanduleuses. Fleurs larges d'environ 8 lignes.

Cette espèce croît à l'Ile-de-France.

GREWIA ACUMINÉ. — *Grewia acuminata* Juss. l. c. tab. 48, fig. 2.

Feuilles ovales ou ovales-oblongues, acuminées, obtuses, dentelées, glabres. Pédoncules allongés, subgéminés, triflores. Sépales oblongs-linéaires, plus longs que les étamines. Pétales linéaires, obtus, 3 fois plus longs que les sépales.

Feuilles longues de 2 à 3 pouces, larges de 18 lignes : dentelures triangulaires, pointues. Pédoncules de moitié plus longs que les feuilles. Fleurs larges de 2 pouces.

Cette espèce croît à Java.

GREWIA DU CAP. — *Grewia occidentalis* Linn. — Herb. de l'Amat. tab. 95. — Bot. Mag. tab. 422.

Feuilles ovales, ou obovales, ou ovales-oblongues, obtuses, crénelées, glabres. Pédoncules solitaires, 1-3-flores, plus courts que les feuilles. Sépales oblongs, pointus, 1-nervés, cotonneux en dehors, plus longs que les étamines.

Petit arbre très-rameux, haut de 10 à 15 pieds. Ramules courts, subdistiques. Feuilles longues de 6 à 12 lignes ; pétiole très-court. Stipules apparentes. Fleurs larges de 1 pouce, de couleur lilas. Pétales linéaires, pointus, de moitié plus courts que les sépales. Style flexueux, plus long que les étamines. Drupe petit, globuleux, rougeâtre.

Ce Grewia se cultive fréquemment dans les collections de serre tempérée. Ses fleurs se succèdent pendant tout l'été. Il demande une terre forte et de fréquents arrosements.

GREWIA A FEUILLES DE CHARME. — *Grewia carpinifolia* Beauv. Flor. Owar. — Juss. l. c. tab. 51, fig. 1.

Feuilles cordiformes-ovales, pointues, dentelées, équilatérales, lisses en dessus, scabres en dessous. Pédoncules solitaires ou géminés, courts, subtriflores. Sépales oblongs, obtus, de la longueur des étamines, un peu plus longs que les pétales.

Feuilles longues de 2 pouces, larges de 18 lignes : dentelures fines, ponctuées, rapprochées ; pétiole très-court. Fleurs larges de 18 lignes. Fruit lisse, pisiforme.

Cette espèce a été trouvée par Palisot Beauvois sur la côte d'Oware.

c) *Feuilles quintuplinervées à la base.*

GREWIA A FEUILLES DE PEUPLIER. — *Grewia populifolia* Linn. — *Chadara tenax* Forsk. — *Grewia Chadara* Lamk.

Feuilles orbiculaires, inégalement dentées, glabres en dessus, pubescentes en dessous. Pédoncules solitaires, longs, filiformes, uniflores. Sépales linéaires-oblongs, plus longs que les étamines. Pétales de moitié plus courts que les sépales.

Arbrisseau. Calice d'un pouce de diamètre. Corolle blanche. Cette espèce croît en Arabie.

GREWIA A FEUILLES DE BOULEAU. — *Grewia betulæfolia* Juss. l. c. tab. 50, fig. 1.

Feuilles cordiformes, ou ovales-arrondies, dentées, équilatérales, velues. Pédoncules solitaires, grêles, uniflores. Sépales et pétales subisomètres, linéaires-lancéolés, un peu plus longs que les étamines.

Feuilles longues d'un pouce, dépassant de peu les pédoncules. Fleurs blanches, larges de 2 pouces.

Cette espèce, originaire du Sénégal, se cultive dans les serres.

GREWIA D'ASIE. — *Grewia asiatica* Linn. — Sonner. Voy. 2, p. 244, tab. 138.

Feuilles cordiformes-arrondies, inégalement dentelées, glabres en dessus, incanes en dessous. Pédoncules géminés ou fasciculés, longs, ordinairement 3-flores. Sépales oblongs, un peu plus longs que les étamines. Pétales ovales, 2 fois plus courts que les sépales.

Feuilles longues de 2 à 3 pouces, semblables à celles du Tilleul; pétiole court, épais. Fruit du volume et de la forme d'une Cerise, glabre, rougeâtre.

Cette espèce croît sur la côte de Coromandel, où elle porte le nom de *Falzé*. Son fruit, légèrement acide, est mangeable.

GREWIA A FEUILLES DE TILLEUL. — *Grewia tiliæfolia* Juss. l. c. tab. 51, fig.2.

Feuilles cordiformes-ovales, subobtuses, obliques, dentelées, glabres. Pédoncules fasciculés, subtriflores, plus courts que le pétiole. Sépales oblongs-lancéolés, plus longs que les étamines. Pétales linéaires-lancéolés, 2 fois plus courts que les sépales.

Feuilles longues d'environ 3 pouces, larges de 20 à 30 lignes; dentelures subobtuses; pétiole long de 1 pouce. Fleurs larges de 1 pouce. Fruit à 2 drupes globuleux, de la grosseur d'un Pois.

Cette espèce croît dans l'Inde et à Ceylan.

GREWIA A FEUILLES DE NOISETIER. — *Grewia corylifolia* Rich. fil. in Flor. Senegamb. v. 1, p. 95, tab. 20.

Feuilles cordiformes-orbiculaires, très-obtuses, inégalement dentelées, cotonneuses-ferrugineuses en dessous. Fleurs en épis ou en glomérules subsessiles. Pétales très-courts. Drupe subglobuleux, déprimé, hérissé, crustacé, à 4 noyaux.

Arbrisseau rameux, haut de 8 à 10 pieds. Rameaux couverts d'un duvet ferrugineux. Feuilles larges de 3 à 4 pouces. Sépales linéaires, pointus, ferrugineux en dehors. Pétales oblongs, obtus, échancrés, longuement onguiculés. Drupe brunâtre, de la grosseur d'une petite Cerise.

Cette espèce, l'une des plus belles du genre, a été découverte par M. Perrottet aux environs du Cap-Vert. On la cultive dans les serres du Jardin du Roi.

Genre TILLEUL. — *Tilia* Linn.

Calice à 5 sépales libres, caducs, concaves, fovéolés en dessus à leur base, réfléchis après l'anthèse. Pétales 5, subspatulés, concaves, arqués en avant. Étamines 25-70 : filets libres ou irrégulièrement polyadelphes par leur base, capillaires; anthères à 2 bourses disjointes, submédifixes. Cinq staminodes presque conformes aux pétales mais plus petits, antépositifs, soudés à la base des filets (ces staminodes manquent dans quelques espèces indigènes). Réceptacle presque plane, pentagone, glanduleux. Ovaire non-stipité, subglobuleux, à 5 (rarement 4) loges biovulées. Ovules superposés, appendants. Style cylindrique, dressé, articulé par la base, non-persistant. Stigmates 5, courts, trièdres, dentiformes, connivents pendant l'anthèse, puis écartés ou étalés. Carcérule coriace (rarement mince et fragile), subglobuleux, ou turbiné, ou ovoïde, subpentagone, 5-costé (rarement à côtes presque inapparentes), par avortement 1-loculaire et monosperme (rarement 2-sperme). Graines obovales, rétrécies à la base, appendantes, pariétales. Chalaze orbiculaire, apicilaire. Périsperme corné, huileux. Embryon médiaire, rectiligne, verdâtre : radicule oblongue-claviforme, allongée; cotylédons très-minces, subcordiformes, pennati-5-lobés, convolutés : lobes inégaux, denticulés, repliés en plusieurs sens.

Arbres à tête ovale ou arrondie, très-touffue. Écorce intérieure filandreuse. Ramules souvent rougeâtres après la chute des feuilles. Feuilles pétiolées, inéquilatérales, dentelées, obliquement tronquées ou cordiformes et 4-7-nervées à la base, souvent anguleuses, plus ou moins barbues en dessous aux aisselles des nervures et des veinules; pétiole cylindrique, renflé aux deux bouts, souvent grêle et presque aussi long que la lame. Stipules caduques. Fleurs odorantes, disposées en cime trichotome (rarement en ombelle simple ou en corymbe). Pédoncules solitaires d'un côté des pétioles, grêles, défléchis, pendants, adnés par leur partie inférieure à la côte d'une grande bractée liguliforme, chartacée, réticulée; pédicelles non-bractéolés, dilatés au sommet, munis tantôt à leur base, tantôt plus haut, d'une ou de plusieurs glandules verruciformes qui les font paraître comme articulés. Sépales satinés en dessus et barbus à la base, presque diaphanes, finement trinervés. Pétales blanchâtres ou d'un jaune pâle, subflabellinervés, parsemés d'un grand nombre de vésicules diaphanes visibles surtout après la dessiccation. Filets blanchâtres, dressés et imbriqués avant la floraison, puis divergents. Anthères jaunes : bourses souvent divariquées. Style ordinairement plus court que les pétales au moment de l'épanouissement de la fleur, puis plus ou moins saillant. Ovaire velouté ou incane. Carcérule se séparant du réceptacle par une scission circulaire de la base, que la radicule perce lors de la germination. Feuilles séminales palmées.

La forme élégante, le feuillage touffu et les fleurs odorantes des Tilleuls font trouver place à ces arbres dans toutes les plantations d'agrément. Ils se plaisent dans les terrains légers, sablonneux, humides et un peu profonds. Les espèces indigènes parviennent quelquefois à un âge très-avancé, et leur tronc peut acquérir quarante pieds et plus de circonférence.

Le miel que les abeilles retirent des fleurs de Tilleul est d'une qualité excellente. L'infusion théiforme de ces fleurs a des propriétés antispasmodiques et légèrement toniques : personne n'ignore combien l'usage en est général. L'eau distillée de fleurs de Tilleul se prescrit fréquemment comme remède calmant. Le péricarpe des Tilleuls a une saveur astringente, et s'employait autrefois contre les hémorrhagies.

La sève des Tilleuls contient beaucoup de principes sucrés ; par la fermentation elle donne une liqueur vineuse assez agréable. Les graines sont huileuses, mais si difficiles à extraire du fruit, qu'on ne saurait en tirer un parti avantageux.

Le bois de Tilleul est mou, léger et fléxible ; il n'est propre ni au chauffage, ni à la charpente ; mais on le débite en planches minces, dont on fait de la volige. Les tourneurs, les ébénistes, les menuisiers l'emploient à divers ouvrages ; et comme il n'éclate pas sous le ciseau, il est fort recherché des statuaires. On le préfère à tout autre bois pour des balles d'imprimerie. Les cordonniers se servent ordinairement de tables de Tilleul pour couper le cuir, parce que les entailles faites par le tranchant de l'instrument se referment aussitôt. A l'état sec, le pied cube de ce bois pèse environ vingt-trois kilogrammes. Le charbon de Tilleul est excellent pour la fabrication de la poudre à tirer. L'écorce intérieure sert à faire des cordes et des nattes dont l'usage est fort répandu. Les Tilleuls de douze à quinze ans sont ceux dont on préfère l'écorce, parce que c'est l'âge où elle a le plus de force et de souplesse. Les feuilles peuvent servir à la nourriture des troupeaux ; elles possèdent aussi des qualités émmollientes ; souvent on les trouve enduites d'un suc visqueux très-abondant, dont la saveur approche de celle de la Manne.

Théophraste et Pline ont parlé du Tilleul et de ses usages. Pline dit que le bois servait à faire des boucliers, parce qu'il est très-flexible et que ses plaies se ferment à l'instant. Le même auteur rapporte que l'écorce était employée à couvrir les toits des cabanes, qu'on en faisait des corbeilles et de grands paniers pour transporter le blé et les raisins. Les anciens écrivaient sur des feuillets de liber de Tilleul, qu'on appelait *Phylira*.

On sème les graines des Tilleuls en automne, dès leur maturité, ou bien on les conserve dans du sable jusqu'au printemps ; car sans cette précaution, elles ne lèveraient que la seconde année. Les Tilleuls se multiplient aussi de rejetons et de marcottes qu'on enlève en automne pour les mettre en pépinières, et qu'on peut transplanter à demeure au bout de quatre ou cinq ans. Cette méthode est moins longue que la voie des semis. Pour se procurer un grand nombre de marcottes, il faut planter, dans un terrain bien labouré, des Tilleuls de six à sept ans, dont on coupe ensuite le tronc rez-terre. Les souches poussent un grand nombre de rejets que l'on marcotte en les couchant : une année suffit pour qu'ils soient enracinés. Les Tilleuls reprennent assez difficilement de boutures. On multiplie de greffes les espèces rares.

Nous allons décrire toutes les espèces connues de ce genre.

Section I.

Staminodes (appendices ou filets pétaloïdes) nuls. Étamines 25-45, plus longues que les pétales : filets à peine bifurqués au sommet, tantôt libres dès leur base, tantôt (dans la même espèce) soudés irrégulièrement en phalanges 5-8-andres, placées devant les pétales et alternes avec 1-3 filets libres. Carcérule ou submembranacé, fragile et à côtes minces, ou coriace et à côtes saillantes.

Les trois espèces que renferme cette section sont propres à l'ancien continent.

A. *Feuilles glabres (excepté en dessous aux aisselles des nervures) de même que les pétioles et les jeunes pousses.*

à) *Carcérule oblique, submembranacé, fragile, à côtes très-minces, inapparentes avant la disparition du duvet qui les recouvre.*

Tilleul sylvestre. — *Tilia sylvestris* Desfont. Hort. Par. — *Tilia parvifolia* Ehrh. — Borkh. — Engl. Bot. tab. 1705. — Schk. Handb. tab. 141. — Hayn. Arzn. III, 46. — Guimp. et Hayn. Deutsch. Holz. tab. 106. — *Tilia microphylla* Vent. Diss. tab. 1, fig. 1. — *Tilia europæa* γ Linn. — *Tilia ulmifolia* Scop. — *Tilia europæa borealis* Wahlenb.

Feuilles suborbiculaires, ou orbiculaires, ou réniformes-orbi-

culaires, ou ovales, ou ovales-elliptiques, ou ovales orbiculaires,
acuminées-cuspidées, inégalement dentelées, d'un vert foncé et
presque luisantes en dessus, glauques en dessous et barbues aux
aisselles des nervures : base obliquement cordiforme, ou tronquée, ou semi-cordiforme, ou arrondie; pétiole des feuilles supérieures aussi long, ou presque aussi long, ou de moitié moins
long que la lame. Pédoncules 2-9-flores (ordinairement 7-9-
flores). Carcérule subglobuleux ou obové, mamelonné au sommet.

Parmi les nombreuses variétés de ce Tilleul, les suivantes
sont les plus marquantes, sans que toutefois leurs caractères
soient invariables sur le même individu :

— α : A FEUILLES OVALES.

Feuilles ovales, très-obliques, tronquées ou arrondies à la base,
petites (longues de 1 ½ à 2 pouces, sur 10 à 15 lignes de
large): les supérieures des ramules florifères à peine plus
longues ou un peu plus courtes que leur pétiole.

— β : A FEUILLES CORDIFORMES. (*Tilia parvifolia* Guimp. et
Hayn. l. c.

Feuilles cordiformes ou cordiformes-ovales, grandes (longues
d'environ 3 pouces, sur 2 ½ pouces de large), plus ou moins
obliques à la base.

— γ : A FEUILLES SUBORBICULAIRES. (*Tilia microphylla* Vent.
l. c.)

Feuilles suborbiculaires, presque également cordiformes, larges
de 1 à 3 pouces, un peu moins longues que larges; dentelures souvent très-larges, semi - orbiculaires; pétioles des
feuilles supérieures (des ramules florifères) tantôt presque
aussi longs que la lame, tantôt de moitié moins longs. (Cette
variété paraît plus commune en France que les précédentes.)

Arbre atteignant 80 pieds de haut, sur 6 pieds de diamètre.
Bois d'un jaune tirant sur le rouge. Écorce des vieux troncs rimeuse, d'un gris noirâtre. Jeunes troncs et branches d'un brun
olive, lisses. Ramules de l'année précédente d'un brun verdâtre ou d'un jaune tirant sur le rouge. Branches étalées, for-

mant une tête conique-pyramidale. Bourgeons ovales, obtus, courbés en dedans, d'un brun roux. Feuilles longues de 1 à 3 pouces (le pétiole non compris), larges de 1 à 3 pouces, 5-ou 7-nervées à la base, membranacées, munies en dessous aux aisselles des nervures d'un duvet roussâtre floconneux; dentelures triangulaires ou semi-orbiculaires, plus ou moins rapprochées ou écartées, inégales ou presque égales, brusquement terminées en courte pointe blanchâtre, cartilagineuse, quelquefois calleuse au sommet; pétiole grêle, long de 6 lignes à 2 pouces (celui des feuilles inférieures toujours plus court que la lame). Pédoncules ordinairement un peu moins longs que la feuille, toujours plus longs que le pétiole; bractées lancéolées ou lancéolées-oblongues, arrondies ou rétrécies au sommet, tantôt distantes de la base du pédoncule, tantôt décurrentes jusqu'à la base du pédoncule, tantôt débordant les fleurs, tantôt débordées par celles-ci; pédicelles en ombelle, ou en corymbe, ou en cime trichotome, tantôt aussi longs tantôt plus courts que la partie inadhérente du pédoncule. Sépales longs de 2 lignes ou un peu plus, oblongs-lancéolés ou ovales-lancéolés, subobtus, glabres ou pulvérulents en dessous, cotonneux en dessus. Pétales longs de 2 $^{1}/_{2}$ à 3 lignes, lancéolés-spathulés, ou spathulés-oblongs, obtus, subdenticulés au sommet, d'un blanc sale. Étamines 25 à 30, libres (1), de moitié à peu près plus longues que les pétales. Ovaire cotonneux. Style glabre, après l'anthèse presque aussi long que les étamines. Stigmates obtus, tantôt étalés tantôt dressés après l'anthèse. Carcérule de la grosseur d'un petit Pois, très-mince, se brisant facilement entre les doigts, recouvert d'un duvet roussâtre floconneux, qui disparaît plus ou moins vers l'époque de la maturité. Graine d'un brun roux.

Cette espèce, nommée vulgairement *Tillet*, *Tillot* et *Tillier*,

---

(1) Dans un très-grand nombre de fleurs observées par nous sur différentes variétés, nous n'avons jamais pu trouver des étamines polyadelphes, ni en plus grand nombre que 30 ; mais ces caractères étant variables dans d'autres espèces, nous ne pensons pas qu'ils soient d'une grande valeur dans celle qui fait le sujet de cette description.

est commune dans les bois de la France, tant en plaine que dans
les montagnes ; mais elle abonde surtout dans le nord de l'Europe,
de même que dans l'Oural, la Sibérie et le Caucase. Elle s'ac-
commode d'un sol aride et pierreux, ainsi que des sables les plus
ingrats ; mais pour qu'elle parvienne à de fortes dimensions, il lui
faut, comme à ses congénères, un terrain profond et légèrement humide. En général, il ne commence à fleurir qu'en juillet ; mais il
est des individus qu'on trouve en pleine fleur dès la première moitié de juin. La durée de sa croissance est d'environ cent cinquante ans ; mais il peut vivre plusieurs siècles et peut-être près
de mille ans. Son bois est plus dur que celui des autres Tilleuls
d'Europe, et par conséquent d'un usage plus avantageux pour
le chauffage ainsi que pour l'ébénisterie.

En faisant bouillir dans l'eau l'écorce de ce Tilleul avec
parties égales en poids d'alun, et en versant dans la décóc-
tion une dissolution alcaline, on obtient un précipité d'une belle
couleur rose. On est parvenu aussi à préparer avec cette écorce
un papier roussâtre, mais très-lisse, et fort propre au dessin.

Dans l'Europe septentrionale et dans beaucoup de contrées de
l'Allemagne, le *Tilleul sylvestre* se choisit de préférence à la plupart des arbres pour ombrager les routes, les promenades, et les
habitations champêtres. Le nom de famille du célèbre Linnée lui
vint d'un énorme individu de cette espèce, planté au village de
Stégaryd, en Smolande : le Tilleul étant appelé *Linn* en sué-
dois.

> b) *Carcérule coriace, ordinairement équilatéral, à côtes assez*
> *saillantes.*

TILLEUL INTERMÉDIAIRE. — *Tilia intermedia* De Cand.
Prodr. — *Tilia europæa* Smith, Engl. Bot. tab. 610. — Bull.
Herb. tab. 75. — Svensk Bot. tab. 40. — Flor. Dan. tab. 553.
— *Tilia vulgaris* Hayn. Arzn. III, tab. 47. — Guimp. et Hayn.
Deutsch. Holz. tab. 107. — *Tilia Tecksiana* C. Bauh.

Feuilles suborbiculaires, ou ovales-orbiculaires, ou ovales,
acuminées-cuspidées, inégalement dentelées, d'un vert clair ou
jaunâtre en dessus, pâles en dessous et barbues aux aisselles des

nervures : base obliquement cordiforme, ou tronquée, ou semi-cordiforme, ou presque également cordiforme, ou arrondie; pétiole des feuilles supérieures 1 à 3 fois moins long que la lame. Pédoncules 2-7-flores. Carcérules irrégulièrement turbinés, ou obovés et obliques, mamelonnés au sommet, veloutés.

Les individus que nous avons observés offraient toutes les variations que nous venons d'indiquer ci-dessus : les feuilles très-obliquement cordiformes-ovales étaient plus fréquentes que les feuilles suborbiculaires, ou également cordiformes. D'autres individus, peut-être, produisent plus habituellement ces dernières formes.

Arbre haut de 40 à 60 pieds ou plus. Tronc épais, d'un gris noirâtre, rimeux. Branches grisâtres, divergentes, un peu dressées, formant une tête pyramidale ou pyramidale conique. Ramules d'un brun olive ou jaunâtre, parsemés de petites verrues grisâtres. Bourgeons ovales, un peu comprimés, lisses, d'un jaune verdâtre lavé de rouge d'un côté. Feuilles (le pétiole non-compris) longues de 2 à 3 $\frac{1}{2}$ pouces, larges de 18 à 45 lignes (celles des pousses stériles atteignant jusqu'à 4 $\frac{1}{2}$ pouces de long, sur une largeur à peu près égale), membranacées, 5-ou 7-nervées à la base, lisses en dessus, quelquefois luisantes en dessous, toujours munies aux aisselles des nervures d'un duvet jaunâtre, ou brunâtre, ou d'un roux clair, floconneux; dentelures triangulaires ou moins souvent arrondies, plus ou moins inégales, brusquement terminées en courte pointe cartilagineuse, souvent calleuse au sommet; pétiole long de 6 à 20 lignes, grêle mais plus ferme que celui de l'espèce précédente. Pédoncules presque aussi longs que les feuilles, ou un peu plus courts, ordinairement 4-7-flores; pédicelles à peu près aussi longs que la partie inadhérente du pédoncule, ou plus courts, disposés en ombelle ou en corymbe simples, ou en cime soit dichotome, soit trichotome; bractée lancéolée, ou lancéolée-oblongue, subobtuse, ordinairement décurrente presque jusqu'à la base du pédoncule. Sépales ovales-lancéolés, ou oblongs-lancéolés, subobtus, glabres en dessus, cotonneux en dessous et aux bords, longs de 2 $\frac{1}{2}$ lignes. Pétales longs de 3 lignes, lancéolés-spatulés, ou spatulés-oblongs, obtus, subdenticulés au sommet, d'un jaune de paille.

Étamines 3o-35, libres, ou polyadelphes par leur base (1). Ovaire cotonneux. Style glabre, après l'anthèse à peu près aussi long que les étamines. Stigmates obtus, denticulés aux bords, tantôt dressés ou connivents, tantôt étalés (2). Carcérule long de 3 à 4 lignes, sur 2 ¹/₂ à 3 lignes de diamètre, dur, pentagone, recouvert d'un duvet floconneux jaunâtre, qui disparaît vers la maturité. Graine obovée, d'un brun roux.

Ce Tilleul est plus commun dans toute l'Allemagne que le *Tilleul sylvestre*, et on le retrouve aussi dans le nord de l'Europe. Nous ignorons s'il croît spontanément en France, mais on le rencontre quelquefois dans les plantations (par exemple au bois de Boulogne). Il fleurit dans la seconde moitié de juin et en juillet. On l'a souvent confondu à tort, soit avec le *Tilleul sylvestre*, dont il se distingue au premier coup d'œil par le vert clair de son feuillage, soit avec le Tilleul dit *de Hollande*, qui en diffère par ses feuilles pubescentes et par ses fruits à côtes beaucoup plus saillantes.

La durée du *Tilleul intermédiaire* n'est pas moins longue que celle du *Tilleul sylvestre*, mais sa croissance est plus rapide. Son bois, blanc, lisse et mou, se recherche surtout pour la sculpture. L'écorce se préfère à celle des autres espèces d'Europe, pour la confection des nattes et cordages.

Le *Tilia hybrida* (Bechstein, Forstbot. tab. 4), qui croît épars dans les forêts de la Thuringe et de la Franconie, ne diffère du *Tilia intermedia* que par ses feuilles pubescentes en dessous aux nervures ainsi qu'aux veinules. M. Bechstein pense que ce Tilleul est une hybride du *Tilia intermedia* et du *Tilia platyphyllos*.

B. *Carcérule ligneux, à côtes très-saillantes. Nervures de la*

---

(1) Selon M. Hayne, les filets seraient toujours libres ou insensiblement polyadelphes; nous les avons trouvés visiblement polyadelphes dans un très-grand nombre de fleurs que nous avons examinées.

(2) M. Hayne indique des stigmates dressés comme caractère de l'espèce ; nous nous sommes assurés que ce caractère est loin d'être invariable.

*face inférieure des feuilles plus ou moins hérissées de même
que les pétioles et les jeunes pousses. Parenchyme des feuilles pubescent, surtout en dessous.*

TILLEUL A FEUILLES MOLLES.—*Tilia mollis* Spach, Monogr.
ined. — *Tilia platyphylla* Scopol. Carn.—Vent. Diss. tab. 1,
fig. 2 (var.) — Duham. ed. nov. v. 1, tab. 50 (var.) — *Tilia
cordata* Mill. Dict. (var.)—*Tilia cordifolia* Bess. Gal.—*Tilia
europæa* Desfont. Cat. Hort. Par. (var.) — Hook. Flor. Lond.
tab. 190; Engl. Bot. nov. ser. tab. 2520 (var.) — *Tilia pauci-
flora* Hayn. Arzn. III, tab. 48. — Guimp. et Hayn. Deutsch.
Holz. tab. 108 (var.) — *Tilia corallina* Ait. Hort. Kew. (var.)
— *Tilia rubra* De Cand. Prodr. (var.) — *Tilia corinthiaca*
Bosc. iu Dict. d'Agr. — *Tilia triflora* Horn.

Feuilles orbiculaires, ou suborbiculaires, ou ovales, ou ovales-
orbiculaires, acuminées-cuspidées, inégalement dentelées ou crénelées, équilatérales ou obliques, à base cordiforme, ou semi-
cordiforme, ou arrondie, ou tronquée, pubérules en dessus, pubescentes et hérissées en dessous ; pétiole des feuilles supérieures
aussi long ou jusqu'à 3 fois plus court que la lame. Pédoncules
3-7-flores. Carcérule turbiné, ou pyriforme, ou obovale, ou ovale,
ou ellipsoïde, ou subglobuleux, mammelonné au sommet ou sub-
acuminé, cotonneux ou velouté (1).

____

(1) Nous nous abstiendrons de signaler les variétés de ce Tilleul. Les
différentes modifications que nous venons d'indiquer dans la forme de
plusieurs des organes se rencontrent trop souvent sur le même individu ;
mais quelquefois l'une ou l'autre des formes prédomine, surtout pour ce
qui concerne les fruits. La forme et la grandeur des bractées ne varie pas
moins que celle des feuilles et des fruits. Il nous a paru nécessaire de n'a-
dopter aucun des noms déjà appliqués à cette espèce, parce qu'ils ne donnent qu'une idée fausse de ses caractères habituels. La plupart des *Tilia
mollis*, à l'état sauvage, ne diffèrent point, quant à la dimension de leurs
feuilles, du *Tilia sylvestris*. Les variétés à pédoncules pluriflores sont aussi
communes que celles à pédoncules triflores. Le *Tilia rubra* ou *Tilleul de
Corinthe*, différerait, selon M. De Candolle, du *Tilia platyphyllos*, par
des fruits globuleux *sans côtes*, et par des ramules qui prennent une teinte
pourpre après la chute des feuilles : les côtes des fruits de cette variété sont

Arbre haut de 60 à 100 pieds, sur 2 à 3 pieds de diamètre ou plus. Écorce des vieux troncs d'un gris roussâtre, rimeuse. Jeunes troncs et branches d'un gris cendré, verruqueux. Branches érigées, grosses, touffues, formant une tête ovale ou pyramidale. Ramules de l'année précédente d'un brun olivâtre, ou jaunâtres, ou d'un rouge de sang plus ou moins vif, ou verts surtout au printemps, ponctués, très-touffus. Jeunes pousses hérissées, ponctuées. Gemmes ovales, obtuses, d'un brun roux. Feuilles longues de 1 à 4 pouces (celles des pousses stériles quelquefois jusqu'à 6 pouces), tantôt aussi larges que longues, tantôt jusqu'à 1 fois moins larges que longues, un peu rugueuses et d'un vert gai ou plus ou moins foncé ou jaunâtre en dessus, pâles et quelquefois luisantes en dessous, 5-ou 7-nervées à la base ; dentelures ou crénelures plus ou moins rapprochées, brusquement terminées en courte pointe blanchâtre, subcartilagineuse, calleuse au sommet; pubescence de la face supérieure très-courte; pétiole long de $^1/_2$ à $2\,^1/_2$ pouces, hérissé ou velouté de même que les aisselles des nervures de la face inférieure; côte, nervures et veines hérissées de poils mous étalés. Bractées à peu près aussi longues que les feuilles, ou plus courtes, quelquefois un peu plus longues, larges de 3 à 8 lignes, sessiles, ou distantes de la base du pédoncule, liguliformes, ou lancéolées, ou lancéolées-oblongues, obtuses ou pointues ; pédicelles divariqués ou plus ou moins dressés, tantôt plus longs tantôt plus courts que la partie inadhérente du pédoncule, ordinairement débordés par la bractée, disposés soit en ombelle ou en corymbe simples, soit en cime subtrichotome. Sépales ovales-lancéolés, presque obtus, glabres en dehors, satinés en dedans et aux bords, longs de $2\,^1/_2$ à 3 lignes, d'un blanc jaunâtre. Pétales longs de 3 à 4 lignes, d'un jaune de

---

toujours très-saillantes *lors de la maturité*; avant cette époque, le duvet épais qui les recouvre les rend quelquefois moins apparentes ; et quant à la couleur qu'offrent les ramules en hiver, nous pouvons assurer que souvent elle est d'un rouge plus ou moins vif dans toutes les autres variétés, et que très-fréquemment aussi elle est ou brunâtre, ou jaunâtre, ou verdâtre, dans toutes.

paille, oblongs-spatulés ou oblongs-obovales, obtus, très-entiers ou légèrement crénelés vers leur sommet. Étamines 30 à 45; filets libres ou polyadelphes. Ovaire satiné ou velouté. Style glabre ou barbu à la base, long d'environ 2 lignes. Stigmates obtus, dressés ou étalés. Carcérule long de 2 à 4 lignes, sur 1 $^{1}/_{2}$ à 3 lignes de diamètre, plus ou moins velouté, ou incane, ou quelquefois presque glabre; côtes plus ou moins saillantes, le plus souvent très-fortes, toujours apparentes à l'époque de la maturité. Graine ovale ou obovale, d'un brun roux.

Le *Tilleul à feuilles molles*, vulgairement appelé *Tilleul de Hollande* et *Tilleul à grandes feuilles* ou *à larges feuilles*, croît dans toute l'Europe, jusque vers le 63° degré de latitude. Il forme de vastes forêts dans la Pologne ainsi que dans la Russie méridionale, et se retrouve au Caucase. Il préfère les terrains dont la base est calcaire ou granitique; un sol trop humide ne lui convient pas mieux qu'un sol aride. Son développement s'accomplit dans l'espace d'environ cent ans; mais dans les localités qui lui sont favorables, sa vie peut durer cinq siècles et plus. Il existe en Allemagne plusieurs Tilleuls de cette espèce dont on estime l'âge à près de mille ans.

Aux environs de Paris la floraison de ce Tilleul a lieu, en général, dès la première moitié de juin; mais il y a aussi des variétés tardives qui ne fleurissent qu'en juillet. C. Bauhin a déjà remarqué que certains individus ne donnaient jamais de fleurs, ou n'en produisaient, tous les ans, qu'un petit nombre : circonstances qui tiennent peut-être à la nature du terrain.

Le bois du *Tilleul à feuilles molles* est plus léger et plus mou que celui des deux espèces précédentes; le pied cube de ce bois, étant bien sec, ne pèse que vingt-neuf livres. Il est tenace, blanc, lisse, peu sujet à être attaqué par les insectes, et prend facilement toutes les couleurs : qualités qui le font rechercher des menuisiers, des tourneurs, et des sculpteurs en bois. Le charbon qu'il donne est excellent pour la fabrication de la poudre à tirer.

En Russie, l'écorce épaisse des vieux troncs sert à faire des paniers, des caisses, des boîtes, et on en couvre les toits des cabanes. L'écorce intérieure des jeunes troncs fournit un aubier dont il se fait une forte consommation dans le Nord; on en confectionne des nattes, des cordages, des filets, des paniers, des chapeaux, des souliers et du fil. L'aubier se sépare de l'écorce en le faisant rouir comme le Chanvre.

En France, cette espèce est plus commune dans les plantations d'agrément que toutes ses congénères; on la recherche surtout comme arbre d'alignement.

SECTION II.

Fleurs munies de 5 staminodes. Étamines 40-80, plus courtes que les pétales; filets bifurqués au sommet, irrégulièrement polyadelphes, adnés par leur base aux bords des onglets des staminodes. Carcérule ligneux, à côtes minces ou inapparentes. Cimes 7-50-flores. — Feuilles ordinairement plus grandes que celles des espèces de la section Ire.

Presque toutes les espèces de cette section croissent en Amérique.

A. *Gemmes grosses, luisantes, glabres de même que les pétioles, les pédoncules et les jeunes pousses. Feuilles glabres (excepté les barbules de la face inférieure) ou à pubescence non-étoilée. Étamines de $\frac{1}{3}$ environ plus courtes que les staminodes. Style barbu à la base.*

a) *Feuilles légèrement pubérules aux bords, glabres en dessous (excepté aux aisselles des nervures et des veinules.)*

TILLEUL NOIR. — *Tilia nigra* Borkh. Dendr. — *Tilia glabra* Vent. Diss. tab. 2. — Guimp. et Hayn. Fremd. Holz. tab. 45. — *Tilia americana* Ait. Hort. Kew. — Michx. fil. Arb. 3, p. 311. Ic. — Wats. Dendr. Brit. tab. 45.

— β : A RAMULES ROUGEATRES. — *Tilia missisippiensis* Bosc. in Dict. d'Agricult.

Feuilles dentelées, acuminées, cuspidées, 2 à 4 fois plus longues que les pétioles : les inférieures cordiformes ou cordiformes-orbiculaires; les supérieures ovales ou ovales-elliptiques : base arrondie ou semi-cordiforme d'un côté, obliquement tronquée de l'autre. Cimes 7-30-flores. Pétales oblongs ou lancéolés-oblongs, obtus ou tronqués, légèrement crénelés au sommet. Staminodes

linéaires-spatulés, ou oblongs-spatulés. Style plus ou moins
saillant après l'anthèse. Carcérule subglobuleux, ou obovale, ou
ovale, mamelonné au sommet, ou acuminé, velouté, ou incane,
légèrement 5-costé, subpentagone.

Arbre atteignant (dans son pays natal) 70 à 80 pieds de haut,
sur 3 à 4 pieds de diamètre. Écorce des vieux troncs rimeuse,
d'un gris noirâtre. Jeunes troncs et branches lisses, d'un brun
d'Olive. Ramules bruns, ou verdâtres, ou rougeâtres, luisants,
ponctués. Tête ovale-globuleuse. Gemmes grosses, ovales, pointues, luisantes, glabres, brunâtres. Feuilles souvent longues de 5
à 6 pouces, sur 4 à 5 ¹/₂ pouces de large (les inférieures des ramules florifères longues de 1 ¹/₂ à 3 pouces, ordinairement aussi
larges que longues; feuilles des pousses non-florifères atteignant
jusqu'à un pied de long, et presque autant de large), fermes,
presque coriaces, d'un vert foncé en dessus, plus pâles en dessous et munies aux aisselles de petites houppes de poils brunâtres
(les naissantes légèrement cotonneuses à toute la face inférieure);
base 1-ou 2-nervée d'un côté, 2-ou 3-nervée de l'autre; nervures
très-saillantes en dessous; veines fines, réticulées; dentelures
triangulaires ou semi-orbiculaires, presque égales ou inégales,
plus ou moins rapprochées, brusquement terminées en courte
pointe subcartilagineuse, blanchâtre, inclinée; pétiole long de 10
à 24 lignes, glabre de même que les ramules. Stipules courtes,
lancéolées, ou ovales-acuminées. Bractées longues de 1 ¹/₂ à 6 pouces, larges de 5 à 10 lignes, subsessiles, ou distantes de la base
du pédoncule, liguliformes, ou lancéolées, ou lancéolées-oblongues,
obtuses ou pointues, tantôt débordées par la cime, tantôt plus
longues que celle-ci, tantôt plus longues que les feuilles, tantôt
plus courtes; pédoncule adné jusqu'au tiers ou même jusqu'au-delà
du milieu de sa longueur; pédicelles divariqués, comme articulés
au milieu, ou au-dessus de la base, claviformes supérieurement,
1 à 2 fois plus longs que le calice. Calice d'un brun jaunâtre; sépales ovales-oblongs, ou ovales-lancéolés, pointus, longs de 3 lignes. Corolle d'un jaune pâle : pétales longs d'environ 4 lignes,
sur 1 à 1 ¹/₂ ligne dans leur plus grande largeur. Staminodes longs
d'environ 3 lignes, larges de ¹/₂ ligne à 1 ligne, légèrement cré-

nelés ou échancrés au sommet. Étamines 65-75. Ovaire incane. Style long de 3 à 3 ¹/₂ lignes après l'anthèse, d'abord plus court que les pétales, puis plus ou moins saillant. Carcérule du volume d'un Pois : côtes filiformes. Graine-obovale, d'un brun noirâtre.

Le nombre des fleurs de chaque cime, ainsi que la forme et la grandeur des feuilles et des bractées varient beaucoup, dans cette espèce, sur les mêmes individus. Il en est de même de la forme du fruit.

Le *Tilleul noir*, nommé aussi *Tilleul du Canada*, *Tilleul d'Amérique*, *Tilleul glabre*, se recommande pour l'ornement des bosquets par la beauté de son feuillage, beaucoup plus ample que celui des trois espèces d'Europe que nous venons de décrire. Ses fleurs, qui sont très-odorantes, s'épanouissent aux environs de Paris durant la seconde moitié de juin, ou au commencement de juillet.

« Des diverses espèces de Tilleuls qui croissent dans l'Améri-
» que septentrionale, à l'est du Missisippi, dit M. Michaux,
» celle-ci est la plus multipliée. Elle se trouve dans le Canada,
» mais elle est encore plus commune dans le nord des États-
» Unis, où elle se désigne habituellement par le nom de *Baes-*
» *Wood;* quelquefois aussi on lui donne celui de *Lime-Tree.*
» On observe qu'à mesure qu'on se dirige vers le Sud, cet arbre
» devient plus rare, tellement que dans la Basse-Virginie, les
» deux Carolines et la Géorgie, on ne le voit que dans les mon-
» tagnes. Dans certains cantons des états du Milieu et du Nord,
» il constitue fréquemment les deux tiers de la masse des forêts,
» et quelquefois il les compose exclusivement.

» Dans le nord des États-Unis, où il ne croît point de Tulipiers,
» on se sert du bois de ce Tilleul pour faire les panneaux de la
» caisse des cabriolets, et le siége des chaises, dites de Windsor :
» mais comme il est plus tendre que le Tulipier, il se raye plus
» facilement, et par conséquent il convient moins bien pour cet
» usage. »

b) *Feuilles pubescentes en-dessous.*

Tilleul oublié. — *Tilia neglecta* Spach, Monogr. ined.

Feuilles acuminées-cuspidées, dentelées, mollement pubescentes en dessous : les inférieures cordiformes, ou cordiformes-ovales, ou cordiformes-orbiculaires ; les supérieures ovales, ou ovales-elliptiques, ⅓ à 1 fois plus longues que le pétiole : base semi-cordiforme ou arrondie d'un côté et obliquement tronquée de l'autre, ou tronquée des deux côtés. Cymes lâches, corymbiformes, 5-12-flores. Pétales oblongs, ou lancéolés-oblongs, obtus, légèrement crénelés au sommet. Staminodes linéaires-spatulés ou oblongs-spatulés. Style plus ou moins saillant après l'anthèse. Carcérule subglobuleux, ou obovale, ou ovale, ou turbiné, mamelonné au sommet, incane ou velouté, subpentagone, légèrement 5-costé.

Arbre ayant le port et la taille du *Tilleul noir*. Ramules de l'année précédente rougeâtres. Gemmes grosses, ovales, pointues ou obtuses, luisantes. Feuilles et bractées semblables, dans leurs formes et leur grandeur, à ceux du *Tilleul noir*, et offrant les mêmes variations. Pétiole des feuilles supérieures long de 18 à 30 lignes. Sépales lancéolés, subobtus, longs d'environ 3 lignes. Pétales d'un jaune de paille, longs de 4 lignes, sur 1 ligne de large. Staminodes longs de 3 lignes, larges de ¼ ligne à leur partie supérieure, très-entiers ou légèrement crénelés au sommet. Étamines 50 à 60. Ovaire incane. Style barbu à la base, long de 2 à 3 lignes. Carcérule du volume d'un Pois, de forme très-variable sur les mêmes individus.

Ce Tilleul, dont nous ignorons l'origine, mais qui ne saurait être confondu avec le précédent, se trouve dans les plantations de la ménagerie du Muséum d'histoire naturelle.

B. *Gemmes pubescentes ou cotonneuses (de même que les pétioles et les jeunes pousses), petites. Feuilles couvertes en dessous d'un duvet étoilé plus ou moins dense. Étamines 1 à 2 fois plus courtes que les staminodes.*

a) *Style glabre. Feuilles toutes 3 à 5 fois plus longues que leur pétiole.*

TILLEUL A FEUILLES TRONQUÉES. — *Tilia truncata* Spach, Monogr. ined.

Feuilles ovales, ou ovales-elliptiques, ou ovales-triangulaires, ou semi-cordiformes, courtement acuminées, plus ou moins incanes en dessous (les naissantes veloutées aux deux faces), la plupart très-obliquement tronquées à la base, profondément dentelées. Cimes multiflores, denses. Pétales oblongs, obtus, légèrement crénelés au sommet. Staminodes ovales-spatulés. Style court, à peine saillant après l'anthèse. Carcérule velouté, subglobuleux, à côtes très-fines.

Petit arbre à tête ovale-arrondie. Ramules de l'année précédente rougeâtres ou verdâtres. Feuilles longues de 2 ¹/₂ à 4 pouces (celles des pousses stériles longues jusqu'à 7 pouces), sur 2 à 3 pouces de large, ou rarement aussi larges que longues, fermes, d'un vert gai en dessus, plus ou moins grisâtres en dessous et munies aux aisselles des nervures et des veinules de très-petites houppes de poils roussâtres ; base ordinairement très-inéquilatérale, 2-nervée et arrondie ou un peu rentrante d'un côté, 1-nervée et fortement tronquée de l'autre ; nervures saillantes en dessous ; veinules fines ; dentelures triangulaires ou arrondies, mucronées, souvent très-grandes, inégales et distantes ; pétiole long de 6 à 9 lignes. Stipules ovales, ou ovales-lancéolées, acuminées. Gemmes ovales, obtuses. Bractées longues de 2 à 3 pouces, larges de 6 à 12 lignes, subsessiles, oblongues, obtuses, échancrées ou rétrécies à la base, ordinairement de moitié plus courtes que la feuille, tantôt débordées par la cime, tantôt aussi longues ou plus longues que celle-ci. Cimes 20-50-flores. Pédicelles à peu près aussi longs que le calice, subclaviformes, comme articulés au-dessus de la base. Sépales longs de 3 lignes, ovales-lancéolés, pointus, incanes avant la floraison, puis jaunâtres. Pétales longs de 4 lignes, sur 1 ¹/₂ ligne de large, blanchâtres, rétrécis à la base. Staminodes longs d'environ 3 lignes, sur 1 ligne de large à leur sommet. Étamines 40-50. Style après l'anthèse long au plus de 2 ¹/₂ lignes. Carcérule de la grosseur d'un petit Pois.

Cette espèce, qui a été confondue par Ventenat et d'autres auteurs sous le nom de *Tilia pubescens*, avec le *Tilia laxiflora* Michx., croît dans le midi des États-Unis. On peut la cultiver en pleine terre dans le nord de la France, mais elle ne forme qu'un petit arbre et fructifie rarement. Ses fleurs, très-odorantes, s'épanouissent en juillet.

TILLEUL A FLEURS LACHES. — *Tilia laxiflora* Michx! Flor. Amer. Bor. — *Tilia pubescens* Ait. Hort. Kew. — Michx! fil. Arb. vol. 3, p. 315, Ic. — Duhâm. ed. nov. 1, tab. 51. — Wats. Dendr. Brit. tab. 135. — *Tilia pubescens* β, *leptophylla* Vent. Diss.

Feuilles dentelées ou sinuolées-denticulées, courtement acuminées, légèrement pubescentes en dessous : les inférieures cordiformes, ou cordiformes-orbiculaires, subéquilatérales; les supérieures ovales, ou ovales-elliptiques, à base obliquement tronquée, ou semi-cordiforme, ou cunéiforme, ou arrondie. Cimes multiflores, lâches. Pétales linéaires-oblongs, profondément échancrés. Staminodes linéaires-spatulés. Style long, très-saillant. Carcérule ovale, ou subglobuleux, mamelonné au sommet, incane, à côtes presque inapparentes.

Arbre atteignant, en Amérique, 40 à 50 pieds de haut. Écorçe du tronc grisâtre. Ramules rougeâtres, ou brunâtres, ou verdâtres. Gemmes ovales, obtuses, pubescentes. Feuilles longues de 2 à 4 pouces, larges de 1 à 3 pouces (celles des pousses stériles longues jusqu'à 1 pied, sur 6 à 8 pouces de large) : les naissantes veloutées aux 2 faces; les adultes d'un vert foncé en dessus, grisâtres ou pâles en dessous (le duvet finissant par disparaître presque entièrement); base binervée des deux côtés, ou uninervée d'un côté et binervée de l'autre; dentelures triangulaires ou plus ou moins arrondies, mucronulées, tantôt petites et rapprochées, tantôt grandes et plus ou moins écartées, égales ou inégales; pétiole long de 8 à 12 lignes. Stipules ovales-acuminées, ou ovales-oblongues, ou oblongues-lancéolées. Bractées longues de 2 à 4 pouces, larges de 6 à 15 lignes, plus courtes que les feuilles, ordinairement débordées par la cime, oblongues, ou ovales-oblongues, ou lancéolées-oblongues, obtuses ou pointues, sessiles et arrondies à la base, ou subsessiles et décurrentes, pubescentes. Cimes divariquées, subpaniculées, 9-30-flores. Pédoncules incanes (de même que le pédicelle), dilatés au sommet, comme articulés au-dessus de leur base ou plus haut, ordinairement plus longs que le calice. Sépales incanes avant l'anthèse, puis jaunâtres, longs de 3 lignes, oblongs-lancéolés, pointus. Pétales longs de 3 ¹/₂ à 4 lignes, sur 1 ligne de large. Staminodes longs de 2 lignes, larges de 1 ¹/₂ ligne, obtus, entiers. Étamines 40 à 50. Ovaire incane. Style après l'anthèse long de 4 lignes. Carcérule de la grosseur d'un Pois. Graines obovales, d'un brun roux.

Cette espèce habite les mêmes contrées que la précédente. Dans le nord de la France, elle ne forme qu'un petit arbre qui produit rarement des fruits. Ses fleurs, qui répandent une odeur de Narcisse, s'épanouissent en juillet.

TILLEUL ARGENTÉ. — *Tilia argentea* Desfont. Cat. Hort. Par. — *Tilia alba* Waldst. et Kit. Plant. Rar. Hungar. 1, tab. 3. — Wats. Dendr. Brit. tab. 71. — *Tilia rotundifolia* Vent. Diss. tab. 4. — Duham. ed. nov. 1, tab. 52. — Turpin, in Dict. des Sciences Nat. Ic. — *Tilia tomentosa* Mœnch.

Feuilles finement dentelées, courtement acuminées-cuspidées, cotonneuses (blanchâtres) en dessous, non-barbues aux aisselles des veinules : les inférieures cordiformes ou cordiformes-orbiculaires ; les supérieures ovales ou ovales-orbiculaires, à base arrondie ou tronquée d'un côté et semi-cordiforme de l'autre. Cimes denses, 7-15-flores. Pétales oblongs ou cunéiformes-oblongs, légèrement crénelés au sommet. Staminodes obovales-spathulés. Style saillant. Carcérule ovale ou subglobuleux, mammelonné au sommet, velouté, pentagone : côtes peu apparentes.

— β : A FEUILLES GLABRESCENTES. — Feuilles d'un vert pâle en dessous : les adultes presque glabres. Carcérule ellipsoïde, aminci aux 2 bouts : côtes saillantes.

Grand arbre à tête ovale-arrondie. Écorce des jeunes branches d'un brun noirâtre. Ramules de l'année précédente rougeâtres en hiver, verdâtres en été. Jeunes pousses cotonneuses. Gemmes ovales, obtuses, cotonneuses. Feuilles longues de 2 à 4 pouces (celles des pousses stériles longues jusqu'à 6 pouces), ordinairement aussi larges que longues ; les naissantes cotonneuses aux 2 faces ; les adultes fermes, glabres et d'un vert très-foncé en dessus, couvertes en dessous d'un duvet étoilé blanchâtre très-serré ; base 2-nervée d'un côté et 1-nervée de l'autre, ou 2-nervée des deux côtés, ou 3-nervée d'un côté et 2-nervée de l'autre, plus ou moins oblique ; dentelures triangulaires ou arrondies, mucronées, rapprochées ; pétiole long de 6 à 15 lignes. Stipules ovales-lancéolées, ou oblongues-lancéolées, pointues, ou acuminées. Bractées longues de 1 $\frac{1}{2}$ à 3 pouces, larges de 4 à 10 lignes, ordinairement plus courtes que les feuilles, cotonneuses, oblongues ou lancéolées-oblongues, obtuses, subsessiles ou un peu écartées de la base du pédoncule, arrondies ou cunéiformes à la base. Pédoncule plus court que la bractée, cotonneux de même que les pédicelles et le calice ; pédicelles subclaviformes, ordinairement plus longs que les sépales. Sépales ovales-lancéolés, subobtus, longs d'environ 3 lignes. Pétales un peu plus longs que les sépales, larges de 1 ligne. Staminodes longs de 2 lignes, larges de $\frac{1}{2}$ ligne au sommet, très-entiers ou subdenticulés au sommet. Étamines 50-70. Ovaire cotonneux. Style après l'anthèse long de 2 $\frac{1}{2}$ lignes. Carcérule de la grosseur d'un Pois. Graine d'un brun roux.

La variété à feuilles glabrescentes, obtenue au Jardin de Trianon, à ce qu'on assure de graines du type de l'espèce, est très-remarquable par ses feuilles verdâtres en dessous, et par la forme de ses fruits. Serait-ce peut-être une hybride ?

Le *Tilleul argenté* croît dans la Hongrie, la Transylvanie, l'Esclavonie et la Croatie. Cette espèce se cultive fréquemment dans les jardins paysagers ; son feuillage, argenté en dessous, produit un fort bel effet ; elle offre en outre l'avantage de fleurir en juillet, plus tard que tous les autres Tilleuls. L'odeur de ses fleurs est semblable à celle des Narcisses.

b) *Pétiole des feuilles supérieures presque aussi long que la lame. Style barbu à la base.*

TILLEUL HÉTÉROPHYLLE. — *Tilia heterophylla* Vent. Diss. tab. 5. — *Tilia alba* Michx. fil. Arb. 3, p. 125, Ic.

Feuilles finement dentelées, courtement acuminées-cuspidées, cotonneuses-blanchâtres en dessous et barbues aux aisselles des

veinules : les inférieures cordiformes ou cordiformes-orbiculaires ;
les supérieures ovales ou ovales-orbiculaires : base arrondie ou
tronquée d'un côté et semi-cordiforme de l'autre, ou tronquée des
deux côtés. [Cimes denses, 7-15-flores. Pétales oblongs ou cunéiformes-oblongs, légèrement crénelés au sommet. Staminodes obovales-spathulés. Style peu saillant. Careérule subglobuleux, pentagone : côtes saillantes.

Grand arbre. Feuilles longues de 2 à 4 pouces, ordinairement
aussi larges que longues (celles des pousses stériles longues de 6
à 8 pouces, sur 4 à 6 pouces de large), glabres et d'un vert foncé
en dessus (les naissantes cotonneuses aux deux faces), blanchâtres en dessous et munies d'un grand nombre de houppes de poils
roux (quelquefois toutes les nervures et veinules sont en outre recouvertes d'un duvet roussâtre très-fin); base plus ou moins
oblique, ou subéquilatérale; dentelures triangulaires ou arrondies, mucronées, rapprochées (très-profondes et inégales sur les
feuilles des pousses stériles). Stipules ovales-lancéolées ou oblongues-lancéolées, pointues, ou acuminées. Inflorescence comme
dans le *Tilleul argenté*. Sépales ovales-lancéolés, subobtus, longs
d'environ 3 lignes. Pétales longs de 4 lignes, sur 1 ligne de large.
Staminodes longs de 3 lignes. Étamines 50-70. Ovaire cotonneux. Style après l'anthèse long d'environ 2 lignes. Carcérule cotonneux, de la grosseur d'un Pois.

Ce Tilleul est très-facile à distinguer du *Tilleul argenté* aux
houppes de poils roux dont est parsemée la face inférieure de ses
feuilles, et qui contrastent élégamment avec le duvet blanchâtre
de cette même face.

Le *Tilleul hétérophylle* croît aux États-Unis, dans les val-
lons fertiles de l'Ohio, du Missisippi et de leurs affluents. Cette
espèce est peu répandue dans les jardins, quoique ce soit peut-être
la plus belle de toutes. Les pépiniéristes la désignent sous le nom de
Tilia macrophylla : nom assez mal choisi, parce que les feuilles
des ramules florifères ne sont pas plus grandes que celles des autres Tilleuls d'Amérique.

Genre DIPLOPHRACTE. — *Diplophractum* Desfont.

Calice à 5 sépales libres, étalés. Pétales 5, elliptiques-spa-
thulés, squamulifères à la base, de la longueur des sépales.
Étamines nombreuses. Anthères suborbiculaires, basifixes;
filets grêles. Ovaire 10-loculaire, stipité. Style plus court que
les étamines. Stigmates 5, petits, rapprochés. Péricarpe globuleux, cotonneux, indéhiscent, pentaptère, à 10 loges polyspermes. Graines ovales, scrobiculées, horizontales, pariétales, arillées, séparées les unes des autres par des diaphragmes. Embryon plus court que le périsperme; cotylédons
planes, elliptiques.

Feuilles sessiles, très-inéquilatérales, dentées. Stipules foliacées, persistantes : l'une intérieure, à 2 lobes arrondis,
aristée au milieu ; l'autre, extérieure, suborbiculaire, aristée
latéralement. Ramules florifères axillaires et terminaux,
subbiflores; feuilles florales petites, cordiformes-lancéolées,
acuminées, très-entières, à stipules réduites à une arête sétiforme. Fleurs semblables à celles des *Grewia*.

Ce genre, qui diffère de toutes les autres Tiliacées par la
structure de son fruit, ne renferme que l'espèce dont nous
allons parler :

DIPLOPHRACTE AURICULÉ. — *Diplophractum auriculatum*
Desfont. in Mém. du Mus. v. 5, p. 36, tab. 1.

Tiges ligneuses. Ramules cotonneux. Feuilles oblongues-obovales, cuspidées, sinuolées inférieurement, denticulées-sinuolées
vers le sommet, triplinervées à la base, glabres en dessus, cotonneuses en dessous, à base cordiforme-bilobée, longues de 3 à
6 pouces, sur 1 à 2 pouces de large. Stipules poilues aux bords,
larges d'un pouce ou moins. Pédoncules courts. Fleurs de 6 à 8
lignes de diamètre. Sépales elliptiques, obtus, cotonneux en dehors. Étamines de la longueur de la corolle. Ovaire obtus, cotonneux, à 5 côtes arrondies. Péricarpe épais, de la grosseur
d'une petite Noix; Ailes ondulées. Graines brunes.

Cette plante a été trouvée à Java, par M. Léchenault.

Genre SLOANÉA. — *Sloanea* Linn.

Calice à 4-7 sépales plus ou moins soudés inférieurement, lancéolés-linéaires, veloutés en dessous, colorés en dessus. Corolle nulle. Étamines très-nombreuses. Filets très-courts. Anthères basifixes, très-longues, appendiculées au sommet. Ovaire sessile. Style filiforme ou presque nul. Stigmates 4 ou 5, subulés. Capsule ligneuse, globuleuse, hérissée de soies raides, 4-5-loculaire, 4-5-valve; loges 1-5-spermes. Graines enveloppées dans un arille charnu.

Arbres. Feuilles grandes, très-entières, ou dentées. Fleurs unibractéolées.

Ce genre renferme cinq espèces dont voici les plus notables :

a) *Calice 5-7-fide. Style allongé. Capsule 3-6-loculaire , hérissée de longues soies épaisses , raides , ligneuses , entrecroisées.*

Sloanéa a feuilles dentées. — *Sloanea dentata* Linn. — Plum. Ic. ed. Burm. tab. 244.—*Castanea Sloanea* Mill. Dict. — *Sloanea grandiflora* Smith.

Feuilles cordiformes-ovales , pointues, dentées. Stipules cordiformes-triangulaires, dentelées. Grappes axillaires.

Arbre haut de 40 à 50 pieds, sur 2 à 3 pieds de diamètre. Feuilles très-grandes. Calice campanulé : segments pointus, étalés. Étamines environ 140 : anthères verdâtres, velues. Ovaire velu. Capsule roussâtre. Graines oblongues, enveloppées dans un arille rouge, succulent.

Cette espèce croît à la Guiane et aux Antilles. Ses capsules ressemblent aux fruits du Châtaignier encore enveloppés dans leur cupule.

b) *Calice 5-parti : sépales ovales : 4 égaux, plus grands ; le cinquième plus petit. Style presque nul. Stigmates filiformes. Capsule 4-5-loculaire, hérissée de longues soies grêles, très-rapprochées, piquantes.*

Sloanéa de Sinémari,—*Sloanea sinemariensis* Aubl. Guian. tab. 212.

Feuilles ovales-arrondies ou elliptiques, obtuses ou échancrées, très-entières. Stipules oblongues, acuminées, caduques. Grappes axillaires, plus courtes que le pétiole.

Arbre : tronc haut de 40 à 50 pieds, sur 2 pieds de diamètre. Écorce épaisse, roussâtre, ridée. Bois rougeâtre, dur. Branches vagues. Feuilles vertes lisses, coriaces, penninervées, longues et larges d'environ 2 pouces; pétiole presque ligneux, renflé aux 2 bouts. Fleurs petites. Étamines 100 ou plus, plus longues que l'ovaire. Capsule verdâtre, globuleuse, à 4 ou 6 côtes. Graines oblongues, enveloppées d'un arille rouge.

Cet arbre croît à la Guiane et aux Antilles.

Genre MUNTINGIA. — *Muntingia* Linn.

Calice 5-7-parti; sépales étalés, plus courts que les pétales. Étamines nombreuses, libres; anthères elliptiques, échancrées aux 2 bouts. Ovaire sessile, poilu à la base. Stigmate sessile, pelté, 5-7-gone, rayonnant. Baie globuleuse, ombiliquée par le stigmate, à 5-7 loges polyspermes. Graines nidulantes, arrondies, minimes. Embryon plus court que le périsperme.

Ce genre ne renferme que l'espèce que nous allons décrire.

MUNTINGIA CALABURE. — *Muntingia Calabura* Linn. — Jacq. Amer. tab. 107. — Gærtn. Fruct. 2, tab. 59, fig. 6. — Tussac, Flor. Antill. v. 4, tab. 21.

Arbrisseau rameux dès la base, ou petit arbre haut de 15 à 20 pieds. Rameaux velus, garnis de ramules feuillés, distiques. Feuilles ovales-oblongues, acuminées, dentelées, velues, blanchâtres en dessous, visqueuses, horizontales, distiques, obliquement cordiformes à la base, courtement pétiolées, longues de 3 à 5 pouces. Pédoncules axillaires, géminés, velus, uniflores, arqués, longs d'un pouce. Fleurs inodores, blanches, larges d'un pouce. Sépales lancéolés, acuminés, concaves à la base. Pétales arrondis, très-entiers, courtement onguiculés, étalés. Filets capillaires, étalés, 2 fois plus courts que les pétales. Ovaire de la longueur des étamines. Baie rouge, de la grosseur d'une Cerise.

Le *Calabure* croît aux Antilles et dans l'Amérique méridionale. Il mérite d'être cultivé en serre à cause de l'élégance de son fruit et de son feuillage. Son inflorescence présente une particularité assez curieuse. Les pédoncules, d'abord réfléchis de manière à placer les boutons derrière les feuillés, se recourbent en sens inverse lors de l'anthèse et portent les fleurs devant les feuilles.

« Cet arbre, dit M. de Tussac, est d'un aspect très-agréable
» lorsque, au printemps, il est couvert de fleurs d'un beau blanc,
» ou au mois de juin lorsque ses fruits contrastent agréablement,
» par leur jolie couleur rouge, avec le vert tendre du feuillage;
» ils sont très-recherchés par les jeunes créoles, qui leur trou
» vent un goût agréable; on les sert même sur les tables.

» Le Calabure se trouve ordinairement dans les plaines qui
» bordent les rivières, et surtout dans les terrains d'alluvion;
» son bois, blanc et mou, n'est point employé, mais l'écorce est
» très-recherchée pour faire des cordes, qui sont d'un meilleur
» usage que celles faites avec le *Furcræa* ou *Pitre*. »

Genre LUHÉA. — *Luhea* Willd.

Calice à 5 sépales libres, accompagné d'un involucelle 6-12-phylle. Pétales glandulifères à la base. Étamines nombreuses, pentadelphes : phalanges courtes, alternes avec les sépales; filets plurisériés : les extérieurs stériles, pétaloïdes, fimbriés; anthères oblongues. Ovaire à 5 loges multiovulées. Style épaissi vers le sommet. Stigmate 5-lobé, papilleux. Capsule loculicide, 5-valve, à 5 loges oligospermes ou polyspermes. Graines bisériées, imbriquées, ailées, anguleuses, suspendues : embryon rectiligne, axile.

Arbres. Feuilles alternes-distiques, cotonneuses et réticulées en dessous, dentelées, courtement pétiolées. Poils étoilés. Stipules caduques. Fleurs bractéolées, rarement solitaires et terminales, plus souvent en cimes dichotomes axillaires et terminales, ou bien en grappe ou en panicule. Corolle blanche ou rose.

Les *Luhéa* appartiennent à l'Amérique équatoriale; on en connaît onze espèces, dont dix ont été observées au Brésil. Ces végétaux croissent de préférence dans les campagnes découvertes et élevées. Nous allons faire connaître celles qui sont remarquables soit par l'élégance de leurs fleurs et de leurs feuilles, soit par leur utilité.

LUHÉA UNIFLORE. — *Luhea uniflora* Aug. Saint-Hil. Flor. Bras. Merid. I, tab. 57.

Feuilles ovales, pointues, entières vers la base, cotonneuses-ferrugineuses en dessous. Fleurs terminales, solitaires, presque sessiles. Involucelle à 9 folioles lancéolées. Pétales oblongs-linéaires, pointus, 3 fois plus longs que les sépales. Filets stériles capillaires, flexueux.

Arbrisseau haut d'environ 15 pieds. Feuilles longues de 16 à 30 lignes, de moitié moins larges ; pétiole court. Fleurs blanches, larges de 2 à 3 pouces.

M. Aug. de Saint-Hilaire a trouvé cette espèce dans la province de Rio-Janéiro.

LUHÉA DIVARIQUÉ. — *Luhea divaricata* Martius et Zuccar. Nov. Gen et Spec. Brasil. I, tab. 63.

Feuilles ovales-oblongues ou ovales, acuminées, inéquilatérales, entières vers la base, cotonneuses (blanchâtres) en dessous. Fleurs en panicule terminale composée de cimes dichotomes. Involucelles à 6 folioles linéaires, pointues. Pétales obovales, étalés. Filets stériles ovales, fimbriés supérieurement.

Arbre haut d'environ 30 pieds : cime touffue. Feuilles longues de 2 à 4 pouces, de moitié moins longues que larges ; pétiole court. Panicules 3 ou 4 fois dichotomes ; pédicelles latéraux 3 à 4 fois plus longs que les pédicelles dichotoméaires.

Cette espèce, qui croît dans les provinces mériodionales du Brésil, se distingue par ses fleurs roses de plus d'un pouce de diamètre et fort semblables à celles de la *Ronce odorante*. Son bois, blanc et léger, mais d'un grain serré, s'emploie dans le pays à beaucoup d'usages, et notamment à la confection des crosses de fusil.

LUHÉA PANICULÉ. — *Luhea paniculata* Mart. et Zuccar. l. c. tab. 62. — Aug. Saint-Hil. Plant. Us. des Bras. tab. 66.

Feuilles ovales-elliptiques, subobtuses, denticulées tout autour, obliquement cordiformes à la base, blanchâtres en dessous.
Fleurs en panicule terminale, dichotome, cimeuse, ample, feuillée. Involucelle à 9 folioles lancéolées. Pétales rhomboïdaux.
Étamines stériles pénicilliformes.

Cet arbre croît au Brésil, dans les montagnes de la province des
Mines. On se sert de son écorce pour tanner les cuirs. Les fleurs,
de couleur rose ou blanche, sont semblables à celles de l'espèce
précédente.

Luhéa grandiflore.— *Luhea grandiflora* Mart. et Zuccar.
l. c. tab. 61.

Feuilles ovales-elliptiques, ou obovales-elliptiques, courtement acuminées, arrondies à la base, denticulées tout autour,
blanchâtres ou ferrugineuses en dessous. Fleurs en grappes axillaires et terminales. Pédicelles allongés, ferrugineux de même
que les calices. Involucelle à 8 ou 9 folioles cordiformes, poin·
tues. Pétales dressés, rhomboïdaux, un peu plus courts que le
calice. Étamines stériles pénicilliformes.

Arbre haut de 20 à 25 pieds, sur 8 à 12 pouces de diamètre.
Rameaux disposés en tête ovale. Ramules, pédoncules et calices
couverts de poils de couleur olivâtre. Pétales blancs, longs d'un
pouce.

Luhéa a feuilles rousses. — *Luhea rufescens* Aug. Saint-
Hil. Flor. Bras. Merid. 1, tab. 58. A.

Feuilles elliptiques ou obovales, subcordiformes à la base, dentelées vers le sommet, courtement acuminées, veloutées (rougeâtres) en dessous. Panicule terminale, lâche, cimeuse, feuillée à la
base. Involucelle à 9 folioles linéaires-lancéolées. Pétales ovales-
oblongs, un peu plus courts que le calice. Filets stériles liguliformes, fimbriés au sommet.

Arbre. Ramules pulvérulents. Feuilles longues de 4 à 5 pouces; stipules triangulaires, semi-hastiformes, plus longues que le
pétiole. Cimes partielles pédonculées, pauciflores, dichotomes;
pédicelles allongés. Sépales oblongs, pointus. Fleurs subcampanu-

lées, blanches, larges de 1 ¹/₂ pouce. Fruit prismatique, pentagone, obtus, long d'environ 18 lignes.

Cette espèce a été observée par M. Aug. de Saint-Hilaire, au
Brésil, dans les savanes de la province des Mines.

Luhéa du Mexique. — *Luhea mexicana* De Cand. Prodr.
— *Alegria candida* Hern. Flor. Mex. ined. Ic. (ex De
Cand.)

Feuilles ovales, dentelées. Involucelle à 10 ou 12 folioles étalées, lancéolées, pointues. Pétales obovales.

Cette espèce, indigène au Mexique, forme un arbre magnifique,
à fleurs blanches, de la grandeur d'une Rose, et semblables par
leur forme à celles du *Sparmannia*.

Genre MOLLIA. — *Mollia* Mart.

Calice non-caliculé : sépales 5, libres. Pétales 5, tronqués, mucronés. Étamines plurisériées : les extérieures pentadelphes ; les intérieures irrégulièrement polyadelphes. Anthères médifixes, linéaires. Ovaire 2-loculaire, pluriovulé.
Stigmate entier. Capsule ligneuse, biloculaire, loculicide-
bivalve jusqu'au milieu, polysperme. Graines comprimées,
marginées, attachées par paires séparées les unes des autres
par des diaphragmes.

On ne connaît de ce genre que l'espèce suivante :

Mollia superbe. — *Mollia speciosa* Mart. et Zuccar. Nov.
Gen. et Spec. Brasil. tab. 62.

Arbre de hauteur médiocre, ayant le port d'un Tilleul.
Feuilles ovales ou ovales-oblongues, courtement acuminées, dentelées vers leur sommet, glabres en dessus, couvertes en dessous
d'un duvet étoilé. Stipules petites, caduques. Pédoncules 1-flores,
ou corymbifères, axillaires. Fleurs larges d'environ 2 pouces.
Sépales linéaires-lancéolés, un peu plus longs que les pétales. Pétales blancs, lavés de bleu. Filets bleus. Capsule obovale-oblongue, mucronée, ancipitée.

Cet arbre, remarquable par ses fleurs magnifiques, a été observée par M. de Martius au Brésil, dans les forêts-vierges situées sous l'équateur.

Genre BROWNLOWIA. — *Brownlowia* Roxb.

Calice 3- ou 5-parti, campanulé. Pétales 5, révolutés après l'anthèse, courtement onguiculés, insérés à la base d'un court gynophore turbiné. Étamines en nombre indéfini, libres, insérées au sommet du gynophore; anthères à bourses disjointes à la base. Cinq staminodes pétaloïdes, insérés à la base de l'ovaire, alternes avec les carpelles. Ovaire à 5 loges biovulées. Ovules superposés, appendants. Style subulé. Stigmate simple. Péricarpe à 1-5 coques bivalves, monospermes. Périsperme nul. Radicule infère.

Feuilles alternes, lobées, non-stipulées, couvertes d'une pubescence étoilée. Fleurs en panicules terminales.

L'espèce suivante constitue à elle seule le genre :

BROWNLOWIA ÉLANCÉ.—*Brownlowia elata* Roxb. Corom. 3, tab. 265. — Bot. Reg. tab. 1472.

Grand arbre. Tronc droit, atteignant 15 pieds de circonférence. Branches nombreuses, étalées, formant une tête très-ample, ovale, touffue. Écorce du tronc et des grosses branches lisse, de couleur cendrée. Jeunes ramules veloutés. Feuilles cordiformes, 3-7-nervées, lisses en dessus, pubescentes en dessous, longues de 4 à 12 pouces, sur 3 à 8 pouces de large, à autant de lobes que de nervures; pétiole renflé aux 2 bouts, cylindrique, pubescent, 2 à 3 fois plus court que la lame. Panicules amples, très-rameuses, ovales, pubescentes. Fleurs subfasciculées, d'un jaune vif. Pétales oblongs, obliques. Étamines stériles (staminodes) plus courtes que les étamines fertiles. Ovaire cotonneux. Coques ovales-arrondies, d'un pouce et demi de diamètre. Graine conforme à la coque.

Cet arbre magnifique, indigène dans les montagnes du Chittagong, se cultive dans les collections de serre chaude.

IIᵉ TRIBU. **LES ÉLÉOCARPÉES.** — *ELÆOCARPEÆ*
De Cand. Prodr.

Pétales lobés ou fimbriés au sommet. Étamines 15-20 : filets courts, libres ; anthères filiformes-tétragones, à 2 bourses déhiscentes chacune au sommet par un pore oblong. Ovaire à loges 2-ou pluri-ovulées. Style indivisé. Périsperme charnu. Embryon rectiligne : cotylédons planes, foliacés.

Genre ÉLÉOCARPE. — *Elæocarpus* Linn.

Calice à 5 sépales libres, coriaces. Pétales 5, fimbriés au sommet. Disque multiglandulaire. Étamines 15-20 : anthères basifixes, linéaires-tétragones, bisétifères au sommet. Ovaire 5-loculaire. Drupe à noyau osseux, 5-loculaire, ou par avortement 1-loculaire.

Arbres ou arbrisseaux. Feuilles entières ou dentées, pétiolées. Fleurs en épi ou en grappe : pédoncules axillaires.

Les *Éléocarpes* se font remarquer en général par la beauté de leurs fleurs ; plusieurs espèces produisent des fruits mangeables. D'après les observations de M. Blume, l'écorce de ces végétaux est amère et aromatique. Le genre appartient presque entièrement à l'Asie équatoriale. On en connaît seize espèces, dont voici les plus intéressantes :

ÉLÉOCARPE A FRUIT BLEU.— *Elæocarpus cyaneus* Ait. Hort. Kew. — Bot. Mag. tab. 1737. — Herb. de l'Amat. tab. 237. — *Elæocarpus reticulatus* Bot. Reg. tab. 657.

Feuilles lancéolées, ou lancéolées-oblongues, dentelées, réticulées. Grappes plus courtes que les feuilles ; fleurs unilatérales, nutantes. Pétales dressés, un peu plus longs que le calice. Drupe globuleux : noyau presque lisse.

Arbrisseau haut de 3 pieds ou plus. Feuilles luisantes, persistantes. Fleurs petites, blanches. Drupe d'un bleu vif, de la grosseur d'une Cerise,

Cette espèce, indigène dans la Nouvelle-Hollande, se cultive dans les collections de serre tempérée.

ÉLÉOCARPE LANCÉOLÉ. — *Elæocarpus lanceolatus* Blum. Bijdr. 1, p. 119.

Feuilles lancéolées, subobtuses, bordées de dentelures écartées. Grappes axillaires, penchées, plus longues que les feuilles. Pédicelles plus longs que les pétioles. Drupe ellipsoïde : noyau hérissé d'épines courbées.

Cette espèce est fréquemment cultivée dans les jardins des Javanais, qui regardent la décoction de son écorce comme un excellent diurétique.

ÉLÉOCARPE A FEUILLES ÉTROITES. — *Elæocarpus angusti-folius* Blum. l. c.

Feuilles oblongues-lancéolées, acuminées aux 2 bouts, dentelées vers le sommet. Grappes axillaires, plus courtes que les feuilles. Drupe globuleux : noyau rugueux, sillonné.

M. Blume a observé cette espèce dans les montagnes de Java.

ÉLÉOCARPE FLEURI. — *Elæocarpus floribundus* Blum. l. c.

Feuilles elliptiques-oblongues, acuminées, pointues à la base, coriaces, très-glabres, bordées de dentelures obtuses. Grappes axillaires, penchées, de la longueur des feuilles. Pétales fimbriés.

Cette espèce a été trouvée par M. Blume à Java, au mont Salak.

ÉLÉOCARPE COTONNEUX.—*Elæocarpus tomentosus* Blum. l. c.

Feuilles elliptiques, acuminées, arrondies à la base, cotonneuses en dessous, bordées de dentelures sétacées. Ramules et pédoncules veloutés. Grappes axillaires, allongées.

Cette espèce habite les montagnes de Java.

ÉLÉOCARPE RÉSINEUX. — *Elæocarpus resinosus* Blum. l. c.

Feuilles elliptiques-oblongues, acuminées, obtuses à la base, glanduleuses aux aisselles de la côte, bordées de dentelures peu apparentes. Grappes axillaires, plus courtes que les feuilles. Pétales fimbriés, velus en dessus.

Arbre haut de 5o pieds.

Cet Éléocarpe croît dans les montagnes de Java, où il est appelé *Katulampa*.

ÉLÉOCARPE A GRANDES FEUILLES. — *Elæocarpus macrophyllus* Blum. 1. c.

Feuilles elliptiques-oblongues, arrondies à la base, obtuses, sinuolées-dentelées. Stipules semi-orbiculaires, foliacées. Grappes axillaires, plus courtes que les feuilles. Drupe ellipsoïde, glabre.

Arbre haut de 8o pieds.

Cette espèce croît dans les montagnes de Java, où on la nomme *Katulampa Bandak*.

ÉLÉOCARPE KARA. — *Elæocarpus Perimkara* De Cand. Prodr. — Hort. Malab. 4, tab. 24.

Feuilles ovales-lancéolées, dentelées. Grappes axillaires. Drupe globuleux : noyau irrégulièrement sillonné et rugueux.

Grand arbre. Tronc gros. Écorce épaisse, de couleur cendrée à l'extérieur, pourpre à l'intérieur. Bois dense, blanchâtre. Feuilles luisantes, d'un vert foncé, longues d'environ 3 pouces. Grappes lâches, longues de 3 à 4 pouces. Fleurs blanches, odorantes. Drupe du volumé et de la forme d'une grosse Olive, d'un pourpre violet à la maturité.

Cet arbre croît au Malabar, ainsi que dans d'autres contrées de l'Inde, où ses fruits sont très-estimés, à cause de leur saveur sucrée et acidule. On mange ces fruits crus, ou confits soit au sucre, soit à la saumure ou au vinaigre.

ÉLÉOCARPE DENTELÉ. — *Elæocarpus serratus* Linn. — *Ganitri* Rumph. Amb. 3, tab. 101. — Burm. Flor. Zeyl. tab. 4o. — *Ganitrus sphærica* Gærtn. Fruct. tab. 139.

Feuilles oblongues, dentelées, rétrécies aux 2 bouts. Grappes unilatérales, pendantes, plus courtes que les feuilles. Drupe sphérique : noyau 5-sulqué, spinelleux.

Grand arbre : tronc un peu tortueux, très-épais. Écorce glabre, jaune à l'intérieur. Feuilles non-persistantes, courtement pétiolées, penninervées, longues de 6 à 7 pouces, sur 2 pouces de large. Fleurs campanulées, longues d'un demi-pouce : pétales blancs, devenant rouges après l'anthèse. Drupe du volume d'une balle de fusil, de couleur bleue : noyau sphérique, d'un brun roux.

Cette espèce croît dans les montagnes des Moluques et des îles de la Sonde ; on la connaît dans ces contrées sous les noms de *Ganiter* ou *Ganitri*. C'est, selon Rumphius, un végétal énorme, qui élève sa cime au-dessus de celles de tous les autres arbres, et qu'on reconnaît de loin à la couleur écarlate que prennent ses feuilles avant leur chute. Son bois s'emploie dans les constructions ; mais quoiqu'il soit pesant et assez dur, il ne résiste pas longtemps à l'humidité de la terre. Les fruits mûrs ont un goût vineux : les oiseaux et le bétail en sont très-friands. Le noyau des drupes, qui sert à faire des colliers et des rosaires, est un objet de commerce dans toute l'Inde.

Éléocarpe a fruit ellipsoïde. — *Elæocarpus oblongus* Smith. — *Ganitrum oblongum* Rumph. Amb. 3, tab. 102.

Feuilles ovales ou ovales-oblongues, pointues, très-entières, rétrécies à la base. Grappes unilatérales, penchées, multiflores. Drupe ellipsoïde, obtus, monosperme : noyau rugueux.

Arbre très-élevé. Feuilles molles, d'un vert foncé, discolores, penninervées, longues de 5 à 8 pouces, sur 2 à 3 pouces de large. Drupe rougeâtre, du volume d'une Prune ; chair jaunâtre, molle, visqueuse ; noyau oblong, grisâtre.

Cet arbre croît aux îles de la Sonde, où on en cultive aussi une variété comme arbre fruitier. La saveur du drupe est douceâtre, mais fade. Le bois, de couleur blanchâtre et rayé de veines rouges, est pesant et très-dur ; il s'emploie fréquemment aux constructions.

Éléocarpe a feuilles entières.—*Elæocarpus integerrima* Lour. Flor. Cochinch.

Feuilles lancéolées, très-entières. Pédoncules agrégés. Ovaire 10-coque. Drupe ovoïde, pointu, 1-loculaire.

Arbre de grandeur médiocre : rameaux étalés. Fleurs jaunes,

odorantes, nombreuses. Pétales plus longs que le calice. Drupe petit, noirâtre.

Cette espèce croît en Cochinchine; on la cultive dans les jardins de ce pays, à cause de la beauté et du parfum de ses fleurs.

ÉLÉOCARPE DE COCHINCHINE. — *Elæocarpus sylvestris* Poir. — *Adenodus sylvestris* Lour. Flor. Cochinch.

Feuilles ovales-lancéolées, dentelées. Épis subterminaux. Disque à 5 glandules persistantes, bilobées. Sépales réfléchis, de la longueur des pétales. Drupe ovoïde-oblong, monosperme : noyau rugueux.

Arbre de grandeur médiocre : rameaux étalés. Fleurs blanches, panachées de rouge. Étamines 15. Drupe petit, glabre.

Cette espèce croît en Cochinchine.

Genre FRIESIA. — *Friesia* De Cand.

Calice 4-parti. Pétales 4, trilobés au sommet. Étamines 12, courtes : anthères cordiformes-oblongues, acuminées, déhiscentes au sommet. Baie sèche, substipitée, indéhiscente, à 2-4 sillons, et à autant de loges 2-spermes.

Ce genre ne renferme que l'espèce suivante :

FRIESIA A LONGS PÉDONCULES. — *Friesia peduncularis* De Cand. Prodr. — *Elæocarpus peduncularis* Labill. Nov. Holl. tab. 155.

Arbrisseau haut d'une quinzaine de pieds ; ramules dressés, cylindriques. Feuilles longues de 2 pouces, dentelées, lancéolées, acuminées, subsessiles, opposées, ou rarement soit alternes, soit verticillées-ternées. Pédoncules axillaires, uniflores, filiformes, défléchis, solitaires, ou géminés, ou ternés, plus courts que les feuilles. Fleurs très-petites. Sépales ovales, acuminés, de la longueur des pétales. Baie obovée ou ellipsoïde, obtuse aux 2 bouts, 2-4-sulquée, 2-4-loculaire. Graines ovoïdes.

Cette plante, indigène à la terre de Diémen, se cultive, comme plante d'agrément, en orangerie.

Genre VALLÉA. — *Vallea* Mutis.

Calice à 5 sépales libres, colorés. Pétales 5, trilobés. Étamines 30-40, bisériées : anthères basifixes, mutiques. Disque annulaire. Ovaire à 3-5 loges biovulées. Style 3-5-fide. Capsule ligneuse, ovoïde, spinelleuse, 3-5-loculaire, 3-5-valve, loculicide. Graines géminées. Embryon rectiligne : cotylédons planes, foliacés.

Arbres ou arbrisseaux. Feuilles cordiformes, entières. Pédoncules axillaires et terminaux, 2- ou 3-flores, bractéolés.

Ce genre, propre à l'Amérique équatoriale, renferme trois espèces, dont la suivante est la plus remarquable.

VALLÉA STIPULAIRE. — *Vallea stipularis* Mutis, ex Kunth, in Humb. et Bonpl. Nov. Gen. et Spec. v. 5, tab. 489.

Arbrisseau : rameaux glabres, rougeâtres, cylindriques. Ramules étalés. Feuilles pétiolées, ovales, obtuses, cordiformes, très-entières, un peu obliques, réticulées, membranacées, glabres, barbues en dessous aux aisselles des veines. Stipules pétiolulées, subréniformes, plus courtes que le pétiole. Fleurs presque en corymbe, pendantes, pédicellées, de la grandeur de celles du Tilleul. Sépales 3-5-nervés, oblongs, obtus. Pétales un peu plus longs que le calice, roses, suborbiculaires, à 3 lobes obtus. Étamines plus courtes que la corolle.

Cet arbrisseau élégant habite les plateaux de Santa-Fé de Bogota.

GENRE VOISIN DES TILIACÉES.

Genre VATÉRIA. — *Vateria* Linn.

Calice 5-parti, persistant. Pétales 5, échancrés. Étamines 40-50 : anthères allongées, linéaires, rostrées, subsessiles. Style indivisé. Stigmate capitellé. Capsule ovale, coriace, 1-loculaire, 3-valve, monosperme.

Ce genre est constitué par l'espèce dont nous allons faire mention.

VATÉRIA D'INDE. — *Vateria indica* Linn. — Gærtn. Fruct. tab. 189.— Hort. Malab. 4, p. 33, tab. 15.—Roxb. Corom. 3, tab. 288.

Grand arbre. Écorce résineuse. Jeunes pousses couvertes d'une pubescence étoilée. Feuilles longues de 4 à 8 pouces, sur 2 à 4 pouces de large, lisses, coriaces, pétiolées, obtuses ou échancrées, oblongues, très-entières ; pétiole long d'environ 1 pouce. Stipules oblongues, caduques. Panicule terminale, ample, rameuse, composée de grappes subunilatérales. Fleurs pédicellées, larges de $^1/_2$ pouce. Bractées oblongues, caduques. Sépales oblongs, obtus, velus en dehors. Pétales ovales, échancrés, un peu plus longs que les sépales.

Ce végétal, remarquable par une magnifique inflorescence, croît au Malabar.

HUITIÈME CLASSE.

LES LAMPROPHYLLÉES.

LAMPROPHYLLEÆ Bartl.

CARACTÈRES.

Arbres ou *arbrisseaux*. Ramules cylindriques. Sucs propres aqueux, ou quelquefois résineux, ou laiteux.

Feuilles éparses (par exception opposées), presque toujours coriaces, luisantes, simples, penninervées, indivisées, très-entières ou dentées, non-ponctuées, non-stipulées ou moins souvent stipulées.

Fleurs régulières, hermaphrodites, ou rarement polygames, ordinairement axillaires (soit solitaires, soit fasciculées), quelquefois en grappes ou en panicules terminales.

Calice inadhérent, quelquefois bractéolé, à 3-7 (ordinairement 5) sépales concaves, imbriqués en préfloraison.

Pétales hypogynes, en même nombre que les sépales, ou quelquefois en plus grand nombre que les sépales, interpositifs, ou rarement antépositifs, libres, ou cohérents par la base, caducs; estivation contortive.

Étamines hypogynes, en nombre indéfini. Filets souvent monadelphes ou pentadelphes et adnés par leur base aux pétales. Anthères inappendiculées, à 2 bourses contiguës, déhiscentes chacune par une fente longitudinale, ou toutes deux par un seul pore.

Pistil: Ovaire inadhérent, 2-5-loculaire. Placentaires

centraux, multiovulés. Styles en même nombre que les loges, soudés inférieurement. Stigmates libres.

Péricarpe capsulaire, ou baccien, ou drupacé, ou carcérulaire, 2-5-loculaire, ou par avortement 1-loculaire; loges 1-spermes, ou oligospermes, ou polyspermes.

Graines axiles, inarillées. Périsperme charnu ou nul. Embryon rectiligne ou curviligne : radicule appointante.

Cette classe, outre ses nombreux rapports avec les Columnifères et les Myrtinées, se rapproche beaucoup des Guttifères et des Sapotées. Presque toutes les *Lamprophyllées* appartiennent à la Flore équatoriale.

Les familles qui constituent cette classe sont les Chlénacées, les Ternstrémiacées et les Camelliacées.

LES CHLENACÉES. — *CHLENACEÆ*.

Chlenaceæ Pet. Thou. Hist. des Végét. de l'Afr. austr. p. 46. — De
Cand. Prodr. I, p. 521. — Bartl. Ord. Nat. p. 336.)

On ne connaît que sept espèces de *Chlénacées*, toutes
indigènes à Madagascar, et remarquables par l'élégance
de leurs formes.

CARACTÈRES DE LA FAMILLE.

Arbres ou *arbrisseaux*.

Feuilles éparses, simples, penninervées, entières. Stipules caduques ou nulles.

Fleurs hermaphrodites, régulières, souvent très-grandes, rouges, ou blanches, disposées en panicule ou en cime. Pédoncules axillaires et terminaux.

Calice inadhérent, persistant, ou caduc, petit, 3-sépale, presque toujours caliculé.

Pétales 5 ou 6 (rarement 11 ou 12), hypogynes, libres ou soudés par la base, inéquilatéraux.

Etamines très-nombreuses (par exception 10), hypogynes. Filets monadelphes, ou adnés inférieurement aux pétales. Anthères oblongues ou suborbiculaires, versatiles, ou adnées, à deux bourses contiguës, déhiscentes chacune antérieurement par une fente longitudinale.

Pistil : Ovaire 3-loculaire. Placentaires centraux, biovulés. Style indivisé, filiforme. Stigmate capitellé, 3-lobé.

Péricarpe : Capsule 3- ou 5-loculaire, ou par avortement 1-loculaire, 3-valve, loculicide, recouverte par l'involucre amplifié et quelquefois charnu; loges dispermes ou, par avortement, monospermes.

Graines inverses. Périsperme corné. Embryon central, verdâtre : cotylédons foliacés; radicule appointante.

Voici les genres qui constituent la famille :

Sarcolæna Pet. Thou. — *Leptolæna* Pet. Thou. — *Schizolæna* Pet. Thou. — *Rhodolæna* Pet. Thou.

Genre SARCOLÈNE. — *Sarcolæna* Pet. Thou.

Involucre 1-flore, urcéolé, 5-denté, cotonneux, plus grand que le calice. Pétales 5, dressés, soudés en tube par les onglets. Étamines en nombre indéterminé, insérées au fond de la corolle. Anthères basifixes, adnées. Ovaire à 3 loges biovulées. Capsule à 3 loges monospermes, recouverte par l'involucre devenu charnu et bacciforme. Graines scabres : radicule oblongue; cotylédons foliacés.

Rameaux dichotomes. Feuilles pétiolées, cotonneuses-ferrugineuses en dessous, avant l'épanouissement plissées longitudinalement et renfermées dans une grande stipule conique, spathacée, caduque. Cimes triflores ou pluriflores, subterminales. Corolle blanche. Pédicelles munis de bractéoles caduques.

Ce genre renferme trois espèces, dont voici les deux plus notables :

SARCOLÈNE GRANDIFLORE. — *Sarcolæna grandiflora* Pet. Thou. Hist. des Végét. de l'Afr. austr. tab. 9.

Feuilles oblongues, ou oblongues-lancéolées, pointues, cotonneuses-ferrugineuses en dessous. Cimes subtriflores, terminales. Involucre fructifère transversalement ellipsoïde, hérissé en dedans, déprimé.

Petit arbre très-élégant. Rameaux réclinés. Feuilles longues de 4 à 5 pouces. Involucre recouvert de poils scabres; d'une cou-

leur fauve très-brillante, à l'époque de la maturité du volume
d'une petite Nèfle, d'un vert d'Olive, lisse. Corolle comme campanulée : lames larges d'environ 6 lignes, obliquement tronquées
et échancrées au sommet.

M. Aubert du Petit-Thouars a découvert cet arbre à Madagascar, où il porte le nom de *Toudinga.* L'involucre charnu de
son fruit a une saveur assez agréable ; mais les poils roides dont
sa cavité intérieure est tapissée causent des démangeaisons insup-
portables, et incommoderaient beaucoup ceux qui seraient ten-
tés d'en goûter.

SARCOLÈNE MULTIFLORE.—*Sarcolæna multiflora* Pet. Thou.
l. c. tab. 10.

Feuilles oblongues ou oblongues-lancéolées, pointues, glabres
en dessous excepté aux nervures. Cimes trichotomes, multiflores, terminales. Involucre fructifère subglobuleux, trilobé,
hérissé en dedans.

Arbre très-semblable à l'espèce précédente par le port et le
feuillage. Fleurs beaucoup plus petites mais nombreuses. Involucre fructifère verdâtre, de la grosseur d'une Cerise.

Cette espèce habite les mêmes contrées que la précédente.

Genre LEPTOLÈNE.—*Leptolæna* Pet. Thou.

Involucre charnu, 6-denté, uniflore, plus court que le
calice. Sépales 5, concaves, velus. Pétales 5, longuement onguiculés, soudés inférieurement en tube. Étamines 10, monadelphes. Androphore urcéolaire, à 10 crénelures; anthères médifixes, versatiles. Ovaire à 3 loges biovulées. Style
épais. Stigmate 3-lobé. Capsule par avortement 1-loculaire
et monosperme, recouverte par l'involucre devenu charnu
et bacciforme.

L'espèce suivante constitue à elle seule ce genre :

LEPTOLÈNE MULTIFLORE.—*Leptolæna multiflora* Pet. Thou.
l. c. tab. 11.

Petit arbre très-élégant, semblable aux Leptolènes. Tronc
haut de 3 à 4 pieds, sur 6 pouces de diamètre. Cime touffue,

haute de 6 à 8 pieds. Rameaux grêles, cylindriques. Stipules caduques. Feuilles longues de 2 ¹/₂ à 3 pouces, larges de 18 lignes, lancéolées ou lancéolées-oblongues, brusquement terminées en courte pointe obtuse, glabres, ondulées; pétiole long de 5 à 6 lignes, large de 1 ligne, aplati en dessus. Cimes terminales, multiflores, irrégulièrement trichotomes. Pétales blancs, lancéolés. Involucre fructifère de la grosseur d'un Pois, subglobuleux.

Cet arbre a été observé, par M. Aubert du Petit-Thouars à Madagascar.

Genre SCHIZOLÈNE. — *Schizolæna* Pet. Thou.

Involucre petit, biflore, crénelé. Sépales 5, concaves, membranacés. Pétales 5, connivents. Étamines en nombre indéterminé, monadelphes : androphore annulaire, à 10 crénelures; filets spatulés au sommet; anthères adnées, latéralement déhiscentes. Ovaire 5-loculaire. Style aussi long que les étamines. Stigmate trilobé. Capsule trilobée, triloculaire, trivalve, recouverte par l'involucre amplifié, membranacé, visqueux, irrégulièrement lacinié.

Ce genre renferme trois espèces, dont voici la plus marquante.

SCHIZOLÈNE ROSE. — *Schizolæna rosea* Pet. Thou. l. c. tab. 12.

Petit arbre très-élégant. Cime touffue, peu étalée. Rameaux alternes. Feuilles un peu étalées, longues de 2 à 3 pouces, sur 1 ¹/₂ à 2 pouces de large, d'un vert brillant en dessus, couvertes dans leur jeunesse d'une pubescence blanchâtre, étoilée, puis glabres, elliptiques ou oblongues, courtement acuminées; pétiole long de 6 lignes. Stipules géminées, lancéolées, caduques. Panicules axillaires, irrégulièrement dichotomes, lâches, 6-10-flores, bractéolées. Pétales larges d'environ 3 lignes, obovales-orbiculaires, de couleur rose. Involucre fructifère semblable à celui du *Noisetier d'Orient*. Capsule scabre.

M. Aubert du Petit-Thouars a trouvé cette espèce à Madagascar.

Genre RHODOLÈNE. — *Rhodolæna* Pet. Thou.

Calice dibractéolé à la base : sépales 3, concaves, membranacés. Pétales 6, libres, contournés de gauche à droite, très-inéquilatéraux, tronqués au sommet. Étamines en nombre indéterminé, monadelphes : androphore annulaire ; anthères oblongues, supra-basifixes, versatiles. Ovaire à 3 loges pauciovulées. Style filiforme, beaucoup plus long que les étamines. Stigmate trilobé. (Péricarpe inconnu.)

L'espèce suivante constitue à elle seule ce genre.

RHODOLÈNE ÉLANCÉ. — *Rhodolæna altivola* Pet. Thou. l. c. tab. 13.

Arbuste élégant, grimpant au sommet des plus grands arbres. Feuilles longues de 4 à 5 pouces, larges de 2 à 3 pouces, ovales-oblongues ou elliptiques, obtuses ou pointues, fermes, d'un vert foncé ; pétiole long de 4 à 5 lignes. Pédoncules axillaires et terminaux, longs de 2 à 3 pouces, biflores au sommet : pédicelles épaissis au sommet, longs d'environ 6 lignes. Sépales ovales, acuminés, fauves, visqueux, longs de 1 pouce. Corolle d'un pourpre très-brillant, large de 2 ¹/₂ à 3 pouces. Style presque aussi long que les pétales.

Cet arbrissseau croît à Madagascar : ses fleurs, selon M. Aubert du Petit-Thouars, sont des plus magnifiques qu'on puisse voir.

CINQUANTE-QUATRIÈME FAMILLE.

LES TERNSTRÉMIACÉES. — *TERNSTRŒ-MIACEÆ*.

(*Ternstrœmiaceæ* Mirb. in Bullet. de la Soc. Philom. 1813, p. 331. — De Cand. in Mém. de la Soc. d'Hist. Nat. de Genève, I; Prodr. I, p. 523 — Bartl. Ord. Nat. p. 335. — Cfr. Cambess. Mém. sur les Ternstrémiacées et les Guttifères, in Mém. du Mus. v. 16; et ejusd. Ternstrœmiaceæ in Flor. Brasil. Merid. — Mart. et Zuccar. Nov. Gen. et Spec. Brasil.)

Une inflorescence souvent magnifique, jointe à un feuillage élégant et toujours vert, rendent cette famille très-intéressante. En outre, beaucoup de *Ternstrémiacées* contiennent un mucilage copieux, qui les rend utiles comme remèdes émollients; d'autres possèdent des propriétés astringentes.

Plus de cent espèces, dont aucune n'est indigène en Europe, et qui appartiennent presque toutes aux contrées équatoriales, composent ce groupe.

CARACTÈRES DE LA FAMILLE.

Arbres, ou *arbrisseaux*, ou rarement *sous-arbrisseaux*.

Feuilles simples, coriaces, persistantes, alternes (par exception opposées), penninervées ou penniveinées, très-entières, ou dentées (par exception palmatilobées), très - rarement ponctuées, presque toujours non - stipulées.

Fleurs hermaphrodites (par exception polygames), rosacées, axillaires, ou terminales, blanches, ou rouges, ou roses, ou rarement jaunes. Pédoncules solitaires ou fasciculés, articulés par la base, dibractéolés au sommet,

Calice inadhérent, persistant ou non-persistant, souvent bractéolé, à 5 sépales imbriqués, concaves, coriaces, obtus, souvent inégaux.

Disque hypogyne, annulaire.

Pétales 5 (par exception 6-9), insérés au disque, antépositifs ou plus souvent interpositifs, libres ou cohérents par la base, non-persistants, contournés en préfloraison.

Étamines en nombre indéterminé, insérées au disque, 1-3-sériées. Filets courts, subulés, libres, ou plus ou moins soudés inférieurement (monadelphes), presque toujours adnés aux pétales par la base. Anthères ovales, ou oblongues, ou suborbiculaires, basifixes et adnées, ou médifixes et mobiles, extrorses ou introrses, à 2 bourses contiguës, déhiscentes longitudinalement, ou par des pores soit basilaires, soit apicilaires.

Pistil : Ovaire 2-5-loculaire. Placentaires centraux, multiovulés. Style indivisé, ou 2-5-fide. Stigmates terminaux, ordinairement libres.

Péricarpe 2-5-loculaire, capsulaire, ou carcérulaire, ou baccien, ou drupacé ; loges polyspermes, ou oligospermes.

Graines suspendues, ou ascendantes, ou horizontales, ailées ou aptères, de forme variée. Épisperme double. Périsperme charnu ou inapparent. Embryon rectiligne ou plus ou moins curviligne : radicule appointante ; cotylédons planes ou plissés.

La famille des Ternstrémiacées se compose comme suit :

Iᵉ TRIBU. **LES TERNSTRÉMIÉES.** — *TERNSTROEMIEÆ.*

Pétales antépositifs, cohérents par la base. Anthères adnées.

Ternstrœmia Linn. (Toanabo Aubl.)

II° TRIBU. LES FRÉZIÉRÉES. — *FREZIEREÆ.*

Pétales interpositifs, libres. Anthères adnées. Péricarpe charnu.

Cleyera Thunb. — *Freziera* Swartz. — *Eurya* Thunb. — *Lettsomia* Ruiz et Pav. — *Geeria* Blum.

III° TRIBU. LES SAURAUJÉES. — *SAURAUJEÆ.*

Pétales interpositifs, cohérents par la base. Anthères incombantes. Péricarpe capsulaire.

Saurauja Willd (Apatelia De Cand. Palava Ruiz et Pav.)

IV° TRIBU. LES BONNÉTIÉES. — *BONNETIEÆ.*

Pétales libres, interpositifs. Anthères adnées ou incombantes. Péricarpe capsulaire.

Caraipa Aubl. — *Kielmeyera* Mart. — *Bonnetia* Mart. (Kieseria Nees.) — *Mahurea* Aubl. (Bonnetia Schreb.) — *Architœa* Mart. — *Ventenatia* Beauv. — *Laplacea* Kunth. (Hæmocharis Mart.)

V° TRIBU. LES GORDONIÉES. — *GORDONIEÆ.*

Pétales interpositifs, souvent soudés par la base. Capsule à loges 1- ou 2-spermes. Périsperme nul. Embryon rectiligne : radicule oblongue; cotylédons foliacés, plissés longitudinalement; plumule imperceptible.

Malachodendron Cavan. — *Stewartia* Cavan. — *Reinwardta* Blum. (Blumia Spreng.) — *Gordonia* Ellis. (Lacathea Salisb. Franklinia Marsh.)—*Wickstrœmia* Schrad. (Lindleya Nees.)

GENRE ANOMALE.

Cochlospermum Kunth. (Wittelsbachia Mart.

Ire TRIBU. **LES TERNSTRÉMIÉES.** — *TERNSTROE-MIEÆ* De Cand. Prodr.

Calice dibractéolé à la base. Pétales cohérents par la base, antépositifs. Anthères adnées. Style et stigmate indivisés.

Genre TERNSTRÉMIA. — *Ternstrœmia* Linn.

Calice à 5 ou 6 sépales libres, inégaux. Pétales 5 ou 6, iné-gaux, soudés par la base. Filets très-courts, adhérents infé-rieurement à la base des pétales. Anthères basifixes, intror-ses, longitudinalement déhiscentes. Ovaire à 2-5-loges 2-4-ovulées. Styles et stigmates soudés en un seul. Péricarpe 2-5-loculaire, globuleux, charnu et indéhiscent, ou bien co-riace et s'ouvrant irrégulièrement en 2-5 valves séminifères. Graines pendantes, oblongues. Périsperme charnu. Em-bryon curviligne; cotylédons linéaires.

Arbres ou arbrisseaux. Feuilles éparses, très-entières ou dentelées. Pédoncules axillaires, solitaires, uniflores.

Les *Ternstrémia* ont un port très-élégant, et souvent aussi de belles fleurs. On en connaît une vingtaine d'espèces, dont voici les plus notables :

T ERNSTRÉMIA DU B RÉSIL. — *Ternstrœmia brasiliensis* Cam-bess. in Flor. Brasil. Merid. 1, tab. 59.

Feuilles lancéolées, ou lancéolées-obovales, ou obovales, ob-tuses, ou échancrées, ou pointues, révolutées aux bords, légère-ment dentelées. Pédoncules plus courts que les feuilles. Sépales denticulés. Pétales ovales-lancéolés. Graines ponctuées.

Arbre de moyenne taille. Feuilles longues de 3 à 5 pouces, larges de 15 à 20 lignes. Fleurs larges de 6 à 12 lignes.

Cette espèce a été observée par M. Aug. de Saint-Hilaire, au Brésil, dans la province des Mines.

T ERNSTRÉMIA A LONGS P ÉDONCULES. — *Ternstrœmia pedun-cularis* De Cand. Prodr.

Feuilles ovales-oblongues, obtuses, très-entières. Pédicelles latéraux, 3 fois plus longs que les fleurs.

Cette espèce, originaire des Antilles, se cultive dans les collections de serre chaude.

TERNSTRÉMIA A FEUILLES DENTELÉES. — *Ternstrœmia dentata* Swartz. — *Toanabo dentata* Aubl. Guian. tab. 227.

Feuilles glabres, elliptiques-oblongues, acuminées aux 2 bouts, dentelées. Pédicelles latéraux et axillaires, de la longueur des pétioles. Sépales et pétales ovales, pointus.

Tronc haut de 25 pieds et plus, sur 2 pieds de diamètre. Écorce épaisse, de couleur cendrée extérieurement, rougeâtre intérieurement. Fleurs petites, jaunâtres.

Grand arbre, indigène dans la Guiane, où il porte le nom vulgaire de *Palétuvier des montagnes*. L'écorce est employée pour tanner les cuirs.

TERNSTRÉMIA A FEUILLES DENTICULÉES. — *Ternstrœmia punctata* Swartz. — *Toanabo dentata* Aubl. l. c. tab. 228.

Feuilles glabres, oblongues ou elliptiques, échancrées, denticulées. Pédicelles axillaires, filiformes, plus longs que les pétioles. Sépales ovales-lancéolés.

Cet arbre croît dans les mêmes contrées que le précédent, dont il a le port et les dimensions. Son bois et son écorce servent aussi au tannage.

IIᵉ TRIBU. LES FRÉZIÉRÉES. — *FREZIEREÆ*
De Cand. Prodr.

Calice dibractéolé à la base. Pétales libres, interpositifs. Style indivisé. Stigmates 2-5. Péricarpe charnu. Graines aptères. Périsperme charnu. Embryon subcurviligne.

Genre CLÉYÉRA. — *Cleyera* Thunb.

Calice à 5 sépales libres. Pétales 5, libres. Étamines adhérentes à la base des pétales ; anthères dressées, ciliées. Ovaire globuleux. Style indivisé, filiforme. Stigmates 2 ou 3; libres. Baie à 2-3 loges 3-4-spermes.

Ce genre ne renferme que les deux espèces dont nous allons faire mention.

CLÉYÉRA DU JAPON. — *Cleyera japonica* Thunb. Flor. Japon.— Kæmpf. Amœn. Exot. p. 774. Ic.

Feuilles oblongues-lancéolées, obtuses, rétrécies en pétiole, rapprochées à l'extrémité des ramules, dentelées vers le sommet. Pédoncules solitaires, ou géminés, ou ternés, penchés, raméaires, plus longs que les pétioles.

Arbre de moyenne grandeur. Fleurs très-abondantes, blanches, très-odorantes, larges de 8 à 12 lignes. Baie écarlate, semblable à une Cerise; chair blanche, astringente.

Cette espèce est cultivée au Japon, pour l'ornement des jardins; elle porte le nom vulgaire de *Mokokf*.

CLÉYÉRA DE KÆMPFFER. — *Cleyera ochnacea* De Cand. — Banks. Ic. Kæmpf. tab. 33.

Feuilles elliptiques-oblongues, courtement pétiolées, très-entières, acuminées aux 2 bouts. Pédoncules axillaires et latéraux, solitaires, penchés, de la longueur des pétioles. — Fleurs blanches, larges de 6 lignes. Drupe de la grosseur d'un grain de Poivre; pulpe et amande astringentes.

Cet arbre croît au Japon; suivant Kæmpffer, il est consacré aux divinités du pays.

Genre FRÉZIÉRA. — *Freziera* Swartz.

Calice à 5 sépales libres, inégaux. Pétales 5, égaux, libres. Étamines glabres; filets très-courts, libres; anthères subcordiformes, introrses, longitudinalement déhiscentes. Style indivisé. Stigmate petit, globuleux, 5-lobé. Baie presque sèche, à 3 ou 5 loges polyspermes. Graines oblongues.

Arbres plus ou moins élevés, ayant le port des Lauriers. Feuilles grandes, souvent cotonneuses en dessous. Fleurs solitaires ou fasciculées, pédicellées ou sessiles, axillaires, de grandeur médiocre, blanches.

. On connaît sept espèces de ce genre, indigènes dans l'Amérique équatoriale. Plusieurs croissent à une élévation de plus de mille toises au-dessus du niveau de la mer; la beauté de leur feuillage, qui se conserve toute l'année, la régularité de leurs formes, jointe à la facilité avec laquelle ces arbres semblent devoir se naturaliser chez nous, en font désirer l'introduction.

FRÉZIÉRA RÉTICULÉ. — *Freziera reticulata* Humb. et Bonpl. Plant. Équat. tab. 5.

Feuilles ovales-lancéolées, dentelées, réticulées, cotonneuses en dessous; pédicelles dressés, fasciculés au nombre de 2-5. Pétales ovales, pubescens en dessous, un peu plus longs que le calice. Baie 4-loculaire.

Cette espèce, qui croît dans les Andes du Pérou, forme un arbre très-rameux, haut d'une trentaine de pieds.

FRÉZIÉRA GRISATRE. — *Freziera canescens* Humb. et Bonpl. l. c. tab. 6.

Feuilles elliptiques-oblongues, subsessiles, rétrécies aux 2 bouts, finement dentelées, cotonneuses-grisâtres en dessous. Pédicelles solitaires ou géminés, dressés. Pétales ovales, pubescens en dehors, plus longs que le calice. Baie 3-loculaire.

Arbre haut d'une trentaine de pieds, trouvé par MM. de Humboldt et Bonpland dans les Andes du Pérou, aux environs de Quito.

« Parmi toutes les espèces de *Fréziéra*, observent ces célè-
» bres naturalistes, celle-ci est remarquable par ses feuilles co-
» riáces et revêtues en dessous par une laine épaisse d'un blanc
» sale; le bois prend un beau poli; il est flexible, peu poreux,
» et serait très-utile pour les layetiers. »

FRÉZIÉRA BRONZÉ. — *Freziera chrysophylla* Humb. et Bonpl. l. c. tab. 7.

Feuilles elliptiques-lancéolées, acuminées, entières, pétiolées, cotonneuses (bronzées) en dessous. Pédicelles plus courts que les pétioles, subgéminés. Pétales lancéolés, 2 fois plus longs que le calice. Baie 3-loculaire.

Cet arbre, de la même taille que les précédents, croît en abondance dans les localités froides des Andes, aux environs de Popayan. Il porte dans le pays le nom vulgaire de *Mandul*. Son bois, suivant les remarques de MM. de Humboldt et Bonpland, est préféré, pour faire du charbon, à celui des Synanthérées et des *Loranthus* en arbre, qui forment avec lui d'épaisses et riantes forêts. Le duvet qui couvre les jeunes branches et la face inférieure des feuilles a un lustre doré.

Fréziéra satiné. — *Freziera sericea* Humb. et Bonpl. l. c. tab. 8.

Feuilles subsessiles, arrondies à la base, ovales-lancéolées, acuminées, dentelées, soyeuses en dessous. Fleurs géminées ou ternées, sessiles. Pétales ovales, oblongs, plus longs que le calice. Baie 3-loculaire.

Cette espèce, qui croît dans les Andes, entre les villes de Quito et de Popayan, forme un grand arbre dont le tronc s'élève à plus de trente pieds. On la distingue facilement de toutes ses congénères à la couleur argentée de la face inférieure des feuilles.

Fréziéra nerveux. — *Freziera nervosa* Humb. et Bonpl. l. c. tab. 9.

Feuilles elliptiques-oblongues, acuminées, dentelées, rétrécies à la base, courtement pétiolées, presque glabres en dessous. Pédicelles fasciculés, plus courts que les pétioles. Pétales ovales, obtus, à peine plus longs que le calice.

Cet arbre croît dans les endroits froids des Andes de la province de Pasto, au Pérou. Son tronc atteint plus de trente pieds de haut, sur quinze pouces de diamètre. Son bois est préféré à tout autre par les habitans de ces contrées, à cause de sa dureté, qui le rend excellent pour les constructions.

Fréziéra a feuilles ondulées. — *Freziera undulata* Swartz, Flor. Ind. Occid.

Feuilles elliptiques-lancéolées, acuminées, dentelées, ondulées, glabres aux 2 faces, pétiolées. Pédicelles fasciculés. Pétales oblongs. Baie triloculaire.

Cette espèce croît dans les forêts élevées des montagnes des Antilles. Elle forme un arbre élégant de plus de cinquante pieds de haut.

FRÉZIÉRA FAUX THÉ. — *Freziera theoides* Swartz, Flor. Ind. Occid.

Feuilles ovales-lancéolées, pétiolées, glabres aux 2 faces : dentelures obtuses. Pédicelles solitaires, pendants. Pétales ovales-arrondis, subondulés, légèrement ciliés. Baie 3-loculaire. — Arbre haut de 30 à 40 pieds.

Cette espèce habite les montagnes de la Jamaïque.

Genre EURYA. — *Eurya* Thunb.

Calice à 5 sépales soudés par la base. Pétales 5, soudés par les onglets. Étamines 12-15, unisériées. Ovaire 5-loculaire, multiovulé. Style indivisé. Stigmates 3, libres. Baie triloculaire, polysperme. Graines réticulées.

Ce genre est très-voisin des *Fréziéra*, dont il diffère par des fleurs polygames-dioïques, et des pétales soudés inférieurement. On en connaît huit espèces, dont les plus remarquables sont les suivantes :

EURYA DU JAPON. — *Eurya japonica* Thunb. Flor. Japon. p. 191, tab. 25.

Feuilles glabres, elliptiques ou oblongues, échancrées, rétrécies aux 2 bouts, dentelées. Pédicelles filiformes, axillaires, géminés, ou solitaires, penchés, de la longueur des pétioles.

Arbrisseau rameux, très-semblable au Thé par le port et la forme des feuilles. Baie rougeâtre ou bleue, de la grosseur de celle du Génévrier.

Cette espèce croît au Japon, où on la cultive comme plante d'agrément.

EURYA GLABRE. — *Eurya glabra* Blume, Bijdr. 2, p. 125.

Ramules glabres. Feuilles oblongues-lancéolées, acuminées, glabres. Fleurs fasciculées, axillaires.

Cette espèce habite les montagnes de Java.

EURYA A FEUILLES OBOVALES. — *Eurya obovata* Blum. l. c.

Ramules glabres. Feuilles obovales, très-entières vers la base, dentelées vers le sommet, rétuses, glabres. Fleurs axillaires, en petit nombre.

M. Blume a découvert cette espèce à Java.

EURYA A FEUILLES ÉTROITES. — *Eurya angustifolia* Blum. l. c.

Feuilles lancéolées (étroites), acuminées, dentelées, soyeuses en dessous ainsi que les ramules. Fleurs femelles 3-gynes ou pentagynes.

Cette espèce croît à Java.

IIIᵉ TRIBU. LES SAURAUJÉES. — *SAURAUJEÆ*
De Cand. Prodr.

Calice non-bractéolé. Pétales cohérents par la base, interpositifs. Anthères incombantes, déhiscentes par deux pores apicilaires. Styles 3-5, soudés inférieurement. Graines petites, anguleuses, aptères. Périsperme charnu. Embryon linéaire.

Genre SAURAUJA. — *Saurauja* Willd.

Calice 5-sépale. Pétales 5, soudés par la base. Étamines submonadelphes et adnées aux pétales par la base. Ovaire 3-5-loculaire. Styles 3-5, souvent soudés inférieurement. Stigmates obtus. Baie sillonnée, polysperme, pulpeuse, à autant de loges qu'il y a de styles. Placentaires charnus, bilamelleux dans chaque loge.

Arbres ou arbrisseaux. Feuilles dentelées. Inflorescence axillaire ou latérale. Fleurs blanches.

Les parties vertes des *Saurauja* contiennent une grande quantité de mucilage. Les jeunes fruits de plusieurs espèces sont recherchés par cette raison comme denrées alimentaires. On connaît environ vingt espèces de ce genre. Nous allons faire mention des plus notables d'entre elles.

a) *Calice glabre.*

SAURAUJA A FEUILLES FASCICULÉES.—*Saurauja fasciculata* Wall. Plant. Asiat. Rar. tab. 148.

Feuilles oblongues, acuminées, dentelées, glabres et lisses en dessus, nerveuses et ferrugineuses en dessous de même que les ramules et pétioles. Pédoncules latéraux, fasciculés, filiformes, lisses, subtriflores.

Arbre haut de 20 pieds. Feuilles coriaces, longues de 6 à 12 pouces. Pédoncules très-nombreux, recouvrant souvent les ramules sur un espace de 1 à 2 pieds. Fleurs d'un rose très-pâle, légèrement odorantes.

Cette espèce, remarquable par la beauté de ses fleurs, croît au Népaul.

SAURAUJA DE NORONHA. — *Saurauja Noronhiana* Blume, Bijdr. 1, pag. 126.

Feuilles elliptiques, acuminées, obtuses à la base, squamuleuses aux 2 faces, bordées de dentelures calleuses. Pétioles et ramules muriqués. Pédoncules fasciculés, axillaires, uniflores, penchés.

Cette espèce croît dans les montagnes de Java, où les habitants l'appellent *Kilého Badak.*

SAURAUJA CAULIFLORE. — *Saurauja cauliflora* Blum. l. c.

Feuilles oblongues, obtuses à la base, glabres en dessus, cotonneuses-jaunâtres en dessous, bordées de dentelures aristées. Pédicelles uniflores, fasciculés sur le tronc.

Cette espèce croît à Java.

SAURAUJA A FLEURS PENDANTES.— *Saurauja pendula* Blum. l. c.

Feuilles oblongues-obovales, pointues, rétrécies à la base, glabres aux 2 faces, bordées de dentelures glanduleuses. Pédoncules axillaires, pendants, 2-ou-3-fides au sommet, beaucoup plus longs que les pétioles; pédicelles en cime.

M. Blume a découvert cette espèce à Java.

b) *Calice hérissé.*

SAURAUJA DE REINWARDT. — *Saurauja Reinwardtiana* Blum. l. c.

Feuilles elliptiques-oblongues, acuminées, obtuses à la base, dentelées, scabres aux nervures des 2 faces. Pédoncules axillaires, subsolitaires, plus longs que les pétioles, triflores au sommet; pédicelles en cyme, munis de bractéoles oblongues-lancéolées, foliacées.

Cette espèce croît dans les montagnes de Java.

SAURAUJA GIGANTESQUE. — *Saurauja gigantea* Blum. l. c.

Feuilles elliptiques, acuminées, cordiformes à la base, glabres en dessus, veloutées-roussâtres en dessous, bordées de dentelures sétacées. Pédoncules axillaires, subtrichotomes, de moitié plus courts que les feuilles; bractées lancéolées, foliacées.

Ce *Saurauja* croît dans les montagnes de Java, où les habitants le désignent par le nom de *Kilého Munding.* Il fleurit pendant toute l'année.

IVᵉ TRIBU. LES BONNÉTIÉES. — *BONNETIEÆ*
Bartl. Ord. Nat.

Pétales libres, interpositifs. Anthères adnées ou incombantes. Péricarpe capsulaire. Graines souvent ailées, apérispermées. Embryon ordinairement rectiligne.

Genre CARAIPA. — *Caraipa* Aubl.

Calice 5-fide, non-bractéolé. Pétales 5, inéquilatéraux, égaux. Étamines monadelphes par la base; anthères versa-

tiles, longitudinalement déhiscentes : connectif épais, terminé en urcéole concave. Ovaire à 3 loges 1-3-ovulées. Style
indivisé. Stigmate trilobé. Capsule trigone, souvent inéquilatérale par l'avortement d'une des loges, à 3 valves épaisses.
Graines suspendues, grosses, aptères. Périsperme nul. Embryon rectiligne : cotylédons épais, charnus, échancrés.

Arbres ou quelquefois arbrisseaux. Feuilles alternes ou rarement opposées, très-entières, quelquefois stipulées. Fleurs
axillaires et terminales, disposées en grappe, ou en corymbe,
ou en panicule.

Ce genre, très-caractérisé par l'urcéole glanduleux qui
surmonte les anthères, renferme douze espèces, indigènes
dans l'Amérique intertropicale ; en voici les plus remarquables :

CARAÏPA DE RICHARD. — *Caraipa Richardiana* Cambess. in
Mém. du Mus. v. 16, tab. 18.

Feuilles alternes, oblongues, très-glabres, arrondies à la base,
brusquement acuminées en pointe courte et obtuse. Corymbes
terminaux, pauciflores. Pétales acuminés. Ovaire glabre. Capsule rhomboïdale.

Arbrisseau rameux, haut de 6 à 12 pieds. Feuilles longues de
3 à 6 pouces. Fleurs blanches, lavées de rose, larges de 1 pouce.

Cette espèce croît sur les côtes sablonneuses de la Guiane.

CARAÏPA A PETITES FEUILLES. — *Caraipa parvifolia* Aubl.
Guian. tab. 223, fig. 1.

Feuilles alternes, ovales, pointues, glabres en dessus, cotonneuses-blanchâtres en dessous. Fleurs en corymbes terminaux.
Capsule velue, ovale-pyramidale, oblique, acuminée.

Cette espèce habite les forêts de la Guiane. Les naturels du
pays emploient les cendres de l'écorce, mêlées avec une terre
grasse, pour faire leur poterie. Les colons nomment l'arbre
Manche-hache, parce que son bois, rouge, dur et compacte,
est excellent pour la confection des manches de toutes sortes d'instruments.

Genre MAHURÉA. — *Mahurea* Aubl.

Calice non-bractéolé, à 5 sépales libres. Pétales 5, un peu
inégaux, inéquilatéraux. Étamines monadelphes par la base;
filets grêles; anthères basifixes, immobiles, déhiscentes longitudinalement: connectif terminé par un appendice glanduleux concave. Style filiforme. Stigmate 3- ou 4-lobé. Capsule oblongue, 3-loculaire, à 3 valves opposées aux placentaires. Graines nombreuses, imbriquées, comprimées, ailées
aux bords.

Ce genre diffère de la plupart des autres Ternstrémiacées
par ses feuilles stipulées et ponctuées; il ne renferme que
l'espèce suivante, indigène dans la Guiane :

Mahuréa aquatique. — *Mahurea palustris* Aubl. Guian.
tab. 222.—Cambess. in. Mém. du Mus. v. 16, tab. 16, fig. C.

Arbre à tronc haut d'une quinzaine de pieds, sur 5 à 8 pouces de diamétre. Rameaux dressés. Feuilles longues d'un demi-
pied, pétiolées, elliptiques, très-entières. Fleurs en grappes terminales. Pédicelles solitaires, ou géminés, ou ternés. Corolle large
de 1 pouce, de couleur pourpre.

Genre KIELMÉYÉRA. — *Kielmeyera* Mart.

Calice non-bractéolé, à 5 sépales cohérents par la base : les
2 extérieurs souvent plus courts. Pétales 5, égaux, inéquilatéraux. Étamines libres, ou quelquefois monadelphes par la
base; filets grêles, persistants; anthères médifixes, mobiles,
oblongues, déhiscentes longitudinalement. Styles 5, libres au
sommet, soudés ainsi que les stigmates. Capsule triloculaire,
3-valve, polysperme. Graines bisériées, horizontales, oblongues, comprimées, ailées. Périsperme pelliculaire. Embryon
rectiligne : cotylédons grands, réniformes.

Arbres, ou arbrisseaux, ou sous-arbrisseaux résineux. Feuilles éparses, souvent roselées au sommet des ramules, entières. Fleurs grandes, tantôt axillaires, tantôt en grappe

terminale ou en corymbe, ou rarement en panicule. Pédoncules bractéolés.

Ce genre, qui appartient au Brésil, renferme douze espèces, toutes remarquables par des fleurs d'une grande beauté. Voici les espèces les plus marquantes :

KIELMÉYÉRA A FLEURS ROUGES. — *Kielmeyera rubriflora* Cambess. in Flor. Brasil. Merid. tab. 60.

Tige simple, suffrutescente. Feuilles oblongues, ou elliptiques-oblongues, obtuses, ou échancrées, pubescentes en dessous. Fleurs en corymbes terminaux. Sépales ovales, pubescents, presque égaux.

Sous-arbrisseau, haut d'environ 18 pouces. Feuilles longues de 2 pouces à 3 ¹/₂ pouces, larges de 7 à 16 lignes. Corolle large de 2 pouces ou plus, d'un rose vif.

M. Aug. de Saint-Hilaire a observé cette espèce au Brésil, dans la province des Mines.

KIELMÉYÉRA ÉLÉGANT. — *Kielmeyera speciosa* Aug. Saint-Hil. Plant. Us. des Bras. tab. 58.

Feuilles subsessiles, oblongues, ou elliptiques, obtuses, subrévolutées aux bords, légèrement pubescentes en dessous. Grappes courtes, terminales. Sépales égaux, ovales, obtus, cotonneux.

Arbre haut de 8 à 15 pieds, tortueux, sécrétant un suc propre blanc, qui jaunit au contact de l'air. Rameaux subéreux. Feuilles longues de 5 à 7 pouces, larges de 20 à 30 lignes. Pétales longs de 2 pouces, sur 1 pouce de large. Filets jaunes ou pourpres, courts.

Cet arbre abonde au Brésil, dans la partie méridionale de la province des Mines. Ses feuilles, qui abondent en mucilage, s'emploient comme remède émollient.

KIELMÉYÉRA A FLEURS ROSES. — *Kielmeyera rosea* Mart. et Zuccar. Nov. Gen. et Spec. Brasil. v. 1, tab. 68.

Tige ligneuse, rameuse. Feuilles lancéolées ou oblongues, discolores, très-glabres, rétrécies en pétiole court. Fleurs subternées, en corymbes terminaux. Sépales ovales-arrondis, presque égaux, pubescents de même que les pétales.

Arbrisseau de 3 à 4 pieds. Feuilles longues de 2 à 3 pouces, larges de 6 à 10 lignes. Pétales roses, longs de 15 lignes, sur 9 lignes de large. Anthères jaunes.

Cette espèce, qui habite les mêmes contrées que la précédente, est l'une des plus élégantes du genre. Ses fleurs peuvent rivaliser avec celles des plus beaux Camellia.

KIELMÉYÉRA A CORYMBES.—*Kielmeyera corymbosa* Mart. et Zuccar. l. c. 1, tab. 72.

Tige ligneuse, simple, effilée. Feuilles obovales-oblongues, obtuses ou échancrées, glaucescentes, glabres, courtement pétiolées. Fleurs en panicule. Sépales ovales-lancéolés, ciliolés, presque égaux.

Sous-arbrisseau haut de 3 à 4 pieds. Pétales blancs, ciliolés, longs de 7 lignes, sur 5 lignes de large. Feuilles longues de 3 à 5 pouces, larges de 18 à 30 lignes.

KIELMÉYÉRA DÉCOMBANT.—*Kielmeyera humifusa* Cambess. in Flor. Brasil. Merid. tab. 63.

Tiges suffrutescentes, couchées. Feuilles courtement pétiolées, ovales-elliptiques, obtuses, glabres en dessus, pubescentes en dessous : base arrondie ou cordiforme. Fleurs en grappe. Sépales ovales, pubescents, presque égaux.

Sous-arbrisseau touffu, haut d'environ 1 pied. Feuilles longues d'environ 2 pouces, sur 8 à 14 lignes de large. Fleurs roses, larges de 1 pouce.

Cette espèce a été trouvée par M. Aug. de Saint-Hilaire, au Brésil, dans la province des Mines.

KIELMÉYÉRA COTONNEUX.—*Kielmeyera tomentosa* Cambess. l. c. tab. 61.

Tiges ligneuses. Feuilles obtuses ou échancrées, elliptiques, rétrécies à la base, révolutées, cotonneuses en dessous. Fleurs en corymbes terminaux. Sépales ovales, cotonneux, presque égaux.

Feuilles longues de 3 à 5 pouces, sur 18 à 24 lignes de large. Corymbes simples ou rameux, 5-9-flores. Fleurs larges de 2 pouces. Pétales blancs, cotonneux en dessous.

M. Aug. de Saint-Hilaire a trouvé cet abrisseau au Brésil, dans la province des Mines.

KIELMÉYÉRA PÉTIOLAIRE. — *Kielmeyera petiolaris* Mart. et Zuccar. 1. c. tab. 68.

Tige subarborescente. Feuilles oblongues ou elliptiques-oblongues, obtuses, glabres, longuement pétiolées. Fleurs terminales, en grappe ou en corymbe. Sépales arrondis, très-inégaux, glabres de même que les pétales.

Arbrisseau haut de 3 à 4 pieds, ou petit arbre de 8 à 10 pieds : suc propre laiteux. Feuilles longues de 2 à 6 pouces, sur 12 à 28 lignes de large. Fleurs blanches, de 2 à 3 pouces de diamètre.

Cette espèce croît au Brésil, dans les savanes et sur les collines de la province des Mines.

KIELMÉYÉRA ÉLANCÉ. — *Kielmeyera excelsa* Cambess. in Flor. Brasil. Merid.

Arbre. Feuilles rétrécies en pétiole, elliptiques-oblongues, obtuses, très-glabres. Fleurs en grappe. Sépales ovales, glabres, presque égaux.

Tronc haut d'environ 60 pieds. Écorce lisse, grisâtre : suc propre blanc, jaunissant au contact de l'air. Feuilles éparses, longues de 2 ½ à 4 pouces, sur 12 à 18 lignes de large. Grappes courtes, 5-7-flores : pédicelles longs de 6 à 9 lignes. Pétales blancs, glabres, obovales, longs de 8 lignes, sur 5 lignes de large.

Cette espèce a été observée par M. Aug. de Saint-Hilaire, au Brésil, dans les forêts-vierges des environs de Saint-Sébastien.

Genre BONNÉTIA. — *Bonnetia* Martius.

Calice non-bractéolé, à 5 sépales cohérents par la base. Pétales 5, inéquilatéraux. Étamines libres : anthères mobiles, submédifixes, biporeuses à la base. Ovaire à 3 ou 4 loges multiovulées. Styles 3 ou 4, soudés presque jusqu'au sommet. Stigmates capitellés. Capsule 3-4-loculaire, 3- ou 4-valve, polysperme. Graines ascendantes, imbriquées, linéaires, ailées,

Arbres peu élevés ou arbrisseaux. Feuilles entières, sub-sessiles. Pédoncules axillaires ou terminaux, 1-flores ou pluriflores. Fleurs blanches, assez grandes.

Ce genre, qui appartient à l'Amérique méridionale, renferme trois espèces, dont voici la plus intéressante :

Bonnétia ancipité. — *Bonnetia anceps* Mart. et Zuccar. Nov. Gen. et Spec. Brasil. 1, tab. 100.

Arbrisseau haut de 3 à 15 pieds : écorce rougeâtre. Feuilles longues de 3 à 4 pouces, larges de 12 à 18 lignes, oblongues-obovales, obtuses, rétrécies à la base, glabres, luisantes. Pédoncules ancipités, subtriflores, axillaires et terminaux, rapprochés en panicule feuillée ; pédicelles bractéolés. Corolle large de 2 pouces, d'un beau blanc : pétales obcordiformes. Anthères rougeâtres.

Cette espèce élégante croît sur les plages du Brésil méridional.

Genre VENTÉNATIA. — *Ventenatia* Beauv.

Calice à 5 sépales caducs, égaux, oblongs, obtus. Corolle à 11 ou 12 pétales unisériés, étalés, spathulés, arrondis au sommet. Anthères basifixes, oblongues. Ovaire 5-loculaire. Style filiforme, plus long que les étamines. Stigmate 5-fide. Baie ovoïde, 5-sulquée, à 5 loges polyspermes. (Graines inconnues.)

Ce genre, qui paraît avoir plus d'affinité avec les Chlénacées qu'avec les Ternstrémiacées, ne renferme que l'espèce dont nous allons traiter.

Venténatia glauque. — *Ventenatia glauca* Beauv. Flor. d'Owar. et Bén. tab. 17.

Arbrisseau. Feuilles pétiolées, très-entières, ovales-oblongues, acuminées, glabres, glauques en dessus, ferrugineuses en dessous, longues de 3 à 8 pouces, larges de 2 à 2 ¹/₂ pouces ; pétiole long de 1 pouce. Pédoncules terminaux, latéraux, et oppositifoliés, solitaires, 1-flores, plus courts que les feuilles. Corolle d'un beau rouge de carmin, large de 3 pouces.

Cette plante, remarquable par un feuillage élégant et des fleurs magnifiques, a été observée par Palisot de Beauvais dans le pays d'Oware.

Genre LAPLACÉA. — *Laplacea* (Kunth) Cambess.

Calice non-bractéolé, caduc, à 4 ou 5 sépales inégaux. Pétales 5-9, libres, inéquilatéraux, presque égaux. Étamines libres, ou adhérentes à la base des pétales ; anthères versatiles, longitudinalement déhiscentes. Ovaire à 5-10 loges 3-6-ovulées. Styles 5-10, libres, courts. Capsule ligneuse, 5-10-loculaire, déhiscente du sommet jusqu'au milieu en 5-10 valves loculicides. Graines oblongues, ailées au sommet. Embryon rectiligne : cotylédons ovales.

Arbres ou arbrisseaux. Feuilles entières ou dentées, courtement pétiolées. Fleurs axillaires ou subterminales, grandes, blanches. Calice et corolle satinés en dehors.

Les *Laplacéa* ressemblent aux Camellia par le port et la grandeur des fleurs. Voici les trois espèces qui constituent ce genre.

LAPLACÉA A FEUILLES RHOMBOÏDALES. — *Laplacea semiserrata* Cambess. in Flor. Brasil. Merid. — *Hæmocharis semiserrata* Mart. et Zuccar. Nov. Gen. et Spec. Brasil. 1, tab. 66.

Feuilles glabres, rhomboïdales-lancéolées, obtuses, dentelées vers leur sommet, entières inférieurement, inéquilatérales. Fleurs subterminales. Pétales 8 à 10, obcordiformes. Capsule obovale, anguleuse.

Feuilles longues de 2 à 3 pouces, larges de 8 à 12 lignes. Fleurs larges de 2 pouces.

Cette espèce, qui forme quelquefois un arbre haut de trente à quarante pieds, croît au Brésil, dans la province de Saint-Paul.

LAPLACÉA COTONNEUX.—*Hæmocharis tomentosa* Mart. l. c. tab. 67.

Feuilles obovales, équilatérales, presque entières, glabres en dessus, cotonneuses en dessous. Fleurs solitaires, terminales. Pétales 5, obovales, entiers. Capsule obovale, 5-ou 6-gone. —

Arbrisseau. Fleurs moins grandes que celles de l'espèce précédente.

M. de Martius a observé ce Laplacéa dans le midi du Brésil.

Laplacéa élégant. — *Laplacea speciosa* Kunth, in Humb. et Bonpl. Nov. Gen. et Spec. 5, tab. 461.

Feuilles subsessiles; oblongues-lancéolées, pointues, très-entières, glabres. Fleurs solitaires, axillaires, pédonculées. Pétales 9, ovales-oblongs. Capsule oblongue, légèrement 5-costée.

Très-bel arbre. Feuilles d'un vert gai, longues d'environ 2 pouces, sur 9 lignes de large. Fleurs larges de près de 3 pouces. Étamines 4 fois plus courtes que les pétales.

MM. de Humboldt et Bonpland ont découvert cette espèce au Pérou.

═══════════════════════════

V° TRIBU. **LES GORDONIÉES.** — *GORDONIEÆ*
De Cand. Prodr.

Pétales interpositifs, souvent cohérents par la base. Capsule à loges 1-ou 2-spermes. Périsperme nul. Embryon rectiligne : radicule oblongue ; cotylédons foliacés, plissés longitudinalement ; plumule imperceptible.

Genre MALACODENDRE. — *Malachodendron* Cavan.

Calice dibractéolé, à 5 sépales soudés par la base. Pétales 5 ou 6, presque égaux, fimbriés au sommet. Étamines monadelphes, adhérentes au fond de la corolle; anthères oblongues, versatiles. Ovaire oblong, à 5 loges biovulées. Ovules peltés. Styles 5, libres. Stigmates capitellés. Capsule à 5 coques monospermes. Graines osseuses.

L'espèce suivante constitue à elle seule ce genre :

Malocodendre a feuilles ovales. — *Malochodendron ovatum* Cavan. Diss. 5, tab. 158, fig. 2.—*Stuartia pentagyna* L'hérit. Stirp. Nov. tab. 74. — Smith, Exot. Bot. tab. 101.— Bot. Reg. tab. 1104.

Arbrisseau très-rameux, haut de 5 à 6 pieds. Feuilles grandes, ovales, pointues, dentelées, pubescentes en dessous. Fleurs axillaires, subsolitaires, subsessiles, larges de 2 pouces. Sépales lancéolés. Pétales obovales, d'un blanc tirant sur le jaune, ondulés et déchiquetés au sommet. Filets blancs. Capsule subglobuleuse.

Le *Malacodendre* croît dans les montagnes de la Géorgie et des deux Carolines. Ce végétal, à raison de son beau feuillage et de ses grandes fleurs odorantes, mérite d'orner les jardins; mais il ne résiste au climat du nord de la France que dans une situation très-abritée. Un terrain léger, à la fois humide et ombragé, lui est indispensable. Sa multiplication peut se faire de marcottes, lesquelles ne prennent racine qu'au bout de deux ans; les fruits ne se développent que sous un climat chaud.

Genre STUARTIA. — *Stewartia* Cavan.

Calice dibractéolé, à 5 sépales soudés jusque audelà du milieu, inégaux. Pétales 5, presque égaux, entiers. Filets monadelphes, adhérant par la base au fond de la corolle; anthères oblongues, versatiles. Style indivisé. Stigmate 5-lobé. Capsule 5-valve, 5-loculaire, loculicide. Graines ovales, lisses, aptères.

Ce genre, peu différent du précédent, n'est constitué que par l'espèce dont nous allons parler :

STUARTIA DE VIRGINIE.—*Stewartia virginica* Cavan. Diss. 5, tab. 159, fig. 2.—*Stuartia Malachodendron* Linn.—L'hérit. Stirp. Nov. tab. 73. — Andr. Bot. Rep. tab. 73.

Arbrisseau haut de 6 à 12 pieds, très-rameux. Jeunes pousses pubescentes. Feuilles lancéolées ou ovales-lancéolées, acuminées, dentelées, fortement pubescentes en dessous, courtement pétiolées. Fleurs subsessiles, axillaires, solitaires, ou rarement géminées, larges d'environ 2 pouces, très-odorantes. Calice campanulé, 5-fide: sépales ovales, obtus, mucronés. Pétales obovales, blancs, maculés de rouge à la base, subdenticulés au sommet, pubescents en dehors. Étamines beaucoup plus courtes que la corolle : filets d'un pourpre vif, poilus à la base; anthères bleues. Ovaire cotonneux. Capsule de la grosseur d'une Pomme, globuleuse.

Cette espèce, indigène dans le midi des États-Unis, se cultive comme arbrisseau d'agrément; elle demande les mêmes soins que le Malacodendre, et n'est pas commune dans les collections. Il lui faut un terrain sec, mais fertile.

Genre GORDONIA. — *Gordonia* Ellis.

Calice non-bractéolé, à 5 sépales libres, coriaces, arrondis, presque égaux. Pétales 5, soudés par la base, presque égaux. Étamines monadelphes inférieurement, adhérentes au fond de la corolle. Style indivisé. Stigmate 5-lobé. Capsule 5-loculaire, 5-valve, loculicide. Graines comprimées, ailées au sommet.

Arbres ou arbrisseaux. Fleurs grandes, blanches, solitaires, axillaires.

Voici les trois espèces qui constituent ce genre :

a) *Feuilles coriaces, luisantes, persistantes. Étamines presque pentadelphes.*

GORDONIA GLABRE. — *Gordonia Lasianthus* Linn. — Cavan. Diss. 6, tab. 161. — Bot. Mag. tab. 668.

Feuilles lancéolées-oblongues, pointues, dentelées, glabres, pétiolées. Fleurs pédonculées. Sépales ovales-orbiculaires, soyeux. Pétales extérieurs fimbriés. Style et étamines subisomètres. Capsule ovale-conique, acuminée.

Arbre atteignant (dans le midi des États-Unis) 60 à 80 pieds de haut. Pétioles longs de ¹/₂ pouce. Pédoncules subterminaux, peu nombreux, longs de 1 à 2 pouces. Étamines presque 2 fois plus courtes que la corolle.

Ce Gordonia croît dans les terrains tourbeux et marécageux de la Géorgie et des deux Carolines. « Le *Lasianthus*, dit Elliot, » qui, tant qu'il est jeune, forme l'un des plus beaux orne- » ments des forêts des états méridionaux, commence à dépérir

» par le sommet à un âge très-peu avancé. Il est remarquable
» par la direction superficielle de ses racines, qui s'étendent,
» pour ainsi dire, à la surface du sol. On assure que son écorce
» ne le cède point en qualité à celle des Chênes, pour le tannage.
» Le bois a l'aspect de l'Acajou, mais son grain n'est pas assez
» fin pour servir à de beaux ouvrages d'ébénisterie. »

En Europe, ce végétal se cultive comme arbrisseau d'orangerie ; mais il reste rabougri et fleurit très-rarement.

GORDONIA DE WALLICH. — *Gordonia Wallichii* De Cand.
Prodr.

Feuilles ovales, acuminées, entières. Fleurs axillaires, courtement pédonculées.

Cette espèce croît au Népaul.

b) *Feuilles peu coriaces, non-persistantes. Étamines presque*
glabres.

GORDONIA PUBESCENT. — *Gordonia pubescens* Pursh. —
Lois. in. Herb. de l'Amat. tab. 236. — Vent. Malm. tab. 1. —
Cavan. Diss. 6, tab. 162. — *Lacathea florida* Salisb. Parad.
Lond. tab. 56.

Feuilles cunéiformes-lancéolées, ou lancéolées-obovales, pointues, dentées, subsessiles, luisantes en dessus, cotonneuses
en dessous. Fleurs subsessiles. Calice et corolle soyeux en dehors. Style plus court que les filets. Capsule subglobuleuse.

Arbre haut de 40 à 50 pieds ; cime très-étalée. Jeunes branches très-lisses, pubescentes au sommet. Feuilles longues d'environ 3 pouces. Pétales subondulés. Filets du tiers de la longueur
des pétales, de couleur orange. Anthères jaunes. Ovaire cotonneux.

Cette espèce habite aussi le midi des États-Unis. Les localités
où elle croît sont, selon Elliot, très-limitées. Bartram en trouva
quelques pieds aux environs du Fort-Barrington sur l'Altamaha,
et c'est de ces individus que proviennent tous ceux qu'on cultive
dans les serres.

Genre COCHLOSPERME. — *Cochlospermum* Kunth.

Calice persistant, non-bractéolé, à 5 sépales soudés par la base : 2 extérieurs, plus petits. Pétales 5, persistants, inéquilatéraux. Étamines persistantes, glabres : filets libres ; anthères adnées, linéaires, tétragones, déhiscentes par un seul pore apicilaire. Ovaire uniloculaire par le retrait des cloisons. Style filiforme, onciné au sommet. Capsule à 3-5 valves placentifères. Graines arquées ou réniformes, enveloppées dans un arille laineux. Périsperme charnu.

Arbres ou arbrisseaux. Feuilles alternes, stipulées, palmatifides. Fleurs grandes, jaunes, paniculées.

On connaît cinq espèces de *Cochlospermes* ; les plus remarquables sont les deux suivantes :

COCHLOSPERME MAGNIFIQUE. — *Cochlospermum insigne* Aug. Saint-Hil. Plant. Us. des Bras. tab. 57. — *Wittelsbachia insignis* Mart. et Zuccar. Nov. Gen. et Spec. Brasil. 1, tab. 55.

Feuilles 5-lobées, cordiformes à la base, presque glabres : lobes ovales-acuminés, dentelés. Fleurs en panicules terminales.

Arbrisseau haut de 2 à 6 pieds. Fleurs larges de 2 à 3 pouces.

Cette espèce, remarquable par la grande beauté de ses fleurs, croît dans le midi du Brésil ; les habitants de ces contrées emploient la décoction de ses racines comme remède dépuratif.

COCHLOSPERME TINCTORIAL. — *Cochlospermum tinctorium* Perrott. — Rich. fil. in Flor. Seneg. vol. 1, p. 99, tab. 21.

Racine tubéreuse. Tiges suffrutescentes. Feuilles longuement pétiolées, 5-lobées : lobes pointus, dentelés. Pédoncules 2-4-flores. Pétales oblongs ou obcordiformes. Capsule oblongue, acuminée, cotonneuse, trivalve.

Sous-arbrisseau à peine haut d'un pied. Racine très-grosse. Fleurs larges d'environ 2 pouces, naissant avant les feuilles. Pé-

doncules longs de 5 à 6 pouces, bractéolés. Calices cotonneux.
-Pétales jaunes.

Cette espèce, fort différente de toutes ses congénères, a été observée dans la Sénégambie, par M. Perrottet. Les nègres lui
donnent le nom de *Fayar;* ils l'emploient non-seulement comme
médicament contre l'aménorhée, mais elle leur fournit en abondance un principe colorant jaune, qui sert à teindre les étoffes de
coton.

CINQUANTE-CINQUIÈME FAMILLE.

LES CAMELLIACÉES. — *CAMELLIACEÆ.*

(*Camelliaceæ* Bartl. Ord. Nat., p. 554. — *Camellieæ* De Cand. Prodr.
I, p. 528. — *Theaceæ* Mirb. in Bullet. de la Soc. Philom. Dec. 1815.
— Cfr. Cambess. *Ternstrœmiaceæ* in Flor. Brasil. Merid. et ejusdem
Diss. de Ternstrœmiaceis et Guttiferis , in Mém. du Mus. vol. 16.

Le groupe qui renferme les *Camellia* et les *Thés* ne
saurait manquer d'attirer toute l'attention de nos lec-
teurs. Dailleurs il offre plusieurs autres végétaux dignes
de décorer les serres, ou remarquables par leur utilité.
Le nombre des espèces connues ne se monte qu'à dix ;
toutes, sont exotiques , et en grande partie indigènes
dans les régions intertropicales.

Les *Camelliacées* ont des rapports si intimes avec les
Ternstrémiacées, que M. Kunth a jugé nécessaire de les
réunir à ces dernières : manière de voir que partage aussi
M. Cambessèdes, dans son savant Mémoire sur les Ternstrémiacées et les Guttifères.

CARACTÈRES DE LA FAMILLE.

Arbres ou *arbrisseaux.* Ramules cylindriques.
Feuilles alternes, coriaces, persistantes, simples, en-
tières, ou dentelées , rétrécies en pétiole court. Stipules
nulles.
Fleurs hermaphrodites , régulières, axillaires ou ter-
minales, rouges, ou blanches, ou jaunâtres.
Calice inadhérent, à 5-7 sépales libres, concaves, co-
riaces, caducs, imbriqués en préfloraison.
Disque hypogyne.
Pétales insérés au disque, en même nombre que les

sépales, ou en nombre multiple des sépales, interpositifs, souvent cohérents inférieurement, caducs; éstivation contortive.

Étamines insérées au disque, très-nombreuses. Filets filiformes, courtement monadelphes, ou polyadelphes, souvent adnés inférieurement à la base des pétales. Anthères elliptiques ou suborbiculaires, versatiles, à 2 bourses contiguës, parallèles, déhiscentes chacune par une fente longitudinale.

Pistil: Ovaire 3-5-loculaire : loges pauciovulées. Styles 3-5, plus ou moins soudés.

Péricarpe capsulaire, 3-5-loculaire; loges souvent monospermes par avortement ; placentaires axiles.

Graines apérispermées. Embryon rectiligne : cotylédons épais, huileux, planes antérieurement, convexes postérieurement ; radicule appointante, très-courte, incluse.

Voici les deux genres qui constituent la famille :
Camellia Linn. — *Thea* Linn.

Genre CAMELLIA. — *Camellia* Linn.

Calice non-bractéolé, à 5-9 sépales libres, inégaux : les extérieurs plus courts que les intérieurs. Pétales 5-7, soudés par la base, inégaux: les extérieurs plus courts que les intérieurs. Étamines polyadelphes ou plus ou moins monadelphes inférieurement, souvent adhérentes à la base des pétales; anthères suprabasifixes, oblongues, longitudinalement extrorses; connectif épais. Styles 5-5, soudés jusques audelà du milieu. Ovaire oblong, à 5-5 loges 5-ovulées ou pluriovulées; cloisons épaisses; ovules suspendus, allongés, bisériés, alternes-distiqués. Capsule à 5-5 coques monospermes par avortement.

Arbrisseaux. Feuilles entières ou dentelées. Fleurs grandes, axillaires et terminales , blanches, ou rouges, ou roses, ou jaunâtres.

Ce beau genre , dont le nom est familier à tout le monde, appartient aux régions chaudes de l'Asie orientale. Pour les habitans de ces contrées, les *Camellia* ne sont pas seulement des objets d'agrément ; car les graines de toutes les espèces contiennent beaucoup d'huile grasse, qu'on en retire par expression, et qui sert aux usages alimentaires. Il est probable aussi que plusieurs sortes de Thés se confectionnent avec des feuilles de certains Camellia.

Les Camellia simples se propagent de boutures ou de marcottes, et les individus qui en proviennent servent le plus souvent à recevoir les greffes des variétés doubles. Les boutures se font en août avec des jeunes pousses bien formées, qu'on plante en terrines remplies d'un mélange de sable et d'argile, ou de sable et de terre de bruyère, ou de sable pur. On place ces terrines dans une bâche ou sous un châssis non-vitré, en prenant soin de les mettre au besoin à l'ombre. Au printemps suivant, les boutures enracinées se développeront sous l'influence d'une chaleur modérée. Une méthode très-prompte pour obtenir des sujets, est de planter des Camellia d'une certaine force dans une bâche destinée à cet usage, et de faire des marcottes par couchage. La plupart des branches couchées prennent racine au bout d'un an. M. Poiteau conseille les boutures étouffées sous cloche , et les marcottes par strangulation. La multiplication des variétés doubles se fait ordinairement par la greffe en approche. M. de Soulange emploie, avec le même succès, la greffe en fente, étouffée sous cloche , procédé plus expéditif et qui donne des plantes mieux faites. Les Camellia produisent rarement des graines en France.

Un terrain un peu substantiel convient mieux aux Camellia qu'un sol trop léger. Les célèbres cultivateurs Loddiges, de Londres , chez lesquels on voit une admirable collection de ce genre, donnent la préférence à la terre argileuse légère. D'autres horticulteurs emploient la terre de bruyère pure, ou bien un mélange de terre de bruyère et d'argile ou de terreau. M. Loudon assure que les Camellia produisent des fleurs magnifiques dans un composé d'argile et de terre de bruyère. Henderson, qui fait en Écosse de la multiplication de ce beau genre une branche d'industrie spéciale, emploie un composé, par parties égales, de terreau de jardin, de sable de rivière et de terre de bruyère, mélangés avec autant de terreau de feuilles. Les racines des Camellia étant sujettes à former en peu de temps des mottes compactes et imperméables à l'eau, il importe de les rempoter de temps à autre. Lorsqu'ils sont en fleur, ils demandent des arrosements fréquents et une température plus élevée que celle de l'orangerie. Si la chaleur leur manque en novembre et décembre, la plupart des boutons tombent avant de s'épanouir, et si après la floraison ils manquent d'eau et de chaleur, les pousses se développent mal. Pendant les grandes chaleurs de l'été, on doit les placer dans une situation ombragée.

Nous allons traiter de toutes les espèces du genre.

CAMELLIA DU JAPON. — *Camellia japonica* Linn. —Cavan. Diss. 6, tab. 160. — Jacq. Ic. Rar. 3, tab. 553. — Duham. ed. nov. 1, tab. 71. — Herb. de l'Amat. tab. 43, 44, 45 et 46. — Bot. Mag. tab. 42. — Confr. B. Booth, Monogr. Camell. in Trans. Hort. Soc. Lond. v. 7. — Chandler, Camell. Monogr. (cum Ic.)

Rameaux dressés. Feuilles ovales, ou ovales-elliptiques, ou elliptiques-oblongues, acuminées, glabres, à dentelures obtuses. Fleurs axillaires et terminales, solitaires, subsessiles. Pétales 5-9, obovales-arrondis. Ovaire glabre.

Le nombre des variétés de ce Camellia est aujourd'hui très-considérable. Sweet en cite plus de soixante-dix. Nous devons nous borner à faire mention des plus notables.

CAMELLIA *rouge simple.*
— *blanc simple.* — Bot. Reg. tab. 353.
—. *rouge semi-double.* — Andr. Bot. Rep. tab. 559.
— *rouge double.* — Andr. Bot. Rep. tab. 199.

— *carné.* — Lodd. Bot. Cab. tab. 455.
— *à feuilles de Myrte.* — Bot. Mag. tab. 1670 (Camellia involuta). — Bot. Reg. tab. 633.
— *pourpre-noir.* — Lodd. Bot. Cab. tab. 170.
— *Waratah rouge*, ou *Anémone.* — Bot. Mag. tab. 1654.
— *OEillet.* — *Camellia dianthiflora* Bot. Mag. tab. 2577.
— *Pompon rose.* — Bot. Reg. tab. 22.
— *à fleurs de Pivoine.* — Lodd. Bot. Cab. tab. 238.
— *Welbank blanc.* — Lodd. Bot. Cab. tab. 1198.
— *jaune-pâle.* — Bot. Reg. tab. 708.
— *jaunâtre.* — Bot. Reg. tab. 112.
— *blanc double.* — Andr. Bot. Rep. tab. 25.
— *panaché.* — Andr. Bot. Rep. tab. 91.
— *Waratah panaché.* — Chandl. Camell. tab. 1 et 2. — Bot. Reg. tab. 887.
— *Aiton écarlate.* — Chandl. Camell. tab. 3.
— *Rose-Trémière.* — Chandl. Camell. tab. 4.
— *Corail.* — Chandl. Camell. tab. 5.
— *magnifique.* — Chandl. Camell. tab. 6.
— *à fleurs fasciculées.* — Chandl. Camell. tab. 7.
— *Anémone blanche.* — Chandl. Camell. tab. 8.
— *de Reeves.* — Bot. Reg. tab. 1501.
— *à pétales imbriqués.* — Bot. Reg. tab. 1398.
— *à pétales ponctués.* — Bot. Reg. tab. 1267.
— *de Colville.* — Don, in Sweet, Brit. Flow. Gard. ser. 2, tab. 2. — Cette variété est remarquable par ses fleurs larges de près de quatre pouces, d'un rose pâle panaché et ponctué de pourpre.
— *de Sweet.* — Don, in Sweet, Brit. Flow. Gard. ser. 2, tab. 133. — Variété semblable à la précédente par la forme de la fleur, qui est d'un rose vif panaché de pourpre.

Le *Camellia du Japon* est sans contredit l'un des arbrisseaux les plus recherchés par les amateurs de fleurs. En Chine et au Japon on ne lui rend pas moins d'honneurs qu'en Europe. Quoique introduit en Angleterre depuis 1739, cet élégant végétal n'est pourtant devenu un objet commun que depuis le commencement de ce siècle. Aujourd'hui sa culture rivalise presque avec celle des Roses. On sait que dans le nord de la France il faut lui faire passer l'hiver dans une serre tempérée; mais dans l'Europe australe, et même sur les côtes occidentales de la France, ainsi qu'en Angleterre, il prospère en pleine terre et forme des buissons magnifiques.

CAMELLIA RÉTICULÉ. — *Camellia reticulata* Lindl. in. Bot. Reg. tab. 1078.

Feuilles oblongues ou elliptiques-oblongues, acuminées aux 2 bouts, dentelées, réticulées, planes. Fleurs axillaires et terminales. Sépales 5, colorés. Ovaire satiné.

Arbrisseau ayant le port du *Camellia du Japon.* Feuilles roides, non-luisantes. Fleurs d'un pourpre vif, de la grandeur de celles du *Pæonia Moutan.* Sépales lavés de pourpre. Pétales 17 ou 18, ondulés. Étamines beaucoup plus courtes que les pétales. Ovaire subglobuleux, 2-4-loculaire. Style 2-4-fide.

Cette espèce, très-voisine du *Camellia japonica*, a été introduite de Chine en Angleterre, il y a une dixaine d'années.

CAMELLIA SASANQUA Ker, Bot. Reg. tab. 12, 547 et 1091. — Thunb. Flor. Japon. tab. 3o. — Curt. Monogr. tab. 1. — Loddig. Bot. Cab. tab. 1275. — Macartn. Embass. v. 2, p. 467, Ic.

Rameaux éffilés, flexueux, velus. Feuilles elliptiques-lancéolées, pointues, glabres, à dentelures obtuses. Fleurs solitaires, axillaires-subterminales. Pétales 5-10, obovales, ou obcordiformes.

Arbrisseau faible, un peu diffus, atteignant 6 à 8 pieds de haut. Branches pendantes. Feuilles lisses, coriaces, longues de 2 à 3 pouces, sur 1 pouce de large. Fleurs blanches, larges de 18 à 24 lignes, très-semblables à celles du Thé. Filets plus courts que les pétales, ordinairement étalés.

Cette espèce croît en Chine et au Japon, et dans ces pays on a cultive généralement comme plante oléagineuse. Le nom de *Sasanqua* est celui par lequel elle se désigne au Japon. Les Chinois la nomment *Tcha-Ouah*, c'est-à-dire *Fleur de Thé*, soit à cause de la ressemblance de ses fleurs avec celles des *Thea*, soit parce que, selon Staunton et le docteur Abel, on mêle ses pétales au Thé pour le parfumer. On assure aussi que ses feuilles sont souvent mêlées aux Thés qui s'importent en Europe.

Les horticulteurs anglais se servent fréquemment de ce Camellia pour greffer les variétés du *Camellia japonica*. Il graine assez souvent, et un bon nombre des Camellia du commerce sont des hybrides obtenues en fécondant ses fleurs avec le pollen du *Camellia japonica*.

Camellia oléifère. — *Camellia oleifera* Cl. Abel, Journ. p. 174. — Lindl. in. Bot. Reg. tab. 942.

Ramules légèrement pubescents. Feuilles elliptiques, pointues, rétrécies aux 2 bouts, dentelées, glabres. Fleurs axillaires ou terminales, solitaires, sessiles (blanches). Pétales 5 ou 6, cunéiformes, bilobés, étalés.

Cette espèce, indigène en Chine, n'est introduite en Europe que depuis 1820. Dans son pays natal elle forme un arbuste très-pittoresque, qui atteint quelquefois la hauteur d'un petit Cerisier; elle se cultive en grand, parce que ses graines fournissent une huile qui ne le cède en rien à la meilleure huile d'Olives.

Encore fort rare aujourd'hui dans les collections des amateurs, le *Camellia oléifère* est du nombre de ces végétaux dont la naturalisation pourrait devenir précieuse pour le midi de la France. Les terrains les plus favorables à sa croissance sont ceux de nature sablonneuse.

Camellia Eurya. — *Camellia euryoides* Lindl. in. Bot. Reg. tab. 983.

Rameaux poilus ou hérissés, grêles. Feuilles ovales, acuminées, tronquées à la base, dentelées, glabres en dessus, poilues ou soyeuses en dessous. Fleurs solitaires, axillaires, turbinées, blanches. Pétales 7 ou 8, dressés, obovales.

Cette espèce tient le milieu entre les genres *Thea* et *Camellia*, par ses pédoncules recouverts de bractéoles et ses calices à 5 sépales libres. Elle ne se distingue point par la beauté de ses fleurs ; mais on doit la signaler à l'attention des cultivateurs, parce que les jardiniers chinois ont coutume de s'en servir comme sujet pour les greffes de leurs belles et nombreuses variétés du *Camellia japonica.*

CAMELLIA A FLEURS AXILLAIRES. — *Camellia axillaris* Roxb. ex. Bot. Reg. tab. 349. —Bot. Mag. tab. 2047. — *Polyspora axillaris* Sweet, Hort. Brit.

Feuilles cunéiformes-oblongues ou obovales : les inférieures dentelées vers le sommet ; les supérieures très-entières. Fleurs solitaires, axillaires, subsessiles. Sépales 5 ou 6. Pétales 6, obcordiformes. Styles soudés presque jusqu'au sommet.

Cet arbrisseau, indigène dans l'île de Pulo-Pinang, se cultive depuis quelques années dans les serres. Ses fleurs sont d'un blanc jaunâtre, et larges d'environ deux pouces.

CAMELLIA KISSI. — *Camellia Kissi* Wallich. — De Cand. Prodr.

Feuilles ovales-oblongues, acuminées, à dentelures pointues. Fleurs axillaires et terminales (blanches), solitaires, subsessiles. Calice satiné. Styles 3, presque libres.

Cette espèce croît au Népaul.

CAMELLIA ? DRUPIFÈRE. — *Camellia drupacea* Loureir. Flor. Cochinch.

Feuilles ovales-oblongues, légèrement crénelées. Fleurs géminées ou ternées, terminales, 8-pétales. Drupe 4-loculaire.

Cette espèce, qui doit probablement former un genre distinct, croît en Cochinchine, où l'on exprime de l'huile de ses graines.

Genre THÉ. — *Thea* Linn.

Calice non-bractéolé, à 5 ou 6 sépales soudés par la base. Pétales 3-9, inégaux : les extérieurs plus petits que les intérieurs. Étamines presque libres, adhérentes à la base des pétales ; anthères médifixes, ovales ou oblongues, longitudinalement extrorses ; connectif épais. Ovaire à 3 coques

4-ovulées. Ovules bisériés, alternes : les deux inférieurs suspendus; les 2 supérieurs ascendants. Styles 5, soudés jusques au-delà du milieu. Stigmates capitellés. Capsule à 5 coques (ou par avortement à 2 ou 1 seule) 1- ou 2-spermes, déhiscentes au sommet. Graines subglobuleuses, aptères.

Arbrisseaux. Feuilles alternes, dentelées. Fleurs axillaires, blanches.

C'est une opinion généralement reçue que les deux espèces de ce genre, nommées par les botanistes *Thea viridis* et *Thea Bohea* fournissent, l'une, les différentes sortes de Thés verts du commerce, l'autre, le Thé noir ou Thé Bou. Rien cependant n'est moins exact. Selon Clark Abel, célèbre par son voyage en Chine, chacune des deux espèces peut servir à faire du Thé soit vert soit noir; mais c'est le *Thea viridis* qu'on emploie de préférence pour la fabrication du premier. Cette assertion s'accorde avec les renseignemens communiqués à ce sujet à M. Hooker par sir Charles Millet, officier supérieur de la factorerie anglaise à Canton. « La plante à
» Thé, dit M. Millet, est presque aussi rare aux environs de
» Canton qu'en Angleterre. La contrée où on la cultive est
» très-éloignée de cette ville, et les Thés qu'on y transporte
» restent plusieurs mois en route sur les canaux du pays. On
» cultive deux espèces de plantes, dont l'une a les feuilles d'un
» vert beaucoup plus foncé que l'autre; mais c'est aux diffé-
» rents modes de préparation que sont dus les Thés noirs et
» les Thés verts du commerce. Pour prouver ce fait on a en-
» voyé en Angleterre du Thé vert provenant de la plante dite
» *noire*. On obtient du *Thé noir* ou du *Thé vert* soit de l'une,
» soit de l'autre des deux plantes, selon le mode de prépa-
» ration qu'on fait subir aux feuilles. Les différentes sortes
» de Thés du commerce sont dues au sol, à la culture, au
» mode de préparation et, surtout, à la partie de l'arbrisseau
» sur lequel ont été cueillies les feuilles. Chaque année il se
» fait trois récoltes sur le même individu. La première donne
» les sortes les plus estimées, telles que le *Pou-Chong* et le
» *Péko*. Celui-ci consiste dans les extrémités des jeunes pous-

» ses. La première cueillette se fait en juin, la seconde en
» juillet et la troisième en août. »

La culture des Thés paraît être confinée à la zone tempérée. Au Japon, elle s'étend jusqu'au 45ᵉ degré de latitude.
Suivant Kæmpffer, le Thé le plus estimé dans ce pays, croît
dans les environs de la ville d'Udsi, située non loin de la mer.
Là se trouve une montagne célèbre, employée tout entière à
la culture du Thé dont l'empereur fait usage. Cette montagne est entourée d'un large fossé pour en interdire tout ac-
cès aux hommes et aux animaux. Les plantations y sont ali-
gnées, et tous les jours on lave et on nettoie les arbrisseaux.
Pendant la récolte, les hommes qui en sont chargés se baignent deux ou trois fois par jour, et ils ne cueillent les feuilles que les mains enveloppées de gants. Lorsqu'elles sont
torréfiées, on les enferme dans des vases précieux, et elles
sont portées en grande pompe au palais de l'empereur. En
Chine, suivant le docteur Abel, la province de Kiang-Nan,
située entre les 29ᵉ et 41ᵉ degrés de latitude, est le vrai district de la culture du Thé vert. Le *Thé noir* (*Thea Bohea*)
se cultive surtout dans la province de Fo-Kien, entre le 27ᵉ
et le 28ᵉ degré de latitude, sur le versant sud-ouest d'une
chaîne de montagnes, qui sépare de la province de Fo-Kien
de celle de Kiang-Si.

Au Japon, on sème le Thé dans le courant de février,
d'espace en espace, sur la lisière des champs cultivés,
afin que son ombre ne soit pas nuisible aux moissons, et
qu'on en puisse recueillir les feuilles avec plus de commo-
dité. En Chine, on le cultive en plein champ. Il se plaît par-
ticulièrement sur la pente des coteaux exposés au midi et
dans le voisinage des rivières. Lorsque les jeunes plants ont
atteint l'âge de trois ans, ou peut en cueillir les feuilles. A
sept ans, leur produit devient médiocre : alors on coupe le
tronc près de la racine, parce que la souche repousse de nouveaux rejetons, qui donnent d'abondantes récoltes. Quelquefois on diffère cette opération jusqu'à la dixième année.

Le nombre des sortes de Thés que le commerce importe

en Europe n'est pas considérable, en comparaison de celles qui restent dans le céleste empire. Le baron de Schilling a publié un catalogue de trente six sortes, énumérées dans un manuscrit chinois. Ces Thés sont classés comme suit : 1° Thés du district de la ville de Sou-Gan-Tchien, province de Kiang-Nan : 8 sortes. — 2° Thés verts du district de la ville de Hoy-Tchien, province de Kiang-Nan Soung-Lo : 11 sortes. — 3° Thés du district de Hang-Tchien-Fo, province de Té-Kiang : 5 sortes. — 4° Thé de la province de Ho-Koang : 1 sorte. — 5° Thés noirs (*Wo-Éi*) de la province de Fo-Kien : 10 sortes; parmi celles-ci, les suivantes sont les plus estimées : *Lao-Kiun-Méi*, ou sourcils de vieillard vénérable; *Pé-Kao* ou Péko, c'est à dire cheveux blancs; *Tchio-Méi*, ou sourcils d'un âge très-avancé; *Kiéou-Khin-Lian-Sin*, ou cœur d'*Iris* de Kiéou-Khin; *Ouang-Nin-Fong*, c'est à dire Thé de la hache de la fille du Roi; *Ta-Hang-Phao* ou grandes queues rouges, et *Sian-Tchin-Tchang* ou Palmiers des immortels, etc. — 6° Thés de la province de Sou-Tchouang : 2 sortes. M. Abel Rémusat ajoute encore à cette liste quinze autres sortes, parmi lesquelles se trouvent les Thés les plus répandus en Europe, savoir : *Wou-Éi-Tcha*, ou Thé Wou-Éi, nom qui est celui d'une montagne de la province de Fo-Kien, montagne célèbre par ses cultures de Thé, et c'est de là que dérive l'expression de Thé Boy. — *Hay-Tchon-Tcha*, Thé Hyswen ou Heyson. _ *Phi-Tcha*, sorte appelée en anglais *Skin Tea*. — *Siao-Tchoung-Tcha*, le Souchong du commerce. _ *Pao-Tchoung-Tcha*, connu en Europe sous le nom de Pouchong. — *Soung-Tseu-Tcha*, Thé Souchais. — *Koung-Fou-Tcha*, Thé Congo. — *Chang-Koung-Tcha*, Thé Camphon ou Campoy. — *Tchu-Tcha*, ou Thé perlé. — *Ya-Toung-Tcha*, Thé d'hiver. — *Tun-Ki-Tcha*, Thé Twankay. — *Kian-Peu-Tcha*, autre sorte de Thé Campoy. — *On-Tcha*; sorte qui sert à teindre en noir les étoffes. — *Yé-Tcha*, Thé du désert : ce Thé provient d'un grand arbrisseau à feuilles luisantes, et à fleurs d'un jaune doré. — *Chan-Tcha*, Thé sauvage ou de montagne

Les marchands chinois, lorsqu'ils ont quelque expérience, distinguent ces diverses sortes de Thés au moyen de la dégustation. Ce talent est de rigueur pour remplir la charge d'essayeur de Thés (*assayer of Teas*) à Canton, et le Chinois auquel elle est confiée jouit d'un traitement annuel de 1,000 livres sterling.

Le *Thé en briques* est ainsi nommé parce que les feuilles dont il se compose sont agglomérées en masses carrées. Cette sorte est la moins estimée de toutes; on ne l'importe guère en Europe; mais les Kalmouks et autres nomades des steppes de l'Asie centrale, en font une grande consommation. Leur manière de le préparer consiste à le faire bouillir dans une chaudière, en y mêlant du sel, de la farine et du beurre rance. A défaut de feuilles de Thé, ils emploient celles du *Saxifraga crassifolia* et de plusieurs autres herbes astringentes.

La Chine produit une énorme quantité de Thé, car la plante y est cultivée en grand sur un espace de 1,572,450 milles (anglais) carrés. Son usage cependant ne remonte pas à des temps aussi reculés qu'on serait peut-être tenté de le croire. Voici ce que racontent à ce sujet les chroniques du pays. Darma, prince hindou, révéré comme saint, visita la Chine vers l'an 500 de notre ère, dans l'intention de prêcher sa religion aux habitants. Sa vie fut un exemple d'abstinence; il refusait à son corps toute espèce de repos; mais à la longue, épuisé par la fatigue et les jeûnes, il s'endormit. En punition d'un oubli aussi grave de ses devoirs, il se coupa les deux paupières, instruments de son crime, et les jeta par terre : sur-le-champ chaque paupière fut métamorphosée en arbrisseau à Thé, végétal jusqu'alors inconnu aux mortels. Darma découvrit à l'instant les rares propriétés de ce breuvage, qui soutint son esprit dans le cours de ses divines méditations; il le recommanda à ses disciples, et bientôt l'usage se répandit dans toute la Chine. Le souvenir de l'inventeur est retracé sur les peintures chinoises et japonaises, sous la figure d'un vieillard ayant une baguette à ses pieds, et l'une de ses paupières se métamorphosant en feuille de Thé.

Linschot, dit-on, est le premier voyageur qui ait fait mention du Thé, en parlant d'une herbe dont les Japonais préparent une boisson qu'ils offrent à leurs convives comme marque d'une haute considération. Gaspard Bauhin le désigne dans son *Pinax* sous le nom de *Tcha*. Ce ne fût que dans les premières années du 17ᵉ siècle qu'on commença à goûter le Thé en Europe. Les Hollandais les premiers en firent le commerce, apportant aux Chinois de la Sauge en échange. Mais l'usage de celle-ci ne se maintint pas longtemps en Chine, tandis que la consommation du Thé allait en proportion toujours croissante en Europe. En 1641, Tulpius, médecin célèbre et consul d'Amsterdam, en préconisa les bonnes qualités dans une dissertation spéciale. En 1667, Jonquet, médecin français, en fit pareillement l'éloge. En 1678, Bontekoe, médecin de l'électeur de Brandebourg, qui jouissait d'une grande réputation, en vanta aussi les vertus, dans une dissertation qu'il publia sur le Café, le Thé et le Chocolat. Vers l'année 1750, la compagnie anglaise des Indes ne vendait encore que 50,000 livres de Thé par an; en 1784, la consommation de la Grande-Bretagne fut estimée à 15,558,000 livres; aujourd'hui elle monte dans ce même pays à 28,000,000 livres.

Vers l'année 1666, deux lords rapportèrent de la Hollande une certaine quantité de Thé, qui se vendit alors à plus de soixante-dix francs la livre; mais déjà avant cette époque, on prenait beaucoup de Thé en Angleterre, parce que en 1660, le gouvernement mit un impôt de 8 d. par *gallon* sur ce qui se débitait de cette infusion dans les maisons publiques. En Écosse, l'usage du Thé ne devint général qu'un siècle plus tard. Sir Walter Scott raconte que des personnes encore vivantes se rappèlent comment lady Pumphraston, ayant reçu en cadeau *une livre* de Thé vert, le fit cuire et servir sur table dans une sauce au beurre, regrettant beaucoup que, malgré tous les efforts, on n'eût pu ramollir ce *légume étranger*.

L'Amérique aussi importe d'énormes quantités de Thé; mais c'est la Russie qui, après la Grande-Bretagne, en fait la consommation la plus étendue, parce qu'elle en achète en Chine 25,200,000 livres par an. Le Thé qui arrive en Europe par cette voie, est connu sous le nom de *Thé de caravane*, et plus estimé que celui qui vient par mer.

Au Japon, suivant Kæmpffer, on prépare le Thé dans des maisons publiques où se trouvent les instruments nécessaires à cette opération; elle consiste à mettre à la fois quelques livres de feuilles nouvellement cueillies, dans une espèce de poêle de fer mince, large, peu profonde, d'une forme circulaire ou carrée, et chauffée au moyen d'un fourneau destiné à cet usage. On agite les feuilles et on les retourne rapidement avec les mains, pour qu'elles se torréfient le plus également possible, et l'on continue jusqu'à ce qu'elles fassent entendre un petit craquement sur la plaque de fer; la chaleur, en les dépouillant de leur suc, leur fait perdre les propriétés narcotiques qu'elles ont à l'état vert. Il faut les torréfier très-fraîches, parce que, si on les conservait quelques jours, elles noirciraient et perdraient de leur prix. En Chine, on trempe les feuilles dans l'eau bouillante pendant une demi-minute avant de les torréfier. Cette opération accomplie, on les retire de la poêle avec une spatule de bois, et on les fait passer à des personnes chargées spécialement du soin de les rouler. On les roule rapidement et d'un mouvement uniforme avec la paume des mains, sur des tables recouvertes de tapis tissus de brins de joncs très-déliés. La compression légère qu'elles éprouvent alors en exprime un suc d'un jaune verdâtre, qui occasionne aux mains une ardeur presque insupportable; néanmoins il faut continuer l'opération jusqu'à ce qu'elles soient refroidies, car elles ne se roulent que quand elles sont chaudes, et, pour qu'elles ne se déroulent pas, il est essentiel qu'elles se refroidissent sous les mains. Plus le refroidissement est rapide, mieux elles restent roulées; on le hâte même en agitant l'air avec une sorte d'éventail; mais quelque soin que l'on prenne, il y en a toujours un certain nombre qui se déroulent. On continue de les rouler encore et on torréfie une seconde fois celles qui, faute d'avoir été assez desséchées, ne sont pas susceptibles de se rouler, en prenant cependant la précaution de ralentir l'action du feu, de crainte de les noircir et de les calciner. Certaines sortes sont torréfiées et roulées jusqu'à cinq fois, en diminuant graduellement l'intensité du feu. Par cette pratique, elles conservent mieux leur couleur verte, et elles s'altèrent moins. A chaque fois que l'on recommence l'opération, on lave la poêle avec de l'eau chaude, pour en enlever les sucs et autres parties hétérogènes qui pourraient s'y être attachés. On met sur un tapis les feuilles ainsi préparées, et l'on sépare celles qui sont épaisses, mal roulées ou trop brûlées. Les feuilles des Thés de première qualité doivent être plus torréfiées que les autres. Lorsqu'on les a cueillies très-jeunes, on se borne à les tremper dans l'eau chaude, puis on les fait sécher à la chaleur du feu, étendues sur un carton, et on se dispense de les rouler, à cause de leur petitesse. Les habitants des campagnes torréfient le Thé sans beaucoup de précaution, en l'agitant dans des vases de terre exposés au feu. Souvent ce Thé est de bonne qualité, quoiqu'il se vende à bas prix.

Au bout de quelques mois on ôte le Thé des vases où il es enfermé, et on l'expose de nouveau à une chaleur douce, pour qu'il n'y reste plus d'humidité, et qu'il ne coure pas risque de se détériorer lorsqu'on le renferme pour toujours. Pour que le Thé se conserve, il faut qu'il soit dans des vases bien clos et entièrement à l'abri du contact de l'air. Kæmpffer assure que celui qu'on apporte en Europe a toujours perdu de sa qualité, et qu'il ne lui a jamais trouvé cette saveur agréable, ce parfum délicat qu'il a dans son pays natal : aussi a-t-on coutume dans ces contrées d'en prendre l'infusion sans sucre ni autre mélange. Les Japonais le renferment dans des vases d'étain laminé, et lorsque ces vases sont d'une grande capacité on les met dans des caisses de Sapin, et on bouche avec du papier les fentes de ces cais-

ses, tant à l'intérieur qu'à l'extérieur. Les Thés de première qualité sont mis dans des vases de porcelaine.

Le docteur Siebold, célèbre par son voyage au Japon, assure que Kæmpffer avance à tort qu'on parfume le Thé avec différentes fleurs odorantes.

Les deux espèces de *Thea* que nous allons décrire, constituent à elles seules le genre. Loureiro indique une troisième espèce, indigène en Cochinchine, mais il ne la définit pas avec la précision nécessaire pour faire ressortir ses caractères distinctifs.

THÉ VERT. — *Thea viridis* Linn. — Loddig. Bot. Cab. tab. 227. — Woodw. Med. Bot. Suppl. p. 116, tab. 227. — Hook. in Bot. Mag. tab. 3148. — Turp. in Dict. des Sciences Nat. Ic. — *Bohea laxa* Ait. Hort. Kew. — *Thea chinensis viridis* Sims, in Bot. Mag. tab. 998.

Branches étalées. Feuilles lancéolées ou lancéolées-elliptiques, convexes, ondulées. Fleurs solitaires, penchées, subterminales. Calices glabres.

Arbrisseau ou petit arbre. Branches étalées, brunâtres ; jeunes pousses vertes. Feuilles assez écartées, courtement pétiolées, longues de 3 à 5 pouces, coriaces sans être très-épaisses, d'un vert un peu foncé en dessus, pâles en dessous ; veines et côtes proéminentes en dessous. Fleurs larges de 15 à 20 lignes, odorantes, naissant seulement aux aisselles des feuilles supérieures ; pédoncule un peu plus long que le pétiole. Sépales 5, arrondis, étalés, verts. Pétales ordinairement 6, elliptiques-arrondis, étalés, 2-ou 3-sériés, un peu plus longs que les étamines.

Cette espèce n'est pas rare dans les collections d'orangerie, et presque assez robuste pour supporter en plein air les hivers du nord de la France. Ses fleurs, très-odorantes, paraissent en automne. Sa culture, dans les serres, n'offre aucune difficulté ; on peut même la placer l'hiver dans une bâche non-chauffée. La multiplication de la plante se fait facilement de marcottes, ou de boutures.

Il n'est pas douteux que le *Thea viridis* puisse s'acclimater dans le midi de la France ; mais cette acquisition ne nous affranchirait probablement pas du tribut que nous payons à la Chine ; car, suivant M. Hooker, on a essayé déjà à plusieurs reprises, la culture de cette plante au Brésil, et l'on a fini par y renoncer, *uniquement*, comme dit M. Hooker, en raison du haut prix de la main d'œuvre. La naturalisation du Thé dans nos départemens méridionaux n'offre donc que l'intérêt qui s'attache à une plante d'agrément, inférieure sous ce rapport à plusieurs Camellia.

Suivant le docteur Siebold, le *Thea viridis* ne serait indigène ni en Chine, ni au Japon, mais dans la Corée.

Thé bou.—*Thea Bohea* Linn.—Loddig. Bot. Cab. tab. 226. — Lois. in Herb. de l'Amat. tab. 255. — *Thea cantoniensis* Lour. Flor. Cochinch. — *Camellia Thea* Link. Enum.

Branches roides, dressées. Feuilles lancéolées ou lancéolées-elliptiques, obtuses, planes. Pédicelles axillaires, fasciculés, penchés. Calices soyeux.

Arbrisseau moins grand dans toutes ses parties que le *Thea viridis*. Feuilles d'un vert très-sombre, coriaces, longues d'environ 2 pouces, sur 8 lignes de large. Pédicelles un peu plus longs que le pétiole. Sépales suborbiculaires, membraneux aux bords. Corolle large de 1 pouce. Pétales obovales, de moitié plus longs que les étamines. Fleurs légèrement odorantes.

Cette espèce, assez fréquemment cultivée dans les collections de serre tempérée, comme arbuste d'agrément, est beaucoup plus délicate que la précédente. Elle fleurit en hiver et au commencement du printemps. Suivant Loureiro, elle croît spontanément dans le midi de la Chine et en Cochinchine.

LES MYRTINÉES.

MYRTINEÆ Bartl.

CARACTÈRES.

Arbres, ou *arbrisseaux*, ou rarement *sous-arbrisseaux* ou *herbes*.

Feuilles opposées, ou moins souvent éparses, simples, indivisées, très-entières (rarement crénelées ou dentées), souvent parsemées de glandules ponctiformes transparentes. Stipules géminées et caduques, ou plus habituellement nulles.

Fleurs hermaphrodites, le plus souvent régulières, solitaires, ou bien disposées en épi, ou en grappe, ou en cyme, ou en panicule, ou en glomérule.

Calice plus ou moins adhérent; limbe périgyne ou épigyne, le plus souvent 4-ou 5-parti : segments imbriqués ou distants en préfloraison, quelquefois connés en coëffe se détachant par une scission circulaire.

Disque annulaire ou laminaire, adné à la gorge du calice ou au sommet de l'ovaire.

Pétales (rarement nuls) insérés au disque ou à la gorge du calice, interpositifs, indivisés, courtement onguiculés, caducs; éstivation imbricative ou contortive.

Étamines en nombre défini ou en nombre indéfini, unisériées ou plurisériées, ayant même insertion que les pétales. Filets libres ou diversement soudés. Anthères terminales, ordinairement à 2 bourses.

Pistil : Ovaire adhérent ou semi-adhérent, 2-8-loculaire. Placentaires axiles, biovulés ou plus souvent pluriovulés. Un seul style. Stigmate indivisé.

Péricarpe capsulaire, ou bien indéhiscent et coriace, ou charnu, 2-8-loculaire (rarement 1-loculaire et monosperme par avortement); loges monospermes, ou oligospermes, ou polyspermes.

Graines inarillées, apérispermées. Embryon curviligne, ou rarement rectiligne.

Cette classe se compose des Myrtacées, des Mélastomacées et des Mémécylées. La structure du pistil fait distinguer sans peine les *Myrtinées* et les Calycanthinées; l'éstivation du calice les sépare des Caliciflores.

CINQUANTE-SIXIÈME FAMILLE.

LES MYRTACÉES. — *MYRTACEÆ.*

(*Myrti* Juss. Gen. p. 323. — *Myrtoideæ* Vent. Tabl.— *Myrteæ* Juss. in
Dict. des Scienc. Nat. v. 24, p. 79. — *Myrtaceæ* R. Brown, Gen.
Rem. in Flind. Voy. II, p. 546. — De Cand. in Dict. Class. v. XI; et
Prodr. III, p. 207. — Bartl. Ord. Nat. p. 330.)

Plus de huit cents espèces composent cette famille,
dont le *Myrte commun* est pourtant le seul type indigène
en Europe. Les trois quarts des espèces appartiennent
à la zone torride ; mais l'hémisphère austral en offre un
bien plus grand nombre que l'hémisphère septentrional. L'Amérique semble être beaucoup plus riche en
Myrtacées que l'ancien continent, à en juger par les
nombreuses découvertes faites au Brésil par MM. Aug.
de Saint-Hilaire et de Martius. Toutefois il paraît que
la famille manque dans l'Amérique septentrionale soit
équatoriale , soit extra-tropicale. La Nouvelle-Hollande
nourrit aussi beaucoup de Myrtacées, mais on n'en a
trouvé qu'une seule espèce au cap de Bonne-Espérance.

Aussi élégantes que variées dans leurs formes, les
Myrtacées offrent une foule de plantes d'agrément.
Tout le monde connaît les *Mélaleuca*, les *Métrosidéros*,
les *Eucalyptus*, les *Leptospermes*, les *Béckéa* et d'autres plantes de ce groupe, qui font l'ornement de toutes
les collections de serre, et dont plusieurs peuvent croî-
tre sur le sol du midi de la France.

Les organes foliacés, les fleurs, et quelquefois aussi
les graines des Myrtacées contiennent des huiles essen-
tielles très-aromatiques. Les Clous de Girofle, le Piment,
l'huile de Caïéput proviennent de végétaux de cette fa-

mille. Les écorces, les feuilles et les jeunes fruits abondent le plus souvent en principes astringents. Les fruits charnus de plusieurs espèces, telles que les *Goyaviers*, les *Jambosiers* et autres, sont d'une saveur agréable, et précieux pour les pays chauds, à cause de leurs qualités rafraîchissantes. L'infusion des feuilles de *Leptosperme* se prend en guise de Thé, dans les colonies de la Nouvelle-Galles du Sud. Les *Lécythis* et le *Berthollétia* produisent des amandes excellentes.

CARACTÈRES DE LA FAMILLE.

Arbres, ou *arbrisseaux*, ou quelquefois *sous-arbrisseaux*, ou rarement *herbes*.

Feuilles simples, opposées, ou quelquefois alternes, entières (rarement dentées), penninervées (rarement triplinervées ou quintuplinervées), courtement pétiolées, presque toujours coriaces, munies ordinairement (de même que les autres parties herbacées) de glandules mammillaires transparentes contenant de l'huile essentielle. Stipules le plus fréquemment nulles.

Fleurs hermaphrodites, dibractéolées à la base, solitaires, ou en grappe, ou en épi, ou plus souvent en cyme soit triflore, soit trichotome. Pédoncules axillaires et terminaux, ou terminaux. Corolle blanche, ou rougeâtre, ou jaunâtre (jamais d'un jaune pur, ni bleue).

Calice plus ou moins adhérent; limbe persistant ou caduc, 4-ou 5-(rarement 6-) parti, imbriqué en préfloraison (quelquefois calyptriforme ou operculaire, se détachant par une scission circulaire).

Disque charnu, épigyne, formant un bourrelet à la gorge du calice.

Pétales (quelquefois nuls) en même nombre que les

lobes du calice, interpositifs, insérés au disque, courtement onguiculés, caducs.

Étamines ayant même insertion que la corolle, en nombre double, ou triple, ou multiple des pétales, ou en nombre indéfini (par exception en même nombre que les pétales), plurisériées. Filets libres, ou pentadelphes, ou polyadelphes, ou monadelphes : phalanges antépositives ou interpositives. Anthères petites, ovales, ou arrondies, submédifixes, versatiles, à deux bourses (par exception à une seule bourse adnée au filet) parallèles, contiguës ou écartées, longitudinalement déhiscentes.

Pistil : Ovaire adhérent, 2-6-loculaire (rarement 1-loculaire). Placentaires axiles, 2-ou 4-ovulés, ou plus souvent multiovulés. Style indivisé. Stigmate entier, ou par exception fendu.

Péricarpe capsulaire, ou carcérulaire, ou drupacé, ou baccien, 2-6-loculaire (rarement 1-loculaire et monosperme par avortement); loges 2-spermes, ou oligospermes, ou plus souvent polyspermes.

Graines inarillées, apérispermées. Embryon rectiligne ou plus souvent curviligne : cotylédons planes, indivisés, quelquefois épais ou soudés; radicule latéralement appointante ; plumule imperceptible.

La famille des Myrtacées se compose comme suit :

Ire TRIBU. **LES CHAMÉLAUCIÉES**. — *CHAMÆLAUCIEÆ*.

*Ovaire uniloculaire. Ovules très-nombreux, dressés. —
Feuilles ponctuées.*

Calythrix Labill. — *Verticordia* De Cand. — *Chamælaucium* Desfont. — *Genetyllis* De Cand. — *Pileanthus* Labill.

II° TRIBU. **LES LEPTOSPERMÉES.** — *LEPTOSPERMEÆ.*

Péricarpe sec, pluriloculaire. — Feuilles ponctuées.

Astartea De Cand. — *Tristania* R. Br. — *Beaufortia* R. Br. — *Calothamnus* Labill. (Billottia Coll. Baudinia Lech.) — *Lamarkea* Gaudich. — *Melaleuca* Linn. (Cajaputi Adans.)—*Eudesmia* R. Br.—*Eucalyptus* L'hérit. — *Angophora* Cavan. — *Callistemon* R. Br. — *Metrosideros* Gærtn. (Nani Adans.) — *Leptospermum* Forst.— *Fabricia* Gærtn. — *Bæckea* Linn. (Jungia Gærtn. Imbricaria Smith. Mollia Gmel.) — *Bartlingia* Brongn.

III° TRIBU. **LES MYRTÉES.** — *MYRTEÆ.*

Péricarpe charnu, pluriloculaire.—Feuilles le plus souvent ponctuées.

Sonneratia Linn. fil. (Aubletia Gærtn.) — *Nelitris* Gærtn. (Decaspermum Forst.) — *Campomanesia* Ruiz et Pav. — *Psidium* Linn. (Guajava Tourn. Burchardia Neck.) — *Jossinia* Commers. — *Myrtus* Linn. — *Myrcia* De Cand. — *Calyptranthes* Swartz. (Chytraculia et Suzygium P. Brown. Chytralia Adans.) — *Syzygium* Gærtn. (Opa Lour. Calyptranthus Blum.)—*Caryophyllus* Linn. — *Acmena* De Cand. —*Eugenia* Linn. (Plinia Linn. fil. Greggia Gærtn. Olynthia Lindl. Guapurium Juss.) — *Jambosa* Rumph.— *Marlierea* Cambess. — *Felicianea* Cambess.

IV° TRIBU. **LES BARRINGTONIÉES.**—*BARRINGTONIEÆ.*

Étamines très-nombreuses, monadelphes par leur base. Péricarpe pluriloculaire. Cotylédons grands, charnus. — Feuilles non-ponctuées.

Barringtonia Forst. (Butonica Lamk. Commersona Sonner. Huttum Adans. Mitraria Gmel.)—*Stravadium* Juss. (Stravadia Pers. Meteorus Lour. Menichea Sonner. — *Gustavia* Linn. (Pirigara Aubl. Spallanzania Neck.)

Vᵉ TRIBU. LES LÉCYTHIDÉES. — *LECYTHIDEÆ.*

Pétales inégaux, ordinairement soudés par la base. Étamines très-nombreuses, monadelphes : androphore urcéolaire à la base, prolongé d'un côté en ligule sub-cuculliforme. Péricarpe pluriloculaire, pyxidien. — Feuilles éparses, non-ponctuées.

Lecythis Lœffl. — *Eschweilera* Mart. — *Bertholletia* Humb. et Bonpl. — *Couroupita* Aubl. (Pontoppidana Scopol.) — *Couratari* Aubl. (Lecythopsis Schrank. Curupita Gmel.)

Genres placés avec doute a la suite des Myrtacées.

Catinga Aubl. — *Coupoui* Aubl. — *Careya* Roxb. — *Glaphiria* Jack. — *Crossostylis* Forst. — *Grias* Linn. — *Petalotoma* De Cand. (Diatoma Lour.) — *Fœtidia* Commers. — *Myrrhinium* Schott.

Iʳᵉ TRIBU. LES CHAMÉLAUCIÉES. — *CHAMÆLAU-CIEÆ* De Cand. Prodr.

Limbe calicinal 5-parti. Pétales 5. Étamines unisériées, libres ou subpolyadelphes, entremélées de filets dépourvus d'anthères. Ovaire uniloculaire. Ovules en nombre déterminé ou en nombre indéterminé, dressés, attachés à un placentaire central quelquefois basilaire. Péricarpe sec, 1-loculaire.

Arbrisseaux ayant le port des Bruyères. Feuilles opposées, ponctuées. Fleurs petites, pédicellées, accompagnées de 2 bractéoles libres ou quelquefois connées en forme de coëffe.

Ce groupe est propre à la Nouvelle-Hollande.

Genre CALYTHRICE. — *Calythrix* Labill.

Calice hypocratériforme; tube semi-adhérent; limbe à
5 lobes ovales, terminés par une longue soie. Pétales caducs. Étamines 10-30, libres; anthères suborbiculaires.
Ovaire 1-loculaire, 2-ovulé. Style filiforme, de la longueur
des étamines. Péricarpe sec, 1-loculaire, indéhiscent, monosperme par avortement.

Feuilles petites, roides, éparses, imbriquées, le plus
souvent courtement pétiolées et munies de 2 stipules sétiformes. Fleurs blanches ou pourpres, axillaires, solitaires.
Bractées persistantes, membraneuses, carénées, connées
à la base.

Les *Calythrices* sont de petits arbrisseaux d'un port touffu
et très-élégant. On en cultive plusieurs dans les collections
de serre tempérée. Voici les espèces connues de ce genre.

a) *Feuilles stipulées.*

CALYTHRICE GLABRE. — *Calythrix glabra* De Cand. Prodr.
— Bot. Reg. tab. 409. — Lodd. Bot. Cab. tab. 586.

Ramules glabres ou légèrement pubescents, dressés. Feuilles
pétiolées, rapprochées : les adultes glabres de même que les
bractées. Fleurs icosandres.

Cette espèce croît aux environs du port Jackson et à la terre
de Diémen.

CALYTHRICE EFFILÉ. — *Calythrix virgata* Cunning. in Bot.
Mag. tab. 3323.

Ramules effilés, presque glabres. Feuilles pétiolées, éparses :
les adultes très-glabres de même que les bractées. Bractées de
moitié plus courtes que le tube calicinal.

Fleurs blanches, en capitules raméaires. Anthères violettes.

Cette espèce, découverte par M. Cunningham aux environs
de Bathurst, est cultivée au Jardin de Kew depuis 1823.

CALYTHRICE A COURTES FEUILLES. — *Calythrix brachy-
phylla* Cunning. l. c.

Feuilles pétiolées, courtes, obtuses. Bractées glabres (de même que les ramules), 4 fois plus courtes que le tube calicinal. Étamines 20.

Cette espèce croît au port du Roi-Georges.

CALYTHRICE TÉTRAPTÈRE. — *Calythrix tetraptera* De Cand. Prodr. — *Calythrix tetragona* Labill. Nov. Holl. tab. 148.

Feuilles pétiolées : les adultes et les bractées glabres. Ramules veloutés, velus. Étamines 20.

M. de Labillardière a découvert cette espèce à la terre de Leuwin.

CALYTHRICE DÉCANDRE. — *Calythrix decandra* De Cand. Prodr.

Feuilles pétiolées, pointues, presque planes, lisses de même que les ramules et les bractées. Bractées acuminées, 3 fois plus courtes que le tube calicinal. Fleurs décandres.

Cette espèce habite la côte méridionale de la Nouvelle-Hollande.

CALYTHRICE DE FRASER. — *Calythrix Fraseri* Cunning. l. c.

Feuilles pétiolées, obtuses, arquées, presque planes en dessus, lisses de même que les bractées et les ramules. Bractées rétuses, 4 fois plus courtes que le tube calicinal. Pétales ovales, pointus, 1 fois plus courts que les appendices des sépales. Étamines 20.

M. Fraser a découvert cette espèce en 1827, sur la côte occidentale de la Nouvelle-Hollande.

CALYTHRICE STRIGUEUX. — *Calythrix strigosa* Cunning. l. c.

Feuilles pétiolées, courtes, obtuses, très-éparses, glabres de même que les bractées et les ramules. Bractées 3 fois plus courtes que le tube calicinal. Calice strigueux.

M. Cunningham a découvert cette espèce sur la côte occidentale de la Nouvelle-Hollande.

CALYTHRICE JAUNATRE. — *Calythrix flavescens* Cunningh. l. c.

Feuilles étalées ou réfléchies, très-glabres de même que les ramules et les bractées. Bractées aristées, 3 fois plus courtes que le tube calicinal. Étamines 20.

Cette espèce a été trouvée par M. Fraser sur la côte occidentale de la Nouvelle-Hollande.

CALYTHRICE FAUX BRUNIA.— *Calythrix brunioides* Cunning. l. c.

Feuilles pétiolées, éparses, spinelleuses aux bords et à la côte (de même que les bractées), scabres. Bractées 1 fois plus courtes que le calice. Ramules cotonneux.

Cette espèce croît dans l'intérieur de la Nouvelle-Galles du Sud.

CALYTHRICE SCABRE. — *Calythrix scabra* De Cand. Prodr.

Feuilles pétiolées, hispides, scabres, ciliées. Bractées 1 fois plus courtes que le tube calicinal, ciliées à la côte. Ramules veloutés, velus. Étamines 20.

Cette espèce croît au port Jackson.

b) *Feuilles non-stipulées.*

CALYTHRICE DENSIFLORE. — *Calythrix conferta* Cunning. l. c.

Feuilles sessiles, pointues, imbriquées, courbées, ciliées de poils roides. Ramules glabres. Bractées scabres, presque aussi longues que le tube calicinal. Segments calicinaux ciliés; arêtes presque aussi longues que les pétales. Étamines 20.

M. Cunningham a découvert cette espèce sur la côte nord-ouest de la Nouvelle-Hollande.

CALYTHRICE A PETITES FEUILLES. — *Calythrix microphylla* Cunningh. l. c. — *Calythrix exstipulata* De Cand. Prodr.

Feuilles glauques, très-courtes, sessiles, obtuses, mucronulées, concaves en dessus. Bractées acuminées, 3 fois plus courtes que le tube calicinal. Arêtes calicinales denticulées de haut en bas, plus courtes que les pétales.

Cette espèce habite la côte septentrionale de la Nouvelle-Hollande.

Genre VERTICORDIA. — *Verticordia* De Cand.

Calice à 5 lobes palmatipartis. Pétales 5. Étamines 20 : 10 stériles, liguliformes, alternes avec 10 fertiles de longueur égale entre elles, plus courtes que les stériles. Style filiforme, saillant, infléchi au sommet. Stigmate plumeux. Ovaire 1-loculaire, 5-6-ovulé. Péricarpe monosperme par avortement. Graine globuleuse.

Arbrisseaux. Feuilles opposées, linéaires, trièdres. Fleurs longuement pédicellées, axillaires vers le sommet des ramules, rapprochées en corymbe. Boutons recouverts par 2 bractées libres ou soudées en forme de coëffe.

Ce genre ne renferme que les deux espèces dont nous allons faire mention.

Verticordia de Desfontaines. — *Verticordia Fontanesii* De Cand. Prodr. — *Chamœlaucium plumosum* Desfont. in Mém. du Mus. v. 5, p. 42, tab. 4.

Feuilles linéaires-subulées, pointues, de la longueur des pédicelles. Bractées ovales, concaves, mutiques, soudées. Calice velu : lobes à lanières linéaires, ciliées. Pétales elliptiques, obtus, plus courts que les lobes du calice.

Rameaux nombreux, grêles. Feuilles imbriquées, longues de 4 à 5 lignes, larges de ¹/₃ de ligne. Fleurs nombreuses, blanches, longues d'environ 2 lignes.

Cette espèce, qui se cultive dans les serres tempérées, est originaire de la Nouvelle-Hollande.

Verticordia de Brown. — *Verticordia Brownii* De Cand. Prodr. — *Chamœlaucium Brownii* Desfont. l. c. tab. 19.

Cette espèce, qui habite les mêmes contrées que la précédente, en diffère par des feuilles obtuses, des bractées libres et des calices à lobules linéaires-subulés, aristés et barbus au sommet.

Genre CHAMÉLAUCIUM. — *Chamœlaucium* Desfont.

Calice à 5 lobes entiers, pétaloïdes, ciliés. Pétales 5. Étamines 20 : 10 liguliformes, stériles, alternes avec 10 fertiles alternativement plus longues et plus courtes. Style rectiligne, plus court que les étamines. Stigmate glabre, capitellé. Ovaire 1-loculaire, 5-9-ovulé. Péricarpe monosperme par avortement. Graine globuleuse.

Feuilles opposées, recouvrantes, linéaires-trièdres. Fleurs axillaires, courtement pédicellées, blanches. Bractées cuculliformes, mucronées postérieurement, soudées en forme de coëffe.

L'espèce suivante constitue à elle seule ce genre :

CHAMÉLAUCIUM CILIÉ. — *Chamælaucium ciliatum* Desfont. in. Mém. du Mus. v. 5, p. 40, tab. 3, fig. B.

Arbrisseau à tige droite, très-rameuse. Rameaux grêles, inégaux, presque dressés. Feuilles linéaires-subulées, subobtuses, imbriquées, longues de 4 à 5 lignes, sur ¹/₂ ligne de large. Fleurs nombreuses, subterminales, larges d'environ 3 lignes : pédicelles plus courts que les feuilles. Tube calicinal glabre. Étamines un peu plus courtes que la corolle.

Cet élégant arbrisseau, qu'on rencontre quelquefois dans les collections de serre, croît dans la Nouvelle-Hollande, au port du Roi-Georges.

Genre PILÉANTHE. — *Pileanthus* Labill.

Tube calicinal urcéolé, semi-adhérent; limbe à 10 lobes arrondis, denticulés, pétaloïdes, bisériés. Pétales 5. Étamines 20, toutes fertiles, divergentes; filets presque libres, élargis à la base, tantôt indivisés, tantôt bifurqués au sommet et portant les deux bourses de l'anthère disjointes. Ovaire 1-loculaire; ovules 5-7, attachés au fond de la loge. Style filiforme, saillant, élargi à la base. Stigmate capitellé. (Péricarpe inconnu.)

Fleurs subterminales, courtement pédonculées, recouvertes avant l'anthèse par un involucre en forme de coëffe, caduc.

L'espèce suivante constitue à elle seule ce genre :

PILÉANTHE LIMACE. — *Pileanthus Limacis* Labill. Nov.

Holl. 2 , tab 149. — Desfont. in Mém. du Mus. v. 5, tab. 3, fig. A.

Arbrisseau à ramules opposés en croix. Feuilles rapprochées, un peu charnues, subclaviformes, sillonnées antérieurement, convexes postérieurement, tuberculeuses, glabres, longues d'environ 4 lignes. Fleurs nombreuses, larges d'un demi-pouce. Sépales suborbiculaires, crénelés. Pétales crénelés, oblongs, 2 fois plus longs que les sépales. Filets plus courts que les pétales.

Cette plante, remarquable par la structure de ses fleurs, a été découverte par M. Labillardière à la terre de Leuwin. On la cultive comme arbuste d'agrément, en serre tempérée.

IIᵉ TRIBU. LES LEPTOSPERMÉES. — *LEPTO-SPERMEÆ* De Cand. Prodr.

Limbe calicinal 4-6-parti. Pétales en même nombre que les lobes du calice. Étamines libres ou polyadelphes. Péricarpe sec, pluriloculaire. Graines apérispermées.

Arbres ou arbrisseaux. Feuilles opposées ou éparses, le plus souvent ponctuées. Fleurs en cyme, ou en épi, ou en capitule.

Toutes les *Leptospermées* habitent la Nouvelle-Hollande et les îles voisines.

Section Iʳᵉ. LES MÉLALEUCÉES. — *Melaleuceæ* De Cand. Prodr.

Etamines polyadelphes.

Genre ASTARTÉA. — *Astartea* De Cand.

Tube calicinal hémisphérique; limbe 5-parti, à lobes arrondis. Pétales onguiculés, suborbiculaires. Étamines pentadelphes, plus courtes que les pétales; phalanges multifides, interpositives. Style filiforme. Stigmate capitellé.

Capsule semi-adhérente, triloculaire, trivalve, polysperme.

Ce genre diffère des *Melaleuca* par ses phalanges alternes avec les pétales et non antépositives, ainsi que par ses fleurs pédicellées. Il ne renferme que l'espèce suivante :

ASTARTÉA FASCICULAIRE. — *Astartea fascicularis* De Cand. Prodr. — *Melaleuca fascicularis* Labill. Nov. Holl. 2, tab. 170.

Arbrisseau très-rameux, haut d'environ 10 pieds. Ramules subtétragones. Feuilles opposées, linéaires, pointues, charnues, glabres, longues d'environ 3 lignes, sur '/, ligne ou moins de large; les jeunes fasciculées aux aisselles des adultes. Fleurs blanches, solitaires, axillaires, larges de 2 à 3 lignes : pédoncules un peu moins longs que les feuilles, munis vers leur milieu d'une bractéole caduque. Phalanges 5-8-andres.

Cette plante, découverte par M. de Labillardière à la terre de Diémen, se cultive dans les collections de serre tempérée.

Genre TRISTANIA. — *Tristania* R. Br.

Limbe calicinal 5-fide, persistant; tube turbiné. Pétales 5. Étamines pentadelphes, aussi longues que la corolle; phalanges antépositives; anthères incombantes. Capsule triloculaire, polysperme, incluse, ou semi-saillante. Graines aptères.

Feuilles opposées ou alternes. Fleurs en corymbes axillaires.

Ce genre se compose de sept espèces, dont plusieurs se font remarquer par leur élégance et se cultivent dans les collections d'orangerie. En voici les plus notables :

TRISTANIA LAURIER-ROSE. — *Tristania neriifolia* R. Br. Prodr. — Herb. de l'Amat. vol. 3. — Bonpl. Nav. tab. 30. — *Melaleuca neriifolia* Sims, Bot. Mag. tab. 1058. — *Melaleuca salicifolia* Andr. Bot. Rep. tab. 485.

Feuilles opposées, lancéolées, pointues, glauques en dessous, courtement pétiolées. Pédoncules plus courts que les feuilles. Corymbes pubescents, pauciflores. Phalanges 3- ou 5-andres. Pétales obovales, étalés, 3 fois plus longs que les sépales. Capsule incluse.

Arbrisseau haut de 3 à 6 pieds. Feuilles longues d'environ 2 pouces, sur 4 lignes de large, semblables à celles du Laurier-Rose. Fleurs d'un jaune vif.

Cette espèce est très-commune dans les collections.

TRISTANIA A FEUILLES DE LAURIER. — *Tristania laurina* R. Brown, in Hort. Kew. ed. 2.— *Melaleuca laurina* Smith, in Act. Soc. Linn. Lond. v. 3, p. 275.

Feuilles alternes, cunéiformes-lancéolées. Ramules et calices pubescents. Capsule semi-supère.

TRISTANIA A FEUILLES RAPPROCHÉES. — *Tristania conferta* R. Brown. l. c.

Feuilles alternes, lancéolées-elliptiques, pointues. Lobes calicinaux pointus, foliacés.

TRISTANIA ODORANT.— *Tristania suaveolens* Smith, in Rees. Cycl.

Feuilles alternes, elliptiques. Calice hémisphérique, sinuolé, velu.

Genre BEAUFORTIA. — *Beaufortia* R. Br.

Calice turbiné; limbe 5-parti, à lobes pointus. Pétales 5. Étamines pentadelphes : phalanges antépositives; anthères basifixes, bifides au sommet. Capsule coriace, à loges monospermes.

Arbrisseaux. Feuilles opposées ou éparses, sessiles.

Les *Beaufortia* sont très-remarquables par l'élégance de leur port et par l'abondance de leurs fleurs; aussi recherche-t-on ces arbrisseaux pour l'ornement des serres tempérées. Leur culture n'exige aucun soin particulier, si ce n'est la terre de bruyère. On les multiplie de marcottes. Voici les trois espèces connues de ce genre :

BEAUFORTIA ÉLÉGANT. — *Beaufortia decussata* R. Br. in

Hort. Kew. ed. 2.—Bot. Reg. tab. 18.—Bot. Mag. tab. 1733.
—Colla, Hort. Ripul. tab. 22.

Feuilles opposées en croix, ovales ou elliptiques, multinervées. Androphores à onglets très-longs. Filets divergents. Styles
souvent flexueux. — Fleurs grandes, d'un pourpre brillant.

BEAUFORTIA DE DAMPIER.—*Beaufortia Dampieri* Cunningh.
ined. ex Hook. in Bot. Mag. tab. 3272.

Feuilles opposées en croix, recouvrantes, ovales-elliptiques
ou ovales-orbiculaires, obtuses, trinervées; nervures confluentes au sommet. Pétales elliptiques-oblongs, concaves, ciliolés,
2 à 3 fois plus courts que les phalanges. Filets étalés.

Arbuste nain à ramules nombreux, opposés ou subverticillés.
Feuilles petites, coriaces, ordinairement réfléchies. Fleurs d'un
rose pâle, disposées en verticilles raméaires subterminaux.

Cette plante, dit M. Cunningham, est du petit nombre des
arbrisseaux qu'on trouve dans les dunes sablonneuses et stériles de
l'île de Dirk-Hartog, située non loin de la côte occidentale de la
Nouvelle-Hollande. On possède l'espèce au Jardin Royal de Kew.

BEAUFORTIA A FEUILLES ÉPARSES. — *Beaufortia sparsa* R.
Br. l. c.

Feuilles éparses, ovales, multinervées.

Genre CALOTHAME. — *Calothamnus* Labill.

Calice hémisphérique, 4-ou 5-denté. Pétales courts, coriaces. Étamines pentadelphes; phalanges linéaires, très-
longues, antépositives; filets capillaires, terminaux; anthères basifixes, très-entières. Capsule adhérente, coriace,
3-loculaire, 3-sperme.

Arbrisseaux. Feuilles éparses, presque imbriquées, ponctuées, linéaires-cylindriques. Fleurs pourpres, agrégées en
épis raméaires.

Le nom de *Calothamnus*, formé de deux mots grecs si-
gnifiant belle branche, fait allusion à l'élégance de ces végétaux, couverts de fleurs d'un pourpre intense et disposées

en épis serrés. Les *Calothames* se cultivent à la manière des *Mélaleuca :* leur multiplication se fait de graines, ou très-facilement de boutures en sable. On ne connaît que les quatre espèces suivantes :

CALOTHAME ROUGE DE SANG. — *Calothamnus sanguinea* Labill. Nov. Holl. tab. 164.

Feuilles linéaires-cylindriques , mucronulées : les naissantes poilues ; les adultes glabres. Fleurs axillaires , subsolitaires, quadrifides. Deux des phalanges 22-16-andres , soudées en ligule subflabelliforme ; les deux autres filiformes, stériles.

Arbrisseau haut d'environ 10 pieds. Feuilles nombreuses, un peu arquées, longues de 9 à 15 lignes, sur $^1/_2$ ligne de large. Calice un peu cotonneux , à dents obtuses. Pétales ovales, subonguiculés, scarieux aux bords. Phalanges de couleur poupre : les 2 fertiles formant une ligule longue de 1 pouce.

Cette espèce a été trouvée par M. Labillardière à la terre de Leuwin.

CALOTHAME QUADRIFIDE.— *Calothamnus quadrifida* R. Br. in Hort. Kew. ed. 2. — Reichenb. Gart. Mag. tab. 9. — *Billotia acerosa* Colla, Hort. Ripul. tab. 23.

Glabre. Feuilles linéaires, ou linéaires-spathulées, mucronulées , souvent réfléchies ou arquées. Fleurs subunilatérales , 4-fides. Phalanges libres, 12- ou 15-andres.

Petit arbre. Ramules grêles, souvent prolifères. Feuilles longues d'environ 6 lignes, larges de $^1/_3$ de ligne. Épis courts. Phalanges longues de 1 pouce et plus.

Cette espèce est commune dans les serres.

CALOTHAME VELU. — *Calothamnus villosa* R. Br. l. c. — Bot. Reg. tab. 1099. —Reichenb. Gart. Mag. 1, tab. 9, fig. infer. — Colla, Hort. Rip. 2, tab. 15.

Cette espèce diffère de la précédente par la villosité de toutes ses parties herbacées, par ses fleurs 5-fides et ses phalanges polyandres.

CALOTHAME GRÊLE. — *Calothamnus gracilis* R. Br. l. c.

Tige rameuse. Feuilles très-longues, glabres. Phalanges libres, triandres, isométres.

Genre MÉLALEUCA. — *Melaleuca* Linn.

Tube calicinal subhémisphérique; limbe 5-parti. Pétales courts, suborbiculaires, subsessiles. Étamines 30-35, pentadelphes : phalanges plus ou moins allongées, antépositives, liguliformes, ou linéaires; anthères incombantes. Style filiforme. Stigmate obtus. Capsule adhérente, incluse, adnée à la branche, triloculaire, polysperme. Graines anguleuses.

Arbres ou arbrisseaux. Feuilles opposées ou alternes, souvent recouvrantes ou imbriquées, équilatérales, pétiolées. Fleurs blanches, ou jaunâtres, ou pourpres, ou violettes, adnées, solitaires, ou plus souvent agrégées en capitules ou en épis.

Ce genre est l'un des plus beaux parmi les Myrtacées de la Nouvelle-Hollande, et l'on en cultive un grand nombre d'espèces dans les collections de serre tempérée.

Les *Mélaleuca* se plaisent dans un terrain composé de parties égales de terre de bruyère et de terre franche. Leur culture ne diffère point de celle de la plupart des plantes d'orangerie. Les horticulteurs anglais assurent que la terre de bruyère non-mélangée leur est plutôt nuisible que profitable. La multiplication se fait de graines, ou de boutures en sable, sous cloche. Dans le midi de la France la plupart des espèces peuvent être cultivées en pleine terre.

A l'exception de deux espèces, indigènes dans l'Inde, les autres, au nombre d'environ quarante, croissent à la Nouvelle-Hollande et à la terre de Diémen.

a) *Feuilles alternes.*

MÉLALEUCA CAJÉPUT. — *Melaleuca minor* Smith, in Rees. Cycl.—Rumph. Amb. 2, tab. 17, fig. 1.—*Melaleuca Cajaputi* Roxb. (non Linn.)

Feuilles lancéolées-linéaires, pointues, subfalciformes, 3-ou 5-nervées. Ramules et calices velus.

Grand arbrisseau, rameux dès la base. Écorce mince, non-subéreuse. Tronc rarement de plus d'un pied de circonférence. Feuilles longues de 3 à 4 pouces, de la largeur du petit doigt, assez semblables à celles du *Saule blanc,* d'une odeur aromatique agréable.

Cette espèce croît aux Moluques. Toutes ses parties sont fortement aromatiques. C'est d'elle qu'on retire par distillation l'huile volatile connue dans le commerce sous le nom d'*Huile de Cajéput.* On croyait long-temps à tort que cette essence s'obtenait de l'espèce suivante, qui croît dans les mêmes contrées, et que les Malais nomment aussi *Caju-Puti.*

L'essence de Cajéput récente est très-volatile : en vieillissant, elle devient plus onctueuse : son odeur est analogue à celle d'un mélange de Camphre et de Térébenthine; sa couleur ordinairement verte, ou plus rarement blanche. Elle a, comme la *Menthe poivrée,* une saveur fraîche qui ensuite devient chaude et amère. Du reste, le prix de cette huile, très-élevé sur les lieux mêmes où on la prépare, fait qu'elle est peu employée en Europe. On lui attribue des vertus antispasmodiques, apéritives, résolutives, carminatives, vermifuges et emménagogues. Beaucoup d'auteurs assurent qu'on l'administre avec succès dans les coliques venteuses, le rhumatisme, la goutte, les maladies nerveuses, les maux de tête et des dents. C'est l'un des moyens les plus sûrs pour garantir des insectes les hardes.

MÉLALEUCA FAUX CAJÉPUT. — *Melaleuca Leucadendron* Linn. — Rumph. Amb. 2, tab. 16.

Glabre. Feuilles pétiolées, lancéolées, acuminées, subfalciformes, glauques, 3-ou 5-nervées. Ramules florifères pendants. Fleurs lâches.

Arbre assez élevé. Tronc tortueux, de la grosseur du corps d'un homme, et atteignant souvent un volume 3 fois plus considérable. Rameaux peu nombreux, vagues. Feuilles longues de 7 à 8 pouces et plus, larges de 1 pouce. Épis longs d'un demi-pouce. Fleurs blanches. Filets très-longs.

Cet arbre, commun dans toutes les Moluques, se plaît dans les grandes forêts au pied des montagnes. La base de son tronc, au rapport de Rumphius, paraît toujours noire comme du charbon ; les branches et le feuillage, au contraire, se font remarquer au loin par leur couleur blanchâtre. Par cette raison les Malais ont nommé l'arbre *Caju Puti*, ce qui veut dire *Arbre blanc*, et la même allusion a été reproduite par Linné, soit dans le mot de *Melaleuca* (noir et blanc), soit dans celui de *Leucadendron* (arbre blanc). L'écorce, de l'épaisseur d'un doigt, se détache en une infinité de feuillets minces et fragiles. Cette matière, dit Rumphius, est la meilleure qu'on puisse trouver pour calfeutrer les vaisseaux, et on l'emploie généralement à cet usage dans les Indes. Le bois est excellent pour les constructions navales.

Nous avons déjà fait remarquer que le *Melaleuca Leucadendron* était fort longtemps considéré à tort comme le végétal dont on obtient l'huile de *Cajéput*.

MÉLALEUCA A FEUILLES DE DIOSMA.—*Melaleuca diosmifolia* Andr. Bot. Rep. tab. 476. — *Melaleuca chlorantha* Bonpl. Nav. tab. 8.

Glabre. Feuilles recouvrantes, planes, courtement pétiolées, ovales ou oblongues, 1-nervées. Épis oblongs. Phalanges 3-ou 5-andres.

Petit arbre. Fleurs d'un jaune verdâtre.

Cette espèce est commune dans les collections de serre.

MELALEUCA DE FRASER. — *Melaleuca Fraseri* Hook. in Bot. Mag. tab. 3210.

Feuilles linéaires-subulées, comprimées, mucronées, recourbées, innervées. Capitules ovales-globuleux, terminaux. Phalanges 12-14-andres, à onglets plus longs que la corolle.

Arbrisseau bas, très-rameux. Rameaux courts, opposés ou subverticillés, feuillus vers leur partie supérieure. Pétales obovales, concaves, dressés, blancs. Étamines roses : filets subisomètres.

Cette espèce, indigène dans la Nouvelle-Galles du Sud, a été introduite récemment en Angleterre.

MELALEUCA GLOMÉRULÉ. — *Melaleuca nodiflora* Smith, Exot. Bot. tab. 35. —Vent. Malm. 1, tab. 112. — *Metrosideros nodosa* Cavan. Ic. 4, tab. 334.

Feuilles éparses, planes, étalées, 1-nervées, linéaires-subulées, roides, piquantes. Fleurs subterminales, en capitules globuleux. Sépales membraneux. Phalanges 3-6-andres, très-courtes.

Arbrisseau haut de 6 à 10 pieds. Fleurs blanches.

Cette espèce est cultivée dans les serres.

MÉLALEUCA A FEUILLES DE BRUYÈRE. — *Melaleuca ericifolia* Smith, Exot. Bot. tab. 34.

Glabre. Feuilles éparses ou opposées, linéaires-subulées, non-piquantes, étalées ou recourbées. Épis latéraux, ovales, couronnés. Phalanges décandres, courtes.

Petit arbre haut d'une vingtaine de pieds. Ramules glabres, filiformes, blanchâtres. Feuilles très-étroites, longues d'un demi-pouce. Fleurs blanches.

Cette espèce se cultive dans les collections de serre.

MÉLALEUCA ROUGISSANT. — *Melaleuca erubescens* Otto, in Hor. Phys. Berol. — Reichenb. Hort. Bot. tab. 82.

Feuilles linéaires-subulées, planes en dessus, mucronulées. Épis cylindracés-coniques, très-glabres. Pétales spathulés, 2 fois plus longs que les dents du calice. Phalanges dodécandres, à onglets plus longs que les pétales.

Arbrisseau haut de 2 à 3 pieds. Rameaux grêles, effilés, grisâtres. Feuilles recouvrantes, longues d'un demi-pouce. Fleurs d'un rose très-vif. Filets soudés jusqu'au-delà du milieu, rayonnants.

Cette espèce, fréquemment cultivée dans les collections de serre tempérée, est l'une des plus élégantes du genre.

MÉLALEUCA ARMILLAIRE. — *Melaleuca armillaris* Smith.— *Melaleuca ericifolia* Vent. Malm. tab. 76. — Andr. Bot. Rep. tab. 175. (non Smith.)

Glabre. Feuilles dressées, linéaires-subulées, mucronées, recourbées au sommet. Épis cylindriques, latéraux, couronnés. Phalanges polyandres, linéaires, plus longues que les pétales; filets presque en corymbe. Style subrectiligne, presque aussi long que les étamines.

Petit arbre à rameaux blanchâtres, verticillés. Épis longs d'environ 2 pouces, sur 8 lignes de large. Fleurs d'un blanc tirant sur le jaune.

Cette espèce se rencontre fréquemment dans les serres.

MÉLALEUCA SCABRE. — *Melaleuca scabra* R. Br. in Hort. Kew. ed. 2. — Sweet, Flor. Austral. tab. 10.

Feuilles subcylindriques, mucronulées, scabres, rapprochées. Capitules globuleux. Phalanges 4-6-andres : onglets presque aussi longs que les pétales. — Fleurs pourpres.

Cette espèce habite la côte méridionale de la Nouvelle-Hollande.

MÉLALEUCA A FEUILLES DE GÉNEVRIER. — *Melaleuca juniperina* Sieber. — Reichenb. Hort. Bot. tab. 112.

Feuilles éparses, subulées-cylindracées, tuberculeuses. Capitules terminaux et axillaires, globuleux, multiflores, courtement pédonculés. Pétales et sépales obovales-spathulés. Phalanges pentandres, palmatifides.

Rameaux roides. Feuilles longues d'environ 8 lignes, courtement pétiolées. Fleurs d'un jaune pâle. Capitules du volume d'un gros Pois.

MÉLALEUCA FAUX STYPHÉLIA. — *Melaleuca styphelioïdes* Smith, in Act. Soc. Linn. Lond. 3, p. 275.

Ramules velus. Feuilles glabres, striées, lancéolées ou ovales-lancéolées, piquantes, obliques à la base. Épis couronnés, pubescents.

Petit arbre à feuillage très-élégant. Fleurs blanches.
Cette espèce est fréquente dans les collections.

MÉLALEUCA ÉLÉGANT.—*Melaleuca pulchella* R. Br. in Hort. Kew. ed. 2. — Bot. Cab. tab. 200. — Reichenb. Gart. Mag. tab. 8, fig. 2. — *Melaleuca densa* Colla, Hort. Ripul. App. 1, tab. 4.

Feuilles ovales ou obovales, obtuses, recourbées, imbriquées, trinervées, glauques, ordinairement alternes. Fleurs solitaires, latérales, éparses. Phalanges presque étalées, arquées, liguliformes, 2 fois plus longues que les pétales, staminifères à toute la face-interne.

Arbrisseau haut de 3 à 4 pieds. Ramules tortueux, effilés, grisâtres. Fleurs larges de 1 pouce, d'un lilas foncé. Feuilles semblables à celles du Serpolet.

Cette espèce, très-distincte par la disposition de ses fleurs et ses longs androphores de couleur lilas, se voit fréquemment dans les collections; c'est l'une des plus jolies du genre.

MÉLALEUCA FAUX THYM. — *Melaleuca thymoides* Labill. Nov. Holl. tab. 167.

Feuilles lancéolées-oblongues, pointues, pétiolées. Épis denses, couronnés, subglobuleux. Phalanges 9-10-andres, très-courtes. Filets beaucoup plus longs que la corolle.

Arbrisseau haut d'une dixaine de pieds. Rameaux nombreux. Feuilles longues d'environ 3 lignes, larges de 1 ligne. Capitules larges de 6 à 10 lignes. Fleurs jaunâtres.

Cette espèce se cultive dans les serres.

MÉLALEUCA ÉCAILLEUX. — *Melaleuca squamea* Labill. l. c. tab. 168.

Feuilles éparses, recouvrantes, ovales-lancéolées, pointues, trinervées. Fleurs raméaires, glomérulées. Pétales concaves, embrassant les filets. Androphores 7-andres, très-courts. Filets très-longs.

Arbre. Écorce subéreuse : épiderme se détachant spontanément en lamelles squamiformes. Ramules poilus. Feuilles longues de 2 lignes, larges de moins de 1 ligne. Fleurs longues d'environ 5 lignes.

Cette espèce, indigène à la terre de Diémen, se cultive dans les collections.

MÉLALEUCA A FEUILLES DE GENÊT. — *Melaleuca genistifolia* Smith, Exot. Bot. 1, tab. 55.

Feuilles linéaires-lancéolées, planes, trinervées, ponctuées, glabres de même que les ramules. Phalanges polyandres : onglets presque aussi longs que les pétales. — Fleurs blanches.

MÉLALEUCA A FEUILLES LANCÉOLÉES. — *Melaleuca lanceolata* Link et Otto , Ic. Rar. Hort. Berol. tab. 36.

Feuilles lancéolées, pointues, finement 3-nervées, peu ponctuées, recourbées au sommet, glabres de même que les ramules. Phalanges polyandres : onglets presque aussi longs que les pétales. — Fleurs jaunâtres.

MÉLALEUCA STRIÉ. — *Melaleuca striata* Labill. Nov. Holl. tab. 165.

Feuilles alternes, roides, striées, non-recouvrantes, subpétiolées, lancéolées, pointues. Épis denses, subovales, subterminaux. Androphores linéaires-flabelliformes, 9-15-andres, un peu plus longs que les pétales ; filets beaucoup plus longs que la corolle.

Arbrisseau haut d'une quinzaine de pieds. Rameaux subdichotomes. Feuilles longues de 4 à 6 lignes, larges de 1 à 1 $^1/_2$ ligne. Épis longs d'un pouce à 18 lignes, larges de 10 à 15 lignes. Calice soyeux, à dents obtuses.

Cette espèce a été découverte par M. de Labillardière à la terre de Leuwin.

MÉLALEUCA PENTAGONE. — *Melaleuca pentagona* Labill. l. c. tab. 166.

Feuilles non-recouvrantes, lancéolées, pointues, sessiles, subtrinervées. Épis subcapitellés, serrés, couronnés. Péricarpe glabre, pentagone-globuleux. Androphores 5-andres, sublinéaires, plus courts que les pétales ; filets beaucoup plus longs que la corolle.

Arbrisseau haut d'une dixaine de pieds et plus. Rameaux dressés. Feuilles longues de 6 à 10 lignes, larges de 1 à 2 lignes. Capitules d'un demi-pouce de diamètre.

M. de Labillardière a observé cette espèce dans les mêmes localités que la précédente.

b) *Feuilles opposées.*

MÉLALEUCA A FEUILLES ELLIPTIQUES. — *Melaleuca elliptica* Labill. Nov. Holl. tab. 173.

Feuilles rapprochées, étalées, pétiolées, elliptiques, obtuses, veineuses. Épis raméaires, oblongs, densiflores. Pétales obovales-oblongs. Androphores linéaires-flabelliformes, multifides au sommet, beaucoup plus longs que les pétales.

Arbrisseau très-rameux, haut de 6 pieds et plus. Feuilles longues de 4 lignes. Épis longs de 2 à 3 pouces. Fleurs longues de près de 1 pouce.

Cette belle plante a été observée par M. de Labillardière à la terre de Leuwin.

MÉLALEUCA A FEUILLES DE GNIDIA.—*Melaleuca gnidiæfolia* Vent. Malm. tab. 7.— *Melaleuca thymifolia* Smith, Exot. Bot. tab. 36. — Reichenb. Gart. Mag. 1, tab. 8.

Feuilles lancéolées-oblongues, subobtuses, glauques en dessous, 5-nervées. Épis latéraux, denses, pauciflores. Androphores linéaires, staminifères aux bords, polyandres, 3 fois plus longs que les pétales. Style arqué au sommet.

Petit arbrisseau très-rameux. Ramules filiformes, rougeâtres. Feuilles longues de 2 à 3 lignes, larges de $^{1}/_{2}$ à 1 ligne. Épis longs de $^{1}/_{2}$ pouce. Fleurs violettes.

Cette espèce est fort recherchée comme plante d'ornement.

MÉLALEUCA ÉCLATANT. — *Melaleuca fulgens* R. Br. — Bot. Mag. tab. 103.

Glabre. Feuilles lancéolées-linéaires, pointues, uninervées. Épis ovales, raméaires. Androphores palmati-multifides : onglets de la longueur des pétales.

Petit arbre. Androphores longs de près de 2 pouces, d'un écarlate brillant.

Cette espèce est très-recherchée par les amateurs. Il n'en est probablement pas de plus belle dans tout le genre des Mélaleuca.

MÉLALEUCA A FEUILLES DE LINAIRE. — *Melaleuca linarifolia* Smith, Exot. Bot. tab. 56. — *Metrosideros hyssopifolia* Cavan. Icon. 4, tab. 336.

Glabre. Feuilles glauques, recouvrantes, linéaires-lancéolées, trinervées à la base, pointues, subfalciformes. Épis subterminaux, agrégés, lâches. Androphores polyandres, linéaires, pennatipartis, beaucoup plus longs que les pétales. Style court, rectiligne.

Petit arbre. Rameaux grisâtres. Ramules grêles, verticillés. Feuilles longues de 1 pouce, sur 1 ligne de large. Épis longs d'environ 1 pouce. Pétales blanchâtres. Androphores jaunâtrés, longs de $^1/_2$ pouce.

Cette espèce, remarquable par la ressemblance de ses feuilles avec celles de la Linaire, est commune dans les collections.

MÉLALEUCA DÉCUSSÉ. — *Melaleuca decussata* R. Br. in Hort. Kew. ed. 2. — Bot. Mag. tab. 2268. — Colla, Hort. Ripul. tab. 15.

Feuilles opposées, décussées, ovales-lancéolées, trinervées. Épis ovales, très-glabres. Androphores polyandres : onglets très-courts. — Fleurs d'un lilas pâle.

Cette espèce, originaire de la côte méridionale de la Nouvelle-Hollande, n'est pas rare dans les collections.

MÉLALEUCA A PETITES FLEURS.—*Melaleuca parviflora* Otto, Hor. Phys. Berol. p. 37. — Reichenb. Hort. Bot. tab. 22.

Feuilles lancéolées, obscurément trinervées. Épis pauciflores. Phalanges polyandres, à onglets très-courts.

Arbrisseau dressé, rameux, haut de 2 à 4 pieds. Rameaux opposés ou subverticillés, divergents, roides, brunâtres. Feuilles petites, coriaces, obtuses, glauques. Fleurs terminales ou subterminales, petites. Calice à 5 dents obtuses. Pétales ovales-arrondis, d'un rouge vif ainsi que les étamines.

MÉLALEUCA A FEUILLES DE MILLEPERTUIS.—*Melaleuca hypericifolia* Smith, in Act. Soc. Linn. Lond. — Andr. Bot. Rep. tab. 258. — Wendl. Coll. 1, tab. 18. — Vent. Hort. Cels. 1, tab. 10.

Ramules glabres, anguleux, presque ailés. Feuilles elliptiques-oblongues, pointues, trinervées : nervures filiformes, les marginales oblitérées vers le sommet. Épis gros, cylindracés, latéraux, non-couronnés. Androphores polyandres, très-allongés, linéaires : filets divergents, en corymbe. Style infléchi au sommet.

Petit arbre. Rameaux effilés, pendants, rougeâtres, feuillés dans toute leur longueur. Feuilles rapprochées, semblables à celles du Myrte, longues de 1 pouce, larges de 4 lignes. Épis longs de 2 à 3 pouces. Fleurs longues de près de 1 pouce. Corolle verdâtre. Étamines d'un pourpre vif.

Cette espèce est l'une des plus communes dans les collections. Elle mérite en effet la préférence qu'on lui accorde sur la plupart de ses congénères, par son port élégant et l'abondance de ses fleurs, qui paraissent toutes les années, tandis que beaucoup d'autres Mélaleuca n'en produisent que rarement.

MÉLALEUCA A FEUILLES DE MYRTE. — *Melaleuca myrtifolia* Vent. Malm. tab. 47. — *Melaleuca squarrosa* Labill. Nov. Holl. 2, tab. 169.

Feuilles subimbriquées, pointues, glabres, 5-ou 7-nervées, rétrécies en pétiole court. Fleurs axillaires ou latérales, rapprochées en épi verticillé. Androphores dodécandres, très-courts ; filets longs.

Arbre atteignant, dans la Nouvelle-Hollande, 40 à 60 pieds de haut. Écorce fongueuse. Ramules subtétragones, velus. Feuilles longues de 3 à 5 lignes, larges de 2 lignes. Épis longs de 1 à 2 pouces. Étamines d'un blanc jaunâtre.

MÉLALEUCA A FEUILLES D'EMPÉTRUM. — *Melaleuca empetrifolia* Reichenb. Hort. Bot. tab. 102.

Feuilles opposées-croisées, oblongues-trigones, trinervées à la base. Capitules terminaux, globuleux. Phalanges pentandres : onglets barbus. — Fleurs de couleur écarlate.

SECTION II. **LES EULEPTOSPERMÉES.** — *Euleptospermeæ* De Cand. Prodr.

Etamines libres.

Genre EUCALYPTUS. — *Eucalyptus* Labill.

Tube calicinal obovale ou cupuliforme, persistant; limbe operculaire, entier, caduc. Corolle nulle. Étamines en nombre indéterminé. Capsule adhérente, déhiscente au sommet, 4-loculaire ou par avortement 3-loculaire, polysperme.

Arbres. Feuilles lisses, coriaces, très-entières, sessiles, ou pétiolées, souvent alternes. Fleurs axillaires, subsessiles, solitaires, ou plus souvent en cymes axillaires ou latérales, pédonculées, pauciflores.

Environ soixante espèces d'*Eucalyptus* ont été décrites ; mais, suivant M. R. Brown, il en existe dans les herbiers d'Angleterre une centaine. Toutes habitent la Nouvelle-Hollande, et plusieurs sont du nombre des arbres les plus élevés de cette partie du monde.

En général, les Eucalyptus se font remarquer par l'élégance de leur port et de leur feuillage ; on en cultive un nombre assez considérable dans les orangeries ; mais il serait à désirer qu'ils fussent répandus dans le midi de la France, où ils viendraient presque tous en pleine terre, parce qu'ils supportent facilement quelques degrés de froid. Leurs écorces contiennent beaucoup de résine et de tannin.

La culture des Eucalyptus, en orangerie, n'exige que les soins ordinaires ; mais la plupart des espèces fleurissent très-rarement. Ils se plaisent dans le terreau de bruyère mêlé avec un tiers de terre franche. Leur multiplication par marcottes, par drageons, ou par boutures est très-difficile ; la greffe par approche réussit mieux. Voici les espèces les plus intéressantes :

a) *Feuilles toujours alternes.*

EUCALYPTUS RÉSINEUX. — *Eucalyptus resinifera* Smith, Exot. Bot. tab. 84. — White, Voyag. pag. 331, tab. 25. — Andr. Bot. Rep. tab. 400. — Hayn. Arzn. Gew. 10, tab. 5.

Feuilles linéaires-lancéolées ou oblongues-lancéolées, acérées, cunéiformes à la base, trinervées, sessiles, subfalciformes. Pédoncules axillaires, courts, comprimés. Opercule conique-cylindracé, coriace, 2 fois plus long que le tube.

Arbre très-élevé. Ramules rougeâtres, feuillés, touffus. Feuilles longues de 2 a 4 pouces, larges de 3 à 5 lignes : nervures latérales fines, submarginales.

Cette espèce est remarquable par la grande quantité de gomme-

résine qu'elle contient. White dit qu'en incisant l'écorce, on retire souvent d'un seul individu plus de soixante gallons de cette
substance, qui devient rouge en se desséchant, et qui se dissout
en grande partie dans l'alcool, auquel elle communique la même
couleur; elle est astringente, et, selon l'auteur que nous venons
de citer, on l'emploie avec succès contre les dyssenteries et les
diarrhées.

EUCALYPTUS A FEUILLES D'AMANDIER. — *Eucalyptus amygdalina* Labill. Nov. Holl. tab. 154.

Feuilles courtement pétiolées, presque sans veines, lancéolées-
linéaires, pointues. Pédoncules latéraux et terminaux, courts,
subclaviformes, solitaires, 2-5-flores. Opercule cupuliforme, mutique, petit. Tube calicinal turbiné. Style plus court que les étamines.

Arbre de grandeur moyenne. Ramules subcylindriques. Feuilles
longues de 3 à 4 pouces, larges de 3 à 4 lignes. Calice long de
2 lignes.

Cette espèce, observée par M. de Labillardière à la terre de
Diémen, est assez commune dans les collections.

EUCALYPTUS A FEUILLES ÉPAISSES. — *Eucalyptus incrassata*
Labill. Nov. Holl. tab. 150.

Feuilles cunéiformes-oblongues, pointues, épaisses, veineuses,
rétrécies en pétiole. Pédoncules ancipités, solitaires, 3-ou-5-flores, de la longueur du pétiole. Opercule conique, de la longueur
du tube. Style un peu plus long que les étamines. Capsule ovale-
turbinée.

Arbrisseau haut d'environ 10 pieds. Feuilles longues de 3 pouces, sur 6 à 8 lignes de large. Pédoncules et pétioles longs de
$^1/_2$ pouce. Calice long de plus de $^1/_2$ pouce.

Cette espèce a été trouvée par M. de Labillardière à la terre
de Leuwin.

EUCALYPTUS FLEXIBLE. — *Eucalyptus viminalis* Labill. Nov.
Holl. tab. 151.

Feuilles lancéolées-linéaires, pointues, pétiolées, subuninervées.

Pédoncules axillaires et latéraux, solitaires, courts, 2-ou 3-flores.
Opercule cupuliforme, mucroné, plus court que le tube. Style
plus court que les étamines. Capsule globuleuse.

Arbre de grandeur médiocre. Ramules anguleux au sommet.
Feuilles longues de 5 à 8 pouces, sur ¹/₂ pouce de large. Pédoncules et pétioles longs de 4 à 5 lignes.

Cette espèce, découverte à la terre de Diémen par M. de Labillardière, est remarquable par ses longs rameaux flexibles.

EUCALYPTUS A FEUILLES OVALES.—*Eucalyptus ovata* Labill.
Nov. Holl. tab. 153.

Feuilles ovales ou ovales-elliptiques, subobtuses ou pointues,
entières ou crénelées, pétiolées, veineuses. Pédoncules latéraux
et terminaux, courts, subtriflores. Opercule cupuliforme, mucroné, court; tube calicinal turbiné. Style plus court que les étamines.

Arbrisseau haut d'une dixaine de pieds et plus. Feuilles longues de 2 à 3 pouces, sur 15 lignes de large. Pétioles et pédoncules longs de 3 à 6 lignes. Calice long de 4 lignes.

Cette espèce a été trouvée par M. de Labillardière à la terre
de Leuwin.

EUCALYPTUS GIGANTESQUE. — *Eucalyptus robusta* Smith,
Ic. Nov. Holl. tab. 13.

Feuilles ovales ou ovales-oblongues, acuminées, pétiolées, penninervées : base inéquilatérale, arrondie. Pédoncules latéraux et
terminaux, ancipités. Opercule calicinal étranglé au milieu,
plus court et plus large que le tube.

Cette espèce se distingue de la plupart des *Eucalyptus* par
l'ampleur de ses feuilles, lesquelles ont quatre à six pouces de
long, sur près de trois pouces de large. Elle forme un arbre magnifique dont le bois est dur, pesant et de couleur rouge; on
l'emploie de préférence à tout autre bois, dans la Nouvelle-Galles
du Sud, pour la mâture et dans les constructions navales. Les
Anglais lui ont donné le nom d'*Acajou de la Nouvelle-Hollande*.

EUCALYPTUS A FEUILLES SCABRES. — *Eucalyptus scabra*
Dum. Cours. Bot. Cult.

Feuilles ovales-lancéolées, acuminées, pétiolées, penninervées, très-coriaces, inéquilatérales ; pétioles, nervures et ramules couverts de poils courts fasciculés. Pédoncules multiflores, axillaires et terminaux, comprimés, à peu près de la longueur du pétiole. Opercule calicinal subconique, plus court que
le tube.

Ramules longs, flexibles, brunâtres, scabres. Feuilles rapprochées, coriaces, d'un vert sombre, longues de 3 pouces, sur
12 à 15 lignes de large. Ombelles denses, 15-20-flores.

Cette espèce diffère de la plupart de ses congénères, par ses
feuilles ondulées, très-coriaces, et par sa pubescence scabre. On
la cultive dans les collections.

EUCALYPTUS POIVRÉ. — *Eucalyptus piperita* Smith. —
Reichenb. Gart. Mag. tab. 42. — White, Voyag. pag. 226, Ic.

Feuilles pétiolées, coriaces, lancéolées ou ovales-lancéolées,
acuminées, subfalciformes, penninervées, à base inéquilatérale.
Pédoncules axillaires et latéraux, comprimés, plus courts que les
pétioles. Ombelles pauciflores. Opercule calicinal hémisphérique,
mucronulé, plus court que le tube.

Arbre haut d'une centaine de pieds : tronc de huit pieds et
plus de circonférence. Rameaux anguleux. Feuilles longues de
4 à 6 pouces, sur 1 pouce de large, luisantes aux 2 faces ; pétiole long d'environ 8 lignes. Fleurs petites, nombreuses.

Cette espèce est cultivée dans les orangeries. L'huile volatile
qu'elle contient est analogue à l'essence de Menthe poivrée, mais
d'une saveur moins piquante.

EUCALYPTUS A FEUILLES OBLIQUES. — *Eucalyptus obliqua*
L'hérit. Sert. Angl. tab. 20. — Salisb. Parad. Lond. tab. 15.

Feuilles pétiolées, penninervées, lancéolées ou oblongues-
lancéolées, pointues, inéquilatérales, très-coriaces. Pédoncules
latéraux et axillaires, subcylindriques, de la longueur du pétiole. Ombelles multiflores. Opercule calicinal hémisphérique,
mucronulé, plus court que le tube.

Arbre haut d'une centaine de pieds : tronc atteignant souvent plus de 24 pieds de circonférence. Feuilles discolores, luisantes en dessus, longues de 6 à 7 pouces. Ombelles 9-12-flores.

Cette espèce est très-commune dans la Nouvelle-Galles du Sud, ainsi que dans les collections en Europe. C'est elle qui a servi à L'Héritier de type pour la formation du genre. Au rapport de M. de Labillardière, son écorce, de même que celle de l'*Euca-lyptus résineux*, devient peu à peu fongueuse par la superposi-tion des lames de l'épiderme, et acquiert ainsi plusieurs pouces d'épaisseur. Elle se laisse facilement détacher du tronc en grands lambeaux, et les naturels de la Nouvelle-Hollande emploient cette espèce de Liège à la construction de leurs huttes et de leurs radeaux.

EUCALYPTUS A FRUIT DISCIFORME. — *Eucalyptus Globulus* Labill. Voyage, vol. 1, tab. 13.

Feuilles pétiolées, ovales ou ovales-lancéolées, acuminées, subfalciformes, penninervées. Fleurs axillaires, solitaires, sub-sessiles. Opercule calicinal d'abord conique, de la longueur du tube, plus tard déprimé, mucronulé ; tube subtétragone. Fruit hémisphérique, aplati.

Arbre s'élevant jusqu'à 150 pieds. Tronc haut de 60 pieds, sur 7 à 8 pieds de circonférence. Feuilles longues de 7 à 8 pou-ces, sur 1 pouce de large ; pétiole long de 1 pouce. Fruit sub-globuleux, d'un pouce de diamètre.

Cet arbre, découvert par M. de Labillardière à la terre de Diémen, est, de toutes les espèces connues, celle qui atteint les plus grandes dimensions, et dont par conséquent l'introduction dans le midi de France serait le plus à désirer. Son fruit ressem-ble à un bouton d'habit. L'écorce, les feuilles et les fruits sont très-aromatiques.

EUCALYPTUS HÉTÉROPHYLLE. — *Eucalyptus diversifolia* Bonpl. Nav. tab. 13.

Ramules tuberculeux. Feuilles lancéolées, acérées, glauques, subfalciformes, courtement pétiolées (celles des jeunes individus opposées), sessiles, elliptiques ou elliptiques-obovales, très-obtuses. Pédoncules multiflores, solitaires, axillaires, de la longueur des pétioles. Opercule calicinal conique, obtus, de la longueur du tube.

Arbre haut de 20 pieds. Tronc droit, cylindrique, de 4 à 5 pouces de diamétre. Écorce grisâtre, presque lisse. Feuilles longues de 2 à 4 pouces, sur 5 à 8 lignes de large; pétiole rougeâtre, tuberculeux, long de ½ pouce. Fleurs blanches , denses.

Cette espèce est cultivée dans les orangeries.

EUCALYPTUS A FEUILLES DE PEUPLIER. — *Eucalyptus populifolia* Desfont. Cat. Hort. Par.

Feuilles pétiolées, glauques, inéquilatérales, suborbiculaires, acuminées, subsinuolées.

Arbre. Ramules grêles, flexueux, d'un brun roux. Feuilles distantes, veineuses, larges de 2 à 3 pouces; pétiole long de 1 pouce. Fleurs et fruits inconnus.

Cette espèce, remarquable par son feuillage glauque et tout-à-fait semblable à celui du Tremble, se cultive dans les orangeries.

EUCALYPTUS ÉLÉGANT. — *Eucalyptus pulchella* Desfont. Cat. Hort. Par.

Ramules filiformes. Feuilles un peu glauques, subsessiles, linéaires, rétrécies aux 2 bouts, acérées. Ombelles axillaires, pauciflores. Opercule calicinal convexe, mamelonné.

Ramules nombreux, paniculés, lisses, rougeâtres. Feuilles longues de 2 à 3 pouces, sur 2 lignes de large. Fleurs petites.

Cette espèce diffère de toutes ses congénères par ses feuilles très-étroites. On la cultive dans les collections.

b) *Feuilles opposées.*

EUCALYPTUS GLAUQUE. — *Eucalyptus glauca* De Cand. Prodr. — *Eucalyptus pulverulenta* Link, Enum. Hort. Ber.

Ramules tuberculeux, tétragones, presque ailés; feuilles sessiles ou courtement pétiolées, alternes ou opposées, ovales, ou ovales-lancéolées, ou elliptiques-lancéolées, acérées, à base cor-

diforme ou arrondie : les jeunes glauques et pulvérulentes aux
2 faces ; les adultes vertes en dessus, pâles en dessous.

Grand arbre. Feuilles longues de 2 à 8 pouces, larges de 1 à
2 pouces. Fleurs et fruits inconnus.

Cette espèce, qui n'est pas rare dans les collections, se fait
remarquer par la beauté de son feuillage.

EUCALYPTUS PULVÉRULENT. — *Eucalyptus pulverulenta*
Sims, in Bot. Mag. tab. 208 (non Link). — *Eucalyptus cordata* Link, Enum. Hort. Berol.

Ramules cylindriques. Feuilles sessiles, glauques, entières,
ovales-arrondies, subcordiformes, presque équilatérales, glauques et pulvérulentes aux 2 faces, très-obtuses ou apiculées.
Pédoncules axillaires, courts, triflores. Opercule calicinal hémisphérique. — Feuilles d'un glauque bleuâtre, recouvrantes,
coriaces, larges de 18 à 24 lignes.

De même que la précédente, cette espèce est d'un très-bel
effet par son feuillage glauque.

EUCALYPTUS A FEUILLES CORDIFORMES. — *Eucalyptus cordata* Labill. Nov. Holl. tab. 152.

Feuilles opposées-croisées, sessiles, cordiformes, pointues,
légèrement crénelées, ampléxicaules, glauques, veineuses. Pédoncules semi-cylindriques, solitaires, subtriflores, de la longueur du calice. Opercule calicinal cupuliforme, mucroné,
court; tube turbiné. Style plus court que les étamines.

Grand arbre. Ramules cylindriques. Feuilles longues d'environ 2 pouces, sur 15 à 18 lignes de large.

M. de Labillardière a trouvé cette espèce à la terre de Diémen.

EUCALYPTUS DISCOLORE. — *Eucalyptus discolor* Desfont.
Cat. Hort. Par. — *Eucalyptus purpurascens* Link, Enum.
Hort. Berol.

Ramules lisses, subtétragones. Feuilles sessiles ou courtement pétiolées, subéquilatérales, vertes en dessus, glauques ou
rougeâtres en dessous, lancéolées ou ovales-lancéolées, ou oblongues-lancéolées, acuminées.

Arbre. Feuilles coriaces, longues de 2 à 4 pouces, larges de 10 à 15 lignes. Fleurs et fruits inconnus.

On cultive cette espèce dans les orangeries.

EUCALYPTUS PERFOLIÉ. — *Eucalyptus perfoliata* Desfont. Cat. Hort. Par.

Ramules cylindriques, glanduleux. Feuilles glauques, ovales ou ovales-elliptiques, acuminées, connées, mucronées, légèrement crénelées.

Ramules grêles, rougeâtres. Feuilles recouvrantes, coriaces, longues de 12 à 18 lignes, larges de 10 à 15 lignes, couvertes d'une poussière d'un glauque verdâtre.

Cette espèce très-distincte est cultivée dans les collections.

EUCALYPTUS GLANDULEUX. — *Eucalyptus glandulosa* Desfont. Cat. Hort. Par. ed. 3. — *Eucalyptus tuberculata* De Cand. Prodr.

Ramules filiformes, tuberculeux. Feuilles subconnées, oblongues-lancéolées, pointues, scabres, submembranacées.

Feuilles longues de 2 à 4 pouces, larges de 6 à 10 lignes. Fleurs et fruits inconnus.

Cette espèce se cultive dans les orangeries.

Genre ANGOPHORA. — *Angophora* Cavan.

Calice turbiné, 5-denté. Pétales 5. Étamines en nombre indéterminé ; anthères ovales. Style filiforme. Capsule coriace, adhérente, triloculaire, trivalve, oligosperme.

Arbres. Feuilles grandes, opposées (les supérieures quelquefois alternes). Pédoncules axillaires et terminaux. Fleurs en corymbe.

Les *Angophora* ressemblent beaucoup aux Eucalyptus par le port et le feuillage. On en connaît trois espèces, indigènes dans la Nouvelle-Hollande ; en voici la plus remarquable :

ANGOPHORA A FEUILLES CORDIFORMES. — *Angophora cordifolia* Cavan. Ic. tab. 336. — *Metrosideros hispida* Smith. —

Bot. Mag. tab. 1960. — *Metrosideros hirsuta* Andr. Bot. Rep. tab. 281. — *Metrosideros anomala* Vent. Malm. tab. 2.

Ramules et pédoncules pubescents, hispides. Feuilles sessiles ou courtement pétiolées, opposées (les supérieures subalternes), penninervées, coriaces, glabres, ovales-oblongues, obtuses, cordiformes à la base, subamplexicaules.

Petit arbre très-rameux. Feuilles longues de 3 à 4 pouces, larges de 12 à 15 lignes. Fleurs d'un blanc jaunâtre, larges de près de 1 pouce.

Cette plante croît au Port-Jackson. Elle est recherchée à cause de l'élégance de ses feuilles et de ses fleurs.

Genre CALLISTÉMON. — *Callistemon* R. Brown.

Tube calicinal hémisphérique; limbe à 5 lobes obtus. Pétales 5. Étamines en nombre indéterminé, beaucoup plus longues que les pétales; anthères incombantes. Style filiforme. Stigmate capitellé. Péricarpe adhérent, ligneux, adné au rameau, triloculaire, indéhiscent, polysperme.

Arbres ou arbrisseaux. Feuilles alternes, sessiles, coriaces, allongées. Fleurs verdâtres ou pourpres, sessiles, agrégées en épis raméaires couronnés.

Les *Callistémons*, tous indigènes dans la Nouvelle-Hollande, sont un démembrement des *Metrosideros*, lesquels n'en diffèrent guère que par des fleurs pédonculées. On connaît une douzaine d'espèces de Callistémons, dont la plupart se cultivent comme plantes d'ornement de serre tempérée. Ce sont des arbrisseaux d'un port élégant, assez robustes, et qu'on propage de marcottes, de boutures, de drageons, ou de graines. Ces dernières doivent être semées au printemps, sur couche. Le sol le plus convenable à la culture des Callistémons, est un mélange de terreau de bruyère et de terre franche.

Voici les espèces qu'on rencontre dans les collections :

a) Filets des étamines de couleur verdâtre.

CALLISTÉMON A FEUILLES DE PIN. — *Callistemon pinifolium* R. Br. — *Metrosideros pinifolia* Wendl. Collect. tab. 16.

Feuilles linéaires-filiformes, mucronées, canaliculées, scabres. Calices glabres. Pétales ovales, 3 fois plus courts que les filets. — Fleurs vertes, longues de 1 pouce.

Cette espèce est remarquable par ses feuilles roides et piquantes, semblables à celles d'un Pin.

CALLISTÉMON A FLEURS VERTES. — *Callistemon viridiflorum* De Cand. Prodr. — *Metrosideros viridiflora* Sims, in Bot. Mag. tab. 2602.

Feuilles linéaires-lancéolées, piquantes, scabres, velues étant jeunes, de même que les ramules. Filets défléchis, 4 fois plus longs que la corolle.

Les feuilles de ce Callistémon ressemblent à celles du *Ruscus aculeatus*.

CALLISTÉMON A FEUILLES DE SAULE. — *Callistemon salignum* De Cand. Prodr. — *Metrosideros saligna* Smith. — Bot. Mag. tab. 1821. — Vent. Hort. Cels. tab. 70. — Bonpl. Nav. tab. 4.

Feuilles lancéolées, acérées : les jeunes pubescentes; les adultes glabres. Calices glabres. Pétales arrondis, 2 à 3 fois plus courts que les filets.

Petit arbre. Feuilles longues de 2 à 3 pouces, larges de 4 à 6 lignes. Épis courts, lâches. Fleurs longues de 1/2 pouce.

CALLISTÉMON A FLEURS PALES. — *Callistemon pallidum* De Cand. Prodr. — *Metrosideros pallida* Bonpl. Nav. tab. 41.

Feuilles obovales-oblongues, mucronées, glauques : les adultes glabres; nervures latérales presque inapparentes. Calice glabre.

Cette espèce, fort voisine de la précédente, se cultive souvent dans les collections.

b) *Filets des étamines de couleur pourpre.*

CALLISTÉMON A FEUILLES ROIDES. — *Callistemon rigidum* R. Br. in Bot. Reg. tab. 393. — *Metrosideros linearis* Willd. Enum. (non Spec.)

Feuilles linéaires ou lancéolées-linéaires, subfalciformes, acérées, piquantes : les naissantes velues ; les adultes glabres. Calices pubescents.

Petit arbre. Feuilles longues d'environ 4 pouces, sur 2 lignes de large. Épis denses, longs de 2 à 3 pouces. Étamines longues de près de 1 pouce.

CALLISTÉMON A FEUILLES LINÉAIRES. — *Callistemon lineare* De Cand. Prodr. — *Metrosideros linearis* Smith. — *Melaleuca linearis* Wendl. Sert. Hannov. tab. 11.

Feuilles linéaires, très-étroites, mucronées, piquantes, subrévolutées, arquées, poilues; nervures latérales marginales. Calices pubescents. Filets plus longs que le style.

Feuilles longues d'environ 3 pouces, sur une ligne de large. Épis denses, longs de 2 à 3 pouces. Filets longs de près de 1 pouce, d'un pourpre foncé.

CALLISTÉMON TUBERCULEUX. — *Callistemon rugulosum* De Cand. Prodr. — *Metrosideros rugulosa* Willd. Enum. — *Metrosideros scabra* Colla, Hort. Ripul. — *Metrosideros glandulosa* Desfont. Cat. Hort. Par.

Feuilles linéaires ou linéaires-spathulées, tuberculeuses, scabres, poilues, très-courtes.

CALLISTÉMON COMMUN.— *Callistemon lophanthum* De Cand. Prodr. — *Metrosideros lophantha* Vent. Hort. Cels. tab. 69.

Feuilles lancéolées, ou lancéolées-oblongues, mucronées, lisses, velues étant jeunes. Calices pubescents, beaucoup plus courts que les étamines.

Petit arbre. Feuilles longues de 1 à 1 ¹/₂ pouce, sur 3 à 4 lignes de large. Épis très-serrés, longs de 3 à 5 pouces; filets d'un écarlate brillant.

CALLISTÉMON ÉLÉGANT. — *Callistemon speciosum* De Cand. Prodr. — *Metrosideros speciosa* Sims, in Bot. Mag. tab. 1761. — *Metrosideros glauca* Bonpl. Nav. 1, tab. 34.

Feuilles éparses, lancéolées, veineuses, mucronées : les jeunes pubescentes; les adultes glabres. Épis couronnés, denses, ovales-oblongs. Dents calicinales obtuses, velues.

Arbrisseau. Branches longues, flexibles. Feuilles longues de 2 à 3 pouces, larges de 4 à 5 lignes. Épis longs de 3 à 4 pouces, larges de 2 pouces. Filets très-longs, d'un pourpre écarlate très-brillant. Style et étamines subisomètres.

Genre MÉTROSIDÉROS. — *Metrosideros* R. Brown.

Tube calicinal adhérent, non-anguleux; limbe 6-fide. Étamines 20 à 30, saillantes. Style filiforme. Stigmate capitellé. Capsule 2- ou 3-loculaire, polysperme. Graines non-ciliées.

Arbres ou arbrisseaux. Feuilles opposées ou alternes. Fleurs pédicellées.

Dans ses limites actuelles, ce genre ne renferme qu'une douzaine d'espèces, dispersées dans toute l'Australasie et la Polynésie. On en a aussi trouvé une au cap de Bonne-Espérance et une autre à l'île d'Owaïhi. Voici les espèces les plus notables :

MÉTROSIDÉROS POLYMORPHE. — *Metrosideros polymorpha* Gaudich. in Freycinet, Voyage, tab. 85.

Feuilles opposées, oblongues, ou elliptiques, ou ovales, ou cordiformes, ou suborbiculaires : les jeunes cotonneuses en dessous; les adultes glabres. Pédoncules terminaux et latéraux, corymbifères, cotonneux ainsi que les calices. Pétales suborbiculaires. Styles plus longs que les étamines.

Cette espèce, découverte par M. Gaudichaud à l'île d'Owaïhi, est remarquable par la grande variété de formes qu'offrent ses feuilles.

MÉTROSIDÉROS A CAPITULES. — *Metrosideros capitata* Smith. —*Callistemon capitatum* Reichenb. Gärt. Mag. 1, tab. 84.— *Stenospermum capitatum* Sweet, Hort. Brit. éd. 2.

Feuilles éparses, courtes, obovales, mucronées, scabres aux bords, glabres. Capitules terminaux, denses, 6-10-flores. Pétales obovales, presque aussi longs que les étamines.

Arbrisseau haut de 3 pieds et plus. Ramules grêles, ailées,

d'un brun cendré : les jeunes vélus. Feuilles recouvrantes, glauques, subtrinervées. Calice velu. Corolle rose. Filets d'un pourpre violet.

Cette espèce, qu'on cultive comme plante d'agrément, est indigène dans la Nouvelle-Hollande.

MÉTROSIDÉROS A FEUILLES DE CORIS. — *Metrosideros corifolia* Vent. Malm. tab. 46. — *Leptospermum ambiguum* Smith, Exot. Bot. tab. 59.

Feuilles éparses, recouvrantes, presque imbriquées, linéaires, ou linéaires-spathulées, mucronées, légèrement pubescentes ou poilues de même que les ramules. Fleurs axillaires, éparses, ou en grappes feuillées, subsessiles. Calice glabre, campanulé. Pétales arrondis, 1 à 2 fois plus courts que les étamines.

Petit arbre à rameaux pendants. Ramules courts, très-nombreux, étalés ou pendants, pubescents. Feuilles longues de 3 à 5 lignes, larges de 1/2 ligne. Fleurs très-abondantes, de la grandeur de celles du Prunellier. Pétales blancs. Étamines jaunâtres.

Cette espèce, originaire de la Nouvelle-Hollande, est fort recherchée comme plante d'ornement.

MÉTROSIDÉROS CILIÉ. — *Metrosideros ciliata* Smith, in Act. Soc. Linn. Lond. — Labill. Sert. Austr. Caled. tab. 59. — *Melaleuca ciliata* Forst. Prodr.

Feuilles éparses ou opposées, elliptiques, obtuses, coriaces : les jeunes ciliées à la base de même que les ramules. Corymbes denses. Sépales pointus, persistants.

Cette espèce croît dans la Nouvelle-Calédonie, et mériterait d'être cultivée à cause de l'élégance de ses fleurs.

MÉTROSIDÉROS A FEUILLES ÉTROITES. — *Metrosideros angustifolia* Smith, in Act. Soc. Linn. Lond.

Feuilles opposées, linéaires-lancéolées, glabres. Ombelles axillaires. Bractées lancéolées, glabres. Étamines très-longues.

Cette espèce croît au cap de Bonne-Espérance.

MÉTROSIDÉROS A OMBELLES. — *Metrosideros umbellata* Cavan. Ic. tab. 337.

Feuilles opposées, linéaires-lancéolées, glabres. Pédoncules axillaires-subterminaux, courts, pubescents. Ombelles pauciflores. Pétales oblongs. Sépales pointus. Étamines très-longues, de couleur pourpre.

Cette espèce croît à la Nouvelle-Hollande.

MÉTROSIDÉROS VELU. — *Metrosideros villosa* Smith, in Act. Soc. Linn. Lond. — *Melaleuca villosa* Linn. fil. Suppl. — *Melaleuca æstuosa* Forst. Prodr.

Feuilles opposées, ovales, veineuses, pubescentes en dessous. Thyrses axillaires ou terminaux, opposés, velus. Fleurs sessiles, rapprochées.

Cette espèce croît à l'île d'Otaïti.

MÉTROSIDÉROS VRAI. — *Metrosideros vera* Linn. — Rumph. Amb. 3, p. 16, tab. 7. — Lindl. Collect. Bot. tab. 18.

Feuilles opposées-croisées, lancéolées-oblongues, ou ovales-lancéolées, acuminées, courtement pétiolées : les naissantes pubescentes ferrugineuses; les adultes très-glabres. Cymes opposées, axillaires, multiflores, courtement pédonculées. Calice campanulé, sinuolé-5-denté. Pétales ovales-rhomboïdaux, obtus, courtement onguiculés, étalés. Étamines unisériées, 2 fois plus longues que les pétales. Capsule biloculaire.

Arbre très-élevé. Ramules lisses, verdâtres. Feuilles longues de 3 à 5 pouces, larges de 15 à 30 lignes. Fleurs verdâtres, de la grandeur de celles du Cerisier.

Cette espèce croît dans les montagnes de Java, d'Amboine et dans plusieurs autres îles de l'Archipel indien. Les Malais lui donnent le nom de *Nani*. Selon Rumphius, elle forme un arbre de première grandeur, dont le bois est si dur, qu'il est impossible de le travailler, si ce n'est à l'état frais; les Chinois en font des ancres qu'ils préfèrent à celles de fer; il n'est point sujet à être attaqué par les vers; mais quoique plus dur que l'Ébène, il n'est pas susceptible d'un aussi beau poli. L'écorce, qui se détache spontanément du tronc, est employée par les Malais contre les diarrhées et les leucorrhées.

Genre LEPTOSPERME. — *Leptospermum* Forst.

Tube calicinal subturbiné; limbe à 5 dents pétaloïdes, triangulaires. Pétales 5, obovales. Étamines 20 à 30, libres, plus courtes que les pétales. Style filiforme. Stigmate capitellé. Capsule à 3-5 loges polyspermes. Graines très-petites, aptères.

Arbrisseaux très-rameux. Feuilles petites, alternes, sessiles, très-entières, recouvrantes. Fleurs blanches, pédicellées, ordinairement éparses.

Les *Leptospermes* sont recherchés pour les collections d'orangerie à cause de leur port élégant; leurs fleurs, quoique petites, font un bel effet par leur grand nombre. Ces arbustes sont très-robustes et résistent en plein air aux hivers du midi de la France; mais le manque d'air et de lumière leur est très-nuisible. De même que les autres Myrtacées de la Nouvelle-Hollande, ils se plaisent dans un sol composé de terreau de bruyère et de terre franche. A défaut de graines, on les multiplie de marcottes, de drageons, et de boutures. Les semis se font au printemps, sur couche tempérée, en terrines remplies de terre de bruyère.

On connaît environ trente espèces de Leptospermes, toutes indigènes dans la Nouvelle-Hollande. Voici celles qui offrent le plus d'intérêt pour les amateurs d'horticulture :

a) *Fleurs pédicellées, solitaires, éparses. Capsule le plus souvent 4-ou 5-loculaire.* (EULEPTOSPERMUM De Cand. Prodr.)

LEPTOSPERME A FEUILLES ÉCHANCRÉES. — *Leptospermum emarginatum* Wendl. fil.

Feuilles linéaires-spathulées, échancrées au sommet, 5-nervées, glabres. Fleurs solitaires ou géminées, latérales, éparses.

Feuilles dressées, longues de 1 à 2 pouces, larges de 2 à 4 lignes, d'un vert gai. Fleurs de la grandeur de celles du Prunellier.

Cette espèce, qui ressemble beaucoup au *Fabricia lævigata*, se reconnaît facilement à ses feuilles lisses et beaucoup plus grandes que celles de la plupart de ses congénères.

LEPTOSPERME A FEUILLES SOYEUSES. — *Leptospermum sericeum* Labill. Nov. Holl. tab. 147.

Feuilles obovales, mucronées, 3-ou 5-nervées, soyeuses aux 2 faces ainsi que les calices. Sépales persistants.

Cette espèce croît à la terre de Diémen. Elle est rare dans les collections, quoiqu'elle mérite la préférence sur la plupart des Leptospermes, à cause de son feuillage argenté.

LEPTOSPERME TUBERCULEUX. — *Leptospermum tuberculatum* Poir. Suppl.

Feuilles ovales-lancéolées, ou oblongues-lancéolées, ponctuées en dessous, 3-nervées : les adultes glabres; les naissantes et les jeunes ramules soyeux. Calices soyeux, glabres lors de la maturité du fruit.

Cette espèce croît au port Jackson.

LEPTOSPERME A GRANDES FEUILLES. — *Leptospermum grandifolium* Smith. — Bot. Mag. tab. 1810. — Lodd. Bot. Cab. tab. 701.

Feuilles lancéolées-oblongues, mucronées, 5-nervées, subpétiolées : les jeunes velues de même que les ramules et les calices.

Cette espèce, qui est commune dans les collections, croît à la terre de Diémen et au port Jackson.

LEPTOSPERME LAINEUX. — *Leptospermum lanigerum* Ait. Hort. Kew. — Lodd. Bot. Cab. tab. 1192.

Feuilles oblongues ou obovales-oblongues, mucronées, 5-nervées, subpétiolées, pubescentes. Ramules velus. Calice hérissé de poils étalés.

Petit arbre couvert à presque toutes ses parties herbacées de poils étalés. Rameaux effilés, rougeâtres. Ramules courts. Feuilles étalées, petites, larges d'environ 1 ligne.

Cette espèce est commune dans les collections.

LEPTOSPERME TRINERVÉ. — *Leptospermum trinerve* White, Voy. p. 229, Ic.

Feuilles ovales-lancéolées, 3-nervées. Calices soyeux : dents foliacées, persistantes.

LEPTOSPERME A BALAIS. — *Leptospermum scoparium* Smith. — Andr. Bot. Rep. tab. 622. — Forst. It. 1, tab. 22.

Feuilles ovales, ou lancéolées, ou elliptiques, mucronées, subtrinervées, rapprochées : celles des jeunes pousses soyeuses ou pubescentes. Fleurs latérales, solitaires, éparses. Calices glabres.

Arbrisseau fort touffu, haut de 8 à 9 pieds. Feuilles longues de 1 à 4 lignes, larges de ¹/₂ à 1 ligne : les naissantes velues ; les adultes glabres. Fleurs larges d'environ 4 lignes.

Cette espèce croît au port Jackson et dans d'autres contrées de la Nouvelle-Hollande. C'est l'une des plus communes dans les collections ; mais il est fort probable qu'on confond plusieurs espèces sous le même nom.

L'infusion des feuilles du *Leptosperme à balais*, ainsi que celle de plusieurs autres Leptospermes, est prise en guise de Thé par les colons de la Nouvelle-Galles du Sud. Le capitaine Cook en fit faire une bière antiscorbutique pour son équipage pendant ses navigations dans les mers australes.

LEPTOSPERME THÉ. — *Leptospermum flavescens* Smith. — *Leptospermum Thea* Willd. — Bot. Mag. tab. 2695. — *Melaleuca Thea* Wendl. Sert. Hannov. 1, tab. 14.

Feuilles linéaires, ou linéaires-oblongues, ou linéaires-lancéolées, mucronulées, ordinairement trinervées : les jeunes pubescentes ; les adultes glabres.

Arbrisseau très-rameux et touffu. Ramules grêles, rougeâtres, feuillés. Feuilles non-recouvrantes, longues de 6 à 9 lignes, larges de ¹/₂ à 1 ligne. Fleurs nombreuses, blanches, larges de ¹/₂ pouce.

Cette espèce n'est pas rare dans les orangeries. Ses fleurs jaunissent par la dessiccation, d'où vient le nom spécifique. Ses feuilles sont employées en guise de Thé dans les établissements anglais de la Nouvelle-Galles du Sud.

LEPTOSPERME POROPHYLLE. — *Leptospermum porophyllum*
Cavan. Ic. 4, tab. 330, fig. 2.

Feuilles obovales-lancéolées, pointues, uninervées, ponctuées, glabres. Calices soyeux, à dents pointues.

LEPTOSPERME A PETITES FEUILLES. — *Leptospermum parvifolium* Smith, in Act. Soc. Linn. Lond.

Feuilles oblongues-lancéolées, ponctuées, glabres, innervées. Calices velus, à dents membraneuses, colorées. Ramules naissants velus, puis glabres.

LEPTOSPERME A FEUILLES DE MYRTE. — *Leptospermum myrtifolium* Sieber, ex De Cand. Prodr.

Feuilles obovales-oblongues, trinervées, ponctuées : les jeunes pubescentes. Calices soyeux-velus, à lobes membranacés, colorés, pubescents.

LEPTOSPERME A FEUILLES RÉTRÉCIES. — *Leptospermum attenuatum* Smith, in Act. Soc. Linn. Lond.

Feuilles lancéolées-linéaires, pointues, trinervées. Calices soyeux-velus, à dents membranacées, colorées, presque glabres.

LEPTOSPERME MULTIFLORE. — *Leptospermum multiflorum*
Cavan. Ic. 4, tab. 331, fig. 1.

Feuilles rétrécies à la base, linéaires, acuminées, uninervées, non-ponctuées. Calices glabres, à limbe caduc après l'anthèse.

LEPTOSPERME A FEUILLES DE GÉNEVRIER. — *Leptospermum juniperinum* Smith. — Vent. Malm. tab. 89.

Feuilles linéaires ou lancéolées-linéaires, mucronées, piquantes, uninervées : les naissantes soyeuses; les adultes glabres. Calices glabres. Fleurs latérales, éparses, solitaires.

Petit arbre haut de 12 à 15 pieds. Feuilles non-recouvrantes, longues d'environ 4 lignes, sur 1 ligne de large. Fleurs blanchâtres, larges de ¹/₂ pouce, roses avant l'anthèse.

Cet arbrisseau, remarquable par son feuillage semblable à

celui du Génevrier commun, se rencontre souvent dans les orangeries.

LEPTOSPERME TRILOCULAIRE. — *Leptospermum triloculare*
Vent. Malm. tab. 84. — Lodd. Bot. Cab. tab. 791.

Feuilles ciliées, linéaires, piquantes, uninervées, souvent
arquées. Calices soyeux. Étamines 15. Capsule souvent triloculaire.

Espèce très-semblable à la précédente et souvent confondue avec
elle dans les collections.

LEPTOSPERME A FRUIT BACCIFORME. — *Leptospermum bac-
catum* Smith. — Cavan. Ic. 4, tab. 331, fig. 2.

Ramules hérissés. Feuilles linéaires-lancéolées, piquantes,
3-nervées à la base. Calices glabres, à dents pubescentes. Capsule un peu charnue.

Arbrisseau très-touffu, se couvrant au printemps d'une grande
quantité de fleurs, roses avant l'anthèse, larges de ½ pouce.

LEPTOSPERME ARANÉEUX. — *Leptospermum arachnoideum*
Smith. — *Melaleuca arachnoidea* Gærtn. Fruct 1, tab. 35,
fig. 3.

Feuilles subulées, piquantes. Ramules hérissés. Calices velus.

b) *Fleurs sessiles, aglomérées en capitules globuleux. Capsule triloculaire.* (AGONIS De Cand. Prodr.)

LEPTOSPERME A FEUILLES MARGINÉES. — *Leptospermum
marginatum* Labill. Nov. Holl. tab. 148.

Feuilles obovales-oblongues, ciliées, 3-nervées, munies d'un
rebord blanchâtre; nervures latérales distantes du bord, oblitérées vers le sommet.

Cette espèce a été trouvée par M. Labillardière au détroit
d'Entrecasteaux.

LEPTOSPERME FLEXUEUX. — *Leptospermum flexuosum*
Spreng. Syst. — Colla, Hort. Ripul. app. III, tab. 18. — *Metrosideros flexuosa* Willd.

Feuilles linéaires-lancéolées, rétrécies aux 2 bouts, glabres, trinervées : nervures latérales rapprochées des bords, non-oblitérées. Rameaux pendants, flexueux, glabres.

Cette espèce, qui ressemble à un *Métrosideros*, ou à certains Eucalyptus, croît sur la côte orientale de la Nouvelle-Hollande. On la cultive dans les collections.

Genre FABRICIA. — *Fabricia* Gærtn.

Calice semi-adhérent, 5-fide, campanulé. Pétales 5, sessiles. Étamines en nombre indéterminé. Stigmate capitellé. Capsule semi-adhérente, pluriloculaire, déhiscente au sommet. Graines ailées.

Arbrisseaux. Feuilles alternes, glauques, ponctuées. Fleurs solitaires, axillaires, subsessiles.

Ce genre, qui appartient à la Nouvelle-Hollande, renferme quatre espèces, dont les deux suivantes sont cultivées dans presque toutes les collections d'orangerie, comme plantes d'agrément.

FABRICIA A FEUILLES DE MYRTE. — *Fabricia myrtifolia* Gærtn. Fruct. tab. 35. — *Fabricia lævigata* Smith. — Bot. Mag. tab. 1304.

Feuilles oblongues, ou oblongues-obovales, obtuses, mucronulées, 3-ou 5-nervées, subsessiles : les adultes glabres; les naissantes soyeuses. Dents calicinales suborbiculaires. Capsule à loges 2-ou 3-spermes.

Arbrisseau à rameaux nombreux, grêles, rougeâtres. Feuilles longues de 10 à 15 lignes, larges de 3 à 6 lignes. Fleurs nombreuses, blanches.

FABRICIA A FEUILLES LISSES. — *Fabricia lævigata* Gærtn.

Cette espèce diffère de la précédente par ses feuilles entièrement glabres dès leur naissance; par ses dents calicinales triangulaires, et par ses capsules à loges 5-8-spermes.

Genre BÉCKÉA. — *Bæckea* Linn.

Calice campanulé ou turbiné, 5-denté. Pétales 5. Étamines 5 ou 10, plus courtes que la corolle. Style filiforme. Stigmate capitellé. Capsule 2-5-loculaire, polysperme.

Arbrisseaux. Feuilles opposées, glabres, petites. Fleurs blanches, en ombelle, ou solitaires.

Les Béckéa sont des arbustes fort élégants, ayant le port de certaines Bruyères. Leur culture et multiplication ne diffèrent point de celles des autres Myrtacées australasiennes. Parmi les dix espèces connues, les suivantes sont les plus remarquables :

Béckéa grêle. — *Bœckea virgata* Andr. Bot. Rep. tab. 598. — Bot. Mag. tab. 2127. — Lodd. Bot. Cab. tab. 341. — Herb. de l'Amat. vol. 4. — *Melaleuca virgata* Linn. fil.

Ramules effilés. Feuilles linéaires-lancéolées, pointues aux 2 bouts, subsessiles. Pédoncules axillaires, ombellifères. Dents calicinales petites, glanduleuses. Pétales obovales.

Arbrisseau haut de 3 à 5 pieds. Tige grêle. Ramules très-nombreux, grisâtres. Feuilles rapprochées, nombreuses, d'un vert gai, longues d'environ 6 lignes, sur 1 ligne de large. Pédoncules nombreux, filiformes, de la longueur des feuilles, 3-10-flores.

Cet arbrisseau, originaire de la Nouvelle-Calédonie, est fort recherché comme plante d'ornement, et commun dans toutes les collections.

Béckéa frutescent. — *Bœckea frutescens* Linn. — Osbeck, It. p. 251, tab. 1. — Gærtn. Fruct. tab. 31.

Feuilles linéaires, mutiques. Pédicelles axillaires, 1-flores. Dents calicinales membranacées, colorées.

Cette espèce croît en Chine.

Béckéa a feuilles de Pin. — *Bœckea pinifolia* De Cand. Prodr. — *Leptospermum pinifolium* Labill. Sert. Austro-caled. tab. 62.

Feuilles linéaires, allongées, acuminées, innervées. Pédoncules axillaires, 3-flores, plus longs que les feuilles. Étamines 10. Capsule 3-loculaire.

Cette espèce a été trouvée par M. de Labillardière dans la Nouvelle-Calédonie.

Béckéa a feuilles denses. — *Bæckea densifolia* Smith, in Act. Soc. Linn. Lond. vol. 3.

Feuilles linéaires-subulées, acéreuses, mucronées, recourbées au sommet, imbriquées sur 4 rangs.

Cette espèce croît à la Nouvelle-Hollande.

Béckéa élégant. — *Bæckea pulchella* De Cand. Prodr.

Feuilles linéaires, pointues, recouvrantes, agrégées aux aisselles. Pédicelles axillaires, uniflores, non-bractéolés, de la longueur des feuilles.

Cette espèce, remarquable par l'abondance de ses fleurs, habite la Nouvelle-Hollande.

Béckéa camphré. — *Bæckea camphorata* R. Br. — Bot. Mag. tab. 2694.

Très-glabre. Feuilles obovales-lancéolées, planes, ponctuées, imbriquées sur 4 rangs, lâches, légèrement marginées; pétiole très-court. Fleurs solitaires ou géminées, axillaires, pédicellées. Étamines 15.

Cette espèce, originaire de la Nouvelle-Hollande, n'est introduite que depuis peu en Angleterre.

Béckéa des rochers. — *Bæckea saxicola* Cunningham, ex Hook. in Bot, Mag. tab. 3160.

Feuilles imbriquées sur 4 rangs, très-glabres, obovales, pointues, ponctuées, non-marginées, subsessiles. Fleurs géminées ou solitaires aux aisselles des feuilles supérieures, courtement pédonculées, décandres.

Petit arbrisseau très-glabre : rameaux dressés ou diffus. Ramules opposés, quadrangulaires. Feuilles petites, aromatiques, d'un vert sombre. Fleurs petites. Tube calicinal turbiné; lobes pétaloïdes, arrondis, d'un rose pâle. Pétales orbiculaires, roses, un peu plus longs que les sépales.

Ce Béckéa, découvert par M. Cunningham sur la côte sud-ouest de la Nouvelle-Hollande, est cultivé au Jardin Royal de Kew.

IIIe TRIBU. **LES MYRTÉES.** — *MYRTEÆ* De Cand. Prodr.

Lobes calicinaux 4 ou 5. Pétales en même nombre que les lobes du calice (par exception nuls). Filets des étamines libres. Péricarpe charnu, pluriloculaire.
Arbres ou arbrisseaux. Feuilles opposées, ponctuées, ou non-ponctuées, très-entières. Pédoncules axillaires, uniflores, ou trichotomes, souvent rapprochés en panicule terminale.

Presque toutes les *Myrtées* croissent dans la zone équatoriale.

Genre SONNÉRATIA. — *Sonneratia* Linn. fil.

Calice adhérent par la base, campanulé, 4-ou 6-fide ; lobes pointus : estivation valvaire. Pétales (quelquefois nuls) étalés. Étamines en nombre indéterminé ; anthères arrondies. Style filiforme. Stigmate capitellé. Baie grosse, adhérente par la base, multiloculaire, polysperme, subglobuleuse ; pannexterne ét cloisons membranacées. Graines nidulantes, arquées, apérispermées. Embryon curviligne : radicule longue ; cotylédons foliacés, courts, convolutés, inégaux.

Arbres ou arbrisseaux. Feuilles opposées, entières, courtement pétiolées, un peu charnues, uninervées, non-ponctuées. Fleurs grandes, terminales, subsolitaires.

Ce genre, propre à l'Asie équatoriale, se compose de trois espèces dont voici les plus curieuses :

SONNÉRATIA A FRUIT ACIDE. — *Sonneratia acida* Linn. fil. — *Papagati* Sonn. Voy. p. 16, tab. 10 et 11. — *Aubletia caseolaris* Gærtn. Fruct. tab. 78. — *Rhizophora caseolaris* Linn. — Rumph. Amb. 3, tab. 74. — Hort. Malab. 3, tab. 40.

Ramules tétragones. Feuilles obovales ou oblongues, obtuses, cunéiformes à la base. Fleurs rouges, 6-pétales. Baie globuleuse, déprimée, mucronée. — Petit arbre à rameaux tortueux.

Ce végétal habite les Moluques, où on le nomme *Brappat*, la côte de Malabar, où les Hindous l'appellent *Blatti*, et la Nouvelle-Guinée. Il croît dans les marais et au bord des rivières, mais on le cultive aussi autour des habitations. Ses racines produisent souvent des excroissances en forme de cornes, qui s'élèvent à plusieurs pieds au-dessus de la surface du sol. Les feuilles servent aux Malais en guise d'herbe potagère. Le fruit, de couleur verte et rempli d'une pulpe farineuse, répand, selon Rumphius, une forte odeur de fromage; malgré sa saveur très-acide, les Malais en font leurs délices.

SONNÉRATIA A FLEURS BLANCHES. — *Sonneratia alba* Smith. — Rumph. Amb. 3, tab. 73.

Ramulés cylindriques. Feuilles ovales-arrondies. Fleurs géminées ou ternées, 6-8-fides, apétales. Baie obconique, déprimée au sommet, mucronée.

Grand arbre semblable au Chêne par le port. Tronc épais, sinueux. Écorce fendillée, rugueuse. Rameaux tortueux, étalés. Feuilles longues de 4 pouces, sur autant de large. Filets longs, dressés, blancs. Fruits larges de 3 à 4 pouces, glauques, couronnés; chair sèche, blanchâtre, granuleuse, acidule, inodore.

Cette espèce croît aux Moluques, sur les plages pierreuses baignées par la marée haute. La partie inférieure de son tronc offre une multitude de protubérances, et les racines poussent de nombreuses excroissances en forme de corne ou bifides, qui s'élèvent à plusieurs pieds au-dessus du sol : ces excroissances garnissent les alentours de l'arbre à de grandes distances, et elles sont d'autant plus longues qu'elles s'en éloignent davantage; leur grosseur va jusqu'à un pied de diamètre, et elles ont la consistance du Liège. Le bois, rougeâtre et compact, résiste longtemps à l'action de l'eau marine, et par cette raison on l'emploie fréquemment aux constructions navales. Le fruit n'est point mangeable, mais les feuilles servent d'assaisonnement.

Genre CAMPOMANÉSIA. — *Campomanesia* Ruiz et Pavon.

Tube calicinal globuleux ; limbe 4-ou 5-parti. Pétales 4 ou 5. Étamines en nombre indéterminé. Style filiforme. Stigmate subpelté. Baie pulpeuse, globuleuse, polysperme, 7-10-loculaire. Placentaires gros , charnus. Graines nidulantes, unisériées, subréniformes.

Arbres. Feuilles opposées, pétiolées, très-entières, ponctuées. Pédoncules uniflores ou pluriflores, naissant aux aisselles des anciennes feuilles. Fleurs blanches.

Ce genre, propre à l'Amérique méridionale, renferme trois espèces dont la suivante est la seule qui soit bien connue.

CAMPOMANÉSIA A FEUILLES DE CORNOUILLER. — *Campomanesia cornifolia* Kunth , in Humb. et Bonpl. Nov. Gen. et Spec. v. 6, tab. 547.

Arbre à ramules cotonneux, ferrugineux. Feuilles subelliptiques, pointues, condupliquées, légèrement pubescentes en dessous, longues de 3 à 4 pouces, sur 22 à 27 lignes de large. Pédoncules solitaires et agrégés, dibractéolés ; bractées linéaires. Calice cotonneux. Pétales obovales, entiers. Fruit de '/₂ pouce de diamètre.

Cette espèce a été observée par MM. de Humboldt et Bonpland dans la Nouvelle-Grenade, à une élévation de sept mille pieds au-dessus du niveau de la mer. Ses fruits sont mangeables et d'une saveur délicieuse ; on les connaît dans le pays sous le nom de *Goyaves d'Anselme.*

Le *Campomanesia lineatifolia* Ruiz. et Pav., est peut-être la même espèce que celle dont nous venons de traiter. Cet arbre, qui croît dans les forêts de la région chaude des Andes du Pérou, où on la cultive sous le nom de *Palillo,* produit également des fruits mangeables.

Genre GOYAVIER. — *Psidium* Linn.

Tube calicinal elliptique ou obovale; limbe persistant, indivisé avant l'anthèse , puis fendu en 4 ou 5 lobes. Pétales 5 , ou rarement 4. Étamines très-nombreuses , insérées au, limbe calicinal et au disque; anthères médifixes. Style filiforme. Stigmate capitellé. Ovaire 4-loculaire ou multiloculaire; placentaires septiformes, plus ou moins saillants, partagés en 2 lames révolutées, ovulifères en dedans. Baie couronnée, polysperme. Graines nidulantes. Test crustacé ou osseux. Embryon semi-circulaire ou spiralé : radicule allongée; cotylédons très-petits.

Arbres ou arbrisseaux. Feuilles opposées , penninervées, ponctuées ou non-ponctuées. Pédoncules axillaires, opposés, 1-3-flores, dibractéolés. Fleurs blanches.

On connaît une soixantaine d'espèces de *Goyaviers*, la plupart indigènes dans l'Amérique équatoriale, et dont beaucoup produisent des fruits mangeables. L'écorce des Goyaviers contient de l'acide gallique et du tannin en abondance : aussi peut-elle servir au tannage des cuirs , et à la préparation de tisanes astringentes.

GOYAVIER CULTIVÉ. — *Psidium pyriferum* Linn. — Rumph. Amb. 1, tab. 47. — Trew. Ehret. tab. 43. — *Guayava pyriformis* Gærtn. Fruct. tab. 38.

Ramules tétragones. Feuilles courtement pétiolées, penninervées, réticulées, elliptiques, pointues, pubescentes-veloutées en dessous. Pédoncules uniflores. Fruits pyriformes.

Cette espèce se cultive fréquemment dans toute la zone équatoriale, ainsi que dans les régions chaudes de la zone tempérée. Elle prospère même en Provence, et, en Angleterre, elle donne de bons fruits dans les serres.

Les Goyaves sont jaunes à l'extérieur, et remplies d'une pulpe succulente blanchâtre , ou rouge, ou verdâtre. Leur goût est douceâtre, aromatique et musqué, mais légèrement astringent. On les mange crues ou en confitures; leur odeur cependant ne plaît pas à toutes les personnes.

GOYAVIER POMIFERE.—*Psidium pomiferum* Linn.—Rumph.
Amb. 1, tab. 48.—Jacq. Hort. Schœnbr. 3, tab. 366.—Tussac,
Flor. Antill. 2, tab. 22.

Ramules tétragones. Feuilles courtement pétiolées, penninervées, réticulées, oblongues-lancéolées, ou ovales-lancéolées, pubescentes en dessous. Pédoncules triflores ou pluriflores. Fruits
subglobuleux.

Ce Goyavier se cultive aussi fréquemment que le précédent
dans les contrées intertropicales. Ses fruits se mangent rarement
crus, à cause de leur astringence, mais on en fait d'excellentes
compotes.

GOYAVIER A FRUIT POURPRE. — *Psidium cattleianum* Lindl.
Collect. Bot. tab. 16. — Bot. Reg. tab. 622. — Sabine, in
Hort. Trans. Lond. 4, tab. 11.

Ramules cylindriques, glabres, dressés. Feuilles pétiolées,
obovales, pointues, coriaces, glabres. Fleurs opposées, solitaires,
subsessiles. Fruit subglobuleux, pourpre.

Cette espèce, indigène en Chine, a été introduite en Angleterre
en 1818. Son fruit, du volume d'une Pêche et de couleur pourpre, contient une pulpe succulente, sucrée et légèrement acide,
d'une saveur plus délicate que celle des Goyaves communes.

GOYAVIER DE LA TRINITÉ. — *Psidium polycarpum* Lamb.
in Trans. Linn. Soc. Lond. vol. 11, tab. 17. — Bot. Reg.
tab. 653.

Ramules cylindriques, hérissés, pendants. Feuilles ovales-
oblongues, pointues, légèrement ondulées, subsessiles, pubescentes en dessous, scabres et ridées en dessus. Pédoncules solitaires et géminés, courts, soyeux, triflores. Fruit globuleux,
jaune.

Cet arbrisseau, qui ne s'élève guère à plus de trois pieds,
croît dans les savanes herbeuses de la Trinité. On le cultive en
Angleterre dans les serres à fruits. Sa baie n'est pas plus grosse
qu'une Noix, mais d'une saveur délicieuse.

Goyavier savoureux.—*Psidium sapidissimum* Jacq. Hort. Schœnbr. tab. 366.

Ramules tétragones, cotonneux. Feuilles courtement pétiolées, oblongues, pointues, glabres en dessus, cotonneuses en dessous. Pédoncules solitaires, uniflores, courts, dressés. Fruit jaune, globuleux.

La patrie de cette espèce est inconnue. Son tronc s'élève à cinq pieds. Le fruit, du volume d'une Noix, contient une pulpe molle, rougeâtre, d'une odeur et d'une saveur délicieuses; Jacquin assure qu'il l'emporte de beaucoup sur les Goyaves ordinaires.

Goyavier des chiens. — *Psidium caninum* Loureir. Flor. Cochinch.

Feuilles courtement pétiolées, ovales, pointues, cotonneuses aux 2 faces. Grappes axillaires et terminales, multiflores. Fruit ovoïde.

Arbuscule très-rameux, diffus, haut de 2 pieds. Fleurs blanches. Baie de 3 lignes de diamétre.

Cette espèce a été observée par Louréiro dans la Cochinchine. Cet auteur rapporte que les chiens sont très-friands de ses fruits, qui les transportent dans une espèce d'ivresse.

Goyavier tétraédre. — *Psidium acutangulum* Martius, in De Cand. Prodr.

Ramules à 4 angles aliformes. Feuilles ovales ou elliptiques-oblongues, courtes, pétiolées, rétrécies aux 2 bouts, tuberculeuses. Pédicelles uniflores, solitaires. Lobes calicinaux ovales, réfléchis, plus longs que le tube.

Cette espèce a été découverte au Brésil par M. de Martius. Ses fruits, de couleur jaune, sont de la grosseur d'une Pomme moyenne et remplis d'une pulpe acidule mangeable.

Goyavier des montagnes. — *Psidium montanum* Swartz, Flor. Ind. Occid.

Ramules tétragones. Feuilles ovales-oblongues, acuminées,

très-glabres, entières ou crénelées. Pédoncules multiflores. Fruits globuleux.

« Cet arbre, dit P. Browne, est l'un des plus élevés qu'on
» trouve dans les forêts de la Jamaïque. Il atteint souvent soixante
» à soixante-dix pieds de haut, sur une grosseur proportionnée.
» Son bois, de couleur opaque, est excellent pour les construc-
» tions : il se travaille facilement et prend un beau poli. Les
» fleurs et les feuilles exhalent une odeur d'Amandes amères. Les
» fruits sont petits et acides. »

Goyavier de Guinée. — *Psidium guineense* Swartz, Flor.
Ind. Occid.

Ramules cylindriques, velus. Feuilles pétiolées, ovales, glabres en dessus, couvertes en dessous d'un duvet ferrugineux. Pédoncules 1-3-flores. Fruit brunâtre, globuleux.

Ce Goyavier, qu'on croit originaire de Guinée, est cultivé aux
Antilles. Son fruit est petit, mais d'un goût exquis.

Goyavier a feuilles étroites. — *Psidium angustifolium*
Lamk. Ill. tab. 406, fig. 2. — *Psidium pumilum* Willd. Spec.

Racines stolonifères. Rameaux quadrangulaires, cotonneux.
Feuilles courtement pétiolées, étroites, lancéolées, entières, cotonneuses et blanchâtres en dessous. Pédoncules pubescents, solitaires, uniflores. Fruit globuleux.

Petit arbrisseau ne s'élevant guère qu'à 2 ou 3 pieds. Feuilles
longues de 1 à 2 pouces, larges de 6 lignes. Étamines très-saillantes.

Cet arbrisseau croît dans l'Inde. Selon Rumphius, on le cultive souvent dans les jardins, à cause de son élégance. Le fruit
n'est pas mangeable.

Goyavier a feuilles ternées. — *Psidium ternatifolium*
Cambess. in Flor. Brasil. Merid. tab. 136.

Tige suffrutescente, simple. Feuilles ternées, elliptiques, courtement pétiolées, cotonneuses-blanchâtres en dessous. Pédoncules
solitaires, 1-flores. Limbe calicinal à 5 dents pointues.

Sous-arbrisseau haut d'environ 2 pieds, dressé. Feuilles lon-

gues de 2 ¹/₂ à 3 pouces, larges de 1 ¹/₂ à 2 pouces. Pétales obovales, concaves, longs d'environ 6 lignes.

M. Aug. de Saint-Hilaire a observé cette espèce au Brésil,
dans la province de Saint-Paul.

GOYAVIER MULTIFLORE. — *Psidium multiflorum* Cambess.
in Flor. Brasil. Merid. tab. 137.

Feuilles pétiolées, pointues, elliptiques, pubescentes en dessous.
Pédoncules pluriflores. Limbe calicinal à 5 dents pointues.

Arbrisseau. Feuilles longues de 2 ¹/₂ à 3 ¹/₂ pouces, larges de
14 à 20 lignes. Pédoncules longs de 8 à 10 lignes, 3-7-flores.
Tube calicinal obconique. Pétales 5, obovales-orbiculaires, concaves, ciliolés, longs de 5 lignes.

Cette espèce a été observée par M. Aug. de Saint-Hilaire, au
Brésil, dans les environs de Saint-Paul.

GOYAVIER DE MENGAHI. — *Psidium Mengahiense* Cambess.
in Flor. Brasil. Merid. tab. 138.

Feuilles sessiles, oblongues, obtuses, pubescentes-incanes en
dessous. Pédoncules solitaires, uniflores. Baie ellipsoïde, pubérule.

Arbrisseau. Feuilles longues de 15 à 30 lignes, larges de 5 à
8 lignes. Pédoncules longs de 3 lignes, 1-3-flores. Fruit long de
8 lignes, sur 6 lignes de diamétre.

Cette espèce croît au Brésil, dans la province des Mines.

GOYAVIER FAUX-EUGÉNIA.—*Psidium eugenioides* Cambess.
l. c. tab. 139.

Feuilles pétiolées, elliptiques, acuminées, presque glabres.
Pédoncules solitaires, 1-flores. Limbe calicinal à 5 dents obtuses.

Arbrisseau haut de 6 à 8 pieds. Feuilles longues d'environ
2 pouces, sur 1 pouce de large. Pédoncules 1-flores, longs de 9 à
14 lignes. Pétales obovales, ciliolés, longs de 3 lignes.

M. Aug. de Saint-Hilaire a trouvé cette espèce au Brésil, dans
les environs de Saint-Paul.

GOYAVIER CITRONELLE.—*Psidium aromaticum* Aubl. Guian.
tab. 191. — *Psidium grandiflorum* Aubl. l. c. tab. 190.

Feuilles glabres, bosselées, courtement pétiolées, oblongues-lancéolées, terminées en pointe obtuse. Pédoncules solitaires, axillaires, 1-flores, 2 fois plus longs que les pétioles. Baie globuleuse, 4-loculaire.

Petit arbre : tronc haut d'environ 5 pieds, sur 3 à 4 pouces de diamétre ; écorce roussâtre. Feuilles longues de '/₂ pied, larges de 2 pouces. Baie jaunâtre, de la grosseur d'une petite Prune.

On trouve cette espèce à la Guiane. « Le bois, les branches, » les fleurs, et surtout les feuilles, dit Aublet, sont très-aroma-» tiques. Elles ont une forte odeur de Mélisse, ce qui a porté les » habitants à nommer cet arbre *Citronelle*. L'on emploie à » Cayenne, dans les bains, la décoction des rameaux et des » feuilles. Les baies ont un goût agréable : les créoles les man-» gent avec plaisir. »

Genre MYRTE. — *Myrtus* Linn.

Tube calicinal subglobuleux ; limbe 5-parti ou rarement 4-parti. Pétales 5, ou rarement 4. Étamines très-nombreuses. Ovaire 2-3- ou rarement 4-loculaire ; loges 2- ou pluri-ovulées. Baie 2- ou 3-loculaire, subglobuleuse, couronnée, ordinairement polysperme. Graines réniformes, osseuses. Embryon curviligne : cotylédons semi-cylindriques, courts ; radicule allongée.

Arbres ou arbrisseaux. Feuilles opposées, ponctuées. Pédoncules axillaires, uniflores. Fleurs dibractéolées, ordinairement blanches.

Ce genre renferme une cinquantaine d'espèces, presque toutes indigènes dans l'Amérique méridionale. On en a observé une en Europe, une au Japon, trois dans l'Inde et une dans la Nouvelle-Hollande. Voici les espèces les plus remarquables :

a) *Fleurs blanches. Graines nidulantes, presque en forme de fer à cheval.*

MYRTE COMMUN.—*Myrtus communis* Linn.—Duham. Arb. ed. nov. 1, tab. 43. — Gærtn. Fruct. tab. 38.

Feuilles ovales ou ovales-lancéolées, pointues, acuminées, subsessiles, glabres, penninervées. Pédicelles solitaires, à peu près aussi longs que les feuilles. Calices 5-fides.

Petit arbre, ou buisson haut de 10 à 20 pieds. Feuilles coriaces, luisantes, d'un vert foncé, rapprochées, distiques, longues de 1 à 2 pouces, sur 4 à 6 lignes de large. Fleurs larges d'environ 6 lignes. Bractéoles petites, caduques. Dents calicinales semi-ovales, pointues. Pétales étalés, concaves, beaucoup plus grands que les dents du calice, plus courts que les étamines. Baie ovoïde, noirâtre (blanche dans une variété), du volume d'un gros Pois.

Parmi les variétés cultivées du *Myrte commun*, les suivantes sont les plus notables :

Myrte de Belgique. — *Myrtus belgica* Mill. Dict. — Feuilles lancéolées.

— A petites feuilles. — *Myrtus minima* Mill. Dict. — Feuilles petites, linéaires-lancéolées.

— A feuilles d'Oranger. — *Myrtus bætica* Mill. Dict. — Blakw. Herb. tab. 114. — Feuilles ovales-lancéolées, très-rapprochées.

— De Rome. — *Myrtus romana* Mill. Ic. tab. 184, fig. 1. — Feuilles ovales.

— d'Italie. — *Myrtus italica* Mill. Dict. — Feuilles ovales-lancéolées, pointues. Rameaux érigés.

— De Portugal. — *Myrtus lusitanica* Mill. Dict. — Clus. Hist. 1, p. 66, fig. 1. — Feuilles lancéolées, pointues.

On possède en outre des variétés à fleurs doubles ou semi-doubles, et à feuilles panachées.

Le Myrte, indigène en Orient et dans le midi de l'Europe, n'exige dans ces contrées aucun soin de culture, tandis que sur les côtes de la Bretagne, de la Normandie, et du pays de Galles, où on le rencontre quelquefois en pleine terre, il est sujet à geler les hivers rigoureux, et il n'arrive point, d'ailleurs, au même développement qu'en Provence et en Languedoc. Dans les provinces méridionales, ainsi qu'en Italie, on fait avec le Myrte des haies et des rideaux de verdure, qu'il faut tondre tous les ans. Dans les pays où il ne peut plus vivre en pleine terre, on l'élève sur une seule tige, et l'on donne à sa tête une forme arrondie. Ainsi planté en pot, ou en caisse, il a besoin d'une terre substantielle, semblable à celle des Orangers, et de fréquents arrosements en été. On le multiplie de boutures, faites en juillet avec des jets vigoureux de l'année, lesquels se plantent en pots, qu'on plonge dans une couche tiède et ombragée ; au bout de six semaines, la plupart des boutures ont pris racine, et peuvent être exposées en plein air, mais à l'ombre. La multiplication peut aussi s'effectuer au moyen de marcottes et de drageons, ou bien par graines.

Le Myrte entre dans la catégorie des arbres poétiques. La mythologie antique s'en est emparée ; plus d'un peuple en a fait usage pour le culte divin. En effet, que l'on considère ou sa verdure perpétuelle, ou les parfums qui en émanent, on le trouvera digne de cette préférence. Ainsi, dans la fête du tabernacle, les Hébreux portaient des rameaux où le Myrte se mariait aux feuilles du Palmier et de l'Olivier. Les poëtes grecs expliquent, avec quelques variantes, pourquoi le Myrte fut consacré à la déesse de la beauté. Vénus, disent les uns, se cacha, au sortir d'un bain, sous la verdure touffue de cet arbre, pour se dérober aux regards indiscrets des satyres. Elle s'est couronnée de Myrte, prétendent les autres, lors du célèbre jugement de Pâris. Minerve aussi aimait le Myrte ; l'une des Grâces en portait un bouquet, la muse Érato une couronne. Aux funérailles des grands hommes, on ornait leur statue de branches de Myrte ; dans les repas, elles passaient avec la lyre d'un convive à l'autre, et chacun alors y lisait l'invitation ou l'ordre de chanter à son tour des vers érotiques.

Les Romains aimaient cet arbre non moins que les Grecs ; eux aussi l'avaient consacré à Vénus ; ils en couronnaient la tête de l'*ovateur*. Le chantre d'Énée place des bosquets de Myrte dans les enfers ; Pline raconte que lors de l'enlèvement des Sabines, les ravisseurs se purifièrent avec des rameaux de Myrte, symbole de l'union des époux ; que deux Myrtes fleurissaient devant le temple de Romulus, l'un patricien, l'autre plébéien, et que dans

le plus ou moins de vigueur de ces végétaux symboliques , on lisait le plus ou moins de prospérité des deux ordres.

Indépendamment de cette illustration poétique et historique , le
Myrte jouissait encore chez les Anciens d'une grande célébrité
médicale ; avec les fruits on préparait une huile et un vin (*myrte-
danum*); les fruits et les feuilles étaient employés contre la dys-
senterie, l'hémorrhagie, l'hydropisie, etc. L'eau distillée des
mêmes parties de l'arbre était employée autrefois, sous le nom
d'*eau d'ange*, comme cosmétique. La saveur aromatique des
baies les rendrait propres à la préparation de certaines sauces , si
la découverte du Poivre et des Clous de Girofle ne les eussent
rendues tout-à-fait inutiles. En Allemagne on a tenté de les employer à la teinture, mais elles ne produisent qu'une couleur ar-
doisée et sans éclat.

Le Myrte peut vivre fort longtemps : il s'en trouve en Italie et
en Sicile, auxquels on prête plusieurs siècles d'existence.

MYRTE MUSQUÉ. — *Myrtus Ugni* Lamk. Dict. — Molin.
Hist. Nat. du Chili, p. 161 et 352.

Feuilles ovales. Fleurs pentapétales. Pédicelles solitaires , filiformes. Baies ovales ou globuleuses.

Arbrisseau haut de 3 à 4 pieds. Feuilles petites, assez semblables
à celles du Buis. Fleurs blanches. Baies rouges, de la grosseur
d'une petite Prune.

Ce Myrte croît au Brésil et au Chili. Les naturels de ce dernier
pays font avec ses fruits, qui ont une odeur aromatique forte mais
suave, une sorte de vin stomachique très-agréable, que les
étrangers, dit-on , préfèrent au meilleur vin muscat.

MYRTE LUMA. — *Myrtus Luma* Molin. Hist. Nat. du Chili,
p. 173. — *Myrtus multiflora* De Cand. Prodr.

Feuilles ovales-orbiculaires, mucronées, opaques, coriaces,
hérissées (de même que les ramules et les pétioles) aux nervures. Pédicelles solitaires, allongés, rapprochés en grappe.
Fleurs pentapétales.

Arbre haut de 40 pieds et plus. Feuilles longues de 8 à 9 lignes, larges de 6 à 7 lignes.

Cette espèce croît au Chili, où les aborigènes emploient ses fruits comme ceux du *Myrte musqué*. Son bois est excellent pour la fabrication des voitures, et on l'exporte au Pérou à cet usage.

MYRTE ÉLANCÉ. — *Myrtus excelsa* Cambess. in Flor. Brasil. Merid. tab. 140.

Ramules cotonneux. Feuilles pétiolées, elliptiques-oblongues, pointues, cotonneuses-blanchâtres. Pédoncules 1-flores, rapprochés en corymbe. Calice 5-fide : lobes pointus. Baie globuleuse, cotonneuse, 1-2-sperme. Style aussi long que les étamines.

Grand arbre à cime touffue. Feuilles longues de 1 à 2 pouces, larges de 7 à 10 lignes. Pédoncules longs de 2 lignes. Pétales obovales, pubescents. Baie de la grosseur d'une Cerise.

Cette espèce a été trouvée par M. Aug. de Saint-Hilaire au Brésil, dans la province des Mines, sur les bords du San-Francisco.

MYRTE ÉLÉGANT. — *Myrtus elegans* De Cand. Prodr. — Cambess. in Flor. Brasil. Merid.

Ramules glabres. Feuilles courtement pétiolées, lancéolées, pointues, glabres. Pédoncules 1-flores, d'un tiers plus courts que les feuilles. Style plus long que le calice. Calice 4-fide : lobes pointus. Baie globuleuse, glabre, polysperme.

Feuilles longues de 8 à 14 lignes, larges de 3 à 5 lignes. Baie noire, de la grosseur d'un fruit de Cacis.

Cette espèce croît au Brésil, dans la province des Mines.

MYRTE MUCRONÉ. — *Myrtus mucronata* Cambess. l. c.

Tige suffrutescente, très-rameuse, glabre. Feuilles sessiles, lancéolées, pointues, glabres. Pédoncules 1-flores, plus courts que les feuilles. Calice 5-fide : lobes mucronés. Style aussi long que les étamines. Baie globuleuse, glabre, polysperme.

Sous-arbrisseau haut de 1 ½ à 2 ½ pieds. Feuilles longues de 16 à 24 lignes, larges de 4 à 10 lignes. Pétales ovales, pointus, glabres, longs de 5 lignes. Fruit vert, de la grosseur d'une Cerise.

Ce Myrte, dont les fruits ont une saveur très-agréable, a été trouvé par M. Aug. de Saint-Hilaire sur les bords du La Plata et de l'Uraguay, dans la province Cis-Platine.

MYRTE A PETITES FEUILLES. — *Myrtus microphylla* Humb. et Bonpl. Plant. Équat. tab. 4.

Feuilles subsessiles, rapprochées, ovales, pointues, subrévolutées aux bords, luisantes en dessus, soyeuses en dessous. Pédicelles solitaires, axillaires, uniflores, plus courts que les feuilles. Calices quadrifides, hérissés. Pétales elliptiques, ciliés, plus courts que le calice. Baie 3-loculaire, globuleuse.

Arbrisseau haut de 6 pieds. Tige divisée dès la base en un grand nombre de rameaux droits, alternes. Feuilles longues de 3 à 4 lignes, sur 2 lignes de large.

Cette espèce a été observée par MM. de Humboldt et Bonpland, au Pérou, sur la montagne de Saragaru, près de Loxa, à plus de 2,500 toises d'élévation, où elle forme, avec quelques espèces de Mélastomes et d'Aralias, des bois taillis très-touffus, qui conservent leurs feuilles toute l'année, malgré un froid de quelques degrés. La régularité avec laquelle ce Myrte pousse ses branches depuis le collet de la racine jusqu'au sommet de la tige, la disposition de ces branches qui lui donne une forme semblable à celle du Cyprès, le blanc de neige de ses jeunes feuilles et de ses fleurs, qui se mélange avec la couleur toujours verte de toute la plante, en font un végétal d'une grande élégance. Les fruits, qui par la maturité acquièrent une couleur rouge, sont d'un goût sucré.

b) *Fleurs roses. Graines comprimées, bisériées.*

MYRTE COTONNEUX. — *Myrtus tomentosa* Ait. Hort. Kew. — Bot. Mag. tab. 250. — Herb. de l'Amat. tab. 267.

Feuilles ovales ou ovales-elliptiques, subobtuses, triplinervées, courtement pétiolées, glabres en dessus, cotonneuses en dessous. Pédoncules 1-3-flores, plus courts que les feuilles. Calice à 5 lobes arrondis, incanes. Pétales 2 fois plus longs que les étamines. Style saillant.

Petit arbrisseau. Feuilles coriaces, persistantes, d'un vert foncé en dessus , blanchâtres en dessous (les naissantes veloutées aux 2 faces), longues d'environ 3 pouces, sur 18 lignes de large. Corolle d'un beau rose, large de 18 lignes. Filets pourprés. Fruit ovoïde, biloculaire.

Cet arbrisseau, qui croît en Cochinchine, en Chine et dans les montagnes de l'Inde, se cultive comme plante d'agrément, en serre tempérée.

MYRTE SUPERBE. — *Myrtus spectabilis* De Cand. Prodr.

Feuilles ovales-oblongues, trinervées, acuminées, rétrécies à la base, coriaces, glabres en dessus, cotonneuses-argentées en dessous. Pédicelles rapprochés, uniflores, axillaires, plus courts que les feuilles. Calices soyeux, quadrifides.

Cette espèce a été découverte à Java, par M. Blume.

Genre MYRCIA. — *Myrcia* De Cand.

Tube calicinal subglobuleux ou rarement ovale; limbe 5-parti. Pétales 5. Étamines très-nombreuses, insérées au limbe calicinal ou au disque. Ovaire 2- ou 3-loculaire; loges biovulées; ovules presque collatéraux. Baie couronnée, souvent 1-loculaire par avortement, 1-ou 2-sperme. Test memnacé ou coriace, lisse. Cotylédons foliacés, chiffonnés.

Arbres ou arbrisseaux. Feuilles opposées, très-entières, ponctuées. Fleurs blanches, dibractéolées, disposées en panicule cymeuse. Pédoncules axillaires et subterminaux.

Ce genre renferme environ cent quarante espèces, dont vingt-quatre croissent aux Antilles, et toutes les autres dans l'Amérique méridionale intertropicale. De même que la plupart des Myrtacées, les *Myrcia* se font remarquer par leur élégance, et beaucoup d'entre eux sont très-aromatiques. Voici les espèces les plus remarquables:

MYRCIA ACRE. — *Myrcia acris* De Cand. Prodr. — Hook. in Bot. Mag. tab. 3153. — *Myrtus acris* Swartz, Flor. Ind. Occid. — *Myrtus caryophyllata* Jacq. Obs. (non Linn.) — Pluck. Almag. tab. 155, fig. 3.

Feuilles elliptiques, obtuses, convexes, coriaces, très-glabres, réticulées en dessus, très-finement ponctuées. Pédoncules axillaires et terminaux, trichotomes, cymeux, comprimés, plus longs que les feuilles. Fleurs 5-fides.

Arbre. Tronc élancé, droit, terminé par une tête pyramidale et touffue. Écorce très-lisse, brune dans les individus jeunes, grisâtre ou blanchâtre dans les adultes. Feuilles longues de 3 à 5 pouces. Calice obconique, ponctué; lobes obtus, cotonneux en dessus. Pétales subsessiles, orbiculaires, petits, d'un blanc lavé de rose. Baies globuleuses, de la grosseur d'un Pois, 7-ou 8-spermes.

Cet arbre, indigène aux Antilles, est connu dans ces îles sous les noms de *Cannellier sauvage*, *Giroflier sauvage*, *Bay-berry*, et *Bois d'Inde*. Remarquable par la rare élégance de son port, il parfume les forêts d'un arome approchant de celui de la Cannelle. Son bois, très-dur, pesant, et de couleur rouge, est susceptible d'un beau poli et propre à toutes espèces de constructions ou de mécaniques. Les fruits, comparables aux Clous de Girofle, tant par leur forme que par leur saveur, servent à l'assaisonnement ainsi que les feuilles.

MYRCIA FAUX PIMENT. — *Myrcia pimentoides* De Cand. Prodr. — *Myrtus citrifolia* Poir. Dict.

Feuilles elliptiques-oblongues, obtuses ou pointues, coriaces, opaques. Ramules tétraédres, glabres de même que les pédicelles. Panicules axillaires et terminales, trichotomes, cymeuses. Capsule sphérique.

Cette espèce, qui ressemble beaucoup au vrai *Piment* (*Eugenia Pimenta*), est indigène aux Antilles.

MYRCIA ÉCLATANT. — *Myrcia splendens* De Cand. Prodr. — *Myrtus splendens* Swartz, Flor. Ind. Occid. — *Eugenia periplocifolia* Jacq. Collect. tab. 108.

Feuilles ovales-elliptiques, acuminées, fortement ponctuées, coriaces, glabres, luisantes en dessus, réticulées en dessous. Gemmes très-velues. Panicules axillaires et terminales, cymeuses, velues de même que les ramules. Capsule sphérique.

Arbrisseau. Feuilles longues d'environ 18 lignes. Panicules tantôt plus longues, tantôt plus courtes que les feuilles. Fleurs petites. Baie écarlate.

Cette espèce croît aux Antilles.

MYRCIA A GRANDES FEUILLES. — *Myrcia grandifolia* Cambess. in Flor. Brasil. Merid.

Ramules cotonneux (jaunâtres). Feuilles pétiolées, oblongues, acuminées, cotonneuses-jaunâtres en dessous. Panicules multiflores, aussi longues que les feuilles, cotonneuses. Lobes calicinaux suborbiculaires. Baie 1-loculaire, cotonneuse, globuleuse.

Feuilles longues de 6 à 12 pouces, larges de 2 à 3 ¹/₂ pouces. Panicules multiflores, longues de 1 à 4 pouces. Fleurs sessiles ou subsessiles. Pétales suborbiculaires, cotonneux. Baie de la grosseur d'un fruit de Cacis.

Cette espèce a été trouvée par M. Aug. de Saint-Hilaire dans les forêts vierges de la province de Saint-Paul.

MYRCIA MAGNIFIQUE. — *Myrcia spectabilis* Martius, in De Cand. Prodr. — Cambess. in Flor. Bras. Merid.

Ramules veloutés (jaunâtres). Feuilles courtement pétiolées, oblongues, acuminées, presque glabres. Panicules plus courtes que les feuilles, multiflores. Calice velouté; lobes ovales-orbiculaires.

Feuilles atteignant 1 pied de long, sur 3 pouces de large. Panicules longues de 3 à 4 pouces : fleurs sessiles, fasciculées. Pétales ovales-orbiculaires, coriaces, veloutés en dehors, longs de 3 lignes.

Cette espèce croît dans le midi du Brésil.

MYRCIA RÉTICULÉ. — *Myrcia reticulata* Cambess. in Flor. Brasil. Merid. tab. 142.

Rameaux poilus. Feuilles courtement pétiolées, oblongues-lancéolées ou lancéolées, pointues, réticulées en dessus, fovéolées et pubescentes en dessous. Panicules multiflores, plus courtes que les feuilles. Fleurs pubescentes, roussâtres. Lobes calicinaux obtus.

Arbrisseau haut de 4 à 5 pieds. Ramules anguleux. Feuilles longues de 2 à 6 pouces, larges de 12 à 18 lignes. Pédicelles courts, en corymbe. Pétales longs de 3 lignes, obovales, concaves, poilus en dehors.

M. Aug. de Saint-Hilaire a découvert cette espèce au Brésil, dans les environs de Saint-Sébastien.

MYRCIA DE GOYAZ. — *Myrcia Goyazensis* Cambess. in Flor. Brasil. Merid. tab. 143.

Tige suffrutescente, simple. Feuilles subsessiles, lancéolées, obtuses, glabres. Fleurs subterminales, peu nombreuses, subsessiles. Calice incane-cotonneux. Pétales glabres. Baie globuleuse, cotonneuse.

Sous-arbrisseau à tiges touffues, hautes de 6 à 12 pouces. Feuilles longues de 12 à 30 lignes, larges de 3 à 6 lignes. Fleurs 3 ou 5 : les 3 supérieures distantes des 2 inférieures. Pétales obovales-orbiculaires, longs de 3 lignes. Baie incane, du volume d'une petite Cerise.

M. Aug. de Saint-Hilaire a découvert cette espèce au Brésil, dans le midi de la province de Goyaz.

MYRCIA ODORANT. — *Myrcia suaveolens* Cambess. in Flor. Brasil. Merid.

Rameaux glabres, glanduleux. Feuilles pétiolées, oblongues-lancéolées, ou moins souvent elliptiques, ou obovales, presque glabres. Panicules terminales, amples, pubérules. Calice pubérule : lobes ovales, obtus, dressés.

Arbrisseau simple ou peu rameux, haut de 2 ¹/₂ pieds. Feuilles longues de 1 à 3 pouces, larges de 4 à 12 lignes. Panicules très-rameuses, multiflores, longues de 2 à 8 pouces. Pétales suborbiculaires, concaves, glabres, longs de 2 lignes.

M. Aug. de Saint-Hilaire a observé cette espèce dans les campos des provinces des Mines et de Goyaz.

MYRCIA ROUGEATRE. — *Myrcia rubella* Cambess. in Flor. Brasil. Merid.

Ramules glabres. Feuilles subsessiles, elliptiques, obtuses, glabres. Panicules glabres ou pubérules, multiflores, 2 fois plus longues que les feuilles. Calice glanduleux : lobes ovales-orbiculaires, presque égaux, réfléchis.

Arbrisseau rameux, haut de 1 ¹/₂ à 2 pieds. Feuilles longues de 1 à 2 pouces, larges de 6 à 10 lignes. Fleurs lâches, très-petites. Pédicelles filiformes, rougeâtres. Calice long de 1 ligne. Pétales obovales-orbiculaires, concaves, glabres, 2 fois plus longs que le calice.

Cette espèce croît au Brésil, dans la province de Goyaz.

MYRCIA GLAUQUE. — *Myrcia glauca* Cambess. in Flor. Brasil. Merid. tab. 145.

Rameaux pubérules au sommet. Feuilles pétiolées, oblongues, obtuses, glabres, opaques. Panicules à peu près aussi longues que les feuilles, lâches, pubérules. Calice pubérule en dehors, presque cotonneux en dedans : lobes suborbiculaires, presque égaux, dressés.

Arbrisseau haut de 4 pieds. Tige solitaire, dressée, rameuse. Feuilles longues de 2 pouces, larges de 9 lignes. Calice long de 1 ligne. Pétales suborbiculaires, concaves, pubérules, à peine plus longs que le calice.

M. Aug. de Saint-Hilaire a découvert cette espèce au Brésil, dans la province des Mines.

MYRCIA BLANC DE NEIGE. — *Myrcia nivea* Cambess. in Flor. Brasil. Merid. tab. 146.

Tiges suffrutescentes. Rameaux cotonneux (très-blancs) de même que les pédoncules et les calices. Feuilles sessiles, lancéolées, pointues, opaques, cotonneuses (très-blanches) : les adultes luisantes et glabres en dessus. Pédoncules axillaires et terminaux, plus courts que les feuilles : les inférieurs 1-flores; les supérieurs 3-5-flores. Lobes calicinaux ovales, pointus.

Sous-arbrisseau rameux, haut de 2 pieds. Feuilles longues de 6 à 12 lignes, larges de 1 ¹/₂ à 3 lignes. Pédoncules 2 à 3 fois plus longs que les feuilles. Calice long de 1 ¹/₂ ligne. Pétales un peu plus longs que les lobes du calice, suborbiculaires, concaves, glabres.

M. Aug. de Saint-Hilaire a trouvé cette espèce au Brésil, dans la province des Mines.

MYRCIA A FEUILLES DE PIN. — *Myrcia pinifolia* Cambess. in Flor. Brasil. Merid. tab. 147.

Sous-arbrisseau très-glabre. Feuilles sessiles, linéaires, pointues, opaques. Pédoncules axillaires, filiformes, rapprochés : les inférieurs 1-flores, plus courts que les feuilles ; les supérieurs souvent 3-flores, plus longs que les feuilles. Calice à lobes ovales, obtus.

Tiges nombreuses, ascendantes, diffuses, hautes de 3 à 8 pouces. Feuilles longues de 6 à 12 lignes, larges de 1 ligne ou moins. Calice rougeâtre, long de 1 ligne. Pétales suborbiculaires, concaves, glabres, larges de 1 ligne.

M. Aug. de Saint-Hilaire a trouvé cette espèce au Brésil, dans la province de Goyaz.

MYRCIA A FEUILLES LINÉAIRES. — *Myrcia linearifolia* Cambess. in Flor. Brasil. Merid. tab. 148.

Tige suffrutescente, pubérule au sommet. Feuilles sessiles, linéaires, pointues, opaques, pubérules. Pédoncules axillaires et terminaux, rapprochés en panicule : les supérieurs très-courts. Calice laineux : lobes ovales ; les 3 extérieurs pointus ; les 2 intérieurs obtus.

Tiges nombreuses, ascendantes, rameuses, hautes de 12 à 18 pouces. Feuilles longues de 4 à 10 lignes, larges de $\frac{1}{2}$ à $\frac{1}{4}$ de ligne. Pédoncules inférieurs longs de 3 à 4 lignes. Calice long de 1 ligne. Pétales 2 fois plus longs que les lobes du calice, suborbiculaires, concaves, laineux en dehors.

Cette espèce a été découverte par M. Aug. de Saint-Hilaire, au Brésil, dans les montagnes de la province de Goyaz.

Genre CALYPTRANTHE. — *Calyptranthes* Swartz.

Tube calicinal obovale ; limbe entier, se détachant par la base sous forme d'un opercule latéral. Corolle nulle, ou bien à 2 ou 5 pétales très petits. Étamines très-nombreuses : filets capillaires; anthères petites, arrondies. Style et stigmate simples. Ovaire à 2 ou 3 loges 2-spermes. Baie par avortement uniloculaire, 1-3-sperme.

Arbrisseaux. Feuilles penninervées. Pédoncules axillaires, multiflores.

Ce genre renferme une trentaine d'espèces, toutes indigènes dans l'Amérique équatoriale; en voici les plus remarquables :

Calyptranthe Faux Eugénia. — *Calyptranthes eugenioides* Cambess. in Flor. Brasil. Merid. tab. 155.

Ramules pubescents. Feuilles pétiolées, oblongues, acuminées, presque glabres, scabres, légèrement ponctuées. Pédoncules 1-flores. Calice glabre.

Arbrisseau haut de 8 à 10 pieds. Rameaux cylindriques, grisâtres. Feuilles longues de 1 ¹/₂ à 2 ¹/₂ pouces, larges de 8 à 12 lignes. Pédoncules longs de 4 lignes. Boutons pyriformes, obtus, longs de 3 lignes. Pétales orbiculaires, laineux en dessous, longs de 2 lignes, un peu plus courts que les étamines. Style aussi long que les étamines.

M. Aug. de Saint-Hilaire a découvert cette espèce au Brésil, dans les parties désertes de la province des Mines.

Calyptranthe aromatique. — *Calyptranthes aromatica* Aug. Saint-Hil. Plant. Us. des Bras. tab. 14.

Feuilles connées, elliptiques-oblongues, glabres, pointues. Panicules axillaires et terminales, géminées : fleurs solitaires ou agrégées. Corolle 2-ou 3-pétale.

Arbrisseau haut d'environ 9 pieds. Feuilles longues de 12 à 18 pouces, sur 4 à 6 pouces de large.

Cet arbrisseau croît dans les forêts-vierges de la province de Rio-Janéiro. Ses boutons de fleurs, selon M. Aug. de Saint-Hilaire, renferment un arome délicieux, tout-à-fait analogue à celui des Clous de Girofle, mais un peu moins fort.

Calyptranthe glomérulé. — *Calyptranthes glomerata* ambess. in Flor. Brasil. Merid. 2, p. 372.

Ramules cotonneux-ferrugineux. Feuilles pétiolées, oblongues, acuminées-obtuses, presque glabres. Pédoncules axillaires, paniculés, multiflores, presque aussi longs que les feuilles; fleurs glomérulées, cotonneuses, 3-ou 4-pétales. Baie pyriforme.

Arbre haut de 3o pieds et plus. Feuilles longues de 2 à 3 pouces, larges de 9 à 16 lignes. Boutons obovales, obtus, longs de 1 1/2 ligne. Pétales obovales, onguiculés, minimes, glabres. Baie de la grosseur d'une Noix.

M. Aug. de Saint-Hilaire a observé cette espèce au Brésil, dans les provinces des Mines et de Saint-Paul. Ses fleurs répandent une odeur de Lilas, mais ses fruits n'ont aucune saveur.

CALYPTRANTHE A FEUILLES ROIDES. —*Calyptranthes rigida* Tussac, Flor. Antill. v. 3 , tab. 26.

Feuilles ovales, pointues, convexes, roides , innervées, glabres. Pédoncules 1-4-flores, solitaires, axillaires.

Arbrisseau haut d'environ 15 pieds. Écorce grisâtre. Rameaux cylindriques, droits. Fleurs blanches. Baie subglobuleuse, monosperme.

Cet arbrisseau, remarquable par l'élégance de ses fleurs et de son feuillage, a été observé par M. de Tussac dans les montagnes de la Jamaïque.

Genre SYZYGIUM. — *Syzygium* Gærtn.

Tube calicinal obovale; limbe presque entier ou sinuolé. Pétales 4 ou 5, arrondis, soudés en coiffe convexe, membraneuse, operculaire, caduque. Étamines très-nombreuses, libres. Stigmate simple. Ovaire à 2 loges pauciovulées. Baie uniloculaire, monosperme ou oligosperme. Graines globuleuses. Cotylédons hémisphériques, gros, charnus; radicule petite, incluse.

Arbres ou arbrisseaux. Feuilles opposées, glabres. Pédoncules axillaires ou terminaux, en cyme corymbiforme.

Ce genre, qui appartient à la zone équatoriale de l'ancien continent, renferme une trentaine d'espèces. Ces végétaux jouissent de propriétés aromatiques fort prononcées, et souvent ils se font remarquer par la beauté de leurs fleurs. Voici les espèces les plus remarquables :

SYZYGIUM JAMBOLAN. — *Syzygium Jambolanum* De Cand. Prodr.—Rumph. Amb. 1, tab. 42.—*Jambolifera pedunculata* Houtt. Syst. 1, tab. 7, fig. 1. — *Eugenia Jambolana* Lamk. Dict.

Feuilles elliptiques ou obovales, acuminées, ou échancrées, ou obtuses, penninervées, coriaces, courtement pétiolées. Cymes pauciflores, rapprochées en panicule terminale, rameuse, sessile, divariquée. Calices tronqués. Fruits pédicellés, pendants.

Arbre ayant le port du *Jambosier commun*. Écorce rugueuse. Rameaux brachiés. Feuilles longues de 5 à 6 pouces, sur 3 à 4 pouces de large. Fleurs petites. Fruit de la grosseur d'une Olive, d'abord rouge, plus tard noirâtre ; chair succulente, blanchâtre.

Cette espèce croît aux Indes et aux Moluques. Le fruit, qui est extrêmement astringent avant sa parfaite maturité, finit par devenir assez doux. Rumphius dit qu'il n'est pas fort estimé.

SYZYGIUM GIROFLIER.—*Syzygium caryophyllæum* Gærtn.—*Myrtus caryophyllata* Linn. — *Calyptranthes caryophyllata* Pers. Ench.

Feuilles subcoriaces, non-ponctuées, obovales, échancrées, ou obtuses. Corymbes terminaux, trichotomes.

Cette espèce, incomplètement connue, croît à Ceylan. On croit qu'elle fournit l'écorce appelée *Bois de Girofle* ou *Cannelle giroflée*. Cette écorce, autrefois employée en médecine, est aujourd'hui hors d'usage, parce que la Cannelle et les Clous de Girofle possèdent des propriétés plus énergiques.

Genre GIROFLIER. — *Caryophyllus* Linn.

Calice infondibuliforme, 4-denté. Pétales 4, cohérents au sommet en forme de coiffe. Étamines nombreuses, insérées à la gorge du calice. Ovaire à 2 loges pluriovulées. Baie 1- ou 2-loculaire, 1- ou 2-sperme. Graines cylindracées ou ovales. Embryon rectiligne : cotylédons charnus , ponctués, concaves, sinueux, inégaux, le plus grand enveloppant le petit ; radicule allongée, incluse.

Arbres à rameaux dichotomes. Feuilles opposées, penninervées, ponctuées, coriaces. Cymes trichotomes, corymbiformes, tantôt toutes terminales, tantôt axillaires et terminales.

Ce genre se compose des cinq espèces suivantes :

GIROFLIER AROMATIQUE. — *Caryophyllus aromaticus* Linn. — Gærtn. Fruct. 1, p. 167, tab. 33. — Lamk. Ill. tab. 417. —Turp. in Dict. des Sciences Nat., et in Chaum. Flore Méd. Ic. — Bot. Mag. tab. 2749 et 2750.— Rumph. Amb. v. 2, tab. 1, 2 et 3. — Clus. Exot. p. 15, Ic. — Sonner. Voyage à la Nouv. Guin. p. 196, tab. 119 ; et p. 197, tab. 120. — *Eugenia caryophyllata* Thunb. Diss. — *Myrtus Caryophyllus* Spreng. Syst.

Feuilles lancéolées-elliptiques, acuminées. Cymes multiflores, terminales.

Arbre atteignant 40 pieds de haut. Branches étalées ou inclinées, formant une tête pyramidale et touffue. Feuilles luisantes, longues d'environ 4 pouces, finement ponctuées ; pétiole grêle, long d'environ 2 pouces. Calice pourpre, long d'un demi-pouce : dents ovales, concaves, étalées. Pétales étalés, arrondis, concaves, très-caducs, roses. Filets jaunes, beaucoup plus longs que les pétales. Anthères cordiformes-ovales. Baie oblongue, obtuse aux 2 bouts, d'un pourpre violet, longue de 1 pouce. Embryon verdâtre.

Le *Giroflier aromatique*, indigène aux Moluques où, comme l'on sait, sa culture fut longtemps monopolisée par les Hollandais, est aujourd'hui très-répandu dans l'Inde, aux îles de France et de Bourbon, ainsi qu'aux Antilles et dans plusieurs contrées de l'Amérique méridionale.

Les fleurs de ce Giroflier, cueillies un peu avant l'anthèse et séchées à l'ombre sont les *Clous de Girofle* du commerce. Du reste, toutes les parties de l'arbre sont aromatiques au plus haut degré; l'on en retire, par la distillation, une huile volatile d'une odeur pénétrante, d'une saveur âcre et caustique. Cette essence s'emploie comme médicament excitant, et pour cautériser les dents cariées; mais ce n'est qu'avec précaution et à petites doses qu'on peut l'administrer à l'intérieur.

GIROFLIER ANTISEPTIQUE. — *Caryophyllus antisepticus* Blume, in De Cand. Prodr.

Feuilles oblongues-lancéolées, rétrécies en pointe obtuse, finement veinées. Corymbes axillaires et terminaux. Calice tubuleux, à 5 dents obtuses.

Cette espèce a été trouvée à Java, par M. Blume.

GIROFLIER FASTIGIÉ. — *Caryophyllus fastigiatus* Blum. in De Cand. Prodr.

Feuilles cunéiformes-oblongues, obtuses, marquées de veinules transverses, parallèles, fines. Corymbes terminaux, fastigiés; pédoncules triflores.

Cette espèce croît également à Java.

GIROFLIER MULTIFLORE. — *Caryophyllus floribundus* Blum. in De Cand. Prodr.

Feuilles ovales-oblongues, obtuses, rétrécies à la base, luisantes, presque sans veines. Corymbes terminaux, trichotomes, divariqués : pédoncules triflores.

Cette espèce habite les mêmes contrées que les deux précédentes.

GIROFLIER ELLIPTIQUE. — *Caryophyllus elliptica* Labill. Sert. Caled. tab. 63.

Feuilles ovales ou elliptiques, obtuses. Cymes triflores.

M. de Labillardière a observé cette espèce dans la Nouvelle-Calédonie.

Genre ACMÉNA. — *Acmena* De Cand.

Tube calicinal turbiné; limbe cupuliforme, tronqué, subinvoluté en préfloraison. Pétales 5, petits, distants. Étamines nombreuses. Ovaire 3-loculaire. Style court. Baie globuleuse ou ovale, par avortement uniloculaire et monosperme. Graine charnue, subglobuleuse; cotylédons soudés.

Feuilles opposées, très-entières, glabres. Pédoncules axillaires et terminaux, multiflores, trichotomes. Fleurs petites, blanchâtres.

L'espèce suivante constitue à elle seule ce genre :

ACMÉNA MULTIFLORE.—*Acmena floribunda* De Cand. Prodr. — *Metrosideros floribunda* Smith, in Act. Soc. Linn. Lond. v. 3. — Vent. Malm. tab. 75.
— β : *Eugenia elliptica* Smith, l. c. — *Eugenia Smithii* Poir. — *Myrtus Smithii* Spreng.

Petit arbre haut d'une vingtaine de pieds. Rameaux grêles, pendants, brachiés. Feuilles longues d'environ 3 pouces, sur 8 à 10 lignes de large, coriaces, luisantes, pétiolées, ponctuées, ovales-lancéolées ou lancéolées-elliptiques, acuminées. Cymes pédonculées, disposées en panicule pyramidale, multiflore, terminale. Pétales petits, 2 fois plus courts que les étamines. Baie blanchâtre, astringente, du volume d'un gros Pois.

Cet arbrisseau, originaire de la Nouvelle-Hollande, est commun dans les orangeries. Son port et son feuillage sont très-élégants.

Genre EUGÉNIA. — *Eugenia* Michel.

Tube calicinal subglobuleux; limbe 4-parti. Pétales 4. Étamines nombreuses. Ovaire à 2 ou 3 loges pluriovulées. Baie globuleuse, couronnée, 1- ou rarement 2-loculaire, 1 ou 2-sperme. Graines grosses, globuleuses. Cotylédons soudés; radicule fort petite ou imperceptible.

Arbres ou arbrisseaux. Feuilles opposées, ponctuées ou opaques. Pédoncules simples ou rameux, axillaires ou terminaux.

Ce genre, dont on connaît plus de deux cent cinquante espèces, appartient presque exclusivement à l'Amérique équatoriale. Voici les espèces les plus remarquables :

Eugénia de Michéli.—*Eugenia Michelii* Lamk.— Michel. Gen. tab. 108. — *Myrtus brasiliana*, et *Plinia rubra* Linn. — *Plinia pedunculata* Linn. fil. — Bot. Mag. tab. 473.

Feuilles ovales-lancéolées, glabres. Pédoncules axillaires, uniflores, subsolitaires, plus courts que les feuilles. Limbe calicinal 4-fide, réfléchi. Baie toruleuse.

Arbre indigène en Guiane et au Brésil. On le cultive à la Martinique sous le nom de *Cerisier de Cayenne*. Ses fruits sont mangeables.

Eugénia purgatif.—*Eugenia dysenterica* De Cand. Prodr. — *Myrtus dysenterica* Martius.

Feuilles courtement pétiolées, glabres, ovales, obtuses. Pédicelles axillaires, uniflores, grêles, plus courts que les feuilles, non-bractéolés. Lobes du calice ovales, réfléchis, ciliés. Baie 1-3-sperme, globuleuse-déprimée, jaune, glabre.

Petit arbre tortueux. Rameaux glabres, subéreux. Feuilles longues de 2 à 3 pouces, larges de 12 à 18 lignes. Pédoncules rapprochés en corymbe au sommet des ramules. Fleurs naissant avant les fenilles. Calice 4-fide, jaunâtre, long de 2 ¹/₂ lignes. Pétales longs de 5 lignes, obovales, glabres, ciliés, réfléchis. Étamines et style aussi longs que les pétales. Baie de la grosseur d'une Mirabelle.

Cette espèce croît au Brésil, dans les parties désertes de la province des Mines, où on la nomme vulgairement *Cagaiteira*. Les bestiaux sont friands de ses fruits, qui agissent sur eux comme laxatif; cette propriété se fait ressentir avec plus d'énergie chez les hommes qui en mangent avec excès.

Eugénia strié.—*Eugenia lineata* De Cand. Prodr.—*Myrtus lineata* Swartz, Flor. Ind. Occid.

Feuilles ovales, acuminées, roides, nerveuses, cotonneuses en dessous. Fleurs axillaires, agrégées, presque sessiles. Calices quadrifides, ferrugineux-pubescents.

Cette espèce, qui croît dans les montagnes de Saint-Domingue, produit une baie mangeable, de couleur rouge et de la grandeur d'une Cerise.

EUGÉNIA DU BRÉSIL. — *Eugenia brasiliensis* Lamk. Dict. — Cambess. in Flor. Brasil. Merid. 2, tab. 152.

Rameaux glabres. Feuilles pétiolées, obovales et arrondies au sommet, ou rarement elliptiques et pointues, ponctuées, glabres, luisantes en dessus. Pédoncules solitaires, axillaires, 1-flores, glabres. Calice non-bractéolé, glabre : lobes ovales, obtus, ciliolés. Baie tétragone-globuleuse, lisse, luisante : limbe calicinal amplifié, dressé.

Arbre de la grandeur d'un Oranger. Feuilles longues de 2 $^1/_2$ à 4 pouces, larges de 15 à 25 lignes. Pédoncules longs de 12 à 18 lignes. Calice long de 5 lignes. Pétales d'un tiers plus longs que le calice, obovales, glabres, un peu plus longs que les étamines. Style aussi long que les étamines. Baie de la grosseur d'une Cerise, d'un violet noirâtre.

Cet Eugénia croît dans les bois vierges du Brésil méridional. On le cultive dans les environs de Rio-Janéiro, et son fruit, qui porte le nom de *Grumichama,* se vend dans les marchés. La saveur de ce fruit est très-agréable.

EUGÉNIA A FEUILLES DE TROENE.—*Eugenia ligustrina* Willd. —Cambess. in Flor. Brasil. Merid.—*Myrtus ligustrina* Swartz, Flor. Ind. Occid.

Rameaux glabres. Feuilles pétiolées, oblongues, ou elliptiques, rétrécies aux 2 bouts, subacuminées, ponctuées, glabres, luisantes. Pédoncules solitaires ou rarement géminés, axillaires, glabres, 1-flores. Lobes calicinaux ovales, obtus, réfléchis. Pétales obovales, glabres.

Arbrisseau très-rameux, haut de 5 à 6 pieds. Feuilles longues de 1 $^1/_2$ à 2 $^1/_2$ pouces, larges de 7 à 14 lignes. Pédoncules longs de 1 $^1/_2$ pouce. Calice long de 3 lignes. Pétales longs de 3 lignes, d'un blanc rosé, un peu plus longs que les étamines. Baie noire.

Cette espèce croît aux Antilles et au Brésil. D'après la remarque de M. Aug. de Saint-Hilaire, son fruit est mangeable.

EUGÉNIA UVALHA. — *Eugenia Uvalha* Cambess. in Flor. Brasil. Merid. 2, p. 367.

Rameaux pubérules au sommet. Feuilles subsessiles, oblongues, rétrécies aux 2 bouts, obtuses : les adultes glabres, opaques; les jeunes ponctuées, pubescentes. Pédoncules solitaires, pubérules, 1-flores. Calice pubérule : lobes ovales, arrondis au sommet, ciliolés. Baie pyriforme.

Grand arbrisseau. Feuilles longues de 10 à 15 lignes, larges de 2 ¹/₂ à 4 lignes. Pédoncules filiformes, longs de 5 à 6 lignes. Calice blanchâtre, long de 2 lignes. Pétales 2 fois plus longs que les lobes du calice. Fruit 1-ou 2-sperme, jaune, de la forme et du volume d'une petite Poire, d'une saveur acidule très-agréable.

Cette espèce croît dans la province de Saint-Paul : on la cultive aux environs de la ville de Saint-Paul.

EUGÉNIA FAUX GIROFLIER.—*Eugenia Pseudo-Caryophyllus* De Cand. Prodr. — Cambess. in Flor. Brasil. Merid. tab. 149.

Rameaux pubérules au sommet. Feuilles pétiolées, oblongues, pointues, glabres en dessus, cotonneuses-incanes en dessous : les adultes opaques. Pédoncules multiflores, pubérules, un peu plus courts que les feuilles. Calice incane : lobes ovales, subobtus. Baie ovoïde, presque glabre.

Petit arbre. Ramules légèrement anguleux. Feuilles longues de 2 ¹/₂ à 4 ¹/₂ pouces, larges de 10 à 20 lignes. Calice long de 2 lignes. Pétales d'un tiers plus longs que le calice, obovales-orbiculaires, pubérules en dehors, d'un vert blanchâtre. Étamines glabres, un peu plus longues que les pétales et le style. Baie noire, 4-6-sperme, longue de 4 lignes.

Cette espèce croît au Brésil méridional, dans la province de Saint-Paul. Ses feuilles ont, lorsqu'elles sont jeunes, une odeur de Citron fort agréable, et un goût un peu amer, participant du Girofle et du Citron; les boutons ont le goût de Girofle, mais leur saveur est moins forte.

EUGÉNIA A FEUILLES TERNÉES. — *Eugenia ternatifolia* Cambess. in Flor. Brasil. Merid. tab. 150.

Rameaux pubérules au sommet. Feuilles courtement pétiolées, oblongues, courtement acuminées, pubérules, ponctuées, le plus souvent ternées. Pédoncules pauciflores, pubérules, plus courts que les feuilles. Calice incane : lobes ovales, très-obtus.

Arbrisseau haut de 2 à 2 ¹/₂ pieds. Tige simple ou rameuse. Feuilles longues de 2 à 3 pouces, larges de 6 à 10 lignes. Pédoncules 3-9-flores. Calice long de 2 ¹/₂ lignes. Pétales 2 fois plus longs que les lobes du calice, obovales-orbiculaires, concaves, incanes en dehors, d'un blanc sale. Étamines un peu plus courtes que les pétales, aussi longues que le style.

M. Aug. de Saint-Hilaire a trouvé cette espèce au Brésil, dans la province de Goyaz.

EUGÉNIA PIMENT. — *Eugenia Pimenta* De Cand. Prodr. — *Myrtus Pimenta* Linn.— Bot. Mag. tab. 1236.—Tussac, Flor. des Antill. 4, tab. 12.

Ramules comprimés : les jeunes pubescents. Feuilles pétiolées, ponctuées, glabres, lancéolées-oblongues. Pédoncules axillaires et terminaux, trichotomes. Fleurs 4-fides. Baie globuleuse, monosperme.

Arbre haut d'environ 50 pieds. Tronc droit, recouvert d'une écorce grisâtre. Cime très-touffue, pyramidale. Rameaux dichotomes ou trichotomes. Feuilles longues de 5 à 7 pouces, larges d'environ 18 lignes. Fleurs polygames. Baie de la grosseur d'un Pois.

Cet arbre, indigène aux Antilles, n'est cultivé, suivant M. de Tussac, que par les Anglais, dans la Jamaïque, où il porte le nom de *Pimento* ou *All-spice* (toute-épice).

« Toutes les parties du *Myrte Piment*, dit M. de Tussac,
» contiennent une huile essentielle dont l'arome participe de plu-
» sieurs espèces d'épices, entre autres des Clous de Girofle et de
» la Cannelle. Les fruits, les feuilles et l'écorce des jeunes ra-
» meaux, fournissent par la distillation une huile essentielle qui
» ne le cède en rien à l'huile de Girofle et qu'on pourrait lui
» substituer. Malgré toutes ces belles qualités, les graines de Pi-
» ment, qu'on fait entrer dans presque tous les ragoûts, se ven-
» dent à bas prix dans le commerce : aussi la culture de cet arbre
» a-t-elle beaucoup diminué, et l'on se borne à en récolter les

» graines sur les arbres isolés dans les plantations de Café. Beau-
» coup de colons font avec le Myrte Piment de magnifiques ave-
» nues, qui réunissent l'utile à l'agréable; car indépendamment
» de l'ombre que produit leur feuillage épais, ils offrent l'aspect
» le plus agréable quand ils sont couverts de fleurs.

» Le bois du *Piment* est rougeâtre, assez dur pour être em-
» ployé à plusieurs usages économiques, mais il a le défaut d'être
» éminemment hygrométrique, et de se tourmenter aux moindres
» modifications de l'atmosphère. »

Genre JAMBOSIER. — *Jambosa* De Cand.

Tube calicinal turbiné, resserré à la base, prolongé au-
dessus du sommet de l'ovaire; limbe à 4 lobes arrondis. Pétales 4, concaves, obtus, insérés à la gorge du calice. Étamines très-nombreuses, plus longues que la corolle. Ovaire
pluriloculaire, multiovulé. Baie par avortement 1- ou 2-
sperme, ombiliquée au sommet. Graines anguleuses : cotylédons soudés par les bords; radicule incluse.

Arbres. Feuilles opposées, ponctuées, coriaces, courtement pétiolées. Pédoncules latéraux ou terminaux, trichotomes. Fleurs roses ou blanches, grandes, articulées aux pédicelles.

Ce genre, qui appartient à l'Asie équatoriale, renferme
une vingtaine d'espèces; la plupart remarquables par des
fruits mangeables, et par des fleurs d'une grande beauté.
Voici les espèces les plus intéressantes :

JAMBOSIER COMMUN. — *Jambosa vulgaris* De Cand. Prodr.
— Hort. Malab. 1, tab. 17. — *Eugenia Jambos* Linn. — Bot.
Mag. tab. 1696. — Herb. de l'Amat. tab. 77.

Feuilles lancéolées, acérées. Thyrses terminaux, subpyrami-
daux, composés de cymules triflores.

Arbre haut d'une vingtaine de pieds. Feuilles luisantes, longues de 4 à 7 pouces, larges de 12 à 16 lignes. Sépales arrondis.
Pétales blanchâtres. Filets d'un blanc jaunâtre, dressés, longs
d'un pouce. Fruit pyriforme, jaunâtre.

Cette espèce, indigène dans l'Inde, est cultivée comme arbre fruitier dans une grande partie de l'Asie équatoriale, ainsi qu'aux Antilles. Elle prospère même en dehors des tropiques, dans les régions favorables à la culture de l'Oranger. Son fruit n'est pas fort succulent, mais il laisse dans la bouche une odeur de Rose.

On cultive ce Jambosier dans les serres, à cause de l'élégance de son port et de la beauté de ses fleurs. Il demande de fréquents arrosements en été, et peu d'humidité en hiver. M. Poiteau recommandé de ne le rempoter que lorsqu'il en a absolument besoin. Sa multiplication se fait sans difficulté de boutures du jeune bois, sur couche chaude.

JAMBOSIER MAGNIFIQUE.—*Eugenia formosa* Wallich, Plant. Asiat. Rar. 2, tab. 108. (non Cambess.)

Feuilles elliptiques-oblongues ou elliptiques-lancéolées, sub-acuminées, cordiformes à la base, presque sessiles, semi-amplexicaules. Grappes latérales, sessiles, pauciflores, corymbiformes. Sépales étalés, orbiculaires, subrétus. Pétales arrondis, 2 fois plus longs que les sépales. Baie pendante, globuleuse, urcéolée.

Très-grand arbre entièrement glabre. Cime très-ample. Ramules triangulaires ou comprimés, nus inférieurement. Feuilles rapprochées, luisantes, nerveuses, longues de 1 à 1 '/₂ pied. Fleurs inodores, pourpres avant l'anthèse, roses lors de l'épanouissement, longues de près de 4 pouces. Filets planes; anthères jaunes. Fruit blanc, du volume d'une Pêche; pulpe blanche, insipide. Graines grosses, rugueuses, verdâtres.

M. Wallich a observé ce beau végétal dans l'empire Birman.

JAMBOSIER A GRANDES FEUILLES. — *Jambosa macrophylla* De Cand. Prodr. — *Eugenia alba* Roxb. Cat. Hort. Calcutt. — *Eugenia macrophylla* Lamk. Dict.

Feuilles ovales-lancéolées, acuminées. Cymes latérales, fasciculées, sub-5-flores.

Feuilles longues de 1 pied et plus, sur 5 pouces de large. Pédoncules longs d'environ 3 pouces.

Cette espèce se cultive dans l'Inde.

Jʌᴍʙᴏsɪᴇʀ ᴀ ꜰᴇᴜɪʟʟᴇs ᴠᴇɪɴᴇᴜsᴇs. — *Jambosa venosa* De
Cand. Prodr.—*Eugenia venosa* Lamk. Dict.—*Myrtus venosa*
Spreng.

Ramules anguleux. Feuilles coriaces, opaques, glabres, réticulées aux 2 faces, elliptiques. Grappes simples, terminales,
corymbiformes, pauciflores. — Feuilles courtement pétiolées,
longues de 4 pouces, larges de 2 ¹/₂ pouces. Fleurs rougeâtres.

Cette espèce se cultive à Madagascar et à l'île de France.

Jʌᴍʙᴏsɪᴇʀ ᴘᴏᴜʀᴘʀᴇ́. — *Jambosa purpurascens* De Cand.
Prodr. — *Eugenia malaccensis* Smith, Exot. Bot. tab. 61.
(non Linn.) — Andr. Bot. Rep. tab. 458.

Feuilles elliptiques-oblongues, acuminées, rétrécies à la base.
Cymes latérales, subquadriflores, subfasciculées.

Arbre élevé, à tête très-touffue. Tronc d'environ 2 pieds de
diamétre; écorce rougeâtre, spongieuse. Feuilles pendantes, courtement pétiolées, luisantes, d'un vert gai, longues de 4 à 8 pouces. Pédoncules opposés ou fasciculés, courts, lisses. Fleurs
grandes, inodores. Calice cyathiforme, à dents triangulaires,
obtuses. Corolle et filets d'un rose vif. Pétales ovales-arrondis,
3 ou 4 fois plus courts que les étamines. Fruit de la grosseur et
de la forme d'une Poire moyenne, lavé de rose.

Cet arbre, indigène dans l'Inde, se fait remarquer par la
beauté de ses fleurs et de son feuillage. La pulpe de ses fruits est
d'une saveur vineuse très-agréable.

Jʌᴍʙᴏsɪᴇʀ ᴅᴇ Mᴀʟᴀᴄᴄᴀ. — *Jambosa malaccensis* De Cand.
Prodr. — Hort. Malab. 1, tab. 18. —*Jambosa nigra* Rumph.
Amb. 1, tab. 19. — *Eugenia malaccensis* Linn. — Tussac,
Flor. Antill. v. 3, tab. 25. — Corréa, in Annal. du Mus.
v. 9, tab. 25, fig. 2.

Feuilles lancéolées, pointues. Cymes latérales, subsessiles,
pauciflores.

Arbre haut de 20 à 30 pieds: tronc de la grosseur du corps
d'un homme. Feuilles luisantes, longues d'un pied et plus.
Fleurs grandes, pourpres, très-odorantes. Fruit pyriforme, rougeâtre d'un côté, blanc de l'autre.

Cette espèce, cultivée de temps immémorial dans l'Inde et dans les archipels voisins, n'est pas rare aujourd'hui dans les Antilles, où elle fut introduite d'Otaïti, en 1793. Elle orne les jardins, dit M. de Tussac, au mois de mars, par ses belles touffes de fleurs, dont le rouge éclatant contraste agréablement avec le vert des feuilles, et en été par ses fruits, plutôt faits pour flatter les yeux que pour satisfaire le goût, car ils ne sont mangeables qu'en compote, avec beaucoup de sucre et quelques épiceries; ils n'ont ni l'odeur, ni le goût de Rose de ceux du *Jambosier commun.*

On possède aussi ce Jambosier dans les collections de serre.

JAMBOSIER AMPLEXICAULE. — *Jambosa amplexicaulis* De Cand. Prodr. — *Eugenia amplexicaulis* Roxb. Cat. Hort. Calcutt. — Lindl. in Bot. Reg. tab. 1033.

Feuilles membranacées, oblongues-lancéolées, obtuses, subcordiformes à la base, glabres, ondulées. Fleurs solitaires aux aisselles des feuilles et en grappes terminales. Calice à 4 dents obtuses. — Fruit d'un pourpre vif, de la grosseur d'une petite Pomme.

Cette espèce, originaire de Sumatra, se cultive dans les serres.

JAMBOSIER D'AUSTRALASIE. — *Jambosa australis* De Cand. Prodr. — *Eugenia myrtifolia* Bot. Mag. tab. 2230. — Bot. Reg. tab. 627. — Lodd. Bot. Cab. tab. 525. — *Eugenia australis* Wendl. — Colla, Hort. Ripul. App. I, tab. 8.

Feuilles lancéolées ou lancéolées-elliptiques, acuminées. Panicules erminales. densiflores, cymeuses, feuillées à la base.

Arbrisseau ayant le port du Myrte. Rameaux diffus, subtétragones. Ramules rougeâtres. Feuilles longues de 1 $^1/_2$ à 2 pouces, larges de 5 à 10 lignes. Fleurs blanches, larges de $^1/_2$ pouce. Fruit petit, rougeâtre, pyriforme.

Cette espèce, originaire de la Nouvelle-Hollande, se cultive fréquemment dans les orangeries. Ses fleurs se succèdent pendant plusieurs mois de l'été. Elle aime une terre légère, et se multiplie de boutures ou de marcottes.

Genre MARLIÉRÉA. — *Marlierea* Cambess.

Calice très-entier avant l'anthèse, se déchirant longitudinalement en 4 lobes ordinairement inégaux. Pétales 4, ou plus souvent nuls. Étamines très-nombreuses, insérées au calice. Ovaire adhérent, 2- ou 3-loculaire : loges 2-ovulées. Péricarpe charnu.

Arbres ou arbrisseaux. Feuilles opposées, ponctuées, pétiolées, très-entières. Fleurs en grappe ou en cyme. Pédoncules axillaires et terminaux.

Ce genre renferme trois espèces, dont voici les plus remarquables :

MARLIÉRÉA COTONNEUX. — *Marlierea tomentosa* Cambess. in Flor. Brasil. Merid. 2, p. 273.

Ramules cotonneux (jaunâtres) de même que les jeunes feuilles. Feuilles elliptiques, courtement acuminées. Lobes calicinaux inégaux. Corolle nulle.

Grand arbrisseau. Tige faible. Feuilles longues de 8 à 12 pouces, larges de 3 ¹/₂ à 6 pouces. Panicules axillaires et terminales, multiflores, plus courtes que les feuilles. Boutons obovales, obtus. Étamines 2 fois plus longues que le calice, aussi longues que le style. Baie noire, cotonneuse, de la grosseur d'une Cerise.

Cette espèce a été trouvée par M. Aug. de Saint-Hilaire, au Brésil, dans la province de Saint-Paul. Ses fruits ont une saveur agréable.

MARLIÉRÉA ODORANT. — *Marlierea suaveolens* Cambess. l. c. tab. 156.

Feuilles elliptiques, longuement cuspidées, glabres. Lobes calicinaux égaux. Pétales nuls.

Petit arbre. Rameaux pendants, glabres. Feuilles longues de 1 ¹/₂ à 2 pouces, larges de 6 à 9 lignes. Grappes pauciflores, lâches, de moitié ou du tiers plus courtes que les feuilles. Boutons obovales, mucronulés. Fleurs très-petites. Étamines 2 fois plus longues que le calice. Style un peu plus court que les étamines.

M. Aug. de Saint-Hilaire a trouvé cette espèce au Brésil, dans la province de Rio-Janéiro. Ses fleurs répandent une odeur d'Aubépine.

Genre FÉLICIANÉA. — *Felicianea* Cambess.

Calice courtement 4-fide. Pétales 4, insérés au disque. Étamines insérées au disque, tantôt au nombre de 4 et inter-positives, tantôt au nombre de 5 ou de 6, dont 1 ou 2 anté-positives, saillantes. Ovaire adhérent, à 2 loges pluriovu-lées. Ovules horizontaux. Péricarpe charnu, couronné.

Ce genre, très-remarquable parmi les Myrtacées, à cause du nombre défini de ses étamines, est constitué par l'espèce dont nous allons parler.

FÉLICIANÉA A FLEURS ROUGES. — *Felicianea rubriflora* Cambess. in Flor. Brasil. Merid. tab. 157.

Buisson haut de 4 à 5 pieds. Rameaux grisâtres, glabres infé-rieurement, subtétragones et pubérules supérieurement. Feuilles longues de 1 à 2 pouces, larges de 8 à 10 lignes, courtement pétiolées, elliptiques-oblongues ou oblongues, rétrécies aux 2 bouts, pointues, révolutées en dessous, coriaces, luisantes, glabres. Panicules cymeuses, plus courtes que les feuilles, multiflores. Calice long de 1 ½ lignes, glabre : lobes ovales, obtus, dressés. Pétales longs de 2 ½ ligne, obovales, onguiculés, concaves, lisses, luisants, rouges. Étamines 3 à 4 fois plus longues que les pétales. Style plus long que les étamines. Baie sphérique, blanchâtre, monosperme.

M. Aug. de Saint-Hilaire a observé cet élégant végétal sur les côtes de la province de Rio-Grande ; ses fruits sont mangeables.

IVᵉ TRIBU. LES BARRINGTONIÉES. — *BARRING-TONIEÆ* De Cand. Prodr.

Calice à 2-8 lobes. Pétales en même nombre que les lobes du calice. Étamines très-nombreuses, multisériées, égales. Filets légèrement monadelphes par la base. Fruit sec ou charnu, indéhiscent, pluriloculaire. Cotylédons grands, charnus.

Arbres. Feuilles alternes, ou opposées, ou verticillées, entières, ou dentelées, non-ponctuées. Fleurs en grappe ou en panicule, toujours alternes.

Genre BARRINGTONIA. — *Barringtonia* Forst.

Tube calicinal ovale; limbe à 2 ou 3 lobes obtus, persistants. Filets grêles, soudés par la base en androphore annulaire. Style filiforme, de la longueur des étamines. Stigmate simple. Ovaire à 4 loges biovulées. Baie grosse, uniloculaire, presque drupacée, renflée à la base, tétragone vers le sommet. Graines globuleuses, pendantes; cotylédons soudés; radicule imperceptible.

Arbres. Feuilles opposées ou verticillées. Fleurs en thyrse ou en grappe, grandes; pédicelles 1-bractéolés.

Ce genre curieux ne renferme que les deux espèces dont nous allons parler.

Barringtonia magnifique. — *Barringtonia speciosa* Linn. fil. — Rumph. Amb. 3, tab. 114. — *Barringtonia Butonica* Forst. Gen. tab. 38. — *Mammea americana* Linn. Spec. — *Commersona* Sonner. Voy. tab. 8 et 9. — *Mitraria Commersonia* Gmel. Syst. — *Butonica speciosa* Lamk. Dict.

Feuilles cunéiformes-oblongues, obtuses, très-entières, luisantes. Thyrses terminaux, dressés. Baie pyramidale-tétraèdre.

Arbre. Tronc bas, tortueux, gros. Branches très-longues, étalées ou inclinées, terminées chacune en 4 ou 5 rameaux verticillés. Feuilles glauques. Filets divergents, pourpres, longs de plus de 3 pouces. Fruit de la grosseur du poing, à peu près en forme de mitre.

Ce magnifique végétal abonde sur les plages basses des Moluques, des îles de la Sonde, de celles de la Polynésie, ainsi qu'aux embouchures des fleuves de la Chine méridionale. Selon Rumphius, il en existe à Célèbes une variété dont les fruits acquièrent le volume de la tête d'un enfant. Les Malais emploient les graines , mêlées à d'autres ingrédients , pour étourdir les poissons.

BARRINGTONIA A GRAPPES. — *Barringtonia racemosa* Blume, in De Cand. Prodr.— *Samstravadi* Hort. Malab. 4, tab. 6. — *Eugenia racemosa* Linn. Spec.

Cette espèce, qui habite les forêts marécageuses du Malabar , diffère de la précédente par des feuilles crénelées , des fleurs en grappes pendantes, et des fruits à angles très-obtus.

Genre STRAVADIUM. — *Stravadium* Juss.

Ce genre ne diffère du précédent que par son limbe calicinal 4-parti, son ovaire incomplètement biloculaire , et son fruit oblong , tétragone.

On connaît cinq espèces de *Stravadium*, indigènes dans l'Asie équatoriale , et ornées de très-belles fleurs. Voici les espèces les plus intéressantes :

STRAVADIUM A FLEURS BLANCHES. — *Stravadium album* De Cand. Prodr. — *Stravadia alba* Pers. — Rumph. Amb. 3, tab. 116.

Feuilles lancéolées-oblongues, acuminées, crénelées ; pétiolées. Grappes lâches , pendantes, plus longues que les feuilles ; pédicelles courts, alternes. Drupe à côtes obtuses.

Cet arbre croît dans les forêts littorales des Moluques. Ses feuilles atteignent un pied et demi de long, sur 6 pouces de large. Les grappes de fleurs mesurent jusqu'à 3 pieds.

STRAVADIUM A FLEURS ROUGES. — *Stravadium rubrum* De Cand. Prodr. — *Eugenia acutangula* Linn. — *Barringtonia acutangula* Gærtn. Fruct. tab. 111. — Hort. Malab. 4, tab. 7.

Feuilles cunéiformes-oblongues, pointues, dentelées , subsessiles. Grappes pendantes, lâches, plus longues que les feuilles. Pédicelles courts, alternes. Drupe quadrangulaire.

On trouve cette espèce dans les forêts aqueuses de la côte de Malabar, et dans tout l'archipel Indien. Son tronc s'élève à hauteur d'homme. Les feuilles , fasciculées vers l'extrémité des ramules, sont longues de douze à dix-huit pouces, et de la largeur d'une main. Leur saveur est légèrement astringente et amère. Les Hindous et les Malais ont coutume de les manger crues, en guise d'assaisonnement, et ils les regardent comme un remède infaillible contre une foule de maladies. Les grappes atteignent une longueur de trois pieds. Le drupe ressemble à une Olive; sa chair est d'un goût amer et désagréable. Le bois de l'arbre, dur et solide, s'emploie aux constructions.

Genre GUSTAVIA. — *Gustavia* Linn.

Tube calicinal turbiné; limbe entier ou à 4, 6 ou 8 lobes. Pétales 4, 6 ou 8. Étamines soudées à la base entre elles et aux onglets des pétales. Ovaire à 5-6 loges polyspermes. Style court. Stigmate obtus. Péricarpe ovale ou subglobuleux, coriace, ombiliqué par les restes du calice, à 5-6 loges oligospermes. Graines ovales, pendantes : épisperme coriace; funicule long, replié. Embryon charnu : cotylédons grands, presque égaux; radicule mammiforme.

Arbres. Feuilles alternes, grandes, dentelées ou très-entières, glabres. Fleurs blanches, grandes, dibractéolées, disposées en grappe terminale.

Les *Gustavia* sont remarquables par des fleurs d'une rare beauté. Ce genre, qui appartient à la zone équatoriale, renferme huit espèces, dont voici les plus notables :

GUSTAVIA MAGNIFIQUE. — *Gustavia augusta* Linn. Amœn. Acad. 8, tab. 5. — *Pirigara superba* Kunth, in Humb. et Bonpl. Nov. Gen. et Spec. vol 7, p. 261.

Feuilles membranacées, oblongues-lancéolées, acuminées; fortement rétrécies à la base, bordées de dentelures distantes, pointues. Calice entier, glabre. Fleurs octopétales.

Cette espèce habite la Guiane et la Nouvelle-Grenade.

GUSTAVIA SUPERBE. — *Gustavia speciosa* De Cand. Prodr. — *Pirigara speciosa* Kunth, in Humb. et Bonpl. Nov. Gen. et Spec. vol. 7, p. 261.

Feuilles coriaces, oblongues-lancéolées, acuminées, rétrécies à la base, très-entières. Calice presque entier, cotonneux de même que les pédicelles et l'ovaire. Fleurs hexapétales.

Cet arbre croît dans la Nouvelle-Grenade, où on l'appèle vulgairement *Chupa*. MM. de Humboldt et Bonpland remarquent que les enfants sont très-friands de ses fruits, et qu'après en avoir mangé ils deviennent jaunes sur tout le corps ; mais cet accident n'a pas d'autre inconvénieut, car le teint naturel reparaît au bout de quelques jours, sans qu'on emploie aucun remède.

GUSTAVIA URCÉOLÉ. — *Gustavia urceolata* Poit. in Mém. du Mus. vol. 13, tab. 5.

Feuilles cunéiformes-oblongues, subobtuses, dentelées supérieurement, souvent fasciculées. Grappes corymbiformes, lâches, 2-6-flores. Pédoncules épais, allongés. Corolle évasée, à 6 ou 7 pétales ovales, obtus. Calice glabre, à bord tronqué. Fruit ovoïde, aptère.

Arbrisseau haut de 4 à 10 pieds (dans les savanes découvertes), ou (dans les grands bois) arbre haut de 40 pieds, à tronc de 1 pied de diamétre. Rameaux divergents, peu ramifiés, formant une tête large et diffuse. Feuilles longues de 6 à 15 pouces. Corolle évasée en soucoupe, large de 4 à 5 pouces, d'un blanc pur en dedans, légèrement rose ou carminée en dehors. Fruit de la grosseur et de la forme d'une Grenade.

Cette espèce croît dans la Guiane, où elle porte le nom vulgaire de *Bois puant*. Son bois vert ne sent point mauvais ; mais lorsqu'après avoir été coupé, il reste exposé à l'air, il répand au bout de quelques jours et pendant longtemps une odeur détestable. Les fleurs, au contraire, exhalent un parfum analogue à celui du Lys blanc ; leur corolle est d'une grande beauté, mais de durée éphémère.

GUSTAVIA A FRUIT AILÉ. — *Gustavia pterocarpa* Poit. l. c. tab. 6.

Feuilles cunéiformes-oblongues, acuminées, légèrement denticulées. Grappes pauciflores, corymbiformes. Calice à limbe 6-parti. Pétales 6 ou 7, ovales. Fruit à angles membraneux, crépus.

Cette espèce, découverte par M. Poiteau sur les bords du Mana
à Cayenne, s'élève plus que la précédente, et son bois répand
une odeur fétide dès qu'il est entamé. Les fleurs sont plus petites
et moins lavées de rose.

Vᵉ TRIBU. **LES LÉCYTHIDÉES.** — *LECYTHIDEÆ*
De Cand. Prodr.

*Limbe calicinal à 6 lobes. Pétales 6, épais, soudés par la base,
inégaux (2 opposés à la ligule de l'androphore, plus
grands que les 4 autres). Étamines très-nombreuses , multisériées , monadelphes; androphore adné inférieurement
à la corolle, charnu, urcéolé à la base, prolongé d'un côté
en ligule concave ou cuculliforme; filets anthérifères
courts, épais; anthères petites, oblongues, pointues. Péricarpe ligneux ou drupacé , pluriloculaire , polysperme,
pyxidien. Cotylédons ordinairement charnus et entregreffés.*
*Arbres, souvent très-élevés. Feuilles alternes, non-ponctuées,
très-entières ou dentelées , souvent pétiolées , quelquefois
munies de stipules caduques. Fleurs grandes , disposées
engrappes simples ou rameuses : pédoncules axillaires, ou
terminaux, ou raméaires.*

Cette tribu, propre à l'Amérique intertropicale, est fort caractérisée par
la singulière structure de ses fleurs , et doit peut-être former une famille
distincte. La plupart des *Lécythidées* croissent dans les immenses forêts-
vierges de la Guiane, de la Colombie et du Brésil. Le fruit de plusieurs
espèces contient des amandes mangeables.

Genre LÉCYTHIS. — *Lecythis* Lœfl.

Tube calicinal turbiné ; limbe à 6 lobes persistants. Pétales 6, inégaux. Androphore staminifère à la base : ligule rabattue sur le pistil, linguiforme, concave , anthérifère à la
base , recouverte à toute la face antérieure de filets stériles,
claviformes; filets anthérifères courts. Ovaire à 2-6 loges

pluriovulées. Style court. Pyxide globuleux ou turbiné, coriace ou ligneux ; loges monospermes ou oligospermes. Graines ovales-oblongues, attachées à la base d'un placentaire central. Épisperme épais. Cotylédons charnus, soudés.

Arbres ou arbrisseaux. Feuilles entières ou dentelées. Fleurs jaunes ou plus souvent rougeâtres.

Les *Lécythis* sont des arbres gigantesques qui n'intéressent pas moins par le luxe de leur inflorescence, que par la singulière structure de leurs fleurs et de leurs fruits. Ceux-ci ressemblent à une petite marmite, recouverte de son couvercle, ce qui leur a fait appliquer le nom vulgaire de *marmite des singes*; les amandes qu'ils contiennent ont une saveur excellente, et servent aux usages alimentaires.

Ce genre renferme une vingtaine d'espèces, dont plusieurs ne sont connues que très-imparfaitement ; en voici les plus notables :

a) *Feuilles très-entières.*

Lécythis a grandes fleurs. — *Lecythis grandiflora* Aubl. Guian. 2, tab. 283, 284 et 285. — *Lecythis ollaria* Linn. Amœn. (non Spec.)

Feuilles coriaces, glabres, pétiolées, ondulées, ovales, pointues. Grappes axillaires-subterminales , ou raméaires, pendantes, spiciformes. Pédicelles claviformes, épais, plus courts que les pétales. Pyxide ovale-globuleux : opercule pointu.

Tronc haut d'une trentaine de pieds. Feuilles longues d'environ 7 pouces, sur 3 pouces de large. Grappes longues : axe ligneux. Fleurs larges de 2 pouces. Sépales larges, arrondis, concaves, rougeâtres. Pétales et ligule de l'androphore d'un beau rose. Filets fertiles blancs. Pyxide dur, ligneux, épais, haut de 7 pouces, sur 4 pouces et plus de diamétre ; les restes du limbe calicinal forment au pourtour de l'opercule un rebord ligneux, de près d'un pouce de hauteur. Opercule convexe, mucroné, large de 2 ½ pouces. Graines grosses, oblongues , de forme irrégulière.

Cet arbre croît dans les forêts de la Guiane, où on le nomme vulgairement *Quatelé*, désignation commune à plusieurs de ses congénères. Ses amandes sont fort bonnes à manger.

« Les couches intérieures de l'écorce de ce Lécythis, dit
» M. Poiteau, se dédoublent en un très-grand nombre de feuil-
» lets, minces comme du papier. Pour obtenir ces feuillets, les
» Indiens enlèvent des plaques d'écorce aussi grandes qu'ils peu-
» vent, et ils les battent, fraîchement coupées, avec un maillet de
» bois; en moins d'une demi-heure, toutes les lames se détachent
» les unes des autres, avec une telle netteté que les deux surfaces
» de chacune sont aussi lisses que du papier satiné. J'ai eu un
» morceau d'écorce qui s'est ainsi dédoublé en cent dix feuillets.
» Les Indiens en font des robes de cigarres. »

LÉCYTHIS IDATIMON.—*Lecythis Idatimon* Aubl. l.c. tab. 289.

Feuilles glabres, coriaces, courtement pétiolées, ovales-lan-céolées, acuminées. Grappes axillaires et terminales, grêles, spiciformes. Pétales obtus. Pyxide 4-loculaire, subovoïde, dé-primé, mucroné.

Tronc haut d'une soixantaine de pieds. Fleurs roses. Péri-carpe d'un pouce de diamétre.

Cette espèce croît à la Guiane et au Brésil. Ses amandes sont amères.

LÉCYTHIS A LONGS PÉDICELLES. — *Lecythis longipes* Poit. in Mém. du Mus. v. 13, tab. 2.

Feuilles courtement pétiolées, oblongues, acuminées, glabres. Grappes terminales, pendantes, très-lâches; pédicelles alternes, allongés, claviformes. Pétales ovales et pointus, ou obovales-obtus. Pyxide déprimé, biloculaire.

Arbre pyramidal, haut de 25 à 30 pieds. Rameaux courts, éta-lés; écorce lisse; bois filandreux, dur, d'un blanc jaunâtre. Fleurs larges de 3 pouces, d'un beau violet. Fruit violet (à l'exception de l'opercule dont la couleur est blanche), de 2 pouces de diamétre.

Cette espèce a été trouvée par M. Poiteau sur la montagne Mahari, dans l'île de Cayenne. Ses graines paraissent d'abord douces au goût; mais lorsqu'on les a mâchées, elles développent une amertume désagréable.

LÉCYTHIS A FRUIT RUGUEUX. — *Lecythis corrugata* Poit. l. c. tab. 3.

Feuilles oblongues, rétrécies aux deux bouts, pointues, coriaces. Panicule terminale, dressée, composée de grappes densiflores. Pétales ovales, réfléchis au sommet. Pyxide turbiné, rugueux, acuminé, 4-loculaire.

Arbre très-élevé. Rameaux étalés. Fleurs nombreuses, d'un rose vif, larges d'un pouce. Péricarpe d'un pouce de diamétre.

M. Poiteau a découvert cette espèce à Cayenne.

LÉCYTHIS A FEUILLES OVALES. — *Lecythis ovata* Cambess. in Flor. Brasil. Merid. tab. 158.

Feuilles pétiolées, ovales, courtement acuminées, très-entières, glabres. Grappes axillaires et terminales, courtes, simples, 5-9-flores. Pétales obovales, obtus, glabres, ciliolés. (Péricarpe inconnu.)

Ramules cylindriques, pubescents. Feuilles longues de 2 à 3 ¹/₂ pouces, larges de 1 à 2 pouces, révolutées aux bords: pétiole long de 2 à 5 lignes. Calice long de 3 à 4 lignes, pubérule, d'un jaune doré. Pétales inégaux, longs de 10 à 12 lignes, larges de 8 à 9 lignes, d'un jaune pâle. Androphore d'un jaune doré : ligule papilleuse au sommet.

M. Aug. de Saint-Hilaire a observé cette espèce au Brésil, dans les forêts-vierges de la province du Saint-Esprit.

LÉCYTHIS ZABUCAJO. — *Lecythis Zabucajo* Aubl. Guian. tab. 288. (non. Pis. Bras.)

Feuilles glabres, coriaces, courtement pétiolées, lancéolées-oblongues, acuminées. Grappes terminales, pendantes. Pédicelles épais, plus courts que les fleurs. Sépales et pétales pointus. Pyxide subovoïde, ligneux.

Tronc haut de 60 pieds et plus, sur 2 pieds et plus de diamétre. Écorce gercée. Bois blanc à la circonférence, rougeâtre au centre. Feuilles d'un vert pâle, longues de 10 pouces, larges de 2 ¹/₂ pouces. Sépales étroits, rougeâtres. Corolle grande : pétales blancs, roses aux bords. Ligule de l'androphore ovale,

de couleur rose. Pyxide très-dur, haut de 5 à 7 pouces, sur 4
5 pouces de diamétre.

Cette espèce croît dans les forêts de l'intérieur de la Guiane,
où les naturels la nomment *Quatélé* et *Zabucajo*. « L'on mange, dit
» Aublet, les amandes de son fruit; elles sont douces, délicates
» et préférables aux Amandes d'Europe. Les oiseaux et les
» singes s'en nourrissent : c'est vraisemblablement par cette rai-
» son que les créoles de Cayenne nomment les fruits des diffé-
» rentes espèces de ce genre *Canari Macaque* ou *Marmite de*
» *singe*. L'écorce de cet arbre est employée par les Indiens à
» faire des bretelles et à lier des fardeaux. »

LÉCYTHIS A AMANDES AMÈRES. — *Lecythis amara* Aubl.
Guian. tab. 286 et tab. 285 ; fig. 1.

Feuilles coriaces, glabres, pétiolées, oblongues, acuminées.
Grappes axillaires et terminales, spiciformes. Pétales subobtus.
Pyxide ovoïde, 4-loculaire : loges monospermes.

Tronc haut d'une dixaine de pieds. Branches dressées et horizontales. Ramules pendants. Fleurs de grandeur médiocre,
jaunes. Pyxide de la forme et de la grosseur d'un œuf de poule,
mince mais dur.

Cette espèce croît dans les forêts de la Guiane; les créoles
nomment son fruit *Petite marmite de singe*. Ses amandes sont
amères, et ne servent de nourriture qu'aux singes.

LÉCYTHIS A PETITES FLEURS. — *Lecythis parviflora* Aubl.
Guian. tab. 287.

Feuilles pétiolées, oblongues, acuminées. Panicules terminales, composées de grappes spiciformes. Pétales pointus. Pyxide
subovoïde, fragile, biloculaire, disperme.

Arbrisseau à tronc haut d'environ 3 pieds. Rameaux épais,
inclinés. Fleurs petites, odorantes, d'un jaune doré. Capsule
petite, mince, cassante.

Cette espèce croît aux bords des rivières de la Guiane. Ses
fleurs sont très-odorantes. Ses amandes sont amères.

b) *Feuilles dentelées.*

LÉCYTHIS A MARMITES. — *Lecythis Ollaria* Linn. Spec.

Feuilles cordiformes-ovales, sessiles. Grappes terminales. Pyxide sphérique.

Cet arbre, indigène dans la Colombie et peut-être au Brésil, n'est connu que par les descriptions très-incomplètes de Marcgraf et de Pison, qui confondent probablement sous le nom de *Jacapu-cayo* plusieurs espèces de Lécythis. Le fruit, selon Marcgraf, est fort dur et de la grosseur d'une tête d'enfant ; il sert en guise de vases aux habitants de l'Amérique méridionale. Le bois de l'arbre aussi est d'une extrême dureté : les Portugais du Brésil en font les axes des meules à Cannes. Les amandes ont un goût fort agréable et ne le cèdent en rien aux Pistaches ; il s'en fait une grande consommation, soit en nature, soit pour une huile grasse très-estimée, qu'on en retire par expression.

LÉCYTHIS DE PISON. — *Lecythis Pisonis* Cambess. in Flor. Brasil. Merid. 2, p. 377. — *Zabucajo* Pis. p. 65. — *Jaca-puçayo* Marcg. p. 128.

Feuilles pétiolées, ovales, courtement acuminées. Grappes terminales. Pyxide ellipsoïde.

Très-grand arbre : écorce grisâtre, rimeuse. Feuilles longues de 2 1/2 à 3 1/2 pouces, larges de 18 à 22 lignes ; pétiole long de 4 lignes, glabre. Calice rougeâtre, long de 6 lignes : lobes égaux, ovales, obtus. Pétales inégaux, obovales, arrondis au sommet, d'abord violets, puis blanchâtres : les plus grands longs d'environ 8 lignes. Ligule de l'androphore un peu plus longue que les pétales, laciniée au sommet. Péricarpe du volume d'une tête d'enfant, pendant. Graines de la grosseur d'une Prune.

Cette espèce croît dans les forêts-vierges du Brésil méridional.

LÉCYTHIS A PETITS FRUITS. — *Lecythis minor* Jacq. Amer. tab. 109.

Feuilles pétiolées, distiques, lancéolées-oblongues, acumi-nées, dentelées, glabres. Grappes axillaires et terminales, dressées, simples, ou rameuses à la base : pédicelles solitaires, très-courts. Pétales oblongs, obtus. Pyxide globuleux.

Arbre élégant, rameux, haut d'une soixantaine de pieds. Grappes courtes, densiflores. Fleurs odorantes, de couleur blanche, larges d'environ 2 pouces.

Cette espèce a été observée par Jacquin aux environs de Carthagène, où l'on nomme son fruit *Marmite de singe*. Ses graines, malgré leur saveur agréable, sont nuisibles à l'homme. Jacquin assure qu'une seule de ces graines lui causa des nausées et des maux de tête.

Genre BERTHOLLÉTIA. — *Bertholletia* Humb. et Bonpl.

Limbe calicinal 2-parti, caduc. Corolle et étamines comme dans les Lécythis. Ovaire à 4 ou 5 loges 4-ovulées; ovules bisériés, superposés. Style défléchi en même sens que la ligule de l'androphore. Stigmate capitellé. Pixide gros, subglobuleux, ligneux, 1-loculaire, recouvert d'un brou charnu; opercule petit, papilleux. Graines 16-20, bisériées, ascendantes, irrégulièrement triangulaires, attachées vers la base d'un placentaire central ; épisperme osseux, tuberculeux; embryon gros, charnu : cotylédons entregreffés.

Feuilles très-entières, subcoriaces. Fleurs jaunâtres.

L'espèce dont nous allons donner la description, constitue à elle seule ce genre.

BERTHOLLÉTIA GIGANTESQUE. — *Bertholletia excelsa* Humb. et Bonpl. Plant. Équat. tab. 36. — Poit. in Mém. du Mus. v. 13, p. 148, tab. 4.

Arbre pyramidal, haut de plus de cent pieds. Tronc droit, cylindrique, de 2 1/2 à 3 pieds de diamétre; écorce grisâtre, très-unie. Rameaux alternes, étalés, très-longs, inclinés au sommet. Feuilles courtement pétiolées, distiques, oblongues, pointues, légèrement sinuolées, longues de 2 pieds, sur 5 à 6 pouces de large, luisantes en dessus, d'un vert terne en dessous. Fleurs éphémères, subsessiles, tribractéolées, campanulées, disposées en grappes terminales simples ou rameuses, longues de 8 à

18 pouces. Corolle large de 18 à 20 pouces, à 6 ou 9 pétales oblongs, concaves, roulés en dehors. Androphore liguliforme, rabattu sur le style, perforé à la base et anthérifère en dedans, apissé supérieurement de longues papilles pointues (filets stériles), charnues et jaunâtres. Anthères serrées, petites, arrondies, bilobées, portées sur de courts filets claviformes. Style passant à travers la perforation de l'androphore. Péricarpe du volume de la tête d'un enfant.

Le *Berthollétia* habite le Brésil et les forêts des bords de l'Orénoque. Les fruits qu'il produit sont très-nombreux et contiennent chacun quinze à vingt grosses amandes, d'un goût excellent quand elles sont fraîches, mais susceptibles de rancir promptement. Les Portugais de Para en importent chaque année des cargaisons à Cayenne, sous le nom de *Touka*. Ils en envoient même jusqu'à Lisbonne, où on les appelle *Châtaignes de Maragnan*. Les Espagnols américains leur donnent le nom d'*Almendros*, qui signifie Amande. M. Poiteau remarque que le Berthollétia commence à être l'objet d'une culture soignée dans les établissemens coloniaux de la Guiane.

Genre COUROUPITA. — *Couroupita* Aubl.

Tube calicinal turbiné; limbe à 6 lobes persistants. Pétales 6, inégaux, soudés par la base. Androphore à languette rabattue, large, échancrée, anthérifère au sommet et à la base. Ovaire turbiné, à 6 loges multiovulées : funicules entregreffés. Style nul. Stigmate étoilé, hexagone. Péricarpe sphérique, indéhiscent, pulpeux en dedans : pannexterne ligneuse, fragile ; sarcocarpe déliquescent ; panninterne crustacée. Graines nidulantes, ovales ; épisperme coriace, velu. Embryon subglobuleux, comprimé, rostré, curviligne : cotylédons grands, foliacés, rugueux, plissés ; radicule claviforme.

Arbres. Feuilles pétiolées, crénelées. Stipules petites, caduques. Grappes simples, naissant du tronc et des branches. Fleurs grandes, bractéolées, blanchâtres ou rougeâtres.

Les deux espèces que renferme ce genre sont remarquables par leur haute stature, l'éclat de leur inflorescence et le volume de leurs fruits, qui ressemblent à des boulets de canon. Nous allons traiter de l'espèce la mieux connue.

COUROUPITA DE GUIANE. — *Couroupita guianensis* Aubl. Guian. tab. 282. — Tussac, Flor. Antill. 2, tab. 10 et 11. — Hook. in Bot. Mag. tab. 3158 et 3159. — *Lecythis bracteata* Willd. Spec. — Turp. in Dict. des Scienc. Nat. Ic. — *Peckea Couroupita* Juss.

Tronc haut de 60 à 80 pieds, sur 2 pieds et plus de diamétre : Cime ample, touffue et arrondie. Écorce épaisse, gercée. Bois blanc. Feuilles pétiolées, ovales-oblongues, pointues, coriaces, glabres, longues de 1 pied, sur 4 pouces de large. Grappes dressées, longues de 1 à 3 pieds : pédoncule commun ligneux; pédicelles courts, alternes, 3-bractéolés. Corolle large de 3 à 4 pouces, d'un jaune pâle en dehors, pourpre en dedans : pétales concaves, pointus : 4 plus grands; 2 plus petits. Androphore à languette ovoïde, convexe en dessus, d'un blanc mêlé de rose. Filets stériles imbriqués, lamelliformes. Filets anthérifères courts, épais. Anthères très-petites, jaunâtres. Péricarpe brun, raboteux, de 6 à 8 pouces de diamétre, offrant vers le sommet un rebord circulaire saillant.

Cet arbre croît sur les plages sablonneuses de Cayenne et dans les grands bois de la Guiane. Le nom de *Couroupita*, emprunté aux naturels du Brésil, n'est pas connu, suivant M. Poiteau, des colons de Cayenne. Les noms sous lesquels ils le désignent sont ceux de *Calebasse-Colin* et *Abricotier du bord de la mer*. Le bois de l'arbre est trop mou pour être d'un usage quelconque. Les feuilles tombent deux fois par an, en mars et en septembre, et à ces époques l'arbre reste presque dépouillé pendant une huitaine de jours. Les grappes produisent jusqu'à cent fleurs, qui se succèdent pendant un mois et plus, car il ne s'en épanouit que de deux à quatre chaque matin, lesquelles tombent le soir : ces fleurs exhalent un arome délicieux et charment les yeux par l'éclat de leur couleur.

La forme et la grosseur du fruit ont valu à celui-ci, de la part des nègres et des créoles, le nom de *boulet de canon*. Ce fruit, dont chaque grappe ne produit qu'un petit nombre, est fort pesant lors de sa maturité, et sa chute pourrait devenir funeste aux passants. La substance charnue qui sépare la paroi extérieure du péricarpe de la paroi intérieure, finit par devenir liquide, de manière à dégager complétement cette dernière, qui, dans cet état, forme une boule intérieure et mobile. La pulpe dans laquelle sont nichées les graines, est acide et d'un blanc verdâtre; le contact de l'air la fait passer au bleu; lorsqu'elle entre en fermentation putride, elle prend une couleur livide et répand l'odeur la plus infecte. Les fleurs et les jeunes feuilles, macérées dans l'eau, déposent une fécule d'un bleu foncé, qu'on pourrait peut-être utiliser dans la teinture.

Genre COURATARI. — *Couratari* Aubl.

Tube calicinal turbiné; limbe à 6 lobes souvent inégaux. Pétales 6, inégaux. Androphore urcéolaire à la base, prolongé d'un côté en ligule filamenteuse au sommet, cuculliforme, pétaloïde, papilleuse à la face antérieure; anthères plurisériées, insérées à la base de l'urcéole. Ovaire 3-5-loculaire; loges pluriovulées. Style subulé. Pixide oblong-claviforme, subtrigone, incomplètement triloculaire, coriace. Graines minces, oblongues-lancéolées, ailées, attachées au fond du péricarpe à 3 placentaires centraux. Cotylédons condupliqués, chiffonnés, foliacés; radicule grosse, incombante.

Feuilles accompagnées de 2 petites stipules caduques. Fleurs en grappés axillaires et terminales.

Ce genre se compose des trois espèces suivantes :

COURATARI GLABRE. — *Couratari glabra* Cambess. in Flor. Brasil. Merid. 2, p. 379.

Feuilles oblongues-lancéolées, acuminées, glabres de même que les ramules. Grappes courtes. Fleurs glabres.

Arbre haut de 20 à 30 pieds. Rameaux cylindriques, glabres. Feuilles longues de 2 à 4 pouces, larges de 8 à 12 lignes, légèrement denticulées; pétiole long de 2 à 3 lignes. Grappés 5-7-

flores. Calice long de 2 lignes; lobes ovales, un peu pointus. Pétales inégaux, obovales-orbiculaires, concaves, glabres, jaunâtres; les plus grands longs de 7 lignes, sur 6 lignes de large. Androphore jaunâtre : ligule tordue en spirale supérieurement. Péricarpe long de 4 à 5 pouces, oblong, prismatique, rétréci à la base.

Cette espèce a été observée par M. Aug. de Saint-Hilaire, dans les forêts-vierges de la province de Rio-Janéiro.

Couratari roussatre. — *Couratari rufescens* Cambess. in Flor. Brasil. Merid. tab. 159.

Ramules cotonneux-roussâtres. Feuilles elliptiques-oblongues, courtement acuminées, poilues en dessous. Grappes multiflores. Fleurs cotonneuses-roussâtres.

Grand arbre. Feuilles longues de 3 à 7 pouces, larges de 1 1/2 à 3 1/2 pouces, coriaces, dentelées; pétiole long de 2 à 2 1/2 lignes. Grappes simples ou rameuses, presque aussi longues que les feuilles. Calice long de 4 à 6 lignes : lobes ovales, pointus, presque égaux. Pétales presque égaux, libres, longs de 1 pouce, larges de 9 lignes, obovales, denticulés au sommet, concaves, jaunâtres, veloutés en dessous. Ligule de l'androphore longue de 2 1/2 pouces, repliée en avant au milieu, recouverte antérieurement vers son sommet d'un grand nombre d'anthères stériles. Péricarpe inconnu.

M. Aug. de Saint-Hilaire a observé cette espèce dans les forêts-vierges de la province de Rio-Janéiro.

Couratari de Guiane. — *Couratari guianensis* Aubl. Guian. 2, tab. 290. — Rich. in Annal. des Scienc. Nat. 1, p. 329, tab. 21.

Feuilles ovales-oblongues, acuminées, glabres de même que les ramules. Grappes multiflores.

Tronc atteignant 60 pieds et plus de haut, sur 4 pieds de diamètre. Branches nombreuses, très-grosses, formant une cime ample et touffue. Feuilles longues de 6 pouces, sur 2 pouces de large, d'un vert jaunâtre : les naissantes rougeâtres. Péricarpe long de 4 à 6 pouces, conique, subtrigone, un peu strié, coriace : orifice non-denté. Graines longues de 2 à 3 pouces, entourées d'une aile large de 5 à 6 lignes.

Le *Couratari de Guiane* est l'un des arbres les plus élevés de ces contrées. Son bois est excellent pour la charpente. Sa tête, dit M. Poiteau, est si élevée que les fleurs échappent à la vue. L'arbre se reconnaît aux fruits que le vent ou la maturité font tomber à terre.

GENRE VOISIN DES MYRTACÉES.

Genre CARÉYA. — *Careya* Roxb.

Tube calicinal adhérent, ovale; limbe 4-parti. Pétales 4, ovales, concaves, étalés. Étamines très-nombreuses; filets filiformes, cohérents par la base avec les pétales : les extérieurs stériles; les intérieurs à anthères ovales. Ovaire 4-loculaire. Style filiforme. Stigmate capitellé, 4-denté. Baie couronnée, globuleuse, pulpeuse, polysperme. Graines ovales, comprimées.

Arbres ou herbes. Feuilles alternes, penninervées, non-ponctuées, glabres. Fleurs grandes, blanches.

Ce genre, propre à l'Asie équatoriale, renferme trois espèces, dont voici les plus notables :

CARÉYA HERBACÉ. — *Careya herbacea* Roxb. Corom. tab. 217.

Herbe vivace, peu rameuse. Feuilles subsessiles, cunéiformes-obovales, crénelées, échancrées, obtuses. Fleurs axillaires et terminales, disposées en grappe lâche; pédicelles allongés. Limbe calicinal 4-parti. Pétales plus longs que les filets anthérifères. Filets stériles plus longs que les fertiles.

Cette espèce croît au Bengale. Elle est remarquable par la beauté de ses fleurs, lesquelles ont plus de trois pouces de large.

CARÉYA EN ARBRE. — *Careya arborea* Roxb. l. c. tab. 218. — Hort. Malab. 3, tab. 362.

Feuilles sessiles, cunéiformes-obovales, pointues, entières ou légèrement sinuolées. Fleurs en épis terminaux ou latéraux, épais. Limbe calicinal 4-denté. Étamines de la longueur des pétales, les extérieures (stériles) plus courtes que les intérieures.

Arbre très-rameux. Tronc dressé, haut d'une vingtaine de pieds, sur 1 ⸳/₂ pied de diamétre. Écorce rugueuse, d'un rouge foncé à l'intérieur. Feuilles caduques au commencement de la saison froide, longues de ¹/₂ pied à 1 pied, larges de 3 à 6 pouces. Fleurs d'un jaune verdâtre, larges de 1 ¹/₂ à 2 pouces. Fruit subglobuleux, de la grosseur d'une Orange.

Cette espèce croît dans les contrées montagneuses de l'Inde septentrionale. Son bois a la couleur de l'Acajou, mais il n'est point aussi dur, ni d'un grain aussi serré. Les Hindous en font des mortiers pour piler les graines oléagineuses. L'écorce est composée de longues fibres tenaces, dont on fabrique des cordages très-durables.

CINQUANTE-SEPTIÈME FAMILLE.

LES MÉLASTOMACÉES. — *MELASTO-MACEÆ*.

(*Melastomæ* Juss. Gen. p. 328; et in Dict. des Scienc. Nat. vol. 29,
p. 507. — *Melastomaceæ* Don, in Edinb. Philos. Journ. 1823, p. 80;
et in Mem. Wern. Soc. v. 4, p. 281. — De Cand. Prodr. v. 3, p. 99;
ed Diss. de Melastomac, in ejusd. Collect. des Mém. — Bartl. Ord.
Nat. p. 328. — Cfr. Mart. et Zuccar. Nov. Gen. et Spec. Brasil. v. 3.)

Peu de familles offrent un aussi grand nombre d'espèces placées, par des formes d'une rare beauté, aux
premiers degrés de l'échelle végétale. Les fleurs des
Mélastomacées, dont l'aspect rappelle les Roses, les
Cistes ou les Rhododendron, naissent en grande abondance et brillent des couleurs les plus-éclatantes. Le
feuillage, très-caractérisé par une nervation particulière, n'est pas moins élégant que l'inflorescence.
Beaucoup de Mélastomacées sont astringentes, mais on
ne retrouve point dans ce groupe le principe aromatique
si commun dans les Myrtacées. Plusieurs espèces produisent des baies mangeables et imprégnées de sucs
colorants.

Les précieux travaux monographiques sur les Mélastomacées, dont MM. Don, De Candolle et de Martius
ont récemment enrichi la science, portent le nombre
des espèces jusqu'à plus de sept cents. Presque toutes
ornent la flore des régions équatoriales, et c'est principalement dans le nouveau continent qu'elles abondent.
Aucune n'habite l'Europe, et l'hémisphère septentrional, en général, en possède beaucoup moins que l'hémisphère austral.

Il n'existe guère de Mélastomacée qui ne méritât une place dans les serres ; mais il est à regretter que la plupart de ces végétaux se refusent à la culture : aussi ne rencontre-t-on qu'un petit nombre d'espèces dans les collections de plantes vivantes.

CARACTÈRES DE LA FAMILLE.

Arbres, ou *arbrisseaux*, ou *sous-arbrisseaux*, ou quelquefois *herbes*. Ramules articulés, presque toujours anguleux.

Feuilles opposées (par exception verticillées), simples, indivisées, très-entières (rarement crénelées ou denticulées), pétiolées ou quelquefois sessiles, non-ponctuées, 3- ou 5- ou 7- ou 9-nervées (par exception penninervées), réticulées de veinules transversalement parallèles. Stipules nulles.

Fleurs hermaphrodites, régulières (par exception irrégulières), disposées le plus souvent en thyrse, ou en cime trichotome, ou quelquefois en épi, ou en grappe, ou en capitule, ou rarement solitaires. Pédoncules axillaires ou terminaux.

Calice à tube campanulé, ou urcéolé, ou oblong, persistant, adhérent avant l'anthèse à l'ovaire par 8 à 12 côtes filiformes, puis libre ou plus ou moins adhérent par la base (rarement libre dès l'origine, ou complètement adhérent) ; limbe à 5 (rarement 4 ou 6) divisions dentiformes, ou plus ou moins profondes, ou rarement indivisé, tantôt persistant, tantôt se détachant par une scission circulaire de sa base.

Disque plus ou moins coloré, membranacé, tapissant la paroi du calice, quelquefois épaissi au sommet en bourrelet annulaire.

Pétales en même nombre que les lobes du calice, interpositifs, insérés à la gorge du calice (au rebord du disque), courtement onguiculés, souvent ciliolés; éstivation contortive.

Étamines ayant même insertion que la corolle, en nombre double des pétales (par exception en même nombre que les pétales et toutes interpositives), tantôt toutes semblables, tantôt alternativement dissemblables. Filets libres, indupliqués avant la floraison. Anthères plongées avant l'anthèse dans les cavités de la partie inadhérente du tube calicinal, terminales, allongées, à 2 bourses quelquefois sétifères ou éperonnées à la base, le plus souvent confluentes au sommet et prolongées en bec, s'ouvrant au sommet soit par un seul pore, soit par 2 pores, ou bien rarement s'ouvrant chacune par une fente longitudinale; connectif articulé au sommet du filet, tantôt court, tantôt allongé, quelquefois renflé à la base, ou bien prolongé en 2 bosses ou éperons soit distincts, soit soudés.

Pistil: Ovaire 2-6-loculaire (logés ordinairement en même nombre que les sépales); placentaires axiles, saillants, multiovulés. Style indivisé. Stigmate ponctiforme ou pelté, très-entier.

Péricarpe pluriloculaire, polysperme, charnu lorsqu'il adhère au calice, ou bien inadhérent, capsulaire, loculicide, recouvert par le calice amplifié et resserré supérieurement. Placentaires scrobiculés, opposés aux sépales.

Graines très-nombreuses, petites, subsessiles : épisperme double : l'extérieur crustacé; l'intérieur membranacé; hile concave ou convexe; raphé saillant. Périsperme nul. Embryon curviligne et à cotylédons inégaux, ou bien rectiligne et à cotylédons presque égaux.

M. De Candolle classe les genres des Mélastomacées comme suit :

Ire TRIBU. **LES MÉLASTOMÉES.** — *MELASTOMEÆ.*

Anthères déhiscentes au sommet soit par deux pores, soit par un seul pore.

SECTION Ire. **LES LAVOISIÉRÉES.** — *Lavoisiereæ.*

Anthères 1- ou 2-poreuses. Ovaire inadhérent, non-écailleux ni sétifère au sommet. Capsule sèche. Graines ovales ou anguleuses, non-contournées : hile latéral, linéaire.

Meriania Swartz. — *Axinæa* Ruiz et Pav. — *Chastenæa* De Cand. — *Lavoisiera* De Cand. — *Davya* De Cand. — *Graffenrieda* De Cand. — *Centronia* Don. — *Truncaria* De Cand. — *Rhinchanthera* De Cand. — *Macairea* De Cand. — *Bucquetia* De Cand. — *Cambessedesia* De Cand. — *Chætostoma* De Cand. — *Salpinga* Mart. — *Bertolonia* Raddi. — *Meisnera* De Cand.

SECTION II. **LES RHÉXIÉES.** — *Rhexieæ.*

Anthères 1-poreuses. Ovaire inadhérent, non-écailleux ni sétifère au sommet. Capsule sèche. Graines cochléariformes : hile orbiculaire, basilaire.

Appendicularia De Cand. — *Comolia* De Cand. — *Spennera* Mart. — *Microlicia* Don. — *Siphanthera* Pohl. — *Rhexia* (Linn.) R. Brown. — *Heteronoma* De Cand. — *Pachyloma* De Cand. — *Oxyspora* De Cand. — *Tricentrum* De Cand. — *Marcetia* De Cand. — *Trembleya* De Cand. — *Adelobotrys* De Cand.

SECTION III. **LES OSBÉCKIÉES.** — *Osbeckieæ.*

Anthères 1-poreuses. Ovaire tantôt inadhérent, tantôt adné au calice, couronné au sommet d'écailles ou de soies. Graines cochléariformes; hile orbiculaire, basilaire.

Lasiandra De Cand. — *Chætogastra* De Cand. — *Ar-throstemma* Pav.— *Osbeckia* Linn. — *Tibouchina* Aubl. (Savastenia Neck.) — *Tristemma* Juss. — *Melastoma* Burm. Linn. — *Pleroma* Don. — *Diplostegium* Don. — *Aciotis* Don.

Section IV. LES MICONIÉES. — *Miconieæ*.

Anthères 1- ou 2-poreuses. Ovaire adhérent. Péricarpe charnu. Graines non-cochléariformes.

Rousseauxia De Cand. — *Leandra* Raddi. — *Tchudya* De Cand. — *Clidemia* Don. — *Myriaspora* De Cand. — *Tococa* Aubl. — *Majeta* Aubl. — *Calophysa* De Cand. — *Medinilla* Gaudich. — *Huberia* De Cand. — *Caly-cogonium* De Cand. — *Ossæa* De Cand. — *Sagræa* De Cand. — *Tetrazygia* Rich. — *Heterotrichum* De Cand. — *Conostegia* Don. — *Diplochita* De Cand. (Clitonia Don. Fothergilla Aubl.) — *Phyllopus* De Cand. — *Henriettea* De Cand. — *Loreya* De Cand. — *Miconia* Ruiz et Pav. — *Oxymeris* De Cand. — *Cremanium* Don. — *Blakea* Linn. (Topobea Aubl. Valdesia Ruiz et Pav.) — *Sarcopyramis* Wall.

IIe TRIBU. LES CHARIANTHÉES. — *CHARIAN-THEÆ*.

Anthères à 2 bourses déhiscentes chacune par une fente longitudinale.

Kibessia De Cand. — *Charianthus* Don. — *Cyano-pleura* Rich. — *Astronia* Blum. — *Spathandra* Guillem. et Perrott.

1re TRIBU. LES MÉLASTOMÉES. — *MELASTOMEÆ*
Sering. in De Cand. Prodr.

Anthères déhiscentes au sommet soit par un seul pore,
soit par deux pores.

Section Ire. LES LAVOISIÉRÉES. — *Lavoisiereæ* De Cand.
Prodr.

Anthères 1- ou 2-poreuses au sommet. Ovaire inadhérent, non-écailleux ni sétifère au sommet. Graines ovales ou anguleuses, non-cochléariformes : hile latéral, linéaire.

Genre MÉRIANIA. — *Meriania* Swartz.

Tube calicinal campanulé; limbe à 5 ou 6 lobes dilatés et membraneux à la base, subulés au sommet. Pétales 5 ou 6. Anthères biporeuses, non-rostrées, courtement éperonnées à la base. Ovaire globuleux, un peu déprimé, glabre au sommet. Style grêle, claviforme. Capsule inadhérente, 5- ou 6-loculaire : placentaires semi-lunés. Graines minimes, cunéiformes, anguleuses.

Arbres ou arbrisseaux. Feuilles pétiolées, denticulées, glabres, ou pubescentes seulement aux nervures. Fleurs blanches ou rouges, solitaires, axillaires, pédicellées.

Ce genre est propre à l'Amérique équatoriale. Parmi les six espèces connues, les trois suivantes se font surtout remarquer par leur élégance, et se cultivent quelquefois dans les collections de serre :

MÉRIANIA À FLEURS BLANCHES. — *Meriania leucantha* Swartz, Flor. Ind. Occid.

Ramules tétragones, comprimés, glabres. Feuilles ovales-oblongues, acuminées, trinervées, denticulées, glabres. Pédon-

cules munis au sommet de 2 bractées ovales-lancéolées, 3-ner-
vées, très-entières.

Tronc haut de 15 à 3o pieds. Feuilles luisantes, coriaces,
longues de 5 à 6 pouces. Fleurs grandes, penchées. Pétales
blancs, rosés à la base.

Cette espèce habite les hautes montagnes de la Jamaïque.

MÉRIANIA A FLEURS ROSES. — *Meriania rosea* Tussac, Flor.
Antill. 1, tab. 6.

Ramules cylindriques, glabres. Feuilles ovales, trinervées,
légèrement dentelées, glabres. Pédoncules plus longs que les
pétioles, munis au sommet de 2 bractées linéaires.

Cette espèce croît à la Jamaïque.

MÉRIANIA POURPRE. — *Meriania purpurea* Swartz, Flor.
Ind. Occid. 2, tab. 15.

Ramules cylindriques, glabres. Feuilles ovales-lancéolées,
denticulées, glabres. Pédoncules plus longs que les pétioles; brac-
teés quaternées, lancéolées, denticulées.

Arbre à tronc haut de 10 à 15 pieds. Feuilles non-luisantes,
subcoriaces, discolores. Fleurs grandes, d'un pourpre foncé.

Cette espèce croît dans les montagnes élevées de la Jamaïque.

Genre LAVOISIÉRA. — *Lavoisiera* De Cand.

Tube calicinal oblong-turbiné; limbe 5-10-lobé. Pétales
5-10, ovales ou obovales. Étamines 10-20; anthères ovales,
courtement rostrées, 1-poreuses, alternativement dissemblables : les unes à connectif allongé, prolongé inférieurement
en appendice subbilobé; les autres à connectif court et presque inappendiculé. Capsule 5-10-loculaire. Graines anguleuses.

Arbrisseaux ordinairement très-glabres. Feuilles planes
ou carénées, sessiles, uninervées, ou multinervées à la base,
ou étroites et innervées, très-entières, ou quelquefois denticulées-ciliées, ou rarement ciliées de poils mous.

Ce genre caractérise la flore des montagnes du Brésil orien-
tal, entre les 12e et 25e degrés de latitude australe. M. de

Martius en a découvert quinze espèces, dont plusieurs croissent à une élevation de 5300 pieds au-dessus du niveau de l'Océan. Le feuillage et les fleurs de ces végétaux sont d'une rare élégance. Nous allons faire connaître les espèces les plus curieuses :

LAVOISIÉRA IMBRIQUÉ. — *Lavoisiera imbricata* De Cand. Prodr. — Mart. et Zuccar. Nov. Gen. et Spec. Brasil. tab. 265.

Très-glabre. Rameaux dressés, dichotomes, fastigiés, cicatriqueux. Feuilles apprimées, imbriquées sur 4 rangs, ovales, pointues, ciliées de poils roides. Fleurs solitaires. Lanières calicinales membranacées au sommet, blanchâtres, presque entières.

Arbuscule haut de 1 à 3 pieds. Tiges solitaires ou nombreuses, dressées. Feuilles longues de 1 à 2 lignes. Calice 6-fide : tube hémisphérique ; lanières ovales-oblongues. Corolle large de près de 1 pouce : pétales étalés, inéquilatéraux, obovales, roses. Capsule incluse, subglobuleuse.

M. de Martius a observé cette espèce dans les montagnes de la province des Mines.

LAVOISIÉRA CATAPHRACTE. — *Lavoisiera cataphracta* De Cand. Prodr. — Mart. et Zuccar. l. c. tab. 133.

Très-glabre. Rameaux irrégulièrement dichotomes, subfastigiés, cicatriqueux. Feuilles étalées, imbriquées sur 4 rangs, ovales, pointues, ciliées de poils roides. Fleurs solitaires. Lanières calicinales linéaires-oblongues, membranacées, blanchâtres, ciliées de poils roides.

Arbrisseau de la hauteur d'un homme. Rameaux grêles, dressés, tétragones, aphylles inférieurement. Feuilles longues de 3 à 4 lignes, larges de 2 à 3 $^1/_2$ lignes. Calice long de 1 à 1 $^1/_2$ ligne : tube obovale ; limbe étalé, 3 fois plus long que le tube. Pétales obovales, mucronés, roses, glabres.

Cette espèce a été observée par M. de Martius dans les montagnes de la province des Mines.

LAVOISIÉRA FAUSSE GENTIANE. — *Lavoisiera gentianoides*

De Cand. Prodr. — Mart. et Zuccar. l. c. tab. 267, fig. 1.

Rameaux dichotomes, tétragones. Feuilles apprimées; imbriquées sur 4 rangs, lancéolées, acuminées, multinervées, poilues : les supérieures plus longues que les fleurs. Cymules pauciflores. Bractées ovales-cordiformes.

Arbrisseau haut de 3 à 4 pieds, un peu dichotome. Tige grêle. Feuilles longues de 3 à 5 pouces, larges de 6 à 12 lignes. Calice long de près de 1 pouce : tube cylindrique, poilu supérieurement; lanières triangulaires, acuminées. Corolle blanche, large de 2 pouces : pétales obovales, échancrés.

M. de Martius a trouvé cette espèce dans les montagnes de la province des Mines.

Lavoisiéra a feuilles épaisses. *Lavoisiera crassifolia* De Cand. Prodr. — Mart. et Zuccar l. c. tab. 267, fig. 2.

Très-glabre. Rameaux dichotomes, cicatriqueux; entrenœuds subcylindracés, bisulqués. Feuilles étalées, imbriquées sur 4 rangs, ovales ou oblongues, subcoriaces, épaisses et très-entières aux bords. Fleurs solitaires. Lanières calicinales mucronulées.

Arbuscule haut d'environ 1 ½ pied. Tige dichotome. Feuilles longues de ½ pouce à 1 pouce, d'un vert foncé, luisantes. Calice long d'environ 4 lignes; tube ovale-cylindrique. Pétales longs de 8 à 9 lignes, d'un violet tirant sur le pourpre, obovales.

M. de Martius a découvert cette espèce dans les hautes montagnes de la province des Mines.

Lavoisiéra a fleurs blanches. — *Lavoisiera alba* De Cand. Prodr.— Mart. et Zuccar. l. c. tab. 268.

Très-glabre, un peu glauque. Tige et rameaux tétragones, presque ailés. Feuilles elliptiques-oblongues, mucronulées, trinervées. Fleurs terminales et axillaires, solitaires, avant l'anthèse recouvertes par 2 bractées. Lanières calicinales triangulaires.

Arbuscule haut d'environ 4 pieds. Feuilles longues de 2 pouces, larges de $^1/_2$ pouce. Calice long de 6 lignes : tube urcéolé. Pétales obovales-oblongs, blancs, longs d'environ 1 pouce.

M. de Martius a trouvé cette espèce dans les hautes montagnes de la province des Mines.

LAVOISIÉRA ARANÉEUX. — *Lavoisiera mucorifera* De Cand. Prodr. — Mart. et Zuccar. l. c. tab. 269.

Hérissé de poils glandulifères. Tige et rameaux tétragones. Feuilles étalées, décussées, 3-7-nervées, lancéolées : les florales plus larges, ovales. Fleurs terminales, presque en corymbe. Lanières calicinales lancéolées-triangulaires.

Arbuscule dichotome, haut de 1 à 2 pieds. Rameaux denses, fastigiés. Feuilles rapprochées, longues de 3 à 8 lignes. Fleurs larges de près de 1 pouce. Tube calicinal ovale-globuleux, pubescent inférieurement. Pétales violets, obovales. Capsule cylindrique, à 6 loges.

Cette espèce a été trouvée par M. de Martius dans les montagnes de la province des Mines, à l'élévation de 3000 à 4000 pieds au-dessus du niveau de l'Océan.

LAVOISIÉRA PONCTUÉ. — *Lavoisiera punctata* De Cand. Prodr. — Mart. et Zuccar. l. c. tab. 270.

Très-glabre. Tige et rameaux tétragones. Feuilles presque étalées, décussées, oblongues-lancéolées, ponctuées en dessous, subtrinervées : les jeunes épaissies et denticulées aux bords. Fleurs terminales, Dents calicinales triangulaires, pointues.

Arbuscule dichotome, haut de 1 à 2 pieds. Feuilles rapprochées vers l'extrémité des ramules ; longues de 1 pouce et plus, fermes, d'un vert sombre. Fleurs larges de plus de 2 pouces. Tube calicinal oblong. Pétales obovales-oblongs ; étalés ; d'un pourpre vif. Capsule subglobuleuse.

Ce végétal élégant, qui ressemble à un *Rhododendron*; croît dans les savanes des hautes montagnes de la province des Mines.

LAVOISIÉRA D'ITAMBÉ. — *Lavoisiera itambana* De Cand. Prodr. — Mart. et Zuccar. l. c. tab. 271.

Très-glabre. Rameaux dichotomes, fastigiés, cicatriqueux,

subarticulés; entrenœuds tétragones, bisulqués. Feuilles érigées, imbriquées sur 4 rangs, ovales-oblongues, subobtuses, 1-nervées, très-finement dentelées aux bords. Fleurs solitaires, terminales. Lanières calicinales ovales, obtuses.

Arbuscule haut de 3 à 4 pieds, semblable au précédent. Feuilles longues de 6 à 8 lignes. Fleurs larges de près de 2 pouces. Tube calicinal campanulé, long de 3 lignes. Pétales obovales, subbilobés, jaunes. Capsule subglobuleuse, 6-8-loculaire.

Cette espèce a été trouvée par M. de Martius dans la province des Mines, à 5000 pieds d'élévation au-dessus de la mer.

LAVOISIÉRA MAGNIFIQUE. — *Lavoisiera pulcherrima* De Cand. Prodr. — Mart. et Zuccar. l. c. tab. 272.

Très-glabre. Rameaux irrégulièrement étalés, cicatriqueux; entrenœuds subtétragones, bisulqués. Feuilles étalées, tétrastiques, ovales-lancéolées, très-entières, multinervées, un peu glauques: les florales plus petites. Fleurs terminales. Dents calicinales pointues, triangulaires.

Arbrisseau haut de 4 à 6 pieds. Feuilles recouvrantes, longues de 1 à 2 pouces. Calice cyathiforme, rougeâtre. Pétales longs de 1 ¹/₂ pouce, obovales, subbilobés, étalés, d'un rose vif. Capsule subglobuleuse.

Genre DAVYA. — *Davya* De Cand.

Calice campanulé ou ovale-oblong, à 10 ou 12 dents soudées en rebord submembranacé. Pétales 5 ou 6. Anthères rostrées, 1-poreuses; connectif prolongé à la base en éperon souvent 2- ou 3-sétifère au sommet. Ovaire globuleux ou oblong, inadhérent, glabre et déprimé au sommet. Style filiforme. Capsule 5-loculaire.

Arbrisseaux ou arbres, ayant le port des Banistéria. Feuilles pétiolées, ovales, 5-nervées, presque glabres. Fleurs jaunes, disposées en corymbe paniculé ou en thyrse.

Ce genre, propre à l'Amérique équatoriale, renferme quatre espèces, dont voici la plus intéressante :

Davya paniculé. — *Davya paniculata* De Cand. Prodr.
— Mart. et Zuccar. l. c. tab. 261.

Arbrisseau débile : rameaux brachiés : les jeunes cotonneux-
incanes de même que les pétioles. Feuilles longues de 4 à 6 pouces, larges de 2 à 3 pouces, distantes, ovales ou oblongues,
acuminées, quintuplinervées, très-glabres en dessus, cotonneuses-
incanes en dessous aux nervures. Thyrse subpyramidal, terminal, courtement pédonculé : ramules brachiés ; pédicelles en corymbe. Calice long de 2 lignes, ovale-campanulé ; dents petites,
obtuses. Corolle large de 1 pouce, jaune.

M. de Martius a trouvé cette espèce dans les forêts-vierges du
Brésil méridional.

Genre GRAFFENRIEDA. — *Graffenrieda* Mart.

Calice campanulé : limbe 5-denté, non-persistant, tapissé
en dedans d'une membrane. Pétales 5, étalés. Étamines 10,
presque semblables ; anthères 1-poreuses au sommet, appendiculées d'un côté à la base. Ovaire 3- ou 5-loculaire. Style
filiforme. Stigmate ponctiforme. Capsule ovale, 5-valve au
sommet. Graines anguleuses.

Arbres ou arbrisseaux. Rameaux subtétragones ou comprimés. Feuilles pétiolées, opposées, triplinervées ou quintuplinervées. Cymules disposées en thyrse terminal brachié.
Bractées petites, caduques. Fleurs blanches ou roses.

Ce genre ne renferme que les trois espèces dont nous allons traiter.

Graffenrieda élégant. — *Graffenrieda jucunda* Mart.
et Zuccar. Nov. Gen. et Spec. Brasil. tab. 276. — *Osbeckia
jucunda* De Cand. Prodr.

Ramules comprimés. Feuilles subcordiformes, oblongues-
lancéolées, ou oblongues, acuminées, très-entières, glabres,
quintuplinervées. Thyrse à ramules triflores. Pétales lancéolés.

Arbrisseau haut de 6 pieds et plus. Feuilles longues de 4 à
6 pouces, larges de 1 à 3 pouces, luisantes, d'un vert foncé :
les jeunes couvertes en dessous d'une pubescence étoilée. Thyrse

pyramidal, long de 6 à 8 pouces; pédoncules et pédicelles cotonneux. Lanières calicinales courtes, triangulaires, obtuses. Pétales longs de 4 à 5 lignes, larges de 1 ligne, linéaires-lancéolés, pointus, blanchâtres.

M. de Martius a observé cette espèce dans les forêts-vierges
de la province de Bahia.

GRAFFENRIEDA ÉLANCÉ. — *Graffenrieda excelsa* De Cand.
Prodr.— *Rhexia excelsa* Bonpl. Rhex. tab. 34. — *Osbeckia*
excelsa Spreng. Syst.

Ramules tétragones. Feuilles longuement pétiolées, ovales,
7-nervées, crénelées, glabres et bullées en dessus, veloutées-
ferrugineuses en dessous de même que les pétioles et pédoncules.
Thyrse paniculé, terminal. Fleurs 2-bractéolées. Anthères à appendice obtus. Capsule ombiliquée au sommet.

Tiges touffues, herbacées, hautes de 6 à 10 pieds. Lobes calicinaux triangulaires.

Cette espèce croît au Pérou.

GRAFFENRIEDA A FEUILLES RONDES. — *Graffenrieda rotun-*
difolia De Cand. Prodr. — *Rhexia rotundifolia* Bonpl. Rhex.
tab. 25.

Ramules cylindriques, glabres. Feuilles courtement pétiolées,
orbiculaires, subcordiformes, très-entières, 3-nervées, glabres
et luisantes en dessus, pulvérulentes en dessous; nervures latérales presque marginales. Thyrse paniculé, terminal. Pétales 5,
obovales. Anthères à appendice sétiforme. Capsule non-ombili-
quée. Fleurs roses. Dents calicinales très-courtes.

Cette espèce croît dans la Nouvelle-Andalousie.

Genre RHYNCHANTHÉRA — *Rhynchanthera* De Cand.

Tube calicinal subglobuleux; limbe à 5 lobes linéaires ou
sétacés. Pétales 5, obovales. Étamines 10, dont 5 plus courtes, quelquefois stériles, et 5 plus longues; anthères elliptiques, rostrées; connectif allongé, auriculé à la base. Ovaire
ovoïde - globuleux. Capsule 3-5-loculaire. Graines anguleuses ou oblongues.

Arbrisseaux, ou sous-arbrisseaux, ou herbes. Ramules cylindriques ou à 4 angles obtus. Feuilles cordiformes ou oblongues, 5-9-nervées. Fleurs rouges ou violettes. Pédoncules axillaires, ordinairement pluriflores.

Ce genre, propre à l'Amérique méridionale, renferme quinze espèces dont voici les plus remarquables :

RHYNCHANTHÉRA GRANDIFLORE. — *Rhynchanthera grandiflora* De Cand. Prodr. — *Melastoma grandiflora* Aubl. Guian. tab. 160. — *Rhexia grandiflora* Bonpl. Rhex. tab. 11.

Ramules cylindriques, couverts (de même que les pétioles) de poils glandulifères. Feuilles longuement pétiolées, hérissées, cordiformes-ovales, acuminées, 9-nervées. Cymes triflores, de la longueur des feuilles. Lobes du calice sétacés, plus longs que le limbe. Cinq des étamines stériles. Capsule 5-loculaire.

Arbrisseau rameux, très-élégant, haut de 3 à 4 pieds. Feuilles d'un vert jaunâtre, longues de 2 à 3 pouces. Fleurs d'un beau violet, larges d'environ 2 pouces.

Cette espèce croît à la Guiane et sur les bords de l'Orénoque. Aublet dit que les créoles emploient l'infusion de ses fleurs pour calmer la toux, et les autres parties de la plante comme remède vulnéraire.

RHYNCHANTHÉRA A FEUILLES DENTICULÉES. — *Rhynchanthera serrulata* De Cand. Prodr. — *Rhexia serrulata* Rich. in Bonpl. Rhex. tab. 28.

Ramules tétragones, poilus. Feuilles subsessiles, linéaires-lancéolées, rétrécies aux 2 bouts, denticulées, 5-nervées. Fleurs axillaires et terminales, solitaires, subsessiles. Calice poilu : lobes linéaires, plus courts que le tube. Cinq des étamines stériles. Capsule triloculaire.

Herbe annuelle, dressée, rameuse, visqueuse. Fleurs roses. Cette espèce croît en Guiane.

RHYNCHANTHÉRA DE SCHRANCK. — *Rhynchanthera Schranckiana* Mart. et Zuccar. Nov. Gen. et Spec. Brasil. tab. 259. —

Rhynchanthera Schranckiana et *Rhynchanthera pentanthera*
De Cand. Prodr.

Hérissé de poils glandulifères. Feuilles cordiformes-ovales,
acuminées, dentelées. Cymules axillaires et terminales. Bractées
lancéolées, de la longueur du calice. Les 5 étamines plus courtes
ordinairement sans anthères.

Arbrisseau ou sous-arbrisseau, de la hauteur d'un homme. Tige
grêle, tétragone. Feuilles larges de 2 à 3 pouces. Tube calicinal
subglobuleux; lanières subulées, de la longueur du tube. Pétales
obovales, violets, longs de 1 pouce. Anthères violettes. Capsule
globuleuse, campanulée.

M. de Martius a trouvé cette espèce dans la province des
Mines.

RHYNCHANTHÉRA CORDIFORME. — *Rhynchanthera cordata*
De Cand. Prodr. — Mart. et Zuccar. l. c. tab. 60.

Hérissé de soies roides. Feuilles ovales-orbiculaires, cordiformes à la base, pointues, doublement dentelées. Cymules disposées en thyrse pyramidal. Bractées lancéolées, plus courtes que
le calice. Étamines 5, ou 10 alternativement stériles et fertiles.
Capsule trivalve.

Tige grêle, presque simple. Feuilles longues de 1 pouce au
plus. Thyrse long de près de 1 pied. Pétales obovales, violets.
Capsule ovale-globuleuse, incluse.

Cette espèce habite les mêmes contrées que la précédente.

Genre CAMBESSÉDÉSIA. — *Cambessedesia* De Cand.

Tube calicinal globuleux ou obovale, évasé; limbe à 5
lobes étroits, pointus, persistants. Pétales 5, obovales. Étamines 10; anthères conformes, linéaires falciformes, subro-
strées, gibbeuses à la base; connectif peu apparent, prolongé
en auricule obtuse, entière. Style filiforme. Capsule ovale-
globuleuse, triloculaire. Graines anguleuses ou ovales; hile
linéaire.

Arbrisseaux ou sous-arbrisseaux ordinairement glabres.
Feuilles sessiles. Fleurs de couleur pourpre ou ponceau.

Ce genre se compose de dix espèces indigènes au Brésil; la plupart croissent à des hauteurs considérables au-dessus du niveau de la mer. Voici les espèces les plus remarquables :

CAMBESSÉDÉSIA ESPORA. — *Cambessedesia Espora* De Cand. Prodr. — *Rhexia Espora* Aug. Saint-Hil. in Bonpl. Rhex. tab. 58.

Ramules subtétragones. Feuilles 3-nervées, ovales, cordiformes, pointues, à dentelures écartées. Fleurs solitaires au sommet de petits ramules axillaires formant un thyrse terminal feuillé. Calice turbiné. Pétales lancéolés, pointus. Capsule 3-loculaire.

Sous-arbrisseau glabre, dressé, rameux dès la base.

Cette espèce croît au Brésil, dans les montagnes de la province des Mines. Ses fleurs sont remarquables par leur couleur ponceau, comme celles de la Capucine.

CAMBESSÉDÉSIA DU DISTRICT DES DIAMANTS. — *Cambessedesia adamantium* De Cand. Prodr. — *Rhexia adamantium* Aug. Saint-Hil. l. c. tab. 60.

Ramules tétragones, poilus, cotonneux aux articulations. Feuilles subtrinervées, subsessiles, denticulées-ciliées, ovales-lancéolées. Ramules axillaires, uniflores, disposés en thyrse terminal serré. Calice turbiné, à lobes élargis, très-courts. Pétales ovales, pointus. Capsule triloculaire, ovale-oblongue, poilue au au sommet.

Sous-arbrisseau rameux, couché, parsemé de poils glanduleux. Fleurs couleur ponceau.

Cette espèce a été observée par M. Aug. de Saint-Hilaire dans les montagnes du district des diamants.

CAMBESSÉDÉSIA DE SAINT-HILAIRE. — *Cambessedesia Hilariana* De Cand. Prodr. — *Rhexia Hilariana* Kunth, in Bonpl. Rhex. tab. 56. — *Rhexia suberosa* Spreng. Syst.

Ramules tétragones. Feuilles subpétiolées, oblongues-linéaires, obtuses, entières (ou 1-2-dentées), fasciculées aux aisselles les. Pédoncules 1-3-flores, axillaires et terminaux, formant une panicule lâche. Calice à lobes courts, larges, mucronés. Étamines dissemblables.

Sous-arbrisseau glabre, ascendant. Fleurs de même couleur que celles des deux espèces précédentes.

Cette plante a été trouvée par M. Aug. de Saint-Hilaire dans les montagnes de la province des Mines.

CAMBESSÉDÉSIA ÉCARLATE. — *Cambessedesia purpurata* De Cand. Prodr. — Mart. et Zuccar. Nov. Gen. et Spec. tab. 262.

Très-glabre, d'un glauque verdâtre. Feuilles opposées, réniformes-orbiculaires, très-entières. Cymes terminales, paniculées, divariquées. Bractées inférieures ovales-orbiculaires; bractées supérieures subulées.

Arbrisseau dressé, haut de 3 à 4 pieds. Tige grêle. Ramules dressés, tétragones. Feuilles horizontales, longues au plus de 1 pouce. Calice campanulé, long d'environ 2 lignes; dents dressées, subulées; pétales longs de 3 lignes, d'un écarlate tirant sur le pourpre, ovales-orbiculaires ou obovales, pointus. Filets blancs, filiformes. Capsule ovale-globuleuse, brunâtre, incluse.

M. de Martius a trouvé cette espèce dans les montagnes de la province de Bahia.

CAMBESSÉDÉSIA VEINEUX. — *Cambessedesia lætevenosa* De Cand. Prodr. — Mart. et Zuccar. l. c. tab. 263.

Velouté, un peu scabre. Feuilles opposées, cordiformes-ovales, pointues, rugueuses et bullées en dessus, veineuses en dessous. Cymes terminales, paniculées. Bractées et bractéoles presque égales, glabres.

Petit arbrisseau roide, haut d'environ 3 pieds. Tiges rameuses au sommet, tétragones. Feuilles d'un vert foncé, longues de 1 à 2 pouces. Calice campanulé, poilu, long d'environ 2 lignes. Corolle écarlate, large de près de 1 pouce. Pétales obovales, pointus. Capsule incluse.

Cette espèce croît dans les hautes montagnes de la province des Mines.

Genre CHÉTOSTOMA. — *Chœtostoma* De Cand.

Tube calicinal obovale, subturbiné, garni au sommet d'une collerette de poils; limbe à 4 ou 5 lobes dressés, piquants. Pétales 4 ou 5. Anthères très-courtement rostrées, 1-poreuses; connectif inappendiculé, à peine gibbeux. Capsule prismatique, 4- ou 5-gone, allongée.

Arbuscules très-glabres. Tiges grèles. Feuilles recouvrantes, 1-nervées, pointues, très-entières, petites. Fleurs terminales, solitaires.

Les *Chétostoma* forment des arbuscules très-élégants, ayant le port des Bruyères. Ils habitent les savanes des montagnes du Brésil méridional, élevées de plus de 2000 pieds au-dessus du niveau de la mer. Voici les trois espèces connues de ce genre :

CHÉTOSTOMA PIQUANT. — *Chœtostoma pungens* De Cand. Prodr. — Mart. et Zuccar. Nov. Gen. et Spec. Brasil. tab. 264.

Tiges dressées. Feuilles apprimées, subulées, carénées, très-pointues, piquantes, 5- ou 6-nervées, ciliées de poils roides. Calice cylindrique, 5-denté, multinervé, sétifère en dehors aux bords. Anthères cylindriques, grèles; connectif des étamines dissemblables linéaire. Capsule aussi longue que le tube calicinal.

Arbuscule haut de 1 à 1 ½ pied. Rameaux subfastigiés. Feuilles longues de 4 à 6 lignes, d'un vert gai. Calice glabre, long de 3 à 4 lignes. Pétales longs de ½ pouce, d'un pourpre tirant sur le violet, ovales-oblongs, acuminés.

M. de Martius a découvert cette espèce dans les montagnes de la province des Mines.

CHÉTOSTOMA TÉTRASTIQUE. — *Chœtostoma tetrasticha* De Cand. Prodr. — Mart. et Zuccar. l. c. tab. 264, fig. 2.

Feuilles presque dressées, carénées-trièdres, pointues, ponctuées : les jeunes ciliées. Calice campanulé, 4-denté, sétifère en dehors aux bords. Étamines presque égales.

Petit arbrisseau touffu. Feuilles longues d'environ 2 pouces. Calice rougeâtre. Pétales obovales-orbiculaires, pourpres.

M. de Martius a découvert cette espèce dans les montagnes des provinces des Mines et de Bahia.

CHÉTOSTOMA FAUSSE BRUYÈRE. — *Chœtostoma ericoides* De Cand. Prodr. — *Rhexia ericoides* Spreng. Syst.
Feuilles sessiles, opposées, un peu décurrentes, linéaires, condupliquées, ciliées. Fleurs octandres.
Cet arbrisseau croît au Brésil.

Genre BERTOLONIA. — *Bertolonia* Raddi.

Calice campanulé, à 5 lobes obtus, le plus souvent larges et très-courts, quelquefois soudés en rebord entier. Pétales 5, obovales. Étamines un peu dissemblables; anthères ovales, obtuses, 1-poreuses, rétrécies à la base et inappendiculées ou très-légèrement auriculées. Capsule trigone, à 3 valves circonscindées au-dessous du sommet. Graines cunéiformes, trièdres, scabres.

Herbes radicantes. Feuilles pétiolées, ovales, cordiformes, 5-11-nervées, crénelées. Cymes terminales. Fleurs blanches ou pourpres.

Ce genre appartient à la flore du Brésil. On en connaît quatre espèces, dont les deux suivantes sont les plus remarquables par l'élégance de leurs fleurs.

BERTOLONIA A FEUILLES DE NUPHAR. — *Bertolonia nymphœifolia* Raddi, Mém. Bras. — De Cand. Prodr. — *Rhexia nymphœifolia* Kunth, in Bonpl. Rhex. tab. 53.

Tige courte, simple, glabre. Feuilles pétiolées, cordiformes, suborbiculaires, ondulées, crénelées, 9- ou 11-nervées, presque glabres, blanchâtres en dessous. Cymes pédonculées. Limbe calicinal légèrement sinuolé. — Feuilles larges de 4 pouces. Fleurs blanches.

Cette espèce habite les montagnes des environs de Rio-Janéiro.

BERTOLONIA MACULÉ. — *Bertolonia maculata* De Cand. Prodr. — Mart. et Zuccar. Nov. Gen. et Spec. Brasil. tab. 257.

Tiges décombantes ou radicantes, rameuses, courtes, hérissées

de même que les feuilles et les pédoncules. Feuilles longues de
¹/₂ à 2 pouces, d'un vert foncé et maculées en dessus, blanchâtres ou roses en dessous, cordiformes-ovales, obtuses, presque entières, 5-nervées. Pédoncules axillaires : fleurs en grappe
lâche, subunilatérales. Calice hispidule : tube hémisphérique ;
lanières ovales, dressées. Corolle large d'environ 4 lignes : pétales obovales, courtement acuminés. Capsule trigone.

Cette espèce a été trouvée par M. de Martius dans les forêts
vierges de la province de Bahia.

Section II. **LES RHÉXIÉES.**—*Rhexieæ* De Cand. Prodr.

Anthères uniporeuses. Ovaire inadhérent, non-écailleux ni sétifère au sommet. Capsule sèche. Graines
cochléariformes : hile orbiculaire, basilaire.

Genre SPENNÉRA. — *Spennera* Mart.

Calice globuleux, à 4 ou 5 lobes courts : bouton conique.
Pétales lancéolés, pointus. Étamines 8 ou 10 ; anthères ovales, obtuses, uniporeuses ; connectif allongé, inappendiculé.
Capsule libre, 2- ou rarement 3-loculaire. Graines muriquées.

Herbes annuelles, dressées. Racine fibreuse. Feuilles pétiolées, 5-nervées, membranacées, ciliées-denticulées. Panicules terminales, lâches, à rameaux divariqués. Bractées petites, linéaires. Fleurs blanches ou roses, de grandeur médiocre.

On connaît une vingtaine d'espèces de ce genre, lesquelles croissent la plupart au Brésil. En voici les plus notables :

SPÉNNÉRA AQUATIQUE. — *Spennera aquatica* Mart. — De
Cand. Prodr. — *Rhexia aquatica* Swartz, Flor. Ind. Occid.—
Bonpl. Rhex. tab. 40. — *Melastoma aquatica* Aubl. Guian.
tab. 169.

Rameaux quadrangulaires, poilus. Feuilles cordiformes à la
base, ovales-oblongues, subacuminées, dentelées, 5-nervées,

glabres en dessus, pubescentes en dessous aux nervures. Rameaux des panicules allongés, filiformes, lâches. Étamines 8. Pétales oblongs, pointus, roses, plus courts que les étamines: Capsule subglobuleuse, 3-loculaire.

Cette espèce croît dans les marais des Antilles, de la Guiane, et du Brésil.

SPÉNNÉRA À FEUILLES PENDANTES. — *Spennera pendulifolia* De Cand. Prodr. — *Rhexia pendulifolia* Bonpl. Nav. tab. 26.

Feuilles cordiformes à la base, ovales-lancéolées, 5-nervées, denticulées, très-glabres, pendantes. Panicule très-rameuse. Fleurs minimes, décandres. Lobes calicinaux linéaires. Pétales ovales. Capsule globuleuse.

Cette espèce habite la Guiane.

SPÉNNÉRA GLANDULEUX. — *Spennera glandulosa* De Cand. Prodr. — *Rhexia glandulosa* Bonpl. Nav. tab. 27.

Feuilles cordiformes à la base, ovales, crénelées, très-glabres aux 2 faces, 3-ou 5-nervées. Fleurs subsolitaires, terminales ou axillaires, petites, décandres. Lobes calicinaux linéaires-oblongs, beaucoup plus longs que le tube. Pétales ovales, blancs, bimaculés à la base. Filets rouges. Connectif biglanduleux. Capsule 3-loculaire.

Cette espèce croît dans les mêmes contrées que la précédente.

Genre MICROLICIA. — *Microlicia* De Cand.

Calice 5-fide : lanières subulées, persistantes. Pétales obovales. Étamines 10; anthères ovales-cylindracées, uniporeuses et rostrées au sommet, alternativement dissemblables : les unes (plus grandes) à connectif prolongé en appendice claviforme; les autres (plus courtes) à connectif inappendiculé. Capsule coriace ou membranacée, triloculaire, trivalve. Graines nombreuses, réniformes, ponctuées.

Arbuscules ou rarement herbes. Rameaux tétragones. Ramules souvent fastigiés. Feuilles sessiles, décussées, ordinairement petites, finement trinervées. Fleurs courtement pédonculées, dibractéolées, sessiles aux aisselles des feuilles supérieures, éparses ou presque en corymbe. Corolle rose, ou blanche, ou violette, ou pourpre. Pubescence non-étoilée, souvent glandulifère.

Ce genre, propre à l'Amérique méridionale, renferme une trentaine d'espèces, presque toutes indigènes au Brésil. Nous allons faire connaître celles qui se font surtout remarquer par leur beauté.

MICROLICIA CRÉNELÉ.—*Microlicia crenulata* Mart. et Zuccar. Nov. Gen. et Spec. Brasil. tab. 251.

Suffrutescent. Rameaux fastigiés, glabres. Feuilles ovales-orbiculaires, mucronulées, crénelées, érigées, souvent condupliquées en dehors : les naissantes visqueuses de même que les calices. Fleurs terminales, subglomérulées.

Sous-arbrisseau touffu, haut de ¹/₂ à 2 pieds. Feuilles longues de 2 à 4 lignes, recouvrantes. Fleurs larges de 6 à 12 lignes. Calice cyathiforme, rougeâtre. Pétales ovales-oblongs, roses. Étamines plus courtes que la corolle. Capsule ovale, de la grosseur d'un grain de Millet.

Cet arbuscule charmant croît dans les hauts campos de la province des Mines.

MICROLICIA FAUSSE EUPHORBE. — *Microlicia euphorbioïdes* Mart. et Zuccar. l. c. tab. 252.

Frutescent, rameux, hérissé. Rameaux dichotomes, étalés. Feuilles lancéolées ou oblongues-lancéolées, étalées, trinervées, ponctuées. Fleurs axillaires et terminales, solitaires. Calice cylindracé : lanières triangulaires, 2 fois plus courtes que le tube.

Arbrisseau haut de 1 ¹/₂ à 2 pieds, touffu. Feuilles longues de 6 à 12 lignes, larges de 2 à 5 lignes. Calice verdâtre ou rougeâtre. Pétales ovales-oblongs, inéquilatéraux, courtement acuminés, étalés, blancs ou violets, glabres. Étamines jaunes.

M. de Martius a découvert cette espèce dans les montagnes de la province des Mines.

MICROLICIA SÉTIFÈRE. — *Microlicia subsetosa* De Cand. Prodr. — Mart. et Zuccar. l. c. tab. 253, fig. 1.

Frutescent, hispide. Rameaux irrégulièrement dichotomes, presque étalés, noduleux. Feuilles presque dressées, ovales ou ovales-oblongues, pointues, très-entières, subuninervées, légèrement glanduleuses, ciliées et hérissées de poils roides. Calice campanulé, ponctué, hispide : lanières aussi longues que le tube.

Petit arbrisseau haut de 2 à 3 pieds. Feuilles presque imbriquées, longues de 3 à 4 lignes, larges de 1 ligne ou plus. Calice rougeâtre, long de 4 lignes : lanières lancéolées, pointues. Pétales longs de 5 lignes, d'un violet tirant sur le pourpre, oblongs, courtement acuminés.

M. de Martius a découvert cette espèce dans les montagnes de la province de Bahia.

MICROLICIA BALSAMIQUE. — *Microlicia graveolens* De Cand. Prodr. — Mart. et Zuccar. l. c. tab. 53, fig. 2.

Pubescent, couvert de poils glandulifères. Rameaux étalés. Feuilles sessiles, ovales, pointues, dentelées, ponctuées, subtrinervées. Fleurs axillaires et terminales, quelquefois agrégées. Calice glanduleux : tube cylindracé-campanulé, nerveux, 2 fois plus long que les lanières.

• Petit arbrisseau, haut de 2 à 3 pieds. Feuilles longues de 2 à 4 lignes. Calice long de 2 lignes : lanières triangulaires, acuminées, sétifères. Corolle large de ½ pouce, rose. Capsule ovale, acuminée.

M. de Martius a trouvé cette espèce dans les pâturages de la province des Mines, élevés de 3000 à 4000 pieds au dessus du niveau de la mer.

MICROLICIA VARIABLE. — *Microlicia variabilis* Mart. in De Cand. Prodr. — Mart. et Zuccar. l. c. tab. 254, fig. 1.

Herbe annuelle, hérissée de poils glandulifères. Feuilles subsessiles, ovales-orbiculaires, subcordiformes, pointues, dentelées, 3-ou 5-nervées. Fleurs subsolitaires, terminales. Tube calicinal campanulé : lanières subulées, presque aussi longues que le tube.

Tiges hautes de ½ à 1 pied, simples ou rameuses, dressées ou ascendantes. Feuilles longues de 2 à 8 lignes. Calice rose, long de 5 à 6 lignes. Pétales longs de 3 à 6 lignes, d'un rose tirant sur le bleu, obovales, courtement acuminés.

M. de Martius a trouvé cette espèce au Brésil, dans les marais de la province des Mines.

Genre SIPHANTHÉRA. — *Siphanthera* Pohl.

Tube calicinal ovale; limbe à 4 lobes lancéolés, persistans. Pétales 4, obovales. Étamines 4, saillantes; anthères ovales, longuement rostrées; connectif très-court, renflé au-dessus de l'articulation en 2 auricules. Style filiforme. Capsule biloculaire.

Herbes annuelles, dressées, hérissées de poils glanduleux. Feuilles sessiles, ovales, penninervées. Capitules axillaires et terminaux, courtement pédonculés, denses, 7-9-flores. Bractées foliacées, ovales, ciliées. Fleurs roses.

On ne connaît de ce genre que les trois espèces dont nous allons parler; elles croissent au Brésil et sont remarquables par l'élégance de leurs fleurs.

SIPHANTHÉRA A FEUILLES CORDIFORMES. — *Siphanthera cordata* Pohl, Plant. Brasil. Ic. tab. 84.

Feuilles cordiformes, suborbiculaires, crénelées, pubérules. Capitules multiflores, courtement pédonculés. Appendice apicilaire de l'anthère aussi long que les bourses. — Tige rougeâtre, haute de 5 à 6 pouces.

SIPHANTHÉRA GRÊLE. — *Siphanthera subtilis* Pohl, l. c. tab. 85, fig. 2.

Feuilles ovales, crénelées, poilues : les inférieures roselées; les supérieures écartées. Capitules longuement pédonculés. Appendice apicilaire de l'anthère de moitié plus court que les bourses. — Tige simple, haute de 2 à 3 pouces.

SIPHANTHÉRA DÉLICAT. — *Siphanthera tenera* Pohl, l. c. tab. 85, fig. 1.

Tige presque simple. Feuilles ovales, crénelées, poilues, roselées au collet. Capitules longuement pédonculés. Anthères à appendice apicilaire très-court.

Genre RHÉXIA. — *Rhexia* (Linn.) R. Brown.

Tube calicinal ovale, bouffi inférieurement, resserré au sommet en col; limbe 4-fide, persistant. Pétales 4, obovales. Anthères 8, incombantes ou dressées; connectif inapparent. Capsule libre, 4-loculaire; placentaires semi-lunés. Graines cochléariformes.

Herbes lisses. Tiges dressées, tétragones. Feuilles sessiles, très-entières, trinervées. Fleurs pourpres, ou blanches, ou jaunes, ternées, disposées en cyme corymbiforme.

Dans ses limites actuelles, ce genre ne renferme plus que huit espèces, toutes indigènes dans l'Amérique septentrionale tempérée. Les *Rhéxia* ont le port de petits Rhodendron, et leurs fleurs sont très-élégantés. La culture de ces végétaux ne réussit qu'en terre de bruyère, et ils sont assez rares dans les jardins, sans doute parce qu'ils souffrent de nos hivers; aussi préfère-t-on en général les tenir en orangerie ou dans une bâche. Voici les espèces les plus intéressantes :

a) *Anthères incombantes.*

RHÉXIA DU MARYLAND. — *Rhexia mariana* Linn. — Pluck. Mant. tab. 428, fig. 1. — Sweet, Brit. Flow. Gard. tab. 41.

Tige aptère, hérissée. Feuilles lancéolées, ou lancéolées-oblongues, ou ovales-lancéolées, pointues, subpétiolées, fortement 3-nervées, denticulées-ciliées. Calice presque glabre.

Herbe vivace, haute de 1 à 2 pieds. Tige sillonnée, presque ronde. Lobes calicinaux de moitié moins longs que le tube. Pétales grands, pourpres, inéquilatéraux, hérissés en dessous. Style beaucoup plus long que les étamines. Capsule incluse.

Cette espèce est commune aux États-Unis, dans les terrains sablonneux humides, depuis la Géorgie jusqu'au New-Jersey.

RHÉXIA A FEUILLES ÉTROITES. — *Rhexia angustifolia* Elliot,

Sketch. — De Cand. Prodr. — *Rhexia mariana* var. *exalbida* Michx. Flor. Amer. Bor.

Tiges touffues, aptères, hérissées. Feuilles linéaires, ou linéaires-lancéolées, subfasciculées. Calice cylindracé, court, lisse. Étamines déclinées.

Fleurs blanches, plus petites que celles de l'espèce précédente. Cette espèce habite la Géorgie et les deux Carolines.

RHÉXIA GLABRE. — *Rhexia glabella* Michx. Flor. Amer. Bor. — Bonpl. Rhex. tab. 44.

Glabre. Tige aptère. Feuilles ovales, ou ovales-lancéolées, ou lancéolées, trinervées, denticulées, glauques. Calice visqueux, poilu.

Tige haute de 2 à 3 pieds, légèrement sillonnée. Feuilles sessiles. Pétales grands, un peu pointus, inéquilatéraux, pourpres.

Cette espèce croît dans les forêts sablonneuses humides des deux Carolines et de la Géorgie. Elliot remarque que ses feuilles et ses jeunes pousses ont une saveur douceâtre très-agréable, qui les fait rechercher par les enfants ainsi que par les bêtes fauves.

RHÉXIA CILIÉ. — *Rhexia ciliosa* Michx. Flor. Bor. Amer. — Sweet, Brit. Flow. Gard. tab. 298.

Tige tétragone, glabre. Feuilles ovales-lancéolées, dentelées, ciliées, trinervées, pubérules en dessus, glabres en dessous. Paniculé dichotome, lâche. Fleurs involucrées, aglomérées trois à trois.

Tige haute d'environ 18 pouces. Feuilles subsessiles. Pétales grands, pourpres, suborbiculaires.

Cette espèce habite les terrains sablonneux humides, en Géorgie et dans la Caroline méridionale.

RHÉXIA DE LA VIRGINIE. — *Rhexia virginica* Linn. — Bot. Mag. tab. 968.

Tige tétraptère. Feuilles ovales-lancéolées, denticulées-ciliées, 3-5-ou 7-nervées, parsemées (de même que les calices) de poils couchés. Panicule dichotome, presque corymbiforme.

Tige rameuse, lisse, haute de 2 à 3 pieds. Feuilles sessiles. Fleurs petites, pourpres. Pétales obovales, mucronés.

Cette espèce croît aux États-Unis, dans les marais et les terrains humides, depuis la Géorgie jusqu'au New-Jersey.

b) *Anthères dressées, terminales.*

RHÉXIA A FLEURS JAUNES. — *Rhexia lutea* Walt. Flor. Carol. — Michx. Flor. Amer. Bor.

Tige quadrangulaire, brachiée, hispide. Feuilles 3-nervées, hérissées de poils épars : les inférieures cunéiformes-oblongues; les supérieures lancéolées ou linéaires-lancéolées. Panicule pyramidale.

Tige haute d'environ 18 pouces. Segments calicinaux pointus, aussi longs que le tube. Pétales obovales, mucronés, jaunes. Anthères courtes.

Cette espèce croît dans les terrains humides des forêts de Pins, en Floride et en Géorgie.

Genre PACHYLOMA. — *Pachyloma* De Cand.

Calice cylindracé-obconique, prolongé beaucoup au-dessus de l'ovaire, tronqué et à peine 4-denté au sommet. Pétales 4, ovales. Étamines 8, égales; anthères linéaires, allongées, acuminées, uniporeuses; connectif allongé, prolongé à sa base en appendice sétiforme, alternativement simple et double. Ovaire inadhérent, 4-costé, glabre. Style filiforme, très-saillant. Stigmate ponctiforme. Péricarpe inconnu.

Rameaux cylindriques, noueux. Feuilles subsessiles, ovales, coriaces, très-entières, à 7 nervures dont 2 marginales et très-épaisses. Thyrse paniculé, lâche, terminal, non-bractéolé. Fleurs pourpres.

On ne connaît de ce genre que l'espèce suivante, très-remarquable par la structure particulière de ses feuilles, lesquelles se terminent au sommet en languette bifide, dont les lobes se croisent de manière à ressembler au bec de l'oiseau qu'on nomme vulgairement *Bec-croisé*.

Pᴀᴄʜʏʟᴏᴍᴀ ᴀ ꜰᴇᴜɪʟʟᴇꜱ ᴄᴏʀɪᴀᴄᴇꜱ. —*Pachyloma coriaceum*
De Cand. Prodr.

Arbrisseau glabre. Feuilles ovales ou oblongues, ordinairement
bicuspidées. Calices glabres ou hérissés de poils glanduleux.

M. de Martius a trouvé ce végétal au Brésil, dans les contrées
arrosées par l'Amazone et le Rio-Négro.

Genre OXYSPORA. — *Oxyspora* De Cand.

Calice oblong, à 4 lobes ovales, mucronulés. Pétales 4,
pointus, inéquilatéraux. Étamines 8, alternativement plus
longues et plus courtes, prolongées à la base en 2 éperons
obtus; connectif presque inapparent. Style subclaviforme,
infléchi. Capsule 4-loculaire, 4-valve. Graines minimes,
scobiformes, aristées aux deux bouts : hile concave, terminal.

Arbrisseaux. Feuilles pétiolées, 5- ou 7-nervées, glabres
en dessus. Thyrse terminal, paniculé. Fleurs blanches, penchées.

Voici les deux espèces que renferme ce genre :

Oxʏꜱᴘᴏʀᴀ ᴘᴀɴɪᴄᴜʟᴇ́. — *Oxyspora paniculata* De Cand.
Prodr.— Wall. Plant. Asiat. Rar. 1, tab. 88.—*Arthrostemma
paniculatum* Don, Prodr. Flor. Nepal.

Feuilles cordiformes-ovales, acuminées, 7-nervées, denticulées,
cotonneuses en dessous. Thyrse dressé, feuillé à la base, composé
de cymes triflores, courtement pédonculées.

Arbrisseau haut de 3 à 4 pieds. Tige courte. Rameaux sub-
quadrangulaires, couverts vers le haut (de même que les ramules
et les pétioles) d'un duvet abondant, lâche, étalé, roussâtre,
entremêlé de longs poils. Feuilles horizontales, rapprochées,
coriaces, luisantes et d'un vert sombre en dessus, longues de 5 à
10 pouces; duvet des nervures dense, ferrugineux; pétioles
longs de 1 ½ pouce. Panicule longue d'un pied et plus; axe, ramules, pédicelles, calices, corolle et filets de couleur pourpre.
Fleurs longues de 1 pouce. Pétales obovales, acuminés. Quatre

des étamines à anthères violettes, 2 fois plus longues que les pétales ; les 4 autres à anthères jaunes, près de 2 fois plus courtes.

Cette espèce, l'une des Mélastomacées les plus élégantes qu'on connaisse, est commune au Népaul, sur les collines ombragées.

OXYSPORA INCLINÉ. — *Oxyspora vagans* Wall. l. c.

Tige un peu sarmenteuse. Rameaux inclinés. Feuilles subcordiformes-ovales ou ovales-lancéolées, acuminées, crénelées, 5-nervées, ciliées, presque glabres en dessous. Panicules grêles, pendantes.

Cette espèce, non moins belle que la précédente, croît au Chittagong et au Silhet.

Genre MARCÉTIA. — *Marcetia* De Cand.

Calice oblong ou cylindracé, à 4 lobes lancéolés. Pétales 4, ovales, pointus. Étamines 8, égales ; anthères oblongues, uniporeuses, bituberculeuses à la base. Ovaire inadhérent, glabre. Style filiforme. Stigmate ponctiforme. Capsule 4-valve, 4-loculaire, presque aussi grande que le calice. Graines cochléariformes.

Arbrisseaux ou sous-arbrisseaux. Rameaux cylindriques. Feuilles subsessiles, très-entières, un peu charnues, souvent innervées. Fleurs axillaires, solitaires, subsessiles, 2-bractéolées, blanches ou rougeâtres.

Ce genre, qui appartient au Brésil, renferme onze espèces, dont voici les plus marquantes :

MARCÉTIA A FEUILLES D'IF. — *Marcetia taxifolia* De Cand. Prodr. — *Rhexia taxifolia* Aug. Saint-Hil. in Bonpl. Rhex. tab. 57.

Arbrisseau très-rameux, couvert d'une pubescence glanduleuse. Feuilles subsessiles, elliptiques-oblongues ou presque linéaires, révolutées aux bords, cordiformes à la base, innervées. Calice hispide, à lobes oblongs-linéaires. Pétales blancs ou pourprés, mucronés.

Cette espèce croît au Brésil, dans la province des Mines.

MARCÉTIA EXCORIÉ. — *Marcetia excoriata* De Cand. Prodr.
— Mart. et Zuccar. Nov. Gen. et Spec. Brasil. 3, tab. 248.

Arbuscule haut de 2 à 3 pieds, couvert d'une pubescence
glanduleuse, un peu visqueuse. Tige divisée supérieurement en
un grand nombre de rameaux subfastigiés ; écorce se détachant
sous forme de fibres. Feuilles longues de $^1/_2$ pouce à 1 pouce,
sessiles, cordiformes à la base, ovales, pointues, trinervées, planes, imbriquées. Fleurs axillaires et terminales, subsessiles, disposées en grappes feuillues. Calice dibractéolé, très-velu : tube
ovale ; lanières d'abord dressées, puis réfléchies, aussi longues
que le tube ; bractées plus courtes que le calice. Pétales oblongs-
obovales, réfléchis, longs de 3 à 4 lignes, de couleur lilas. Capsule oblongue, incluse.

Cet arbrisseau élégant a été trouvé par M. de Martius dans les
montagnes de la province des Mines.

Genre TREMBLÉYA. — *Trembleya* De Cand.

Calice ovale, resserré au sommet, à 5 lobes dilatés et terminés en appendice oblong ou sétiforme. Pétales 5, ovales.
Étamines 10 ; anthères alternativement dissemblables : 5
ovales-oblongues, terminées en bec obtus : connectif prolongé en ligule obcordiforme ou spathulée ; les 5 autres à connectif presque inappendiculé. Stigmate ponctiforme. Capsule glabre, ovale, 5-loculaire.

Arbrisseaux. Feuilles sessiles ou pétiolées, très-entières, 1-
ou 3-nervées, oblongues ou linéaires. Pédoncules axillaires
ou terminaux, 1-3-flores. Fleurs jaunes ou pourpres.

M. De Candolle a fait connaître six espèces de ce genre,
toutes indigènes au Brésil. En voici les plus élégantes :

TREMBLÉYA FAUX ROMARIN. — *Trembleya rosmarinoides*
De Cand. Prodr. — Mart. et Zuccar. Nov. Gen. et Spec. Brasil.
v. 3, tab. 249.

Frutescent, glabre. Rameaux nombreux, fastigiés. Feuilles
subsessiles, linéaires-lancéolées, pointues, 1-nervées, jaunâtres

en dessous. Fleurs axillaires et terminales , solitaires. Calice ovale : lanières linéaires-triangulaires. Pétales obovales.

Arbrisseau très-rameux , haut de 1 pied et plus. Feuilles longues au plus de 8 lignes, larges de 1 ligne. Bractées linéaires, un peu plus longues que le calice. Calice long de 2 $^1/_2$ lignes, d'un jaune verdâtre. Corolle large de 4 lignes, jaune.

Cet arbrisseau a été trouvé par M. de Martius au Brésil , dans la province des Mines , à une élévation de 4000 à 5000 pieds au-dessus du niveau de la mer. Toutes ses parties contiennent un suc jaune , propre à la teinture.

TREMBLÉYA PHLOGIFORME. — *Trembleya phlogiformis* De Cand. Prodr. — Mart. et Zuccar. l. c. tab. 250.

Suffrutescent , couvert de poils glandulifères. Feuilles subsessiles, lancéolées, ou lancéolées-elliptiques, pointues, trinervées. Ramules florifères disposés en panicule pyramidale. Pédoncules axillaires et terminaux , 1-flores, allongés, dibractéolés au sommet. Lanières calicinales sétacées, aussi longues que les bractées. Pétales oblongs.

Sous-arbrisseau haut de 1 $^1/_2$ à 2 pieds. Feuilles longues de 1 à 1 $^1/_2$ pouce, larges de $^1/_2$ pouce. Calice long de 4 à 7 lignes : tube oblong. Pétales longs de 4 à 8 lignes, glabres, d'un vert foncé.

M. de Martius a découvert cette espèce au Brésil, dans la province de Saint-Paul.

SECTION III. **LES OSBÉCKIÉES**. — *Osbéckieæ* De Cand. Prodr.

Anthères uniporeuses au sommet. Ovaire adhérent ou inadhérent , écailleux ou sétifère au sommet. Graines cochléariformes : hile orbiculaire , basilaire.

Genre LASIANDRA. — *Lasiandra* De Cand.

Calice ovale, à 5 lobes étroits, acuminés. Pétales 5 , obovales. Étamines 10 : filets poilus ; anthères allongées, courtement rostrées : connectif renflé et biauriculé à la base. Ovaire inadhérent, sétifère au sommet. Style souvent poilu. Capsule sèche, 3-loculaire. Graines peu nombreuses, un peu anguleuses.

Arbrisseaux. Rameaux strigueux. Feuilles courtement pétiolées ou sessiles, 3- ou 5-nervées, très-entières, ciliées, strigueuses en dessus, sétifères ou velues èn dessous aux nervures, veloutées ou velues entre les nervures. Fleurs grandes, pourpres, disposées en grappe ou en panicule terminales. Bractées caduques, géminées sous chaque fleur.

M. De Candolle a décrit vingt-cinq espèces de *Lasiandra*, toutes indigènes dans l'Amérique méridionale. Voici les espèces les plus intéressantes par là beauté de leur feuillage et de leurs fleurs :

LASIANDRA DE MARTIUS. — *Lasiandra Martiusiana* De Cand. Prodr. — Mart. et Zuccar. Nov. Gen. et Spec. Brasil. 3, tab. 242.

Rameaux trigones, scabres. Feuilles verticillées-ternées, sub-sessiles, oblongues, très-entières, pointues, trinervées, glabres en dessus, strigueuses en dessous et aux bords. Panicule terminale. Calice strigueux : lobes ciliés, caducs. Pétales ciliés. Filets hispides. Style glabre.

Arbrisseau haut de 3 à 6 pieds. Feuilles longues de 1 à 3 pouces, larges de $^1/_2$ pouce. Panicule ample, feuillée à la base : ramules triflores. Corolle large de 1 pouce, violette : pétales obovales. Filets d'un rose tirant sur le violet. Capsule ovale-globuleuse, un peu saillante.

Cette espèce a été trouvée par M. de Martius dans les montagnes de la province des Mines, à une élévation de 3500 à 4800 pieds au-dessus du niveau de la mer.

LASIANDRA DE MAXIMILIEN. — *Lasiandra Maximiliana* De Cand. Prodr. — Mart. et Zuccar. l. c. tab. 241.

Rameaux tétragones, scabres et strigueux de même que les pétioles et les pédoncules. Feuilles pétiolées, ovales, pointues, strigueuses et scabres en dessus, innervées en dessous : nervules

satinés. Thyrse paniculé, terminal. Calice strigueux. Style glabre. Filets poilus à la base.

Arbrisseau haut de 4 à 5 pieds. Tiges grêles. Ramules verts,
tétragones. Feuilles étalées, longues de 1 1/2 à 4 pouces, larges
de 1 à 2 pouces. Panicule feuillée à la base : ramules subtriflores ;
pédicelles en cyme. Pétales longs de près de 1 pouce, obovales,
un peu échancrés, d'un lilas tirant sur le violet. Filets roses : les
extérieurs longs de 6 lignes. Capsule ovale, longue de 4 lignes,
incluse.

Cette espèce croît au Brésil, dans les provinces de Saint-Sébastien et de Saint-Paul.

LASIANDRA DE DESFONTAINES. — *Lasiandra Fontanesiana*
De Cand. Prodr. — *Rhexia Fontanesii* Bonpl. Rhex. tab. 36.
— *Melastoma granulosa* Bot. Reg. tab. 671.

Ramules tétragones, presque ailés, strigueux de même que les
pétioles, les pédoncules et la face supérieure des feuilles. Feuilles
pétiolées, oblongues, pointues, 5-nervées, veloutées en dessous,
sétenses aux bords et aux nervures. Grappes terminales : pédicelles
opposés, 1-3-flores. Calice très-velu. Filets très-hérissés. Style
glabre.

Feuilles longues d'environ 5 pouces. Fleurs grandes, d'un
rose vif.

Cette espèce, originaire du Brésil méridional, se cultive dans
les collections de serre.

LASIANDRA FISSINERVÉ. — *Lasiandra fissinervia* De Cand.
Prodr. — Mart. et Zuccar. l. c. tab. 243.

Rameaux tétragones. Pétioles, pédoncules et face supérieure
des feuilles strigueux. Feuilles pétiolées, oblongues, pointues,
veloutées en dessous et strigueuses aux nervures, 3-nervées : nervures latérales bifides. Fleurs en grappe : pédoncules opposés,
1-3-flores. Calice pubescent, blanchâtre. Filets hérissés. Style
glabre.

Arbrisseau atteignant la hauteur d'un homme. Feuilles longues
de 3 à 5 pouces, larges de 1 1/2 pouce. Panicule feuillée, simple :

pédoncules subtriflores. Corolle d'un rose vif, large de 1 pouce : pétales obovales. Filets roses, velus au sommet.

M. de Martius a découvert cette espèce au Brésil, dans les montagnes de la province des Mines.

LASIANDRA DE LANGSDORF. — *Lasiandra Langsdorfiana* De Cand. Prodr.—*Rhexia Langsdorfiana* Bonpl. Rhex. tab. 51.

. Ramules tétragones, presque ailés, séteux de même que les pédoncules. Pétioles velus, très-courts. Feuilles elliptiques, mucronées, 5-nervées, strigueuses en dessus, cotonneuses en dessous et velues aux nervures. Panicule thyrsiforme, terminale, multiflore. Calice ovale, velu, blanc : lobes lancéolés, caducs. Filets et style hispidules. — Fleurs grandes, pourpres.

Cette espèce croît au Brésil, dans les provinces de Saint-Paul et de Rio-Janéiro. On la cultive en Europe dans les serres.

LASIANDRA ARGENTÉ. — *Lasiandra argentea* De Cand Prodr. — *Rhexia holosericea* Bonpl. Rhex. tab. 12. — Bot. Reg. tab. 323. — Bot. Cab. tab. 236. — Herb. de l'Amat. tab. 321. — *Melastoma clavata* Pers. Enchir. — *Melastoma argentea* Desrouss. in Lamk. Dict. (non Linn.)

Rameaux tétragones, strigueux. Feuilles sessiles, ovales, 5- ou 7-nervées, très-entières, satinées-argentées aux 2 faces. Thyrse paniculé, terminal : rachis satiné, comprimé. Calice tubuleux. Filets et style légèrement hispides. — Fleurs grandes, d'un bleu vif.

Cette espèce magnifique se cultive fréquemment dans les collections de serre ; elle est originaire des environs de Rio-Janéiro.

Genre CHÉTOGASTRA. — *Chœtogastra* De Cand.

Calice poilu ou squamellifère, turbiné, à 5 lobes persistants. Pétales 5, obovales. Étamines 10; filets glabres; anthères oblongues, semblables, 1-poreuses : connectif prolongé à sa base tantôt en éperon soit entier, soit bifide; tantôt en 2 gibbosités obtuses, quelquefois minimes. Ovaire sétifère au sommet et souvent denticulé, inadhérent. Capsule 5-loculaire. Graines cochléariformes.

Arbrisseaux ou rarement herbes, la plupart strigueux. Feuilles 3- ou 5-nervées, très-entières, ou légèrement dentelées. Fleurs blanches ou pourpres, terminales.

Ce genre, dont M. De Candolle décrit vingt-huit espèces, appartient à l'Amérique méridionale. En général, les *Chétogastra* se parent de fleurs éclatantes et d'un feuillage très-élégant. Voici les espèces les plus marquantes :

SECTION Ire MONOCENTRA De Cand. Prodr.

Calice obovale ou turbiné : lobes lancéolés, dilatés à la base. Éperon du connectif entier. Ovaire denticulé au sommet. — Arbrisseaux. Fleurs grandes, pourpres. Rameaux cylindriques.

CHÉTOGASTRA ÉLÉGANT. — *Chœtogastra speciosa* De Cand. Prodr. — *Rhexia speciosa* Bonpl. Rhex. tab. 4.

Rameaux veloutés. Feuilles courtement pétiolées, oblongues, 3-nervées, très-entières, ciliées, glabres aux 2 faces excepté les nervures. Fleurs terminales, solitaires. Calice turbiné, pubescent. Éperon du connectif épais, conique.

Arbrisseau très-rameux, haut d'environ 10 pieds, semblable par son port au *Cistus ladaniferus*. Feuilles d'un beau vert, longues d'environ 3 pouces. Fleurs d'un pourpre vif, larges de 3 pouces.

« Le *Rhexia speciosa*, dit M. Bonpland, croît avec le » *Quinquina jaune* et plusieurs autres espèces de *Rhexia*, » dans les environs de la ville de Popayan, à une élévation de » 1786 mètres. Les habitants de cette ville le connaissent sous le » nom de *Flor de mayo*, parce qu'il donne ses fleurs au mois » de mai. C'est de toutes les Mélastomacées connues jusqu'à ce » jour, celle qui a les plus grandes fleurs. »

CHÉTOGASTRA RÉTICULÉ. — *Chœtogastra reticulata* De Cand. Prodr. — *Rhexia reticulata* Bonpl. Rhex. tab. 9.

Feuilles pétiolées, 5-nervées, ovales-lancéolées, acuminées, denticulées, séteuses en dessus, réticulées en dessous. Fleurs terminales, presque sessiles, subsolitaires. Calice campanulé, velu : lobes ovales-lancéolés. Connectif à éperon filiforme.

Petit arbre haut de 6 à 9 pieds; sommité des jeunes ramules d'un violet foncé. Feuilles légèrement coriaces, bullées en dessus, longues de 2 à 3 pouces. Fleurs d'un beau violet, larges de 2 pouces ou plus.

« Le *Rhexia reticulata*, dit M. Bonpland, est remarquable » par la grandeur et la beauté de ses fleurs. Il croît spontané- » ment sur la montagne de Saragaru, près la ville de Loxa, » à 2000 mètres d'élévation. Avec plusieurs espèces de *Wein-* » *mannia*, il fait le fond de la végétation de cette partie des » Andes. »

SECTION II. DIODANTHERA De Cand. Prodr.

Calice obovale, non-bractéolé. Connectif à éperon bifide ou à 2 auricules obtuses. — Fleurs blanches ou roses.

CHÉTOGASTRA CILIÉ.— *Chœtogastra ciliaris* De Cand. Prodr. —*Meriana ciliaris* Vent. Choix. tab. 34.

Tige herbacée, tétragone, très-hispide de même que les pé- tioles et pédoncules. Feuilles courtement pétiolées, oblongues, acuminées, dentelées, 5-nervées, séteuses en dessus, pâles et très-velues en dessous. Cyme terminale. Calice très-velu : lobes courts, lancéolés. Connectif à 2 auricules obtuses. Pétales obo- vales, ciliés, de couleur pourpre.

Cette espèce, originaire de la Colombie, se cultive dans les collections de serre.

CHÉTOGASTRA LANCÉOLÉ. — *Chœtogastra lanceolata* De Cand. Prodr.— Bot. Mag. tab. 2836. — *Rhexia flexuosa* Ruiz et Pav. Flor. Peruv. tab. 320, fig. 6. — *Rhexia lanceolata* Bonpl. Rhex. tab. 21. — *Osbeckia lanceolata* Spreng. Syst.

Feuilles pétiolées, lancéolées, acuminées, denticulées-ciliées, 5-nervées, velues. Thyrse terminal, composé, paniculé, feuillé à la base, presque corymbiforme. Lobes du calice subulés, plus longs que le tube. Connectif inapparent, gibbeux à la base.

Sous-arbrisseau indigène au Pérou. Rameaux cylindriques, à villosité couchée. Fleurs blanches.

Cette espèce indigène au Pérou, se cultive dans les serres.

CHÉTOGASTRA TORTUEUX. — *Chœtogastra tortuosa* De Cand. Prodr. — *Rhexia tortuosa* Bonpl. Rhex. tab. 7.

Feuilles subsessiles, lancéolées, 3-nervées, poilues, très-entières. Pédoncules courts, terminaux, 1-2-flores. Calice velu, à lobes subulés, de la longueur du tube. Connectif à appendice court, échancré.

Arbrisseau tortueux, inégalement ramifié, haut d'environ un pied. Feuilles petites, membraneuses. Fleurs blanches, larges de ¹/₂ pouce.

Cette espèce ressemble à un *Rhododendron*; elle a été observée par MM. de Humboldt et Bonpland, dans la Nouvelle-Espagne, à 1200 toises d'élévation au-dessus du niveau de la mer.

CHÉTOGASTRA BLANCHATRE. — *Chœtogastra canescens* De Cand. Prodr. — *Rhexia canescens* Bonpl. Rhex. tab. 6.

Feuilles pétiolées, ovales, pointues, 3-nervées, très-entières, couvertes de poils mous très-serrés. Fleurs penchées, courtement pédicellées, subterminales, solitaires ou ternées. Calice hérissé; lobes de la longueur du tube. Connectif presque nul; anthères échancrées à la base.

Arbrisseau très-rameux, haut d'environ un pied. Jeunes rameaux fortement poilus. Feuilles longues de ¹/₂ pouce ou moins. Fleurs larges de 12 à 15 lignes, d'un beau violet.

Cette espèce, qui a tout l'aspect du *Rhododendron hérissé* de nos Alpes, croît sur le volcan de Purase, près de Popayan, dans un sable souvent couvert de neige. C'est, disent MM. de Humboldt et Bonpland, une des dernières plantes qu'on trouve en allant au cratère, à 3300 mètres d'élévation au-dessus du niveau de la mer. Les habitants de toute la province de Popayan, de celle de Quito et du royaume de Santa-Fé, le con-

naissent sous le nom de *Sarzileja*, et ils en emploient la décoc‑
tion pour guérir toutes les affections du système urinaire.

CHÉTOGASTRA STRIGILLEUX. — *Chœtogastra strigillosa*
Mart. et Zuccar. Nov. Gen. et Spec. Brasil. 3, tab. 245.

Herbacé, dressé, très-strigilleux. Feuilles très-courtement pé‑
tiolées, oblongues ou ovales, pointues, très-finement crénelées.
Fleurs sessiles en glomérules axillaires, ou paniculées. Calice
strigueux. Pétales obovales.

Tiges grêles, hautes de 1 à 2 pieds. Feuilles longues de 2 à
4 pouces, larges de 1 à 1 ¹/₂ pouce. Pédoncules axillaires et termi‑
naux. Calice long de 6 lignes. Pétales longs de 1 pouce, violets,
obovales, inéquilatéraux, ciliolés. Capsule oblongue, incluse.

Cette espèce a été trouvée par M. de Martius au Brésil, dans la
province des Mines.

CHÉTOGASTRA MURIQUÉ. — *Chœtogastra muricata* De Cand.
Prodr.—*Rhexia muricata* Bonpl. Rhex. tab. 1.

Feuilles pétiolées, 5-nervées, ovales, pointues, bulleuses
et séteuses en dessus, soyeuses en dessous. Fleurs solitaires, ter‑
minales. Calice hérissé : lobes ovales, pointus. Connectif à ap‑
pendice court, échancré à la base.

Arbrisseau semblable au *Cistus salvifolius*, s'élevant de 6 à
12 pieds, divisé dès sa base et presque entièrement garni de
feuilles; rameaux opposés en croix, cylindriques. Feuilles pres‑
que coriaces, longues de 2 pouces. Fleurs violettes, larges de
2 pouces.

Cette espèce, remarquable par la grandeur et la beauté de ses
fleurs, croît entre la ville de Popayan et le volcan de Purase, à
3250 mètres au-dessus du niveau de la mer. Elle supporterait
probablement en pleine terre le climat du midi de la France.

CHÉTOGASTRA CARDINAL.—*Chœtogastra cardinalis* De Cand.
Prodr. — *Rhexia cardinalis* Bonpl. Rhex. tab. 37. — *Melas‑
toma cardinalis* Spreng. Syst.

Ramules légèrement tétragones, hérissés, feuillus. Feuilles
subsessiles, réniformes-orbiculaires, très-entières, 5 -ou 7-nervées,
strigueuses en dessus, hérissées en dessous de poils soyeux.

Fleurs terminales, agrégées, subsessiles. Calice hispide, campanulé; lobes obtus, plus longs que le tube. Connectif court, échancré à la base. — Calice coloré en dedans. Corolle grande, d'un rose tirant sur le pourpre.

Cette espèce magnifique croît au Brésil, dans la province de Para.

CHÉTOGASTRA SARMENTEUX. — *Chætogastra sarmentosa* De Cand. Prodr. — *Rhexia sarmentosa* Bonpl. Rhex. tab. 10.

Feuilles sessiles, cordiformes-ovales, pointues, denticulées, 7-nervées, velues. Fleurs terminales, subsessiles, ternées. Calice très-velu : lobes oblongs, de la longueur du tube. Connectif bicalleux à la base. Étamines unilatérales.

Arbrisseau sarmenteux, entièrement couvert de poils. Rameaux très-ouverts. Feuilles coriaces, longues de 1 à 2 pouces. Fleurs d'un rose violet, larges de 18 lignes.

Cet arbrisseau habite les régions chaudes du Pérou.

CHÉTOGASTRA ROIDE.— *Chætogastra stricta* De Cand. Prodr. — *Rhexia stricta* Bonpl. Rhex. tab. 8 (non Pursh).

Feuilles courtement pétiolées, ovales-lancéolées, pointues, très-entières, trinervées, poilues. Fleurs terminales, solitaires, subsessiles, penchées, dibractéolées. Calice coloré, campanulé : lobes aussi longs que le tube. Pétales ciliés au sommet. Connectif prolongé en 2 soies capitellées au sommet.

Arbrisseau haut d'environ 3 pieds. Rameaux dressés, roides, grêles. Feuilles coriaces, longues de 3 à 6 lignes. Fleurs larges de 1 pouce. Calice pourpre. Corolle violette.

Cette espèce a été trouvée par MM. de Humboldt et Bonpland, au Pérou, sur le volcan de Purase, à dix mille pieds au-dessus du niveau de la mer.

SECTION III. BRACTEARIA De Cand. Prodr.

Calice obovale, poilu, ou entouré à sa base de 6 bractées bisériées; lobes obtus. Connectif inarticulé.

CHÉTOGASTRA TOUFFU. — *Chætogastra conferta* De Cand. Prodr.—*Rhexia conferta* Bonpl. Rhex. tab. 20.

Arbuscule très-rameux. Ramules un peu hérissés. Feuilles recouvrantes, petites, courtement pétiolées, ovales, obtuses, 3-nervées, strigueuses. Fleurs terminales, solitaires, penchées. Pétales suborbiculaires, connivents., violets. Capsule globuleuse, à 5 petites dents hispidules.

Cette espèce croît dans les hautes Andes du Pérou, aux environs de Loxa.

Genre ARTHROSTEMMA. — *Arthrostemma* Pav.

Calice turbiné ou campanulé, souvent poilu, ou sétifère, ou écailleux, à 4 lobes lancéolés, persistants; point d'appendices dans les interstices des lobes. Pétales 4. Étamines 8; filets glabres; anthères oblongues, 1-poreuses : connectif allongé, 2-auriculé à la base. Ovaire sétifère au sommet. Capsule 4-loculaire. Graines cochléariformes.

Sous-arbrisseaux ou herbes.

M. De Candolle classe dans ce genre vingt-trois espèces, toutes indigènes dans l'Amérique méridionale. En voici les plus curieuses :

SECTION Iʳᵉ. **CHÆTOPETALUM** De Cand. Prodr.

Pétales 4, ovales, aristés au sommet. Anthères 8, ovales, connectif inappendiculé. Ovaire 4-denté au sommet. Capsule 4-loculaire. Graines réniformes. — Herbes suffrutescentes à la base. Fleurs blanches ou jaunes.

ARTHROSTEMMA d'ANGOSTURA. — *Arthrostemma angusturense* De Cand. Prodr. — *Rhexia angusturensis* Bonpl. Rhex. tab. 29.

Herbacé. Feuilles lancéolées, 3-nervées, très-entières, poilues aux 2 faces. Fleurs terminales, subsolitaires (blanches). Calice pubescent. Étamines à peine plus longues que les pétales : anthères linéaires-falciformes.

Cette espèce a été trouvée par MM. de Humboldt et Bonpland, sur les bords de l'Orénoque, aux environs d'Angosture.

Section II. BRACHYOTUM De Cand. Prodr.

Calice 4-fide. Pétales subaristés, souvent convolutés. Connec-tif très-courtement bi-auriculé. Ovaire sétifère au sommet. Capsule 4-loculaire. — Sous-arbrisseaux.

ARTHROSTEMMA CAMPANULÉ. — *Arthrostemma campanulare* De Cand. Prodr. — *Rhexia campanularis* Bonpl. Rhex. tab. 14.

Ramules pubescents-ferrugineux. Feuilles ovales, 5-nervées, très-entières, hispides en dessus, cotonneuses en dessous. Fleurs penchées, campanulées. Calice poilu. Pétales d'un -pourpre noi-râtre. Capsule globuleuse.

Cette espèce habite les régions alpines des Andes du Pérou.

Section III. LADANOPSIS De Cand. Prodr.

Calice 4-fide. Pétales obovales, étalés ; connectif un peu al-longé, courtement bi-auriculé à la base. Capsule sétifère au sommet; graines cochléariformes.— Herbes ou sous-ar-brisseaux.

ARTHROSTEMMA FAUX LADANUM.—*Arthrostemma ladanoides* De Cand. Prodr. — *Rhexia ladanoides* Rich. in Bonpl. Rhex. tab. 27.

Herbacé, dressé. Tige tétragone, strigueuse de même que les 2 faces des feuilles. Feuilles courtement pétiolées, ovales-lan-céolées, acuminées, 3-nervées, dentelées. Pédoncules axillaires 1-flores et terminaux, 3-flores, distants. Calice hispide : tube ovale; lobes oblongs, ciliés, plus courts que le tube.

Cette espèce habite la Guiane et le Brésil.

ARTHROSTEMMA VERSICOLORE.—*Arthrostemma versicolor* De Cand. Prodr.—*Rhexia versicolor* Lindl. in Bot. Reg. tab. 1066.

Poilu à toutes les parties herbacées. Feuilles ovales-elliptiques ou ovales-oblongues, dentelées, 5-nervées, dicolores en des-sous. Fleurs terminales, solitaires, plus courtes que les feuilles. Capsule ovale, poilue au sommet.

Tige suffrutescente, rameuse, très-poilue. Feuilles longues de

12 à 18 lignes, rougeâtres en dessous et aux bords. Fleurs plus courtes que les bractées, d'abord blanches, puis rougeâtres. Calice ovale, poilu : segmens spathulés, dentelés au sommet. Pétales onguiculés, obovales, obtus, ciliés.

Cette plante, indigène dans l'île de Sainte-Catherine, voisine de la côte du Brésil méridional, a été introduite en 1830 au jardin de la société horticulturale de Londres. On la cultive en orangerie. Elle fleurit pendant tout l'été.

ARTHROSTEMMA LUISANT. — *Arthrostemma nitida* Hook. in Bot. Mag. tab. 3142.

Tige suffrutescente, dressée, tétraptère, hérissée (de même que les ramules) de poils roux étalés. Feuilles ovales, pointues, dentelées, ciliées, luisantes en dessus, glanduleuses-hispides aux nervures de la face inférieure. Pédoncules axillaires-subterminaux, 3-flores, plus longs que le pétiole. Pétales obovales, rétus. Anthères dissemblables ; connectif courtement bi-auriculé.

Herbe vivace. Rameaux étalés ou ascendants. Feuilles longues de 3 pouces, sur 2 pouces de large. Calice glanduleux-hispide. Corolle d'un lilas pâle, large de 1 pouce.

Cette plante a été obtenue en Angleterre, de graines récoltées aux environs de Buénos-Ayres.

Section IV. MONOCHÆTUM De Cand. Prodr.

Calice 4-fide. Connectif prolongé en éperon entier ou échancré, ascendant, ou bien en soie basilaire.

ARTHROSTEMMA MYRTÉ. — *Arthrostemma myrioideum* De Cand. Prodr. — *Rhexia myrtoidea* Bonpl. Rhex. tab. 3.

Suffrutescent. Ramules veloutés. Feuilles oblongues, très-entières, glabres en dessus, blanchâtres et triplinervées en dessous. Fleurs axillaires-solitaires et terminales-ternées. Tube calicinal turbiné, glabre. Anthères longuement éperonnées. Pétales ovales-lancéolés, violets.

Cette espèce croît aux environs de Santa-Fé de Bogota.

ARTHROSTEMMA MULTIFLORE. — *Arthrostemma multiflorum* De Cand. Prodr. — *Rhexia multiflora* Bonpl. Rhex. tab. 6.

Suffrutescent, rameux dès la base. Feuilles courtement pétio-lées, lancéolées, 5- ou 7-nervées, très-entières, velues. Thyrse paniculé, terminal, multiflore. Anthères à appendice sétifor-me, basilaire. Fleurs roses.

Cette espèce habite les bords de l'Orénoque.

Genre OSBÉCKIA. — *Osbeckia* (Linn.) Don.

Calice ovale, souvent couvert de soies ou de poils étoilés, à 4 ou 5 lobes persistants ou caducs, alternes avec des ap-pendices de forme variée. Pétales 4 ou 5. Étamines 8 ou 10; filets glabres; anthères presque égales, courtement rostrées : connectif biauriculé à la base. Ovaire sétifère au sommet. Capsule 4- ou 5-loculaire. Graines cochléariformes.

Sous-arbrisseaux ou herbes. Feuilles 3-ou 5-nervées, très-entières. Fleurs terminales.

On trouve des *Osbéckia* dans la zone équatoriale des deux continents, mais ce genre offre beaucoup plus d'espèces dans l'Amérique méridionale qu'ailleurs. M. De Candolle en dé-crit trente-quatre, dont voici les plus intéressantes :

SECTION Iʳᵉ. MICROLEPIS De Cand. Prodr.

Tube calicinal ovale-oblong, resserré au sommet; limbe 5-fide, caduc : appendices minimes, ciliés.

OSBÉCKIA A EEUILLES D'OLIVIER. — *Osbeckia oleæfolia* De Cand. Prodr. — *Lasiandra oleæfolia* Mart. et Zuccar. Nov. Gen. et Spec. Brasil. 3, tab. 244.

Rameaux légèrement tétragones, cotonneux. Feuilles pétio-lées, oblongues-lancéolées, très-entières, 3-nervées, veloutées-blanchâtres en dessous, glabres en dessus. Thyrse terminal. Ca-lice velouté, recouvert avant l'épanouissement par les bractées : lobes courts, oblongs. Anthères un peu dissemblables.

Arbrisseau haut de 3 à 5 pieds. Rameaux brachiés. Feuilles

longues de 1 à 2 pouces, larges de ¹/₂ pouce. Panicule nue, multiflore : pédoncules sub-5-flores. Calice campanulé. Corolle large de ¹/₂ pouce, violette. Pétales obovales-oblongs. Filets longs de 3 à 4 lignes. Capsule oblongue, incluse.

M. de Martius a découvert cette espèce dans la province de Saint-Paul.

SECTION II. CHÆTOLEPIS De Cand. Prodr.

Calice à 4 lobes persistants, alternes avec des houppes de soies.

OSBÉCKIA A PETITES FEUILLES. — *Osbeckia microphylla* De Cand. Prodr. — *Rhexia microphylla* Bonpl. Rhex. tab. 2.

Arbrisseau très-rameux. Rameaux cylindriques, strigueux, scabres. Feuilles subsessiles, ovales, très-entières, 5-nervées, strigueuses aux 2 faces, pâles en dessous. Fleurs solitaires, pédonculées, presque en corymbe. Tube calicinal ovale, sétifère au sommet. Ovaire couronné de 8 soies. Pétales jaunes, obovales, anthères obtuses.

Cette espèce croît dans les montagnes des environs de Santa-Fé de Bogata.

SECTION III. PTEROLEPIS De Cand. Prodr.

Calice à 4 ou 5 lobes persistants : appendices allongés, pectinés.

a) *Fleurs 5-fides.*

OSBÉCKIA DE SIMS. — *Osbeckia Simsii* De Cand. Prodr. — *Melastoma Osbeckioides* Sims, in Bot. Mag. tab. 2235.

Rameaux tétragones, hispides. Feuilles courtement pétiolées, elliptiques-oblongues, 3-nervées, hérissées aux bords et aux nervures. Fleurs terminales, agrégées (de couleur pourpre).

Cette espèce, originaire de l'Ile-de-France, se cultive dans les serres.

OSBÉCKIA PRINCE. — *Osbeckia Princeps* De Cand. Prodr. — — *Rhexia Princeps* Bonpl. Rhex. tab. 45.

Ramules anguleux, cotonneux-ferrugineux de même que la face inférieure des feuilles. Feuilles pétiolées, cordiformes-oblongues, dentelées, 7-nervées, strigueuses en dessus. Corymbes terminaux. Calices hérissés de poils glandulifères.

Cette espèce croît au Brésil.

b) *Fleurs 4-fides.*

OSBÉCKIA ALPESTRE. — *Osbeckia alpestris* De Cand. Prodr. — *Chætogastra alpestris* Mart. et Zuccar. l. c. tab. 247.

Herbacé, strigueux-velu. Tige presque simple, dressée. Feuilles très-courtement pétiolées, ovales, pointues, finement crénelées. Fleurs terminales, glomérulées. Calice strigueux : lanières alternes avec des soies palmées, stipitées. Pétales obovales.

Tige haute de $\frac{1}{2}$ à 2 pieds, grèle, subtétragone. Feuilles ordinairement longues de 1 pouce, sur 6 lignes de large. Calice long de 5 à 6 lignes. Corolle large de $\frac{1}{2}$ pouce, d'un pourpre tirant sur le violet. Étamines plus longues que les pétales : filets roses, glabres. Capsule incluse.

M. de Martius a trouvé cette espèce au Brésil, dans les montagnes de la province des Mines.

OSBÉCKIA A PÉTALES SINUOLÉS. — *Osbeckia repanda* De Cand. Prodr. — *Chætogastra repanda* Mart. et Zuccar. Nov. Gen. et Spec. Bras. 3, tab. 246.

Herbacé, ascendant, strigueux. Feuilles pétiolées, ovales-acuminées, ou ovales-lancéolées. Pédoncules allongés, subtriflores. Lanières calicinales alternes avec des houppes de soie. Pétales cunéiformes, tronqués et sinuolés au sommet.

Tiges grêles, hautes de 1 à 2 pieds. Feuilles longues de 1 $\frac{1}{2}$ pouce, larges de $\frac{1}{2}$ pouce. Calice parsemé de poils simples, roussâtres. Pétales longs de 1 pouce, violets, inéquilatéraux. Filets roses à la base, violets au sommet.

M. de Martius a observé cette espèce au Brésil, dans la province des Mines.

OSBÉCKIA GLOMÉRULÉ. — *Osbeckia glomerata* De Cand.

Prodr. — Bot. Mag. tab. 2838. — *Rhexia glomerata* Rotth.
Sur. 8, tab. 4. — Lodd. Bat. Cab. tab. 334. — *Rhexia capitata*
Rich. in Bonpl. Melast. 2, tab. 32.

Suffrutescent ou herbacé. Rameaux presque cylindriques, strigueux. Feuilles subsessiles, lancéolées, acuminées, 3-nervées,
satinées. Fleurs axillaires-subsolitaires et en capitules terminaux. Tube calicinal ovale : lobes raides, lancéolés. Pétales
roses ou blancs, obovales, à peine plus longs que les lobes du
calice.

Cette espèce, originaire du Brésil, se cultive dans les serres.

Section IV. OSBECKIARIA De Cand. Prodr.

Calice 4-ou 5-fide, recouvert de soies étoilées : appendices
plumeux ou plus souvent pectinés, caducs de même que
les lobes.

OSBÉCKIA DE CHINE. — *Osbeckia chinensis* Linn. — Bot.
Reg. tab. 542.

Herbacé. Tige tétraèdre. Feuilles subsessiles, lancéolées-oblongues, 3-nervées, hispidules, légèrement crénelées. Cyme terminale, pauciflore. Calice hémisphérique : lobes linéaires, pointus, séteux. Pétales obovales, acuminés, plus longs que les
étamines, de couleur violette. Anthères subfalciformes. Style filiforme, courbé au sommet. Capsule globuleuse, blanchâtre.

Cette espèce n'est pas rare dans les collections de serre.

OSBÉCKIA DE CÉILAN. — *Osbeckia zeylanica* Linn. fil. —
Bot. Reg. tab. 565.

Rameaux tétragones, strigueux. Feuilles ovales-lancéolées,
3-nervées, subsessiles, strigueuses, presque pendantes. Fleurs
subsessiles, subternées. Calice tubuleux, 4-fide : lobes ovales-
oblongs. Pétales obovales, acuminés, inéquilatéraux, grands,
roses. Ovaire couronné de 16 à 20 soies. Style presque rectiligne.
Capsule ellipsoïde.

Cette espèce se cultive dans les serres.

OSBÉCKIA DU NÉPAUL. — *Osbeckia nepalensis* Hook. Exot.
Flor. tab. 31.

Rameaux subtétragones, scabres, strigueux. Feuilles sessiles, oblongues-lancéolées, 5-nervées, strigueuses. Fleurs fasciculées, bractéolées. Calice recouvert de squamules palmatifides : tube obovale ; lobes caducs, de la longueur du tube. Pétales obovales, violets. Anthères subfalciformes, ondulées. Capsule glabrescente, tronquée.

Cette espèce se cultive dans les serres.

OSBÉCKIA ÉTOILÉ. — *Osbeckia stellata* Don, in Bot. Reg. tab. 674.

Feuilles lancéolées-oblongues, acuminées, 5-nervées, hispides ainsi que les rameaux. Calice oblong, urcéolé, hérissé de poils étoilés. Étamines ascendantes. Anthères flexueuses, plus longues que les filets.

Arbrisseau dressé, haut de 2 pieds et plus. Rameaux tétragones. Feuilles longues de 2 à 6 pouces. Corolle rose, de plus de 2 pouces de diamètre. Pétales cunéiformes-obovales.

Cette espèce, originaire de l'Inde, se cultive dans les serres.

Genre TIBOUCHINA. — *Tibouchina* Aubl.

Calice turbiné, écailleux, accompagné à la base de 2 involucres composés chacun de 2 bractées connées ; lobes 5, lancéolés ; point d'appendices dans les interstices. Pétales 5, obovales : le supérieur plus grand que les 4 inférieurs. Étamines 10 ; filets glabres ; connectif biauriculé à la base. Ovaire inadhérent, sétifère au sommet. Capsule 5-valve, 5-loculaire. Graines cochléariformes.

L'espèce suivante constitue à elle seule ce genre :

TIBOUCHINA SCABRE. — *Tibouchina scabra* Aubl. Guian. tab. 177. — *Melastoma aromatica* Vahl. Ecl.

Arbrisseau haut de 3 à 4 pieds, rameux dès la base. Tige rameuse, tétragone, couverte de squamules oncinées très-scabres. Feuilles courtement pétiolées, ovales, pointues, 5-nervées, très-entières. Ramules florifères axillaires et terminaux, rapprochés en thyrse pyramidal, lâche, feuillé. Fleurs solitaires et ternées, subterminales, pédonculées. Corolle pourpre, large de $^1/_2$ pouce.

Cette espèce croît dans la Guiane, où les colons emploient l'infusion de ses fleurs comme remède calmant et pectoral. Toutes les parties de la plante sont aromatiques.

Genre MÉLASTOMA. — *Mélastoma* Burm.

Tube calicinal ovoïde, souvent recouvert de squamules; limbe 5-fide (moins souvent 4-ou 6-fide), caduc, quelquefois alterne avec de petits appendices. Pétales 4-6. Étamines en nombre double des pétales (rarement en même nombre que les pétales). Connectif tantôt raccourci, tantôt allongé, prolongé à sa base en 2 soies ou en 2 éperons. Stigmate ponctiforme. Péricarpe charnu, ordinairement 5-loculaire.

Arbrisseaux. Feuilles pétiolées, entières ou dentelées, 3-5-ou 7-nervées. Pédoncules axillaires ou terminaux. Fleurs grandes, blanches, ou roses, ou pourpres.

Dans ses limites actuelles, ce genre est propre à l'ancien continent. M. de Candolle en énumère soixante-quatre espèces, dont voici les plus remarquables :

a) *Lobes calicinaux, pétales et étamines en nombre quinaire, ou rarement en nombre sénaire. Panicules corymbiformes, terminales.*

Mélastoma des Moluques. — *Melastoma malabathricum* Linn.— Hort. Malab. 4, tab. 42.— Rumph. Amb. 4, tab. 72.

Ramules tétragones, strigueux. Feuilles elliptiques-oblongues, très-entières, pointues, vertes aux 2 fáces, arrondies à la base. Corymbes pauciflores. Calice squamelleux, à 6 lobes ovales, pointus. Anthères alternativement à connectif très-long et très-court. Fleurs grandes, de couleur pourpre.

Cet arbrisseau abonde aux Moluques ainsi qu'aux îles de la Sonde. Son fruit, de couleur violette ou noirâtre et du volume de celui de l'Arbousier, contient une chair mangeable, granuleuse et succulente, d'une saveur douceâtre; au Malabar on s'en sert pour teindre le coton en bleu.

MÉLASTOMA SCABRE. — *Melastoma asperum* Linn. — Hort. Malab. 4, tab. 43. — Rumph. Amb. 4, tab. 71.

Rameaux à 4 angles obtus, hérissés (ainsi que les feuilles) de soies scabres. Feuilles elliptiques, pointues, trinervées, vertes aux 2 faces. Panicule composée [de petites grappes : pédicelles courts. Calice hispide et recouvert d'une pubescence apprimée : lobes longs, obtus, carénés. Fruit rouge, tuberculeux.

Cet arbrisseau, indigène aux Moluques et à Ceylan, produit aussi un fruit mangeable, qu'on peut comparer à celui de l'Arbousier, tant pour la forme que pour la saveur.

MÉLASTOMA A GROS FRUIT.—*Melastoma macrocarpum* Don, in Mem. Soc. Wern. 4, p. 289. — De Cand. Prodr. — *Melastoma malabathricum* Sims, in Bot. Mag. tab. 529 (excl. syn.)— Bot. Reg. tab. 672 (excl. syn.)

Rameaux presque cylindriques, strigueux. Pétioles subhispides, strigueux. Feuilles ovales-oblongues, acuminées, 5-nervées, très-entières, vertes aux 2 faces, scabres en dessus, pubérules en dessous et scabres aux nervures. Fleurs terminales, subsolitaires. Calice subglobuleux, hérissé de longues soies. Étamines alternativement dissemblables. — Fleurs grandes, d'un rose vif.

Cette espèce, originaire de Chine, n'est pas rare dans les collections de serre.

MÉLASTOMA A SOIES POURPRES. — *Melastoma sanguineum* Don, l. c. — Bot. Mag. tab. 2241.

Rameaux cylindriques, fortement hérissés de longues soies pourpres. Feuilles courtement pétiolées, ovales-lancéolées, acuminées, 5-nervées, vertes et luisantes en dessus, pourpres en dessous aux nervures. Fleurs terminales, peu nombreuses. Calice hérissé de longues soies étalées. Pétales 6, amples, de couleur lilas.

Cette espèce, qui croît au détroit de la Sonde, se cultive dans les serres.

MÉLASTOMA A CALICES BORDÉS. — *Melastoma rubrolimbatum* Link et Otto, Ic. Rar. Hort. Berol. tab. 41.

Rameaux cylindriques, hérissés de poils roux ainsi que les panicules et les pétioles. Feuilles pétiolées, ovales-lancéolées, acuminées, cordiformes à la base, crénelées, 5-nervées. Fleurs en cyme. Calice 5-fide, bordé de rouge : tube globuleux ; lanières sétacées. Étamines 10, égales, rostrées : filets barbus à la base. Fleurs blanches.

Cet arbrisseau, qu'on cultive dans les serres, est originaire de l'Inde.

MÉLASTOMA NORMAL. — *Melastoma normale* Don, Prodr. Flor. Nepal.—*Melastoma nepalensis* Loddig. Bot. Cab. tab. 707.

Rameaux recouverts de poils raides. Feuilles elliptiques, pointues, 5-nervées, hispides en dessus, laineuses en dessous. Fleurs terminales, ternées. Calice globuleux : tube recouvert de squamules incanes, linéaires-sétacées, ciliées ; limbe caduc. Cinq des anthères à connectif très-long. — Fleurs d'un blanc tirant sur le rose.

Cette espèce, originaire du Népaul, se cultive dans les serres.

MÉLASTOMA CYMEUX. — *Melastoma cymosum* Vent. Malm. tab. 14. — Loisel. in Herb. de l'Amat. tab. 135. — *Melastoma corymbosum* Sims, in Bot. Mag. tab. 984.

Tige rameuse, verruqueuse, pubescente, à 4 angles obtus. Feuilles pétiolées, cordiformes-acuminées, dentelées, 7-nervées. Fleurs en cyme. Calice campanulé : dents triangulaires, de moitié plus courtes que le tube. Pétales obovales, inéquilatéraux, acuminés, pourpres Style et étamines défléchis. Les 5 grandes anthères falciformes, pourpres : connectif tronqué et échancré à la base. Capsule 5-loculaire.

Cette espèce, originaire de Sierra-Léone, se cultive fréquemment dans les serres.

Genre PLÉROMA. — *Pleroma* (Don.) De Cand.

Calice ovale, recouvert avant la floraison de 2 bractées non-persistantes ; limbe à 5 lobes caducs. Pétales 5, obovales. Étamines 10 ; filets glabres ; anthères presque égales, allongées, arquées à la base ; connectif stipitiforme, courtement biauriculé à la base. Ovaire adhérent, sétifère au sommet. Stigmate ponctiforme. Péricarpe charnu, 5-loculaire. Graines cochléariformes :

Arbrisseaux ayant le port des *Lasiandra*.

Ce genre, propre à l'Amérique méridionale, renferme huit espèces, dont les deux suivantes se cultivent en serre, comme plantes d'ornement :

PLÉROMA FLEXIBLE. — *Pleroma vimineum* Don, in Mem. Soc. Wern. 4, p. 293. — *Rhexia viminea* Bot. Reg. tab. 664.

Feuilles ovales-lancéolées, pointues, pétiolées, scabres de même que les rameaux, incanes en-dessous. Calice couvert de poils glanduleux : lanières lancéolées, mucronées. — Fleurs violettes.

Cette espèce croît au Brésil.

PLÉROMA HÉTÉROMALLE. — *Pleroma heteromallum* Don, l. c. — *Melastoma heteromalla* Bot. Reg. tab. 644. — Bot. Mag. tab. 2337.

Feuilles cordiformes-ovales, pétiolées, laineuses en dessous. Lanières calicinales oblongues, obtuses. Pétales obcordiformes. Filets courts, glabres, connivents. — Fleurs d'un pourpre violet.

Cette espèce est originaire du Brésil.

SECTION IV. LES MICONIÉES. — *Miconieæ*. De Cand. Prodr.

Anthères uniporeuses ou biporeuses. Ovaire adhérent. Péricarpe charnu. Graines non-cochléariformes.

Genre CLIDÉMIA. — *Clidemia* Don.

Calice ovoïde, ordinairement ébractéolé ; limbe à 5 lobes persistants, étroits, pointus. Pétales 5 ou rarement 6. Étamines 10 ; anthères étranglées à la base, subbiauriculées, uniporeuses au sommet. Ovaire adhérent, couronné d'un cercle de soies. Style filiforme. Stigmate ponctiforme. Capsule charnue, 5-loculaire. Graines ovales ou anguleuses, inappendiculées.

Arbrisseaux hispides ou hérissés. Feuilles ordinairement crénelées, 5-ou7-nervées. Fleurs axillaires ou terminales.

M. de Candolle décrit soixante-quatre espèces de *Clidémia*, toutes de l'Amérique équatoriale, et la plupart du Brésil. En voici quelques-unes des plus marquantes :

A. *Épis ou panicules axillaires.*

CLIDÉMIA HISPIDE. — *Clidemia hirta* Don. — *Melastoma hirtum* Linn.— Bot. Mag. tab. 1971.

Ramules cylindriques, hérissés de poils roux (ainsi que les pétioles et les pédoncules). Feuilles ovales-lancéolées, acuminées, rétrécies à la base, denticulées, 5-nervées, poilues. Cymes axillaires, trichotomes, pauciflores, pédonculées, à peine plus longues que les pétioles. Lobes du calice sétacés. Pétales obovales, blancs.

Cette espèce, originaire des Antilles, est cultivée dans les collections de serre.

CLIDÉMIA ÉLÉGANT. — *Clidemia elegans* Don. — *Melastoma elegans* Aubl. Guian. tab. 167.

Ramules tétragones. Feuilles cordiformes-acuminées, 5-nervées, ciliées, crénelées. Cymes axillaires, pauciflores, trichotomes, plus longues que les pétioles. Calice hispide : lobes sétacés. Pétales obovales.

Arbrisseau rameux dès la base, haut d'environ 3 pieds, couvert de poils roussâtres. Feuilles longues jusqu'à 5 pouces, sur 3 pouces de large. Fleurs blanches.

Cette espèce habite le Brésil et la Guiane ; dans ce dernier pays on en mange les baies qui sont d'une saveur douce. La plante se rencontre quelquefois dans les collections de serre.

CLIDÉMIA A ÉPIS. — *Clidemia spicata* De Cand. — *Melastoma spicatum* Aubl. Guian. tab. 165.

Ramules cylindriques. Feuilles courtement pétiolées, ovales-acuminées, dentelées, 5-nervées. Grappes axillaires, rameuses, spiciformes, plus courtes que les feuilles : pédicelles opposés, 1-3-flores. Calices hispides ; lobes sétacés, acuminés.

Arbrisseau hérissé de poils roussâtres. Tiges rameuses, hautes de 3 à 4 pieds. Feuilles longues d'environ 5 pouces, sur 2 pouces de large. Fleurs petites, roses, en grappes denses, longues d'environ 3 pouces.

Cette espèce croît aux Antilles, à la Guiane et au Brésil. Elle est également du nombre de celles qu'on possède dans les serres. Selon Aublet, ses baies, de couleur rouge, sont bonnes à manger.

B. *Pédoncules terminaux.*

CLIDÉMIA AGRESTE. — *Clidemia agrestis* Don. — *Melastomia agreste* Aubl. Guian. tab. 166.

Tiges herbacées, cylindriques. Feuilles courtement pétiolées, ovales-oblongues, acuminées, dentelées, 5-nervées. Panicules subterminales, lâches : rameaux opposés, pauciflores. Bractées nulles ou minimes. Calice à 5 lobes courts, pointus.

Herbe vivace, velue, à tiges rameuses, hautes de 2 à 3 pieds ; poils rougeâtres. Feuilles longues de 4 pouces, sur 2 pouces de large. Fleurs petites, blanches. Baie bleue.

Cette espèce, indigène en Guiane, produit aussi des baies mangeables.

Genre TOCOCA. — *Tococa* Aubl.

Tube calicinal oblong, glabre, non-bractéolé ; limbe urcéolé, persistant, à 5 dents larges, obtuses, souvent ciliées. Pétales 5, obovales. Étamines 10 ; anthères égales ; connectif fort court ou inapparent, biauriculé à la base. Ovaire couronné par un cercle de soies. Style cylindracé. Stigmate grand, orbiculaire, pelté. Capsule charnue, 5-loculaire. Graines ovales-anguleuses ; hile linéaire.

Arbrisseaux hérissés de gros poils. Rameaux tétragones. Feuilles 3- ou 5-nervées ; pétiole vésiculeux au sommet. Fleurs blanches ou roses, disposées en thyrse ou en grappe.

Les *Tococa* sont remarquables par la structure singulière

de leur pétiole, qui offre au sommet deux grosses vésicules perforées en dessous ; c'est par ces ouvertures que s'introduisent les fourmis, qui établissent souvent leur demeure dans les tiges creuses de ces végétaux. Le genre est propre à l'Amérique méridionale ; on en connaît cinq espèces dont voici les plus intéressantes :

TOCOCA DE GUIANE. — *Tococa guianensis* Aubl. Guian. tab. 174.

Feuilles ovales, acuminées, 5-nervées, légèrement crénelées, séteuses aux nervures et aux bords : vésicules pétiolaires globuleuses. Fleurs en grappes terminales : pédicelles ternés. Dents du calice ciliées. Pétales concaves.

Tiges creuses, hautes de 5 à 6 pieds, couvertes de poils roux. Feuilles longues jusqu'à 9 pouces, sur 4 pouces de large. Fleurs larges d'un pouce ; couleur de chair. Fruit pourpre.

Cet arbrisseau habite la Guiane, où il porte le nom de *Bois Macaque*, parce que les singes en recherchent le fruit, qui est aussi du goût de beaucoup d'habitants du pays ; les Galibis l'appellent *Tococo*.

TOCOCA BULLIFÈRE. — *Tococa bullifera* Mart. et Schranck, in De Cand. Prodr. — Mart. et Zuccar. Nov. Gen. et Spec. Brasil. tab. 277.

Rameaux un peu hérissés, presque cylindriques. Feuilles oblongues, acuminées, très-entières, hérissées : ampoule oblongue, rétrécie aux deux bouts, adnée au pétiole. Grappes axillaires et terminales, plus courtes que les feuilles : rhachis et pédoncules tétragones, rougeâtres. Calices hérissés.

Arbrisseau haut de 5 à 6 pieds. Rameaux dichotomes, rougeâtres. Feuilles longues de 3 à 7 pouces, larges de 2 à 4 pouces ; ampoule longue de 1 pouce ; nervures 3 ou 5, rougeâtres. Grappes subsessiles, longues de 2 à 4 pouces. Bractéoles petites, subulées. Calice cyathiforme : limbe rougeâtre, à dents subulées. Pétales obovales, concaves, d'un rose pâle, à peu près aussi longs que le calice.

Cette espèce a été trouvée par M. de Martius au Brésil, dans les forêts vierges de la province de Rio-Négro.

TOCOCA A FOURMIS. — *Tococa formicaria* Mart. et Zuccar. l. c. tab. 278.

Rameaux subcylindriques, très-hérissés. Feuilles oblongues, acuminées, dentées, hérissées : ampoule placée au sommet du pétiole, érigée, ovale, bilobée, hispide. Thyrses pyramidaux, multiflores ; bractéoles remplacées par des faisceaux de poils roux. Calices glabres.

Arbrisseau haut de 5 à 6 pieds. Rameaux dichotomes. Ramules hérissés de longues soies jaunâtres ou ferrugineuses. Feuilles atteignant jusqu'à 1 pied de long; ampoule sessile à la face supérieure du pétiole. Thyrse long de 4 à 8 pouces : rhachis et pédoncules tétragones. Calice vert, campanulé : dents subulées. Pétales oblongs, roses, à peine longs de 3 lignes.

Cette espèce a été trouvée par M. de Martius au Brésil, dans la province des Mines.

TOCOCA A GROSSES GRAINES. — *Tococa macrosperma* Mart. et Zuccar. l. c. tab. 279.

Légèrement hispide. Rameaux subcylindracés. Feuilles denticulées, très-dissemblables : l'une, plus grande, obovale-oblongue, acuminée, renflée à la base en ampoule hérissée, ovale, bilobée au sommet, inadhérente postérieurement, prolongée antérieurement sur la lame de la feuille ; l'autre ovale, acuminée, cordiforme à la base, non-renflée en ampoule. Fleurs solitaires, alaires. Calice hispide.

Arbrisseau haut d'environ 6 pieds. Rameaux dichotomes, ou irrégulièrement rameux. Feuilles les unes longues de 4 à 6 pouces, larges de 2 à 3 pouces ; les autres longues de 12 à 18 lignes. Dents calicinales triangulaires, étroites, étalées. Pétales obovales, blancs. Baie de la grosseur d'un Pois, triloculaire. Graines pyriformes, longues de près de 1 ligne.

M. de Martius a observé cette espèce au Brésil, dans les forêts vierges des bords de l'Amazone et du Japura.

Genre MAÏÉTA. — *Maieta* Aubl.

Calice pentagone, ovale-oblong, hérissé, 5-denté, souvent bractéolé. Pétales 5, obovales, concaves. Étamines 10; anthères égales; connectif très-court, biauriculé à la base. Ovaire glabre, tronqué au sommet. Stigmate capitellé. Capsule charnue, 5-loculaire. Graines ovales-anguleuses.

Sous-arbrisseaux hérissés de longs poils. Ramules un peu comprimés. Feuilles courtement pétiolées, inégales à chaque articulation : les plus grandes munies à la base de 2 vésicules souvent confluentes. Fleurs axillaires, sessiles.

Ce genre, propre à l'Amérique méridionale, renferme trois espèces, remarquables, comme les *Tococa*, par la structure de leurs feuilles.

Maïéta de Guiane. — *Maieta guianensis* Aubl. Guian. tab. 176.

Feuilles ovales, pointues, denticulées, poilues, roussâtres, 5-nervées ; vésicules confluentes. Fleurs solitaires. Calice à dents subulées, accompagnées de 4 bractées acuminées.

Tiges hautes de 2 à 3 pieds, garnies de poils roussâtres. Feuilles très-inégales : les grandes longues de 5 à 6 pouces. Calice écarlate. Pétales blancs.

Cet arbrisseau, selon Aublet, produit une baie succulente bonne à manger.

Maïéta de Martius. — *Maieta hypophysca* Mart. in De Cand. Prodr. — Mart. et Zuccar. Nov. Gen. et Spec. Brasil. tab. 280.

Rameaux flexueux, comprimés, hérissés de poils glandulifères. Pétioles verruqueux, dilatés en gaîne à leur base, cotonneux en dessus. Feuilles oblongues, acuminées : ampoule oblongue convexe inférieurement, transversalement striée. Fleurs axillaires agrégées.

Tige très-rameuse, haute de 5 à 6 pieds. Feuilles distantes : les ampullifères longues de 4 à 6 pouces, larges de 2 à 3 pouces; les autres 4 ou 5 fois plus petites. Calice cylindracé, long de 2 à 3 lignes, pourpre; dents du limbe subulées. Pétales petits, blancs, linéaires. Baie pourpre.

M. de Martius a observé cette espèce dans les forêts-vierges de la province de Rio-Négro.

Genre DIPLOCHITA. — *Diplochita* De Cand.

Calice cylindracé, 5-denté, adhérent par la base, cilié à la gorge, enveloppé avant la floraison dans 2 bractées caduques. Corolle à 5 ou 6 pétales. Anthères biauriculées à la base, 1-poreuses au sommet. Ovaire ovale-oblong, couronné d'un disque calleux, épais, glabre. Style filiforme. Stigmate pelté ou capitellé. Capsule sèche, indéhiscente, 5-loculaire. Graines oblongues.

Grands arbrisseaux très-élégants. Feuilles pétiolées, très-entières ou crénelées, presque glabres en dessus, souvent veloutées en dessous. Fleurs blanches ou roses (par exception, jaunes), disposées en thyrses terminaux à rameaux opposés.

Les *Diplochita* habitent les Antilles et l'Amérique méridionale; on en connaît onze espèces, dont voici quelques-unes des plus intéressantes :

DIPLOCHITA FOTHERGILLA. — *Diplochita Fothergilla* De Cand. Prodr. — *Fothergilla mirabilis* Aubl. Guian. tab. 175. — *Melastoma Fothergilla* Rich. in Bonpl. Melast. tab. 32.— *Melastoma compressa* Vahl, Decad. Amer. 2, tab. 17.

Ramules comprimés. Feuilles elliptiques-oblongues, acuminées, presque entières, 5-nervées, veloutées-ferrugineuses en dessous, d'un vert jaunâtre en dessus. Thyrse multiflore, paniculé, composé de cymes triflores, verticillées-quaternées. Pétales oblongs. Stigmate dilaté, subpelté.

Arbre de moyenne taille; tronc haut de 4 à 5 pieds, sur 4 à 5 pouces de diamètre. Feuilles atteignant jusqu'à 7 pouces de long, sur 2 à 3 pouces de large. Fleurs blanches.

Cette espèce habite la Guiane.

DIPLOCHITA MUCRONÉ. — *Diplochita mucronata* De Cand.
— *Melastoma mucronata* Rich. in Bonpl. Melast. tab. 18.

Ramules presque cylindriques. Feuilles elliptiques, brusquement acuminées, denticulées, 5-nervées, glabres en dessus, veloutées en dessous. Panicule composée de 3 ou 5 thyrses axillaires et terminaux, lâches, multiflores. Calices et bractées cotonneux. Pétales oblongs, concaves. Stigmate ponctiforme.

Grand et bel arbrisseau s'élevant jusqu'à 12 pieds; ramules couverts d'un duvet roux velouté. Fleurs blanches, très-nombreuses. Feuilles longues d'un demi-pied, sur 3 à 4 pouces de large; face inférieure comme dorée.

Cette espèce croît dans les forêts de la Guiane.

Genre PHYLLOPUS. — *Phyllopus* De Cand.

Calice campanulé; limbe 5-lobé. Pétales 5, suborbiculaires, étalés. Étamines 10, presque semblables; filets renflés au milieu; anthères biporeuses, mucronées, inappendiculées à la base. Ovaire adhérent par la base, 5-loculaire, multiovulé. Style filiforme. Stigmate ponctiforme. (Péricarpe inconnu.)

Feuilles opposées, pétiolées, triplinervées. Fleurs solitaires, axillaires. Corolle violette.

L'espèce suivante constitue à elle seule ce genre :

PHYLLOPUS DE MARTIUS. — *Phyllopus Martii* De Cand. Prodr. — Mart. et Zuccar. Nov. Gen. et Spec. Brasil. tab. 275.

Arbrisseau haut de 8 à 10 pieds. Rameaux subtétragones, renflés aux entrenœuds. Feuilles courtement pétiolées, lancéolées, acuminées, longues de 4 à 6 pouces, larges de 1 pouce, cotonneuses-blanchâtres en dessous et pubescentes aux nervures. Pédoncules courts, subterminaux. Bractées foliacées, linéaires-lancéolées. Calice long d'environ 5 lignes : tube glabre. Corolle large de 1 pouce : pétales acuminés, violets de même que les anthères.

M. de Martius a trouvé cette plante au Brésil, dans la province de Rio-Négro.

Genre HENRIETTÉA. — *Henriettea* De Cand.

Calice campanulé, à 5 lobes larges, obtus. Pétales 5, ovales, veloutés. Étamines 10; anthères épaisses, bifides à la base, rostrées et 1-poreuses au sommet. Style cylindrique, hérissé. Stigmate obtus. Baie 5-loculaire.

Outre l'espèce dont nous allons parler, M. De Candolle en rapporte avec doute deux autres à ce genre.

HENRIETTÉA A FRUITS SUCCULENTS. — *Henriettea succosa* De Cand. Prodr. — *Melastoma succosa* Aubl. Guian. tab. 162.

Feuilles courtement pétiolées, obovales, pointues, rétrécies à la base, très-entières, quintuplinervées, vertes en dessus et hérissées de poils raides, cotonneuses-blanchâtres en dessous. Fleurs subsessiles, fasciculées aux aisselles des anciennes feuilles. Calices ferrugineux, velus.

Arbrisseau haut d'environ 12 pieds : tronc de 4 à 5 pouces de diamétre. Branches droites, nues; ramules tétragònes, ferrugineux. Feuilles longues de 5 pouces, sur 3 ¹/₂ pouces de large. Fleurs petites, blanches. Fruit rougeâtre, du volume d'une Groseille à maquereaux.

Cet arbrisseau habite la Guiane, où l'on attribue à ses feuilles des propriétés vulnéraircs. Le fruit, rempli d'une pulpe douce, molle, fondante et rougeâtre, est très-recherché par les naturels du pays.

Genre LORÉYA. — *Loreya* De Cand.

Calice adhérent par la base, campanulé, tronqué, à 10 dents courtes, arrondies. Pétales 5, bifides à la base, obovales, obtus. Étamines 10; anthères épaisses, ovales, obtuses, gibbeuses à la base. Style filiforme. Stigmate capitellé, subpentagone. Baic 5-loculaire.

L'espèce que nous allons décrire constitue à elle seule ce genre :

LORÉYA DE GUIANE. — *Loreya arborescens* De Cand. Prodr. — *Melastoma arborescens* Aubl. Guian. tab. 163.

Grand arbre : tronc haut d'une soixantaine de pieds, sur 1 $^1/_2$ pied de diamétre, profondément sillonné à la base. Écorce cendrée, ridée. Bois compacte, blanchâtre, devenant rougeâtre par la dessiccation. Branches longues, opposées en croix. Rameaux noueux, tétragones. Feuilles courtement pétiolées, entières, glabres, ovales-elliptiques, obtuses, triplinervées, longues de 7 pouces, sur 4 $^1/_2$ pouces de large. Fleurs petites, blanches, bractéolées, disposées aux aisselles des anciennes feuilles en cymes pauciflores pédonculées.

Les fruits de cet arbre contiennent une pulpe molle, fondante et d'un goût douceâtre. Ils sont de couleur jaune, de la forme et du volume d'une petite Néfle : aussi les colons de la Guiane les connaissent-ils sous le nom de *Méles*.

Genre **MICONIA**. — *Miconia* Ruiz et Pav.

Tube calicinal adhérent; limbe court, persistant, à 5 dents (quelquefois à 6 ou 8) obtuses, souvent conniventes après la floraison. Pétales 5, obovales, obtus. Étamines 10; anthères oblongues-linéaires, courtement auriculées à la base. Ovaire glabre, subombiliqué au sommet. Style filiforme. Stigmate obtus. Capsule charnue, 5-loculaire. Graines triédres, lisses. Hile long, linéaire.

Arbrisseaux glabres, ou pubescents, ou cotonneux, jamais hérissés de soies raides. Inflorescence terminale, paniculée.

M. De Candolle décrit quatre-vingt-deux espèces de *Miconia*, toutes indigènes dans l'Amérique équatoriale. En voici quelques-unes des plus remarquables :

SECTION Ire. **LEIOSPHÆRA** De Cand. Prodr.

Tube calicinal globuleux, très-glabre. Thyrses terminaux, composés de cymes glomérulées, ou de grappes.

MICONIA A GRAPPES. — *Miconia racemosa* De Cand. Prodr. — *Melastoma racemosa* Aubl. Guian. tab. 156. — Rich. in Bonpl. Melast. tab. 27.

Ramules subcylindracés, glabres, munis aux entrenœuds d'une

collerette de poils. Feuilles pétiolées, elliptiques-oblongues, rétrécies à la base, pointues, dentelées, ciliées de poils raides, 3-nervées, glabres aux deux faces. Thyrse paniculé, composé de grappes unilatérales. — Fleurs roses.

Cette espèce, qu'on rencontre quelquefois dans les collections de serre, croît dans les marais de la Guiane et des Antilles.

MICONIA A ENTRENOEUDS BARBUS. — *Miconia setinodis* De Cand. Prodr. — *Melastoma setinodis* Bonpl. Melast. tab. 2.

Rameaux cylindriques, barbus aux entrenœuds. Feuilles pétiolées, elliptiques-oblongues, rétrécies aux 2 bouts, pointues, 5-nervées, dentelées-ciliées, barbues aux aisselles des nervures. Thyrse sessile, multiflore, dense, composé de grappes rameuses. Calice campanulé, à 6 ou 8 dents obtuses.

Petit arbre haut d'environ dix pieds : tête arrondie, très-touffue. Rameaux glabres; entrenœuuds munis d'une collerette de longues soies jaunes. Feuilles d'un vert foncé en dessus, longues de 2 à 3 pouces, sur 1 pouce de large. Fleurs blanches.

« Le port de cet arbrisseau, dit M. Bonpland, est très-élégant » par l'épaisseur et le beau vert de son feuillage, et par les nom- » breuses grappes de fleurs qui terminent les rameaux. Il croît » sur la montagne de Quindiu, à la hauteur de 1500 mètres. Le » climat où il se trouve est tempéré, ce qui rendrait la culture » de cette plante très-facile dans nos climats. »

MICONIA CILIÉ. — *Miconia ciliata* De Cand. Prodr. — *Melastoma ciliata* Rich. in Bonpl. Melast. tab. 26.

Rameaux presque cylindriques, glabres. Feuilles pétiolées, oblongues-lancéolées, acuminées, dentelées, glabres aux 2 faces, trinervées, ciliées de soies raides. Thyrse terminal, presque spiciforme : fleurs agrégées en verticilles distants. — Fleurs blanches.

Cette espèce, qu'on possède dans les collections de serre, croît dans la Guiane.

SECTION II. ERIOSPHÆRA De Cand. Prodr.

Calice globuleux, cotonneux, à limbe très-court. Baie glo-

buleuse.—Feuilles discolores, glabres en dessus, cotonneuses en dessous. Panicules terminales, incanes : rameaux opposés; fleurs unilatérales, sessiles, ou rarement agrégées-subterminales.

MICONIA FAUVE. — *Miconia fulva* De Cand. Prodr.— *Melastoma fulva* Rich. in Bonpl. Melast. tab. 11.

Ramules tétragones. Feuilles opposées, ou verticillées-ternées, ou quaternées, subsessiles, 5-nervées, elliptiques-oblongues, sinuolées, rétrécies à la base, cuspidées, vertes en dessus, roussâtres en dessous. Panicule sessile, pyramidale, rameuse, composée de cymes bifurquées, pauciflores. Rameaux étalés; fleurs sessiles, unilatérales. Calice presque tronqué. Baie globuleuse.

Arbrisseau haut d'environ 6 pieds, couvert d'une pubescence écailleuse roussâtre et luisante. Fleurs très-petites. Calice rouge. Pétales blanchâtres.

Cette espèce croît à la Guiane. Elle se fait remarquer par la belle forme de ses feuilles, dont le vert foncé de la face supérieure contraste avec le brun luisant de la face opposée.

MICONIA A FEUILLES ARGENTÉES. — *Miconia argyrophylla* Mart. et Zuccar. Nov. Gen. et Spec. Brasil. tab. 284.

Ramules tétragones, cotonneux-veloutés de même que les thyrses. Feuilles oblongues-lancéolées, acuminées, luisantes en dessus, veloutées-cotonneuses (argentées) en dessous. Thyrse terminal, composé de cymules bifurquées : fleurs unilatérales, sessiles. Calice fructifère à 10 côtes.

Arbrisseau de hauteur variable. Feuilles longues de 5 à 6 pouces. Thyrse subpyramidal. Fleurs petites, blanches, très-rapprochées. Pétales oblongs, de la longueur des filets.

M. de Martius a trouvé cette espèce au Brésil, dans la province de Rio Négro.

MICONIA VELOUTÉ. — *Miconia holosericea* De Cand. Prodr.— *Melastoma holosericea* Linn. (non Swartz.)—Bonpl. Melast. tab. 23 et 24.—*Melastoma albicans* Swartz, Flor. Ind. Occid.

Ramules cylindriques, veloutés de même que les pétioles, la face inférieure des feuilles, les panicules et les calices. Feuilles pétiolées, elliptiques-oblongues, pointues, subcordiformes à la base, 5-nervées, glabres et ponctuées en dessus. Panicule composée d'épis unilatéraux. Corolle blanche. Baie violette, 3-ou 4-loculaire.

Cette espèce magnifique, indigène aux Antilles et dans la Guiane, se cultive dans les serres.

Section III. EUMICONIA De Cand. Prodr.

Tube calicinal obovale ou turbiné. — Panicule jamais composée d'épis.

MICONIA A FEUILLES SESSILES. — *Miconia impetiolaris* Don, in Mem. Soc. Wern. 4, p. 315. — *Melastoma impetiolaris* Swartz, Flor. Ind. Occid. — Rich. in Bonpl. Melast. tab. 29.

Rameaux presque cylindriques, couverts (de même que les panicules et la face inférieure des feuilles) d'une pubescence étoilée, veloutée, très-dense, roussâtre. Feuilles sessiles, semi-amplexicaules, cordiformes-ovales, acuminées, presque entières, 5-nervées, glabres en dessus. Thyrse paniculé : fleurs sessiles. — Pétales blancs, suborbiculaires. Baie bleue, globuleuse, 3-ou 4-loculaire.

Cette espèce, qu'on possède aussi dans les serres, est commune aux Antilles.

MICONIA COTONNEUX. — *Miconia tomentosa* Don, l. c. — *Melastoma tomentosa* Rich. in Bonpl. Melast. tab. 16.

Ramules cylindriques. Feuilles subsessiles, très-entières, ovales, acuminées, rétrécies à la base, 3-nervées, glabres en dessus, veloutées en dessous; côte trifurquée supérieurement. Panicule cotonneuse, racémiforme. Calice urcéolé, à 5-lobes dressés, ovales. Baie globuleuse, noirâtre, cotonneuse.

Arbrisseau haut de 3 à 5 pieds : pubescence étoilée. Feuilles très-inégales, les plus grandes atteignant presque un pied de long, sur 3 à 5 pouces de large. Fleurs blanchâtres.

Cette espèce croît au Brésil et en Guiane.

Miconia ailé. — *Miconia alata* De Cand. Prodr. — *Melastoma alata* Aubl. Guian. tab. 158.

Ramules cotonneux, à 4 angles ailés. Feuilles sessiles, très-entières, quintuplinervées, ovales-elliptiques, acuminées aux 2 bouts, vertes en dessus, cotonneuses-blanchâtres en dessous. Panicule très-rameuse, étalée, composée de cymes trichotomes. Calice turbiné, à dents petites, obtuses. Capsule peu charnue.

Arbrisseau à tiges hautes de 6 à 7 pieds. Pubescence blanchâtre, cotonneuse, étoilée. Feuilles longues de 7 à 12 pouces, sur 3 à 5 pouces de large. Fleurs très-petites.

On trouve cette espèce au Brésil et en Guiane; dans ce dernier pays la décoction de ses feuilles est employée comme vulnéraire.

Miconia a longues feuilles. — *Miconia longifolia* Aubl. Guian. tab. 170.

Ramules 8-gones, scabres. Feuilles verticillées, subsessiles, triplinervées, très-entières, oblongues-lancéolées, pointues, rétrécies aux 2 bouts, glabres en-dessus, pubescentes en dessous. Panicule sessile, très-rameuse, composée de thyrses pyramidaux, verticillés. Calice urcéolé, pubescent. Capsule peu charnue.

Arbrisseau à tiges hautes de 7 à 8 pieds; pubescence étoilée. Feuilles longues d'un demi-pied, sur 1 1/2 pouce de large. Fleurs petites, blanchâtres, innombrables.

Cette espèce, indigène au Brésil et en Guiane, sert aux habitants de ce dernier pays à teindre les toiles en noir.

Miconia caudé. — *Miconia caudata* De Cand. Prodr. — *Melastoma caudata* Bonpl. Melast. tab. 7.

Ramules tétragones, veloutés. Feuilles opposées, pétiolées, 5-nervées, très-entières, glabres en dessus, veloutées en dessous, ovales-elliptiques, acuminées en languette obtuse. Panicule rameuse, dense, pyramidale, composée de cymes trichotomes. Calice pubescent, campanulé, à 5 dents obtuses.

Petit arbre. Rameaux cylindriques, glabres. Feuilles longues de 6 à 8 pouces, sur 1 à 2 pouces de large. Pétales roses, étalés. Baie sphérique, de la grosseur d'un petit Pois.

Cette espèce a été observée par MM. de Humboldt et Bonpland, dans les régions tempérées de la Nouvelle-Grenade. Elle forme un petit arbre très-élégant, remarquable par le prolongement de ses feuilles en longue languette obtuse, ainsi que par le duvet ferrugineux dont elles sont couvertes en dessous.

MICONIA MULTIFLORE. — *Miconia floribunda* De Cand. Prodr. — *Melastoma floribunda* Bonpl. Melast. tab. 53.

Rameaux subtétragones, couverts (de même que les pétioles, les nervures à la face inférieure des feuilles, et les calices) d'un duvet pulvérulent ferrugineux. Feuilles opposées, pétiolées, elliptiques-oblongues, pointues aux 2 bouts, septuplinervées, très-entières, glabres en dessus. Panicule terminale, très-rameuse, lâche : bractéoles nulles ou caduques. Calice à 5 denticules. — Pétales elliptiques, tronqués à la base, roses. Filets garnis au sommet de poils glandulifères; anthères épaisses. Stigmate large, pelté.

Cette espèce croît dans les régions tempérées du Pérou.

MICONIA LISSE. — *Miconia lævigata* De Cand. Prodr. — *Melastoma lævigata* Desrouss. in Lamk. Dict. — Bot. Reg. tab. 363.

Ramules cylindriques, légèrement veloutés ou glabres. Feuilles opposées, pétiolées, elliptiques-oblongues, acuminées, denticulées-ciliées, glabres aux 2 faces. Cymes paniculées, trichotomes à la base : fleurs unilatérales, sessiles. Dents calicinales courtes, obtuses. — Fleurs blanches. Baie subglobuleuse.

Cette espèce, qu'on possède dans les collections de serre, est originaire des Antilles.

Genre CRÉMANIUM. — *Cremanium* Don.

Calice campanulé ou turbiné, adhérent, 4- ou 5-denté. Pétales 4 ou 5, obovales. Étamines 10, égales. Anthères courtes, cunéiformes à la base, obtuses et biporeuses au sommet. Style filiforme. Stigmate orbiculaire, pelté. Baie 5-5-loculaire. Graines anguleuses, ovales : hile linéaire.

Arbrisseaux. Feuilles pétiolées, coriaces, très-entières ou dentelées. Fleurs petites, blanches, disposées en panicule terminale.

Ce genre se compose d'une trentaine d'espèces, indigènes dans l'Amérique équatoriale. Les plus remarquables sont les suivantes :

CRÉMANIUM GRENU. — *Cremanium granulosum* De Cand. Prodr. — *Melastoma granulosa* Bonpl. Melast. tab. 12.

Ramules subtétragones, veloutés. Feuilles pétiolées, elliptiques oblongues, arrondies à la base, rétrécies au sommet, pointues, subrévolutées, 3-ou 5-nervées, peu dentelées, glabres en dessus, veloutées-ferrugineuses en dessous. Panicule sessile : ramules étalés ; fleurs capitellées au sommet des ramules. Dents du calice obtuses, gibbeuses.

Petit arbre haut d'une quinzaine de pieds. Pubescence granuleuse, très-fine. Feuilles longues de 3 à 4 pouces, sur 1 à 2 pouces de large. Fleurs petites, blanches.

Cette espèce a été observée par MM. de Humboldt et Bonpland, dans la Nouvelle-Grenade, à 750 toises au-dessus du niveau de la mer.

CRÉMANIUM TINCTORIAL. — *Cremanium tinctorium* De Cand, Prodr.

Très-glabre. Rameaux cylindriques, barbus aux entrenœuds. Feuilles pétiolées, ovales-oblongues, subacuminées, dentelées, trinervées, coriaces, luisantes. Thyrse paniculé, terminal, dense. Calice à 6 dents très-obtuses. Pétales orbiculaires, un peu plus longs que les étamines. Anthères courtes, cunéiformes. Stigmate pelté.

Cette espèce habite le Pérou, où son écorce, suivant Dombey, est employée à teindre en jaune.

CRÉMANIUM THÉ — *Cremanium theezans* De Cand. Prodr. — *Melastoma theezans* Bonpl. Melast. tab. 9.

Ramules cylindriques. Feuilles pétiolées, 5-nervées, dentelées, ovales-lancéolées, pointues, glabres. Panicule sessile, py ramidale : ramules étalés; fleurs fasciculées, subsessiles. Calice à bord presque tronqué.

Arbre haut de 12 à 20 pieds, glabre à toutes ses parties. Feuilles longues de 2 à 3 pouces. Fleurs petites, blanches, très-nombreuses.

Ce Crémanium croît au Pérou, près la ville de Popayan, à la hauteur de 900 toises, dans un climat doux et tempéré, avec le *Rhexia speciosa* et plusieurs Composées arborescentes. Les habitants de la ville de Popayan font avec ses feuilles une infusion moins astringente que le Thé, mais plus aromatique.

Genre BLAKÉA. — *Blakea* Linn.

Calice campanulé, accompagné d'un involucre de 4 ou 6 écailles disposées en quinconce ou en ordre ternaire; limbe persistant, membranacé, à 6 lobes ou à 6 dents. Pétales 6. Anthères grandes, obtuses et biporeuses au sommet, courtement éperonnées à la base. Baie couronnée par le calice, 6-loculaire. Graines ovales, anguleuses.

Arbres ou arbrisseaux. Feuilles pétiolées, 3- ou 5-nervées, coriaces, glabres et luisantes en dessus, cotonneuses-ferrugineuses en dessous. Pédoncules axillaires, uniflores, opposés ou solitaires, plus courts qne les feuilles. Fleurs grandes, roses.

Ce genre est propre à l'Amérique méridionale. Parmi les douze espèces qu'on en connaît, les suivantes méritent d'être citées de préférence :

BLAKÉA TRINERVÉ. — *Blakea trinervia* Linn. — Bot. Mag. tab. 451.— Tussac, Flor. Antill. v. 3, tab. 24. — P. Browne, Jam. tab. 35.

Feuilles ovales-oblongues, 3-nervées : les adultes glabres et luisantes aux 2 faces ; les jeunes dentelées, cotonneuses-ferrugineuses de même que les pétioles et les ramules. Pédoncules solitaires, plus longs que les pétioles. Bractées plus longues que les calices.

Petit arbre. Tronc haut de 12 à 15 pieds. Tête touffue. Ramules pendants. Fleurs grandes, d'un beau rose.

Le *Blakéa trinervé*, originaire de la Jamaïque, se cultive souvent dans les serres. La couleur et la grandeur de ses fleurs lui ont fait donner, par les créoles, le nom de *Rosier sauvage*.

BLAKÉA QUINQUÉNERVÉ. — *Blakea quinquenervis* Aubl. Guian. tab. 210.

Feuilles ovales-elliptiques, acuminées, glabres, luisantes, quintuplinervées, entières, pétiolées. Pédoncules géminés, plus courts que les feuilles. Bractées plus longues que le calice. Pétales inéquilatéraux, obovales, échancrés à la base, crénelés. Étamines 16 ou 18; filets dilatés vers le haut. Stigmate pelté.

Tronc haut de 10 à 12 pieds, sur 7 à 8 pouces de diamétre. Écorce lisse. Bois dur, blanc, devenant roussâtre par la dessiccation. Branches peu nombreuses, longues, flexibles. Feuilles longues de 9 pouces, larges de 4 pouces et plus. Fleurs larges de plus d'un pouce. Calice roussâtre. Pétales roses en dessus, blancs en dessous. Baie jaune, succulente, de la grosseur d'une petite Nèfle.

Cet arbre, indigène en Guiane, se fait remarquer par la béauté de son feuillage et de ses innombrables fleurs odorantes. Ses fruits sont doux et bons à manger : les créoles les nomment *Cormes* ou *Méles*.

BLAKÉA PARASITE. — *Blakea parasitica* Don, in Mem. Soc. Wern. 4, p. 327.—*Topobea parasitica* Aubl. Guian. tab. 189.

Feuilles pétiolées, cordiformes-ovales, pointues, 7-nervées, légèrement dentelées, discolores, glabres excepté aux nervures. Pédoncules ternés ou fasciculés, plus courts que les pétioles. Calices campanulés, à bord sinuolé-6-denticulé. Bractées de la longueur du calice. Pétales inégaux, arrondis. Anthères arquées.

Arbrisseau sarmenteux, parasite sur le tronc des grands arbres. Branches pendantes, tétragones. Feuilles longues de 6 pouces, sur 3 ¹/₂ pouces de large. Fleurs roses, larges d'un demi-pouce. Baie rouge, de la grosseur d'une Noisette.

Cette espèce a été observée par Aublet dans l'intérieur de la

Guiane, sur les bords du Sinémari; les Caraïbes mangent son fruit, et ils l'emploient à teindre en rouge.

IIe TRIBU. LES CHARIANTHÉES. — *CHARIAN-THEÆ* Sering. in De Cand. Prodr.

Anthères à 2 bourses déhiscentes chacune par une fente longitudinale. — Fruit charnu. Graines cunéiformes, anguleuses.

Genre KIBESSIA. — *Kibessia* De Cand.

Limbe calicinal calyptriforme, caduc. Pétales 4. Étamines 8; filets larges, courts; anthères longitudinalement déhiscentes, charnues postérieurement. Ovaire hérissé de courtes soies rameuses. Péricarpe charnu; placentaires presque basilaires, ascendants.

L'espèce suivante constitue à elle seule ce genre :

KIBESSIA AZURÉ. — *Kibessia azurea* De Cand. Prodr. — *Melastoma azurea* Blum. Bijd. p. 1079.

Petit arbre. Feuilles trinervées, ovales-oblongues, rétrécies aux 2 bouts, glabres, très-entières. Pédoncules uniflores et pauciflores, axillaires et terminaux.

M. Blume a observé ce végétal dans les forêts des montagnes de Java, où les habitants lui donnent le nom de *Kibessié*.

Genre CHARIANTHUS. — *Charianthus* Don.

Calice ovale, urcéolé; limbe étalé, persistant, à 4 lobes obtus. Pétales 4, dressés, ovales. Étamines 8, presque égales; filets linéaires; anthères adnées, oblongues-claviformes, inappendiculées à la base, déhiscentes longitudinalement. Ovaire adhérent. Style filiforme, saillant. Péricarpe charnu, globuleux, ombiliqué, 4-loculaire, incomplètement déhiscent au sommet; placentaires semi-lunés. Graines ovales : hile large, latéral, Périsperme nul. Embryon rectiligne : cotylédons épais; radicule allongée, infère.

Arbrisseaux. Feuilles pétiolées, 5-nervées. Fleurs pourpres, disposées en cyme trichotome.

Ce genre, qui appartient aux Antilles, renferme cinq espèces, dont voici les plus intéressantes :

CHARIANTHUS ÉCARLATE. — *Charianthus coccineus* Don, in Mem. Soc. Wern. 4, p. 327. — *Melastoma coccinea* Rich. in Bonpl. Melast. tab. 44. — *Melastoma alpina* Swärtz, Flor. Ind. Occid.

Rameaux presque cylindriques. Feuilles elliptiques, acuminées, très-entières, parsemées en dessous de poils étoilés (les adultes glabres).

Cette espèce croît à Cayenne et dans les tourbières des montagnes de la Jamaïque.

CHARIANTHUS POURPRE. — *Charianthus purpureus* Don, l. c. — *Melastoma coccinea* Vahl, Ic. Amer. tab. 16 (non Rich.).

Ramules et pétioles hispides. Feuilles elliptiques, courtement acuminées, cordiformes à la base, 5-nervées, poilues en dessous et aux bords.

Cette espèce croît à l'île de Montserrat.

Genre CHÉNOPLEURA. — *Chœnopleura* Rich.

Calice adhérent; limbe à 5 dents obtuses. Pétales 5, suborbiculaires. Étamines 10, à peine plus longues que les pétales; anthères longitudinalement déhiscentes : connectif biauriculé à la base. Style claviforme. Stigmate orbiculaire, un peu ombiliqué. Péricarpe 5- ou 4-loculaire. (Graines inconnues.)

L'espèce suivante constitue à elle seule ce genre.

CHÉNOPLEURA A GRAPPES GRÊLES. — *Chœnopleura stenobotrys* De Cand. Prodr. — *Melastoma stenobotrys* Rich. in Bonpl. Melast. tab. 30. (excl. syn.)

Arbrisseau très-glabre, ayant le port des *Miconia*. Feuilles pé·

tiolées, oblongues-lancéolées, acuminées, denticulées-ciliées, 3-nervées. Thyrse terminal, allongé, composé de grappes opposées. Fleurs carnées. Bractéoles et dents calicinales légèrement pubescentes aux bords.

Ce végétal croît dans les montagnes de Saint-Domingue.

Genre ASTRONIA. — *Astronia* Blum.

Calice adhérent; limbe 5- ou 6-denté, persistant. Pétales 5 ou 6. Étamines 10 ou 12; filets comprimés, membraneux; anthères longitudinalement déhiscentes, charnues et courtement rostrées postérieurement. Stigmate pelté. Baie sèche, ombiliquée, 3- ou 4-loculaire, polysperme, déhiscente au sommet; placentaires convexes, basilaires. Graines enveloppées d'un grand arille membraneux. Périsperme nul. Embryon linéaire, dressé.

Arbres ayant le port des Mélastomes. Feuilles opposées, nerveuses. Fleurs petites, en panicule terminale.

Ce genre ne renferme que deux espèces, découvertes par M. Blume dans les montagnes de Java.

ASTRONIA ÉLÉGANT. — *Astronia spectabilis* Blum. Bijdr. p. 1080.

Feuilles trinervées, elliptiques-oblongues, acuminées, couvertes en dessous d'une pubescence écailleuse ferrugineuse.

ASTRONIA A GRANDES FEUILLES. — *Astronia macrophylla* Blum. l. c.

Feuilles triplinervées, elliptiques-oblongues, acuminées, couvertes en dessous d'une pubescence écailleuse ferrugineuse.

Genre SPATHANDRA. — *Spathandra* Guillem. et Perrott.

Calice petit, turbiné, sinuolé-4-denticulé. Pétales 4. Étamines 8; filets courts, cylindriques; anthères à 2 bourses longitudinalement déhiscentes; connectif épais, arqué, creusé à son dos d'une fossette oblongue, prolongé à sa base en grand appendice spathiforme, bifide. Ovaire pulvérulent, 1-loculaire, 7- ou 8-ovulé; placentaire central, basilaire, ascendant. Péricarpe charnu, 1-loculaire, 1- ou plus souvent 2-sperme. Graines hémisphériques, remplissant la cavité du fruit; test épais; cotylédons charnus.

Ce genre, très-caractérisé par la forme de son connectif ainsi que par son ovaire uniloculaire, ne renferme que l'espèce suivante :

Spathandra a fleurs bleues. — *Spathandra cærulea* Guillem. et Perrott. Flor. Senegamb. v. 1, p. 313; tab. 71.

Arbre rameux, haut de 25 à 30 pieds. Tronc d'environ 6 pouces de diamétre. Rameaux divergents, cylindriques, glabres. Feuilles opposées, sessiles, ovales-oblongues, courtement acuminées, glabres aux deux faces, coriaces, longues de 4 à 6 pouces, larges de 5 pouces. Fleurs petites, très-nombreuses, bleues, disposées en panicules cymeuses; pédoncule commun axillaire, long d'environ 1 pouce. Baie globuleuse, brunâtre, couronnée, de la grosseur d'un Pois.

Cet arbre a été observée par M. Leprieur dans la Sénégambie, sur les bords de la Casamance.

CINQUANTE-HUITIÈME FAMILLE.

LES MÉMÉCYLÉES. — *MEMECYLEÆ*.

(*Memecyleæ* De Cand. Prodr. III , p. 5. — Bartl. Ord. Nat. p. 327.)

Cette famille est d'un intérêt purement scientifique ; on n'en connaît que vingt-deux espèces, toutes indigènes dans la zone équatoriale.

CARACTÈRES DE LA FAMILLE.

Arbres ou *arbrisseaux*. Ramules cylindriques ou tétragones.

Feuilles opposées, glabres, simples , indivisées, très-entières , penninervées (rarement 3-nervées), rétrécies en pétiole, non-ponctuées. Stipules nulles.

Fleurs hermaphrodites, régulières, solitaires ou fasciculées, ordinairement axillaires.

Calice ovale ou subglobuleux , adhérent ; limbe épigyne, 4- ou 5-lobé, ou sinuolé, ou tronqué, persistant.

Pétales 4 ou 5, interpositifs, insérés à la gorge du calice, caducs, contournés en préfloraison.

Étamines ayant même insertion que la corolle , en nombre double des pétales, libres. Anthères incombantes , arquées , à 2 bourses déhiscentes chacune par un pore ou par une fente longitudinale.

Pistil : Ovaire 2-4- ou rarement 8-loculaire : loges 1- ou 2-ovulées. Style indivisé. Stigmate simple.

Péricarpe baccien ou drupacé , indéhiscent : loges monospermes (quelquefois par avortement 1 seule loge monosperme).

Graines apérispermées. Embryon rectiligne : radicüle supère ; cotylédons foliacés, convolutés.

M. De Candolle rapporte à cette famille les trois genres suivants :

Memecylon Linn. (Valikaha Adans.) — *Scutula* Lour. — *Mouriria* Juss. (Mouriri Aubl. Petalotoma Swartz.)

Genre MÉMÉCYLON. — *Memecylon* Linn.

Tube calicinal hémisphérique ou subglobuleux ; limbe 4-denté, ou entier, ou sinuolé. Pétales 4, ovales. Étamines 8, plus longues que les pétales ; anthères médifixes, rostrées d'un côté, obtuses de l'autre. Ovaire à 2-4 loges biovulées. Baie séche, globuleuse, monosperme.

Arbres ou arbrisseaux. Rameaux renflés aux entrenœuds. Feuilles glabres, penninervées, ou rarement trinervées. Fleurs violettes, en capitules ou en fascicules axillaires, accompagnées de bractéoles opposées et quelquefois connées.

On connaît quinze espèces de *Mémécylon*, dont onze habitent les Indes orientales, et quatre les îles de France et de Bourbon. Nous devons nous borner à citer la suivante :

MÉMÉCYLON COMESTIBLE. — *Memecylon edule* Roxb. Corom. 1, tab. 82.

Petit arbre, irrégulièrement rameux. Feuilles ovales, coriaces, luisantes, courtement pétiolées. Fleurs en ombelle simple ou en grappe, axillaires ou latérales ; pédoncules tétragones. Pétales obovales, acuminés. Baie globuleuse, bleuâtre.

Cette espèce abonde sur la côte de Coromandel ; les Hindous en mangent le fruit, qui contient une pulpe douceâtre et légèrement astringente.

Genre SCUTULA. — *Scutula* Loureir.

Calice coloré, charnu : limbe scutelliforme, tronqué, étalé. Pétales 4 ou 5, arrondis, acuminés, connivents. Étamines 8 ou 10, insérées plus bas que la corolle ; filets infléchis. Baie scutelliforme, à 8 loges monospermes. Graines comprimées.

Arbrisseaux glabres. Pédoncules axillaires ou terminaux. Fleurs bleues ou violettes.

Ce genre, qu'on doit peut-être réunir aux Mémécylon, renferme deux espèces, indigènes en Cochinchine.

SCUTULA A OMBELLES. — *Scutula umbellata* Lour. Flor. Cochinch.

Arbrisseau très-rameux, haut d'environ 4 pieds. Feuilles sessiles, ovales-lancéolées, épaisses. Ombelles terminales, longuement pédonculées. Fleurs petites, panachées de blanc et de bleu.

Selon Loureiro, les baies de cette plante sont astringentes et toniques comme celles du Myrte.

Genre MOURIRIA. — *Mouriria* Juss.

Calice accompagné de 2 écailles à sa base; limbe urcéolé, 5-denté. Pétales 5, élargis à la base. Étamines 10; filets inégaux; anthères oblongues, biporeuses au sommet. Ovaire subglobuleux. Style filiforme. Stigmate capitellé. Baie couronnée, globuleuse, 1-4-loculaire, 1-4-sperme.

Arbres ou arbrisseaux, glabres. Rameaux opposés, noueux. Feuilles penninervées, très-entières, coriaces. Pédoncules axillaires.

Ce genre, qui a de l'affinité non-seulement avec les Mémécylées, mais aussi avec les Mélastomacées et les Myrtacées, appartient à l'Amérique équatoriale. Il renferme cinq ou six espèces, dont la suivante mérite d'être signalée :

MOURIRIA DE SAINT-DOMINGUE. — *Mouriria* (Petalotoma) *domingensis* Tussac, Flor. Antill. v. 3, p. 119; tab. 37.

Feuilles ovales, acuminées. Pédoncules uniflores, fasciculés. Pétales ovales, pointus. Baie globuleuse, 4-loculaire.

Arbre haut d'environ 50 pieds. Tronc droit. Écorce grisâtre, crévassée. Cime composée de rameaux courts, nombreux, dichotomes. Feuilles longues de 2 à 3 pouces. Corolle rose. Baie rougeâtre.

Cette espèce a été observée par M. de Tussac, à Saint-Domingue, aux environs du Cap-Français. Les colons de l'île le nomment vulgairement *Cormier*, parce que ses fruits se mangent comme les Cormes, à l'époque où ils deviennent mous, et subissent le premier degré de fermentation. Ces fruits, assez recherchés par les nègres et les enfants de toute couleur, ne sont pas servis sur les tables. Le port de l'arbre est très-élégant ; le bois sert à faire des bardeaux pour couvrir les maisons.

DIXIÈME CLASSE.

LES CALYCANTHINÉES.

CALYCANTHINEÆ Bartl.

CARACTÈRES.

Arbres ou *arbrisseaux*. Ramules opposés, subtétragones.

Feuilles opposées (rarement éparses), non-persistantes, simples, penninervées , très-entières , non - ponctuées, rétrécies en pétiole court. Stipules nulles.

Fleurs régulières, hermaphrodites , terminales , ou axillaires, solitaires, pédonculées (rarement subsessiles, agrégées).

Calice tubuleux , coloré ; tube urcéolé ou turbiné, charnu , adhérent ou inadhérent ; limbe marcescent, à divisions unisériées et en nombre défini , ou à divisions plurisériées en nombre indéfini.

Disque laminaire, adné au tube calicinal et terminé à la gorge de celui-ci en bourrelet annulaire.

Pétales en même nombre que les lobes du calice, insérés entre ceux-ci au bourrelet du disque, ou plus souvent nuls.

Étamines en nombre indéterminé, insérées à la gorge du calice, plurisériées, libres, ou rarement soudées par la base. Anthères à 2 bourses longitudinalement déhiscentes.

Pistil : Ovaires en nombre indéfini (rarement en nombre défini), libres, pariétaux, plurisériés, biovulés. Styles libres, en même nombre que les ovaires. (Par exception : un seul ovaire adhérent, monostyle, à plusieurs loges multiovulées, superposées en deux séries.)

Péricarpe : Carcérules libres, pariétaux, monospermes, recouverts par le tube calicinal. (Par exception : pyridion à plusieurs loges polyspermes.)

Graines apérispermées. Embryon rectiligne : cotylédons spiralés.

Cette classe, peu naturelle, appartient à la zone tempérée de l'hémisphère septentrional ; elle se compose des familles des Calycanthées et des Granatées.

LES CALYCANTHÉES. — *CALYCAN-THEÆ.*

(*Calycantheæ* Lindl. in Bot. Reg. n° 404. — De Cand. Prodr, v. III, p. 1. — Bartl. Ord. Nat. p. 325. — *Calycanthineæ* Link, Enum. Hort. Berol. II, p. 46. — *Genera Rosaceis affinia,* Juss. Gen. — Nees, in Act. Nat. Cur. XI. — *Genera Monimieis affinia* Juss. in Ann. du Mus. v. XIV, p. 119.)

Le genre *Calycanthus*, qui sert de type à ce petit groupe, est rangé par M. de Jussieu à la suite des Rosacées, et en effet ses affinités avec le genre *Rosa* sont non-seulement très-nombreuses, mais plus fortes peut-être que celles qui le rattachent aux Granatées et aux Myrtacées.

Le nombre des *Calycanthées* est peu considérable ; mais ces végétaux intéressent vivement les amateurs d'horticulture, par la beauté et le parfum de leurs fleurs.

Caractères de la Famille.

Arbrisseaux. Rameaux brachiés, tétragones, noueux, inermes. Bourgeons axillaires ou intrapétiolaires.

Feuilles opposées, simples, très-entières, scabres, non-ponctuées. Stipules nulles.

Fleurs terminales ou latérales, solitaires, pédonculées, hermaphrodites, régulières, odorantes.

Calice inadhérent, coloré ; tube urcéolé, charnu ; limbe à lanières plurisériées, inégales, imbriquées.

Disque tapissant la paroi intérieure du tube calicinal, épaissi au sommet en bourrelet annulaire.

Pétales en nombre indéterminé, plurisériés, imbriqués, le plus souvent se confondant avec les lanières calicinales.

Étamines nombreuses, insérées au bourrelet du disque, plurisériées : les séries intérieures stériles ; la série extérieure fertile. Anthères adnées, extrorses, apiculées, à 2 bourses parallèles, longitudinalement déhiscentes.

Pistil : Ovaires en nombre indéterminé, pariétaux, libres entre eux, uniloculaires, biovulés. Styles saillants, en même nombre que les ovaires. Stigmates simples, pointus.

Péricarpe : Carcérules en nombre indéfini, pariétaux, coriaces, monospermes par avortement, recouverts par le tube calicinal devenu charnu.

Graines ascendantes, inarillées, apérispermées. Hile correspondant au point d'insertion du carpelle. Embryon rectiligne : radicule infère ; cotylédons convolutés, foliacés.

Les deux genres suivants constituent à eux seuls la famille :

Calycanthus Linn. (Buttneria Duham. Beurreria Ehret. Basteria Adans.) — *Chimonanthus* Lindl. (Meratia Loisel. Nees.)

Genre CALYCANTHE. — *Calycanthus* (Linn.) Lindl.

Tube du périanthe turbiné, non-écailleux ; limbe partagé en lanières multisériées, sublinéaires, un peu charnues, colorées, veloutées en dehors, imbriquées, inégales mais conformes. Étamines environ 48, beaucoup plus courtes que les lanières du périanthe, non-persistantes : les 12 extérieures anthérifères ; les intérieures petites, stériles. Ovaires très-nombreux. Calice fructifère charnu, polycarpellaire.

Bourgeons très-petits, renfermés pendant l'été dans la base des pétioles. Feuilles courtement pétiolées, scabres en dessus. Ramules florifères très-courts, diphylles, naissant à la place des anciennes feuilles le long des pousses de l'année précédente. Fleurs fortement odorantes ou presque inodores, grandes, solitaires, terminales, pédonculées, dressées, d'un brun fauve, ou plus souvent d'un pourpre soit verdâtre, soit noirâtre.

Les fleurs de la plupart des *Calycanthes* exhalent une odeur fortement aromatique, analogue à celle des Pommes de Reinette ; la même odeur se retrouve à un degré moins fort dans l'écorce et dans les parties vertes de ces plantes.

Les Calycanthes ne prospèrent que dans un terrain frais, léger et ombragé ; aussi le terreau de bruyère leur convient-il mieux que toute autre espèce de sol. Rarement ils produisent des graines en France, mais leur multiplication peut se faire de marcottes, ou de rejetons, ou de boutures.

Voici les espèces que renferme le genre :

Calycanthe glauque. — *Calycanthus glaucus* Willd. Enum. — Guimp. et Hayn. Fremd. Holz. tab. 5. — *Calycanthus fertilis* Ait. Hort. Kew. — Lindl. in Bot. Reg. tab. 404.

Feuilles elliptiques-oblongues ou lancéolées-oblongues, ou oblongues-lancéolées, ou lancéolées-elliptiques, acuminées, glauques en dessous et glabres excepté aux nervures. Lanières du périanthe lancéolées-linéaires, pointues.

Buisson haut de 3 à 4 pieds. Rameaux étalés, d'un brun roux. Ramules jeunes pubescents, puis glabres. Feuilles longues de 2 à 3 pouces, larges de 6 à 12 lignes, rugueuses et luisantes en dessus. Fleurs légèrement odorantes, d'un pourpre brunâtre ou verdâtre, longues de 1 pouce et plus. Calice fructifère oblong-obové. Carcérules ellipsoïdes, brunâtres, luisants, un peu poilus.

Cette espèce habite les montagnes des deux Carolines et celles de la Virginie.

Calycanthe lisse.—*Calycanthus lævigatus* Willd. Enum. —Hort. Berol. 1, tab. 80. — Guimp. et Hayn. Fremd. Holz.

tab. 6. — Bot. Reg. tab. 481. — *Calycanthus oblongifolius*
Nuttal. Gen. (var.) — *Calycanthus ferax* Michx. Flor. Amer.
Bor.

Feuilles ovales, ou elliptiques, ou oblongues, ou lancéolées-
oblongues, acuminées, vertes en dessous et glabres ou légèrement
pubescentes aux nervures. Lanières du périanthe lancéolées-linéaires, pointues.

— β : A FLEURS COULEUR DE CANNELLE. — Feuilles des ramules florifères ordinairement ovales ou elliptiques. Lanières du
périanthe lancéolées ou lancéolées-spathulées, couleur de Cannelle.

Buisson haut de 3 à 6 pieds. Feuilles longues de 2 à 3 pouces,
larges de 6 à 15 lignes, rugueuses et luisantes en dessus. Rameaux étalés, ou presque érigés, d'un brun roux. Fleurs d'un
pourpre noirâtre ou brunâtre, longues de 1 pouce, ou moins.

Cette espèce, peu différente du *Calycanthe glauque*, croît
dans la Virginie et la Pensylvanie, ainsi que dans les montagnes
des deux Carolines.

CALYCANTHE INODORE. — *Calycanthus inodorus* Elliot,
Sketch.

Feuilles lancéolées, acuminées, très-scabres et luisantes en
dessus, pubescentes en dessous aux nervures. Rameaux étalés.
Lanières calicinales lancéolées-linéaires.

Arbrisseau haut de 4 à 6 pieds. Rameaux effilés, glabres.
Fleurs grandes, d'un pourpre noirâtre.

Cette espèce croît en Géorgie.

CALYCANTHE MULTIFLORE. — *Calycanthus floridus* Linn.
— Bot. Mag. tab. 503. — Duham. Arb. 1, tab 45. — Guimp.
et Hayn. Fremd. Holz. tab. 4. — *Calycanthus sterilis* Walt.

Feuilles ovales, ou ovales-oblongues, ou oblongues, courtement acuminées, cotonneuses en dessous. Rameaux étalés. Lanières calicinales linéaires-oblongues, subobtuses. Calice fructifère turbiné.

Buisson haut de 3 à 10 pieds. Racine stolonifère. Branches

droites, effilées. Ramules cotonneux. Feuilles longues de 2 à 3 pouces, larges de 15 à 18 lignes. Fleurs d'un pourpre noirâtre, longues d'environ 15 lignes. Calice fructifère de la grosseur d'une petite Poire. Carcérules ovales.

Cette espèce, connue des jardiniers sous le nom de *Pompadoura*, ou *Arbre à Anémones*, croît dans la Virginie et dans les contrées plus méridionales des États-Unis. Elle est plus commune dans les jardins que ses trois congénères, qu'elle surpasse d'ailleurs quant à l'arome des fleurs, lesquelles se succèdent depuis la fin de mai jusqu'en août. Le bois est imprégné d'une forte odeur de Camphre.

Genre CHIMONANTHUS. — *Chimonanthus* Lindl.

Calice subsessile, turbiné, recouvert d'un grand nombre d'écailles imbriquées, suborbiculaires : les inférieures petites, scarieuses ; les supérieures graduellement plus grandes et passant à l'état pétaloïde. Pétales ordinairement 16, bisériés, glabres, obtus, dressés ou un peu connivents en boule : les extérieurs beaucoup plus longs que les écailles calicinales, suboblongs, sessiles, jaunâtres ; les intérieurs 2 ou 3 fois plus courts que les extérieurs, ovales ou ovales-elliptiques, courtement onguiculés, d'un pourpre violet. Étamines 20 ou moins : 5-7 extérieures, anthérifères, persistantes, conniventes, plus courtes que les pétales intérieurs ; les autres petites, stériles (quelquefois nulles). Ovaires en petit nombre. Styles saillants, mais débordés par les étamines. Calice fructifère un peu charnu, cicatriqueux, couronné par les restes des filets.

Feuilles courtement pétiolées, acuminées, très-scabres en dessus, inodores de même que l'écorce. Bourgeons axillaires, apparents. Fleurs beaucoup plus précoces que les feuilles, penchées, odorantes, bicolores, solitaires, subsessiles aux aisselles des feuilles de l'année précédente.

L'espèce que nous allons décrire constitue à elle seule le genre, dont le nom, qui signifie *fleur d'hiver*, fait allusion à ce que les fleurs paraissent en février ou en mars, ou même lorsque l'hiver est doux, dès le mois de décembre, avant que l'arbrisseau ne soit complétement dépouillé de ses anciennes feuilles.

CHIMONANTHUS ODORANT.— *Chimonanthus fragrans* Lindl. in Bot. Reg. sub. N° 404.—*Calycanthus præcox* Linn.— Bot. Mag. tab. 466. — Ait. Hort. Kew. ed. 1, v. 2, tab. 10. — *Meratia fragrans* Nees, in Act. Nat. Cur. v. 11, p. 107. — Loisel. in. Herb. de l'Amat. v. 3, Ic. — Turp. in. Dict. des Scienc. Nat. Ic.

Buisson haut de 3 à 6 pieds. Rameaux étalés, effilés, glabres, renflés aux articulations, couverts d'une écorce brune et un peu scabre. Feuilles fermes, oblongues, ou oblongues-lancéolées, ou lancéolées-oblongues, ou lancéolées-elliptiques, ou lancéolées, acuminées, planes, d'un vert foncé en dessus, pâles en dessous, un peu luisantes, pubescentes aux nervures, longues de 3 à 5 pouces, larges de 1 à 2 pouces. Fleurs très-odorantes, longues d'environ 6 lignes. Écailles calicinales pubescentes, brunâtres: les supérieures plus grandes, jaunâtres. Pétales extérieurs oblongs ou lancéolés-oblongs, semi-diaphanes, d'un pourpre violet marbré de blanc, larges de 1 à 1 ¹/₂ ligne. Filets blanchâtres. Anthères jaunes. Calice fructifère oblong-lagéniforme, acuminé, cicatrisé, brunâtre. Carcérules oblongs, brunâtres, luisants, cornés.

— β : A GRANDES FLEURS. —*Chimonantus fragrans* β : *grandiflorus* Lindl. in Bot. Reg. tab. 451.

Fleurs subglobuleuses, plus grandes. Pétales extérieurs presque étalés, ondulés aux bords. Feuilles plus scabres, d'un vert plus clair.

Le *Chimonanthus odorant*, qu'on connaît aussi sous les noms de *Mératia* et *Calycanthe précoce*, est originaire du Japon, d'où il fut introduit en Europe l'an 1766. Ses fleurs, remarquables par leur parfum très-suave et analogue à l'odeur de Jonquille, s'épanouissent au commencement ou à la fin de l'hiver. Son feuillage est touffu et très-élégant. On cultive cet abrisseau en terre de bruyère ; sa multiplication se fait de marcottes ; les fruits se développent très-rarement sous le climat de Paris.

La variété à grandes fleurs, qui peut-être constitue une espèce distincte, n'est introduite en Angleterre que depuis 1812, et encore assez rare en France.

SOIXANTIÈME FAMILLE.

LES GRANATÉES. — *GRANATEÆ.*

(*Granateæ* Don, in James. Edinb. Philos. Journ. jul. 1826, p. 134.
— De Cand. Prodr. v. III, p. 3. — Bartl. Ord. Nat. p. 324.)

Le Grenadier, que M. de Jussieu place parmi les Myrtacées, constitue à lui seul cette famille.

CARACTÈRES DE LA FAMILLE.

Arbres ou *arbrisseaux*. Rameaux épineux.

Feuilles opposées, ou rarement verticillées, ou éparses,
souvent fasciculées aux aisselles, très-entières, non-ponctuées, glabres, non-stipulées. Bourgeons écailleux.

Fleurs terminales, subsessiles, écarlates, régulières,
hermaphrodites.

Calice un peu coriace, charnu, coloré, semi-adhérent,
tubuleux, 5-7-fide; estivation valvaire.

Pétales 5-7, insérés à la gorge du calice, interpositifs,
chiffonnés et imbriqués avant l'épanouissement.

Étamines en nombre indéterminé, insérées à toute la
partie inadhérente du tube calicinal. Filets subulés,
égaux, libres. Anthères incombantes, ovales, inappendiculées, à 2 bourses déhiscentes chacune antérieurement par une fente longitudinale.

Pistil : Ovaire adhérent, pluriloculaire ; loges superposées en deux séries : l'inférieure de 3, la supérieure de
5-9 ; ovules en nombre indéterminé ; placentaires gros
saillants, recouvrant la base et la face interne de chaque
loge. Style indivisé, grêle, renflé à la base. Stigmate
terminal, disciforme, papilleux.

Péricarpe : Pyridion coriace, sphérique, couronné, divisé par un diaphragme en 2 compartiments inégaux, superposés : compartiment supérieur plus grand que l'inférieur, multiloculaire : placentaires charnus, pariétaux ; compartiment inférieur plus petit, triloculaire : placentaires irréguliers, basilaires ; cloisons membraneuses.

Graines très-nombreuses, horizontales, irrégulièrement polyèdres, enveloppées d'un arille pulpeux, transparent. Épisperme épais. Périsperme nul. Embryon oblong, rectiligne : radicule courte ; cotylédons foliacés, convolutés en spirale.

Genre GRENADIER. — *Punica* Linn.

Calice coriace, coloré ; tube turbiné, adhérent ;. limbe campanulé. Pétales 5-7. Étamines très-nombreuses, insérées à la gorge du calice, incluses. Ovaire multiloculaire. Style indivisé. Stigmate papilleux. Pyridion gros, subglobuleux, couronné, divisé par un diaphragme en 2 compartiments superposés, inégaux. Graines nombreuses dans chaque loge, enveloppées d'un arille pulpeux.

Le nom de *Punica* dérive soit de *puniceus*, faisant allusion à la couleur écarlate des fleurs de l'arbre, soit de *malus punica*, terme employé par les Romains pour désigner la Grenade, parce que ce fruit leur parvint de Carthage. L'étymologie de *Grenadier* se trouve dans *granatum*, autre nom latin de la Grenade, dû à la quantité des grains qui en remplissent l'intérieur.

L'espèce dont nous allons parler constitue à elle seule le genre.

GRENADIER COMMUN.—*Punica Granatum* Linn.—Bot. Mag. tab. 1832. — Schkuhr, Handb. tab. 131. — Trew. Ehret. tab. 71, fig. 1. — Poit. et Turp. Arb. Fruit. tab. 22, — Flor.

Græo. tab. 476. — Andr. Bot. Rep. tab. 96 (var. flor. alb.)—
Duham. ed. nov. v. 4, tab. 11, et 11, *bis.*

Arbre haut de 15 à 20 pieds, ou buisson. Tronc tortueux. Rameaux touffus, vagues, menus, épineux. Feuilles luisantes, un peu coriaces mais non persistantes, très-glabres, lancéolées, ou lancéolées.
elliptiques, ou elliptiques, ou oblongues, ou oblongues-obovales,
obtuses ou pointues, légèrement ondulées, finement penninervées, courtement pétiolées : celles des jeunes pousses opposées
ou rarement éparses, longue de 1 à 2 pouces, larges de 4 à
6 lignes ; celles des ramules anciens fasciculées, petites. Fleurs
solitaires, ou agrégées 2-5, terminales, subsessiles, d'un écarlate brillant. (blanchâtres ou jaunâtres dans certaines variétés
cultivées). Calice long de 1 à 1 '/₂ pouce : lobes larges, triangulaires, un peu pointus, calleux au sommet. Pétales sessiles, ovales-
orbiculaires, étalés, beaucoup plus grands que les lobes du calice.
Étamines de même couleur que les pétales. Pyridion du volume
d'une grosse Noix dans les individus sauvages, atteignant le
volume d'une grosse Orange dans certaines variétés cultivées,
rougeâtre ou jaunâtre. Graines nidulantes, osseuses, luisantes,
blanchâtres ; arille rougeâtre.

— β : GRENADIER NAIN. — *Punica nana* Linn. — Bot. Mag.
tab. 634. — Trew. Ehret. tab. 71, fig. 3. — Tige basse.
Feuilles presque linéaires. Fleurs écarlates. Cette variété,
que plusieurs auteurs ont considérée comme une espèce, se
cultive fréquemment aux Antilles.

— γ : GRENADIER A FLEURS BLANCHES. — Andr. l. c. tab. 96.
— Cette variété, qu'on possède à fleurs simples et à fleurs
doubles, est originaire de Chine, d'où elle parvint en Angleterre en 1810 ; on la cultive dans les orangeries.

— δ : GRENADIER A FLEURS JAUNATRES. — Cette variété, également originaire de Chine, fut introduite en Angleterre à la
même époque que la précédente. Ses fleurs sont très-grandes ;
son fruit, de couleur jaunâtre, atteint le volume d'une grosse
Orange.

— Le *Grenadier* ou *Balaustier* croît spontanément en Barbarie, et dans toute l'Asie tempérée occidentale, jusqu'au Caboûl. Introduit d'Afrique en Italie, à l'époque des guerres puniques, il se trouve aujourd'hui naturalisé dans le midi de l'Europe. La beauté de ses fleurs et de ses fruits l'avaient fait consacrer aux divinités mythologiques, et plus anciennement encore, les Hébreux en faisaient usage dans leurs cérémonies religieuses.

Sur les côtes occidentales de la France et dans le midi de l'Angleterre, le Grenadier peut végéter en pleine terre, à la faveur de situations abritées; mais aux environs de Paris il résiste rarement aux hivers, et on ne le cultive que comme plante d'ornement d'orangerie. Planté en caisse ou en pot, il demande une terre substantielle, comme celle qu'on donne aux Orangers. En été, il exige des arrosemens fréquens et abondans; car si l'on néglige de prendre ce soin, ses fleurs tombent avant de s'épanouir. C'est en les taillant régulièrement qu'on parvient à élever les Grenadiers sur une seule tige, et à leur former une tête régulière; opération qui se pratique à la fin de l'hiver ou au commencement du printemps. Les Grenadiers à fleurs doubles se multiplient de boutures, ou de marcottes; la dernière méthode surtout réussit avec une extrême facilité. On possède, dans les orangeries de Versailles et du Luxembourg, plusieurs Grenadiers dont l'âge est estimé à deux ou trois cents ans.

Suivant M. Bosc, on cultive, dans le midi, trois variétés de Grenadiers, savoir celui à pulpe douce, celui à pulpe acide, et celui à pulpe mélangée de doux et d'acide.

La pulpe des Grenades est astringente et rafraîchissante; on en fait des sirops, des confitures et des sorbets d'un goût très-agréable. Ses fleurs, nommées en pharmaceutique *Balaustes*, sont très-astringentes, parce qu'elles contiennent beaucoup de annin; leur décoction s'emploie dans les diarrhées chroniques et dans plusieurs autres maladies. On obtient une encre d'un très-beau rouge, en faisant macérer ces fleurs dans de l'eau avec un peu d'alun. L'écorce du fruit, qui possède les mêmes propriétés que les fleurs, sert au tannage des cuirs. C'est avec cette écorce que les Tunisiens teignent leurs maroquins en jaune. Elle peut remplacer la Noix de Galle dans la préparation de l'encre noire. L'écorce de la racine de Grenadier, administrée aux doses convenables, est l'un des remèdes les plus efficaces contre le *tænia* ou ver solitaire.

Dans le midi de l'Europe on forme avec le Grenadier d'excellentes haies de défense, qui offrent l'avantage de n'être broutées par aucun animal.

LES CALICIFLORES.

CALYCIFLORÆ Bartl.

CARACTÈRES.

Arbres, ou *arbrisseaux*, ou *sous-arbrisseaux*, ou *herbes*. Tiges et rameaux cylindriques ou anguleux. Suc propre aqueux.

Feuilles opposées, ou éparses, ou rarement verticillées, simples, penninervées, indivisées, souvent dentelées ou dentées. Stipules le plus souvent nulles.

Fleurs régulières, ou moins souvent irrégulières, hermaphrodites, ou rarement unisexuelles par avortement, axillaires, solitaires, souvent disposées en épi, ou en grappe (quelquefois agrégées en capitule, ou rarement en cyme).

Calice adhérent ou inadhérent; limbe caduc ou persistant, 2-6-parti (le plus souvent 4- ou 5-parti; par exception inapparent) : éstivation valvaire.

Pétales (quelquefois nuls) insérés à la gorge du calice, en même nombre que les lobes de celui-ci, interpositifs, onguiculés, caducs, contournés en préfloraison.

Étamines insérées à la gorge du calice (souvent plus bas que la corolle), en même nombre que les pétales, ou en nombre moindre, ou double, ou multiple. Filets libres. Anthères inappendiculés, à 2 bourses (très-rarement à une seule bourse) longitudinalement déhiscentes.

Pistil : Ovaire adhérent, ou inadhérent, à loges en

même nombre que les lobes du calice (le plus souvent 4 ou 5). Placentaires centraux, le plus souvent soudés en colonne, multiovulés (rarement pauciovulés ou uniovulés. Styles (quelquefois nuls) libres ou soudés. Stigmates en même nombre que les loges de l'ovaire, le plus souvent libres.

Péricarpe 1-5-loculaire, polysperme, ou oligosperme (rarement monosperme par avortement), le plus souvent capsulaire.

Graines suspendues, ou ascendantes, ou horizontales, quelquefois arillées ou appendiculées. Périsperme presque toujours mince ou inapparent. Embryon rectiligne : radicule appointante.

Cette classe, répartie entre toutes les contrées du globe, renferme les Combrétacées, les Vochysiées, les Rhizophorées, les Onagraires, les Lythrariées et les Haloragées.

LES COMBRÉTACÉES. — *COMBRÉTACEÆ*.

(*Elæagnorum* et *Onagrarum* genn. Juss. Gen. — *Myrobalaneæ* Juss.
in Annal. du Mus. vol. V, p. 223; et in Dict. des Sciences nat. vol.
XXXI, p. 458. — *Combretaceæ* R. Br. Prodr. I, p. 351; Gen.
Rem. in Flind. Voy. II, p. 548. — De Cand. Prodr. III, p. 9. —
Bartl. Ord. Nat. p. 322.)

Outre ses affinités avec les autres groupes de Caliciflores, cette famille offre des points de contact très-in-
times avec les Myrtacées, les Santalacées, et les Lauri-
nées. On connaît environ cent cinquante espèces de
Combrétacées, dont cinq seulement croissent en dehors
des tropiques, mais dans les contrées les plus chaudes
de la zone tempérée.

Beaucoup de Combrétacées peuvent rivaliser avec les
végétaux les plus richement dotés par la nature; les
unes forment de magnifiques lianes, parées d'innombrables grappes de fleurs vivement colorées; d'autres se
développent en arbres majestueux, remarquables par
leur taille gigantesque et par l'ampleur de leur feuillage.
En général les plantes usuelles sont peu nombreuses
dans ce groupe; toutefois le genre *Terminalia* renferme
plusieurs espèces qui produisent des amandes délicieuses; c'est du même genre aussi que proviennent les *Myrobolans*, fruits remarquables par leur astringence, et jadis célèbres en matière médicale.

CARACTÈRES DE LA FAMILLE.

Arbres ou *arbrisseaux*.

Feuilles opposées ou éparses, simples, indivisées, très-

entières, penninervées, rarement ponctuées. Stipules
nulles.

Fleurs régulières, hermaphrodites, ou par avortement polygames, disposées en épi, ou en grappe, ou en
panicule : pédoncules axillaires ou terminaux.

Calice adhérent inférieurement ; limbe 4- ou 5-fide,
caduc ou persistant ; éstivation valvaire.

Disque épigyne.

Pétales insérés à la gorge du calice, en même nombre
que les lanières de celui-ci, interpositifs, caducs (quelquefois nuls).

Étamines insérées à la gorge du calice, ou à la gorge
et au tube, en nombre double des lanières calicinales,
ou rarement en même nombre que celles-ci et alternés
avec elles, ou en nombre triple. Filets libres, filiformes.
Anthères versatiles, submédifixes, à 2 bourses longitudinalement déhiscentes.

Pistil : Ovaire adhérent, uniloculaire, 2-5-ovulé.
Style indivisé, filiforme. Stigmate simple. Ovules sus-
pendus au sommet de la loge à des funicules allongés.
Placentaire inapparent.

Péricarpe drupacé, ou nucamentacé, ou samaroïde,
uniloculaire, monosperme par avortement (par exception 5-sperme), souvent muni de côtes ou d'ailes longitudinales.

Graines grossés, pendantes, remplissant la cavité du
péricarpe. Périsperme inapparent. Embryon rectiligne:
radicule latéralement appointante; cotylédons convolutés ou plissés.

La famille des Combrétacées se compose comme
suit :

Ire TRIBU. **LES TERMINALIÉES.** —*TERMINIALEÆ.*
Cotylédons convolutés.

Bucida Linn. (Buceras P. Br. Hudsonia Robins.) — *Agathisanthes* Blum. — *Terminalia* Linn. (Catappa, Myrobolanus et Badamia Gærtn. Pamea et Tanibouca Aubl. Fatræa Juss.) — *Pentaptera* Roxb. — *Getonia* Roxb. (Calycopteris Lamk) — *Chuncoa* Pav. (Gimbernatia Ruiz et Pav.) — *Ramatuella* Kunth. — *Conocarpus* Linn. (Rudbeckia Adans.) — *Laguncularia* Gærtn. fil. (Sphenocarpus Rich. Schousboa Spreng.) — *Anogeissus* Wallich. — *Guiera* Juss. — *Poivrea* Commers. (Cristaria Sonner. Gonocarpus Hamilt.) — *Gyrocarpus* Jacq.

IIe TRIBU. **LES COMBRÉTÉES.** — *COMBRETEÆ.*

Cotylédons épais, plissés irrégulièrement ou en long.

Combretum Lœffl. (Aetia Adans.) — *Cacoucia* Aubl. (Schousbœa Willd. Hambergera Scopol. Hambergia Neck.) — *Lumnitzera* Willd. — *Quisqualis* Linn.

GENRES INCOMPLÉTEMENT CONNUS.

Ceratostachys Blum. — *Bruguiera* Pet. Thou. — *Bobua* De Cand.

Ire TRIBU. **LES TERMINALIÉES.** — *TERMINALIEÆ.*
De Cand. Prod.

Calice 5-fide. Pétales souvent nuls. Étamines 10. Embryon cylindracé, ellipsoïde : cotylédons convolutés en spirale.

Genre BUCIDA. — *Bucida* Linn.

Limbe calicinal campanulé, urcéolé, 5-denté, caduc. Pétales nuls. Étamines 10, bisériées : 5 plus longues antépositives, insérées à la base du limbe; et 5 plus courtes, interpositives; anthères cordiformes, didymes. Ovaire triovulé. Style subulé, de la longueur des étamines. Stigmate pointu, terminal. Drupe bacciforme; noyau anguleux, monosperme. Graine oblongue-cylindracée.

Arbres. Feuilles éparses, agrégées à l'extrémité des ramules. Pédoncules axillaires. Fleurs petites, en épi ou en capitule.

Ce genre renferme trois espèces, indigènes aux Antilles; la suivante est la seule dont il convienne de faire mention :

BUCIDA A CORNES.— *Bucida Buceras* Linn. — Sloane, Hist. Jam. 2, tab. 189, fig. 3. — Browne, Jam. tab. 23, fig. 1.

Feuilles oblongues ou obovales, cunéiformes à la base, arrondies au sommet, glabres. Épis grêles, terminaux, pédonculés, fasciculés, denses, pubescents.

Cet arbre, connu à la Jamaïque sous le nom de *Black Olive* (Olivier noir) fournit un excellent bois de construction, et les tanneurs font usage de son écorce. Les épis des fleurs se terminent souvent par une excroissance grêle, spongieuse, en forme de corne, et de plus de trois pouces de long : accident qui provient sans doute de l'avortement des fleurs supérieures.

Genre AGATHISANTHE. — *Agathisanthes* Blum.

Fleurs dioïques, apétales. — *Fleurs mâles* : Calice 5-parti : lobes imbriqués, connivents. Étamines ordinairement 10; filets très-courts, insérés à un disque plane; anthères didymes. — *Fleurs femelles* : Limbe calicinal court, supère, 5-denté. Style court, bifide. Ovaire uniovulé. Disque plane. Drupe baccien, ombiliqué : noyau comprimé, monosperme. Embryon inverse.

L'espèce dont nous allons parler constitue à elle seule le genre.

AGATHISANTHE DE JAVA. — *Agathisanthes javanica* Blum. Bijdr. p. 645.

Arbre haut d'environ 120 pieds. Feuilles roselées, coriaces, oblongues, très-entières. Capitules axillaires ou latéraux, solitaires ou géminés, longuement pédonculés.

M. Blume a observé ce végétal dans les hautes forêts de l'ouest de Java, où les habitants le désignent sous le nom de *Hirung*.

Genre TERMINALIA. — *Terminalia* Linn.

Fleurs souvent polygames par avortement. Limbe calicinal caduc, campanulé, 5-fide : lobes pointus. Pétales nuls. Étamines 10, bisériées, plus longues que le calice. Ovaire biovulé. Style filiforme, pointu. Drupe non-couronné, monosperme, ordinairement sec. Graine amygdaloïde.

Arbres ou arbrisseaux. Feuilles alternes, souvent roselées au sommet des ramules. Fleurs en épis ou en grappes hermaphrodites inférieurement, mâles supérieurement, souvent disposés en panicule.

Ce genre, propre à la zone équatoriale, renferme une quarantaine d'espèces, dont plusieurs toutefois sont très-incomplétement connues, et doivent peut-être rentrer dans d'autres genres. Les *Terminalia* se font remarquer par un port majestueux, et quelques-uns servent à des usages très-variés. Voici les espèces les plus intéressantes :

SECTION I. CATAPPA Gærtn. — De Cand. Prodr. (*Terminalia* Lamk.)

Drupe ailé aux bords ou marginé, comprimé.

TERMINALIA BADAMIER. — *Terminalia Catappa* Linn. — Jacq. Ic. Rar. 1, tab. 197. — Hort. Malab. 4, tab. 3 et 4. — Hook in Bot. Mag. tab. 3004.

Feuilles lancéolées-elliptiques ou lancéolées-obovales, pointues, cordiformes à la base, pubescentes-ferrugineuses en dessous. Grappes axillaires, pubescentes, beaucoup plus courtes que les feuilles.

Arbre très-élevé. Rameaux verticillés, étalés, formant une cyme pyramidale. Écorce lisse, grisâtre en dehors, rougeâtre en dedans. Feuilles atteignant jusqu'à 1 pied de long. Fleurs petites, verdâtres en dehors, blanchâtres en dedans. Drupe semblable à celui de l'Amandier, mais plus gros : brou rougeâtre, coriace, scabre.

Le *Badamier*, indigène dans l'Inde, se cultive dans beaucoup d'autres contrées équatoriales, soit de l'ancien, soit du nouveau continent. C'est à la fois l'un des plus beaux et des plus utiles végétaux que l'on connaisse. Sa tête forme une pyramide régulière dont les branches inférieures s'étalent très-loin. Le bois, blanc, dur et presque incorruptible, se recherche pour toute espèce de constructions; les fruits, dont il se fait trois récoltes par an, contiennent une grosse amande d'une saveur aussi agréable que celle de nos Amandes douces, et l'huile grasse qu'on en retire par expression offre l'avantage de ne jamais rancir.

TERMINALIA A GRANDES AILES. — *Terminalia macroptera* Guill. et Perrott. Flor. Senegamb. v. 1, p. 276; tab. 63.

Ramules feuillus. Feuilles glabres, non-glanduleuses, oblongues-obovales, arrondies au sommet, rétrécies à la base. Grappes axillaires, plus courtes que les feuilles. Péricarpe samaroïde, bordé d'une large aile foliacée, échancrée au sommet.

Arbre haut de 30 à 40 pieds, rameux, ayant le port du Noyer commun. Tronc d'environ 1 pied de diamètre. Écorce roussâtre, rimeuse. Rameaux subfastigiés. Feuilles coriaces, luisantes en dessus, non-persistantes, longues de 10 à 12 pouces, sur 3 à 4 pouces de large. Samare comprimée, elliptique, rétrécie aux 2 bouts, jaunâtre, longue de 2 à 3 pouces, sur 1 pouce de large.

Cette espèce a été observée par MM. Leprieur et Perrottet, dans la Sénégambie. Les nègres lui donnent le nom de *Rebreb*. « Outre les fruits ordinaires de cet arbre, disent MM. Guillemin et » Perrottet, on rencontre sur tous les individus une grande quan- » tité de panicules d'autres fruits monstrueux, arrondis ou ovoïdes, » de la forme ou de la grosseur d'un œuf de pigeon ou d'une grosse » Noix revêtue de son brou. Cette monstruosité provient proba- » blement de la piqûre d'un insecte. L'intérieur est jaunâtre, » composé de vacuoles ou cellules rondes, remplies d'un suc

» limpide, jaune et épais comme du miel. Ce suc a une saveur
» acide, et contient beaucoup d'acide gallique. Le *Terminalia*
» *macroptera* étant fort abondant sur les bords de la Gambie,
» ainsi que dans les environs de Sierra-Leone, où M. Caillé nous
» assure l'avoir observé, nous pensons qu'on pourrait tirer un
» parti avantageux de ces espèces de Galles, soit pour le tannage
» soit pour servir de mordant ou d'avivant dans certaines tein-
» tures. Leur emploi serait analogue à celui des Myrobolans Ché-
» bules et citrins qui proviennent d'autres espèces de *Termina-*
» *lia*, et qui sont usités au Bengale pour teindre en rouge par
» le *Chayaver* (*Oldenlandia umbellata*). » D'après M. Leprieur, les racines de cet arbre sont purgatives.

TERMINALIA DES MOLUQUES. — *Terminalia moluccana*
Lamk. Dict.— Rumph. Amb. 1, tab. 68.

Feuilles cunéiformes-obovales, courtement acuminées, glabres,
très-entières, subsessiles, biglanduleuses à la base. Grappes pendantes, lâches, de la longueur des feuilles. Disque velu. Drupe
ovoïde, émarginé, convexe d'un côté, concave de l'autre.

Feuilles longues de 5 à 12 pouces, sur 3 à 6 pouces de large.
Fleurs petites, blanches. Drupe de la grosseur d'un œuf de pigeon, de couleur rougeâtre, et marqué de veines jaunes.

Cet arbre se cultive aux Moluques et aux îles de la Sonde.
Son tronc ne s'élève pas très-haut, mais ses branches, disposées
en candélabre comme celles du Badamier, forment une ample tête
pyramidale très-touffue. On a coutume de le planter autour des
habitations, à cause de l'ombrage épais qu'il procure. Les graines,
comparables aux Amandes douces, servent aux mêmes usages que
celles-ci.

TERMINALIA A FEUILLES ÉTROITES.—*Terminalia angustifolia*
Jacq. Hort. Vindob. 3, tab. 100. — *Croton Benzoe* Linn.
Mant. — *Terminalia Benzoin* Linn. fil. suppl. — *Catappa
Benzoin* Gærtn. Fruct. 2, p. 206, tab. 127.

Feuilles linéaires-lancéolées, subsinuolées, rétrécies aux 2
bouts, pubescentes ou poilues en dessous ainsi qu'au pétiole,
biglanduleuses à la base.

Cette espèce, indigène dans l'Inde, passait long-temps pour le végétal qui produit la *gomme Benjoin*, parce qu'en effet il en découle une substance résineuse analogue au vrai Benjoin.

SECTION II. MYROBOLANUS Lamk. — De Cand. Prodr. (*Myrobolanus* et *Badamia* Gærtn.)

Drupe ovale ou légèrement comprimé, sec ou baccien : noyau globuleux, anguleux, sillonné.

TERMINALIA BELLÉRIC. — *Terminalia Bellerica* Roxb. Corom. 2, tab. 198. — *Myrobolanus Bellerica* Breyn. Ic. 18, tab. 4. — Gærtn. Fruct. 2, p. 90, tab. 97.

Feuilles éparses, roselées, longuement pétiolées, obovales, pointues, coriaces, glabres, biglanduleuses à la base. Épis solitaires, axillaires, dressés, simples. Drupe ovale, subpentagone, charnu, velouté.

Cette espèce, qui habite les montagnes de l'Inde, forme un arbre très-élevé; mais son bois est mou et peu estimé. En pratiquant des incisions dans l'écorce, il en suinte une gomme abondante, soluble dans l'eau, et analogue à la gomme arabique. Les Hindous mangent les amandes du fruit, lesquelles ont un goût de Noisette, mais qui causent une sorte d'ivresse lorsqu'on en fait abus.

TERMINALIA CHÉBUL.— *Terminalia Chebula* Retz. —Roxb. Corom. 2, tab. 197.

Feuilles opposées, ovales-oblongues, pointues, arrondies à la base, glabres en dessus, pubescentes en dessous, glandulifères au sommet du pétiole. Épis terminaux, cotonneux-jaunâtres, simples ou rameux, dressés. Fleurs hermaphrodites. Drupe ovale, subpentagone, lisse : noyau ovale, très-dur.

Tronc haut, dressé. Rameaux nombreux, étalés. Écorce lisse, grisâtre. Feuilles grandes. Fleurs petites, jaunes. Drupe jaune, de la grosseur d'un œuf de pigeon.

Cette espèce croît dans les montagnes de l'Inde; elle parvient à une hauteur considérable, et fournit un excellent bois de construction. La piqûre d'un certain insecte produit souvent sur les feuilles de l'arbre une espèce de Noix de Galle, préférable, selon Roxburgh, à la Galle d'Alep, et dont il se fait une forte consommation dans l'Inde, pour teindre en jaune. Roxburgh présume que le remède astringent connu en Angleterre sous le nom de *Fèves du Bengale* n'est autre chose que la substance dont nous venons de parler. L'enveloppe charnue des drupes du *Terminalia Chebula* est aussi d'une astringence extrême; dans l'Inde, ces fruits servent à teindre en noir, et jadis ils jouissaient d'une grande réputation dans notre matière médicale, sous le nom de *Myrobolans Chébuls*.

TERMINALIA GIGANTESQUE. — *Terminalia procera* Roxb. Corom. 3, tab. 224.

Feuilles roselées, cordiformes-obovales, pointues, presque sessiles, légèrement ondulées, glabres. Grappes axillaires, solitaires, plus courtes que les feuilles. Fleurs blanches. Drupe oblong, obscurément pentagone, non-comprimé, pulpeux : noyau pentagone.

Cette espèce, non moins belle que le Badamier, est indigène dans les îles Andaman; elle forme un arbre de première grandeur, à branches horizontales, étagées en plusieurs verticilles terminés par des ramules distiques. Le drupe, jaune à l'extérieur, offre une pulpe rougeâtre d'une saveur acidule fort agréable.

TERMINALIA PAMÉA. — *Terminalia Pamea* De Cand. Prodr. — *Pamea guianensis* Aubl. Guian. tab. 359.

Feuilles oblongues-lancéolées, pointues, rétrécies aux 2 bouts, glabres, pétiolées, agrégées en verticilles. Drupe ovale oblong, trigone. Graine oblongue.

Tronc haut de 30 pieds et plus, sur 2 pieds de diamétre. Branches dressées et inclinées, noueuses, rameuses. Feuilles atteignant jusqu'à 4 pouces de long.

Cette espèce croît dans les forêts de la Guiane; ses grandes feuilles, disposées par verticilles aux entrenœuds, lesquels sont très-écartés les uns des autres, produisent un effet fort singulier. Le drupe renferme une amande douce et bonne à manger.

Genre GÉTONIA. — *Getonia* Roxb.

Limbe calicinal coloré, persistant, campanulé, profondément partagé en 5 lobes oblongs-lancéolés, 3-nervés. Pétales nuls. Étamines 10, saillantes, insérées alternativement entre les lobes calicinaux et à la base du limbe; anthères orbiculaires, didymes. Style filiforme, pubescent, obtus. Noix oblongue, pentagone, couronnée, uniloculaire, monosperme.

Arbrisseaux grimpants. Feuilles opposées, très-entières, ponctuées, courtement pétiolées. Graines axillaires et terminales, rapprochées en panicule. Fleurs bractéolées, jaunes.

Le genre *Getonia* se compose de deux espèces, indigènes dans l'Inde, et remarquables par la beauté de leurs fleurs. Ces végétaux se cultivent dans les collections de serre.

GÉTONIA FLEURI. — *Getonia floribunda* Roxb. Corom. 1, tab. 87.

Feuilles lancéolées, ou ovales-lancéolées, pointues, pubescentes en dessus, cotonneuses en dessous. Grappes dressées, plus longues que les feuilles; pédicelles verticillés-quaternés.

Feuilles longues d'environ 3 pouces, sur 2 pouces de large, semblables à celles de l'Oranger. Fleurs d'un jaune-verdâtre, inodores, très-nombreuses, de la grandeur de celles de l'Oranger. Bractées lancéolées, plus courtes que les fleurs. Lanières calicinales étalées. Péricarpe brunâtre, long d'environ 18 lignes, y compris le limbe calicinal amplifié.

GÉTONIA À GRAPPES PENCHÉES. — *Getonia nutans* Roxb. Cat. Hort. Calcutt.—De Cand. Prodr. — *Getonia nitida* Roth, Nov. Spec.

Feuilles ovales, longuement acuminées, glabres en dessus (excepté à la côte), pubescentes en dessous; grappes ordinairement plus longues que les feuilles.

Genre CONOCARPUS. — *Conocarpus* Gærtn.

Limbe calicinal urcéolé, 5-fide, oblique, sessile, long-temps persistant. Pétales nuls. Etamines 5, peu saillantes; anthères cordiformes. Ovaire comprimé, 1-loculaire, 2-ovulé. Style indivisé. Samares cymbiformes, coriaces, monospermes, imbriquées de haut en bas en cône subglobuleux et très-serré. Graine irrégulièrement oblongue, pointue.

Arbres ou arbrisseaux. Feuilles alternes ou rarement opposées, très-entières. Fleurs jaunâtres, petites, en capitules serrés. Pédoncules disposés en panicule.

Ce genre, remarquable par ses fruits imbriqués de manière à former un petit cône qui semble composé d'écailles, ne renferme que l'espèce dont nous allons faire mention.

Conocarpus polymorphe. — *Conocarpus erecta* Kunth, in Humb. et Bonpl. Nov. Gen. et Spec. — *Conocarpus erecta* et *C. procumbens* Jacq. Amer. tab. 52, fig. 1 et 2. —Sloan. Hist. 2, tab. 161, fig. 2. — Catesb. Carol. tab. 33.

Feuilles oblongues, ou obovales, ou lancéolées-oblongues, ou suborbiculaires, acuminées, glabres, ou pubescentes, ou soyeuses, souvent biglanduleuses à la base. Capitules globuleux, longuement pédonculés, axillaires et terminaux. Lobes calicinaux ovales, pointus, dressés. Carcérules marginés, mutiques.

Le *Conocarpus* abonde sur les côtes des Antilles et sur les plages voisines de la terre-ferme d'Amérique. Les Espagnols le nomment *Mangle Zaragoza*. MM. Leprieur et Perrottet l'ont aussi trouvé sur les plages de la Sénégambie. Son port est très-variable, selon les localités. Les individus venus dans les endroits inondés ou marécageux, se développent en arbres dont le tronc dépasse souvent trente pieds de hauteur; ceux qui croissent dans des endroits moins aqueux, ou sur des rochers maritimes, forment des buissons touffus.

Genre LAGONCULARIA. — *Laguncularia* Gærtn.

Limbe calicinal persistant, subcampanulé. Stigmate capitellé, 5-parti; lobes obtus. Pétales 5, petits, étalés, caducs. Étamines 10, bisériées, incluses. Style subulé. Noix marginée, coriace, couronnée, évalve, monosperme. Radicule germant dans le péricarpe avant la chute de ce dernier.

L'espèce suivante constitue à elle seule ce genre :

LAGONCULARIA A GRAPPES.—*Laguncularia racemosa* Gærtn. Fil. Fruct. 3, p. 209, tab. 217. — Sloan. Hist. Jam. tab. 187, fig. 1. — *Conocarpus racemosa* Linn. Spec.—Jacq. Amer. tab. 53. — *Schousboa commutata* Spreng. Syst.

Arbre souvent rameux dès la base. Feuilles opposées, elliptiques, glabres. Grappes opposées, multiflores. Fleurs sessiles, non-bractéolées.

Ce végétal croît sur les plages des Antilles et de l'Amérique méridionale. Les créoles anglais le désignent par le nom *White Mangrove* (Manglier blanc), et les Espagnols par celui de *Mangle bobo* (Manglier fou). Son écorce est très-astringente, et sert au tannage.

Genre GUIÉRA. — *Guiera* Juss.

Involucre 4-parti : segments valvaires en préfloraison, puis réfléchis. Tube calicinal oblong, grêle, subcylindracé; limbe tubuleux-campanulé, 5-denté. Pétales 5, oblongs-linéaires, petits. Étamines 10, saillantes; anthères globuleuses. Ovaire oblong, 4-ovulé. Style indivisé, filiforme. Capsule étroite, cylindracée-pentagone, arquée, monosperme. Graines oblongues, costées.

L'espèce suivante constitue à elle seule le genre :

GUIÉRA DU SÉNÉGAL. — *Guiera senegalensis* Lamk. Ill. tab. 360. — Guillem. et Perrott. Flor. Senegamb. v. 1, p. 282; tab. 66, fig. 2, Anal.

Buisson dressé, très-rameux, haut de 8 à 10 pieds. Rameaux cylindriques, effilés, pulvérulents étant jeunes. Feuilles opposées, courtement pétiolées, elliptiques-oblongues, entières, légèrement échancrées à la base, mucronulées, quelquefois courtement acuminées, glabres et d'un vert pâle en dessus, pulvérulentes-grisâtres et ponctuées de noir en dessous. Fleurs petites, jaunâtres, disposées en capitules globuleux : pédoncules axillaires ou terminaux, solitaires, dibractéolés au sommet. Segments de l'involucre ovales-lancéolés, ponctués de noir. Tube calicinal velu. Pétales subspathulés, saillants.

Cette espèce, remarquable par la beauté de son inflorescence, abonde dans les contrées de Walo et de Cayor, où les nègres la nomment *Guierr*.

Genre POIVRÉA. — *Poivrea* Commers.

Limbe calicinal campanulé ou infondibuliforme, caduc, 5-lobé. Pétales 5, courts. Étamines 10; filets très-longs. Ovaire 2-5-ovulé. Style filiforme, saillant, pointu. Péricarpe ovale ou ovale-oblong, à 5 ailes. Graine pentagone; cotylédons souvent ternés, irrégulièrement convolutés.

Arbrisseaux, la plupart épineux. Feuilles très-entières. Épis ou grappes disposés en panicules terminales feuillées. Fleurs unibractéolées à la base.

Ce genre, remarquable par la beauté de ses fleurs, renferme cinq espèces, dont voici les plus intéressantes :

Poivréa écarlate. — *Poivrea coccinea* Dé Cand. Prodr.— *Combretum coccineum* Lamk. Ill. tab. 282, fig. 2. — *Combretum purpureum* Vahl. — Bot. Reg. tab. 429. — Bot. Mag. tab. 2102. — *Cristaria coccinea* Sonner. Voy. 2, tab. 140 (non Nuttal.)

Feuilles opposées, courtement pétiolées, oblongues ou lancéolées-oblongues, obtuses, mucronulées. Fleurs pédicellées, unilatérales; bractéoles sétiformes, caduques. Panicules terminales, pyramidales, feuillées à la base.

Arbuste sarmenteux, inerme. Ramules cylindriques, pendants, pubescents. Feuilles coriaces, longues de 3 à 4 pouces, sur 12 à 15 lignes de large. Panicules amples, atteignant plus d'un demi-pied de long. Corolle écarlate, de la grandeur de celle du Merisier à grappes. Étamines pourpres, longues d'un demi-pouce. Style plus court que les filets.

Cette espèce, originaire de Madagascar, se cultive pour l'ornement des serres.

Poivréa touffu. — *Poivrea comosa* Sweet, Hort. Brit. ed. 2. — *Combretum comosum* Don. — De Cand. Prodr. — Bot. Reg. tab. 1165.

Feuilles opposées, oblongues, très-entières, pointues, cordiformes a la base, sessiles : les adultes glabres. Épis grêles, densiflores, disposés en panicule dichotome. Bractéoles lancéolées.

Cette espèce, non moins belle que la précédente, est indigène aux environs de Sierra-Léone. On la possède aussi dans les collections de serre. Ses fleurs, disposées en amples panicules, sont d'un écarlate très-brillant.

Poivréa a feuilles alternes. — *Poivrea alternifolia* De Cand. Prodr. — *Combretum alternifolium* Pers. Ench. — Kunth, in Humb. et Bonpl. Nov. Gen. et Spec. — *Combretum decandrum* Jacq. Amer. pict. tab. 260, fig. 27.

Feuilles alternes, non-persistantes, luisantes, glabres, elliptiques-oblongues, terminées en courte pointe obtuse. Aiguillons subulés, oncinés, épars. Panicule terminale, pédonculée, composée d'épis lâches. Pétales oblongs, obtus, planes, étalés, 2 fois plus longs que le calice. Péricarpe linéaire-oblong, 5-angulaire.

Arbuste sarmenteux, grimpant jusqu'à la hauteur de 20 pieds. Rameaux longs, effilés. Panicules très-amples, composées d'environ 10 épis longs de 1/2 pied ou plus. Fleurs blanches.

Ce Poivréa, indigène dans les forêts des bords de l'Orénoque, ainsi qu'aux environs de Carthagène, est l'une des Combrétacées les plus magnifiques que l'on connaisse. On le possède dans quelques collections de serre.

Poivréa épineux. — *Poivrea aculeata* De Cand. Prodr.; Mém. sur les Combrétac. tab. 4. — Guillem. et Perrott. Flor. Senegamb. v. 1, p. 283; tab. 66, fig. 1. — *Combretum aculeatum* Vent. Choix, n° 18, in adn.

Épines solitaires sous les bourgeons, aculéiformes, oncines.

Feuilles alternes , courtement pétiolées, ovales , entières , courtement acuminées, pointues ou obtuses. Grappes courtes, subsessiles. Bractées pétiolées.

Buisson très-rameux , haut de 10 à 12 pieds. Rameaux cylindriques , étalés, souvent sarmenteux. Feuilles longues de 1 à 2 pouces : les jeunes pubescentes ; les adultes glabres, vertes. Grappes axillaires et terminales , denses. Fleurs odorantes, d'un rose pâle. Pétales lancéolés , poilus, plus longs que les dents calicinales. Péricarpe pentaptère : ailes roses ou vertes.

Ce végétal élégant a été trouvé par M. Leprieur dans la Sénégambie.

Poivréa de Roxburgh. — *Poivrea Roxburghii* De Cand. Prodr. —*Combretum decandrum* Roxb. Corom. 1, tab. 59.

Inerme. Feuilles opposées, oblongues ou oblongues-obovales, acuminées , subsessiles, glabres en dessus. Ramules florifères axillaires et terminaux, paniculés. Grappes axillaires et terminales, subverticillées, grêles, bractéolées, pubescentes, distiques. Péricarpe pentaptère.

Arbrisseau sarmenteux. Feuilles réfléchies, longues d'environ 6 pouces, sur 2 à 3 pouces de large. Panicule ample, feuillée. Pédicelles courts , opposés. Bractéoles lancéolées, plus longues que les fleurs. Fleurs petites. Pétales lancéolés , blancs. Péricarpe brunâtre.

Cette espèce habite les montagnes de la côte de Coromandel.

IIe TRIBU. **LES COMBRÉTÉES.** — *COMBRETEÆ*
De Cand. Prodr.

Embryon cylindracé-ellipsoïde, anguleux. Cotylédons épars, irrégulièrement ou longitudinalement plissés. Calice 4-ou 5-fide. Pétales 4 ou 5. Étamines 8 ou 10.

Genre COMBRÉTUM. — *Combretum* Linn.

Limbe calicinal infondibuliforme ou cyathiforme, resserré à la gorge, caduc, 4-lobé ou denté. Pétales 4. Étamines 8, bisériées : 4 antépositives très-longues et insérées plus haut que les 4 interpositives. Ovaire 2-6-ovulé. Style saillant, subulé. Stigmate terminal, inapparent. Carcérule coriace, monosperme, à 4 ailes égales. Graine anguleuse, oblongue : cotylédons plissés longitudinalement.

Arbres ou arbrisseaux, la plupart sarmenteux. Feuilles ordinairement opposées, entières. Épis simples ou paniculés, terminaux et axillaires.

Ce genre renferme une cinquantaine d'espèces, presque toutes remarquables par l'élégance de leur feuillage ainsi que par la beauté de leurs fleurs, lesquelles ressemblent à celles des Myrtes ou des Mélaleuca. Voici les espèces les plus notables :

A. *Espèces américaines.*

COMBRÉTUM DU MEXIQUE. — *Combretum mexicanum* Humb. et Bonpl. Plant. Équat. 2, tab. 132.

Arbrisseau inerme. Feuilles opposées, elliptiques, acuminées, glabres, cordiformes à la base. Panicules axillaires et terminales, composées d'épis bractéolés, cylindracés, étalés, denses. Calice cotonneux. Pétales glabres, subréniformes, sessiles, plus courts que les lobes calicinaux.

Ramules cylindriques, glabres. Feuilles longues de 4 à 5 pouces, sur 22 à 26 lignes de large. Fleurs blanches, odorantes, très-abondantes.

Cette espèce habite les plages du Mexique.

COMBRÉTUM A FEUILLES DE NERPRUN. — *Combretum frangulifolium* Kunth, in Humb. et Bonpl. Nov. Gen. et Spec. 6, tab. 538.

Feuilles opposées, courtement pétiolées, elliptiques ou ovales-elliptiques, obtuses, rétrécies à la base, furfuracées. Épis solitaires ou rarement géminés, terminaux, simples. Pédoncules multiflores. Tube calicinal cylindracé; dents triangulaires, pointues. Pétales cunéiformes-obovales, crénelés, plus courts que le calice. Péricarpe conique.

Arbre à ramules glabres, brunâtres. Épis larges, denses, longs de 3 à 4 pouces. Fleurs blanches, assez grandes. Feuilles membranacées, longues de 2 à 3 pouces.

Cette espèce a été observée par MM. de Humboldt et Bonpland, sur les bords de l'Orénoque.

COMBRÉTUM A FLEURS UNILATÉRALES. — *Combretum secundum* Jacq. Amer. tab. 176, fig. 30.

Rameaux inermes, grimpans. Feuilles pétiolées, opposées, ovales-oblongues, acuminées, très-entières, glabres. Panicule terminale, composée d'épis très-denses, opposés. Fleurs unilatérales, non-bractéolées. Pétales ovales, acuminés, étalés, 2 fois plus courts que les lobes calicinaux. Filets très-saillants.

Fleurs très-nombreuses, inodores, verdâtres. Étamines rouges.

Cette espèce habite la Nouvelle-Grenade. Ses feuilles et ses jeunes pousses, lorsqu'on les froisse, répandent une odeur fétide.

COMBRÉTUM A ÉPIS LACHES.—*Combretum laxum* Jacq. Amer.

Tiges grimpantes, inermes. Feuilles opposées, glabres, ovales, ou elliptiques, ou ovales-oblongues, acuminées ou rarement obtuses. Épis axillaires et terminaux, opposés, dressés, lâches, sessiles, non-bractéolés. Pétales suborbiculaires, coriaces, étalés, 2 fois plus longs que le calice. Filets très-longs, étalés. Péricarpe tétraptère, rugueux.

Arbrisseau à rameaux cylindriques, brachiés. Fleurs petites, blanchâtres.

Cette espèce croît à Saint-Domingue.

COMBRÉTUM ÉLÉGANT. — *Combretum elegans* Kunth, in Humb. et Bonpl. Nov. Gen. et Spec.

Tronc arborescent. Feuilles opposées, ovales-elliptiques, acuminées-obtuses, glabres en dessus, furfuracées en dessous. Épis terminaux, solitaires, subsessiles. Fleurs unilatérales. Pétales oblongs, obtus, plus courts que le calice. Filets saillants, dressés. Péricarpe oblong.

Grand arbrisseau inerme. Épis longs d'environ 3 pouces. Fleurs rouges.

Cette espèce a été trouvée par MM. de Humboldt et Bonpland, sur les bords de l'Orénoque.

COMBRÉTUM FARINEUX. — *Combretum farinosum* Kunth, in Humb. et Bonpl. Nov. Gen. et Spec.

Tiges volubiles, inermes. Feuilles opposées, ovales-oblongues, obtuses, farineuses. Épis terminaux, géminés, subsessiles, multiflores. Fleurs unilatérales. Pétales oblongs-spathulés, plus courts que le calice. Filets saillants, dressés. Carcérule subpyriforme, stipité.

Cette espèce, remarquable par ses fleurs de couleur orange, a été observée par MM. de Humboldt et Bonpland, au Mexique, dans les environs d'Acapulco.

COMBRÉTUM D'AUBLET. — *Combretum Aubletii* De Cand. Prodr. — *Combretum laxum* Aubl. Guian. tab. 137. — Mirb. Élem. tab. 44, fig. 4, fruct.

Rameaux inermes, grimpans. Feuilles opposées, courtement pétiolées, glabres, ovales-acuminées. Épis axillaires et terminaux, denses, plus longs que les feuilles. Calice poilu en dedans. Pétales plus courts que les lobes calicinaux. Filets saillants, très-longs.

Tige haute de 7 à 8 pieds, sur 3 à 4 pouces de diamètre. Rameaux grimpant jusqu'au sommet des grands arbres forestiers. Filets longs de plus de 1 pouce, pourpres ainsi que les calices.

Cet arbrisseau croît à la Guiane, dans les forêts des bords du Sinémari. Les naturels du pays le nomment *Chigouma*.

COMBRÉTUM DE SAINT-HILAIRE. — *Combretum elegans* Cambess. in Flor. Bras. Merid. 2, tab. 529 (non Kunth.)

Feuilles opposées, elliptiques-obovales, acuminées, pubérules en dessus, cotonneuses-jaunâtres en-dessous. Épis simples, denses, plus courts que les feuilles. Calice velu : limbe claviforme-cylindrique ; dents profondes, étalées, ovales, acuminées, un peu plus courtes que la corolle. Pétales lancéolés, pointus, velus.

Arbrisseau inerme, sarmenteux. Tige grêle, très-haute. Rameaux cotonneux. Feuilles longues de 2 à 5 pouces, larges de 16 à 32 lignes ; pétioles longs de 2 à 4 lignes. Bractées subulées.

Épis courtement pédonculés, longs de 2 à 3 pouces. Fleurs petites, jaunâtres, très-nombreuses. Étamines 3 fois plus longues qne le calice.

Cette espèce a été observée par M. Aug. de Saint-Hilaire au Brésil, dans la province des Mines.

COMBRÉTUM BUGI.—*Combretum Bugi* Cambess. l. c. tab. 530.

Feuilles opposées, ovales-elliptiques, subobtuses, glabres. Panicules simples ou composées, pyramidales : les axillaires pédonculées; les terminales sessiles ; épis courts, distants, denses. Calice pubescent; tube cylindracé, ovale-oblong; dents arrondies, très-courtes. Pétales arrondis, glabres, réfléchis.

Arbrisseau inerme. Ramules cotonneux au sommet. Feuilles longues de 2 à 3 pouces, larges de 12 à 22 lignes. Panicules longues de 2 à 4 pouces. Fleurs très-petites, jaunâtres. Étamines 2 fois plus longues que le calice.

Cette espèce a été observée par M. Aug. de Saint-Hilaire, au Brésil, sur les bords du San-Francisco, dans la province des Mines.

B. *Espèces d'Afrique.*

a) *Arbrisseaux grimpants.*

COMBRÉTUM A CYMES. — *Combretum racemosum* Beauv. Flore d'Oware et Bén. tab. 115, fig. *a* et *b*.—Guillem. et Perrott. Flor. Senegamb. tab. 67. — *Combretum trigonoides* Perrott. in De Cand. Prodr.

Rameaux inermes, presque volubiles. Feuilles opposées ou verticillées, courtèment pétiolées, elliptiques ou elliptiques-oblongues, souvent acuminées, très-glabres. Ramules florifères axillaires et terminaux, presque en cyme. Pédicelles agrégés, subcapitellés. Pétales lancéolés, pubescents, de moitié plus courts que le calice. Carcérule à ailes semi-orbiculaires, luisantes, jaunâtres.

Arbrisseau multicaulé, haut de 15 à 20 pieds. Ramules grêles, pendants. Capitules multiflores, subterminaux. Limbe calicinal infondibuliforme, pubescent, verdâtre; tube ferrugineux de même que la corolle. Péricarpe d'environ 6 lignes de diamétre.

Cette espèce habite la Sénégambie, la Guinée, et le pays d'Oware.

COMBRÉTUM GRANDIFLORE.—*Combretum grandiflorum* Don. — Bot. Mag. tab. 2944.

Tiges volubiles, inermes, velues. Feuilles opposées, poilues, ovales-elliptiques, ou ovales-oblongues, pointues, très-entières, subcordiformes à la base. Épis composés, denses. Fleurs opposées, pendantes, unilatérales. Pétales cunéiformes-obovales, dressés, 2 fois plus longs que le calice. Filets peu saillants.

Tiges et rameaux couverts de poils mous étalés. Feuilles longues de 2 à 5 pouces. Pétiole court, épais, renflé. Pédoncules axillaires, subterminaux. Fleurs très-nombreuses, longues de près de 2 pouces. Calice infondibuliforme : dents triangulaires, pointues. Pétales de couleur pourpre. Ovaire 5-ovulé. Style saillant, 2 fois plus long que les étamines.

Cette espèce, très-élégante, originaire de Sierra-Léone, est cultivée dans les collections de serre. Ses fleurs ressemblent à celles de l'*Ipomea Quamoclit*.

b) *Arbres ou arbrisseaux non-grimpants.*

COMBRÉTUM A PÉTITES FLEURS. — *Combretum micranthum* Don, in Edinb. Philos. Mag. — Guillem. et Perrott. Flor. Senegamb. v. 1, p. 287. — *Combretum parviflorum* Reichenb. Gärt. Mag. tab. 62.

Rameaux inermes, divariqués. Feuilles elliptiques-oblongues ou ovales-oblongues, glabres, opposées : les jeunes pulvérulentes-ferrugineuses de même que les ramules. Épis fasciculés, axillaires, denses. Fleurs minimes. Pétales spathulés. Carcérule à ailes étroites, semi-lunées, échancrées au sommet.

Buisson très-rameux, haut de 10 à 12 pieds. Feuilles courtement acuminées, ou obtuses, ou échancrées, vertes et ponctuées aux 2 faces. Fleurs roses ou bronzées. Limbe calicinal cyathiforme : dents minimes. Pétales roses. Carcérule échancré aux 2 bouts, long d'environ 4 lignes.

Cette espèce, qu'on cultive dans les serres, est indigène en Sénégambie.

COMBRÉTUM ÉLANCÉ. — *Combretum altum* Perrott. in De Cand. Prodr. — De Cand. Mém. sur les Combrét. tab. 5, fig. B (fruct.) — Guillem. et Perrott. Flor. Seneg. 1, p. 287.

Rameaux inermes, divariqués. Feuilles opposées, elliptiques, souvent acuminées, glabres aux 2 faces. Fruits disposés en grappes denses : ailes larges, semi-lunées, à peine échancrées au sommet.

Arbre haut de 20 à 25 pieds, très-rameux dès la base. Feuilles longues d'environ 3 pouces, sur 2 pouces de large. (Fleurs inconnues.) Grappes fructifères axillaires, plus courtes que les feuilles. Fruits subsessiles, longs d'environ 6 lignes.

M. Perrottet a découvert cette espèce dans la Sénégambie.

COMBRÉTUM VISQUEUX. — *Combretum glutinosum* Perrott. in De Cand. Prodr. — Guillem. et Perrott. Flor. Senegamb. v. 1, p. 288 ; tab. 68.

Inerme. Feuilles alternes (ou moins souvent opposées, ou ternées), coriaces (les jeunes visqueuses de même que les ramules), mucronées, elliptiques, ou oblongues-obovales, ou obovales. Grappes axillaires et terminales, courtes, un peu lâches. Pétales minimes, échancrés. Carcérule à ailes semi-lunées, membranacées, visqueuses.

Arbrisseau multicaule, très-rameux, haut de 12 à 15 pieds. Feuilles de forme et de grandeur très-variables. Fleurs petites, très-nombreuses, jaunâtres. Limbe calicinal cyathiforme, pubescent. Carcérule long d'environ 1 pouce.

Cette espèce croît en Sénégambie, où les nègres lui donnent le nom de *Ratt*. D'après M. Leprieur, ses cendres contiennent beaucoup d'alcali, et l'on s'en sert dans les bains d'Indigo pour fixer la couleur sur les étoffes de Coton.

COMBRÉTUM A FEUILLES DORÉES. — *Combretum chrysophyllum* Guillem. et Perrott. Flor. Senegamb. 1, p. 289.

Inerme. Feuilles opposées, subsessiles, elliptiques-oblongues,

veloutées-ferrugineuses en dessous. Grappes terminales, paniculées. Fleurs subsessiles. Carcérule elliptique, échancré aux
2 bouts, velouté.

Arbre rameux. Rameaux dressés, cylindriques. Feuilles pointues ou obtuses, mucronulées : les adultes glabres en dessus;
les jeunes veloutées aux 2 faces. Fleurs petites, roussâtres. Limbe
calicinal cyathiforme. Pétales réfléchis, roses, suborbiculaires.

Cette espèce a été trouvée par M. Perrottet aux environs du
cap Rouge.

C. *Espèces d'Inde.*

COMBRÉTUM NAIN. — *Combretum nanum* Hamilt. in Don,
Prodr. Flor. Nepal.

Suffrutescent, roide, glabre. Feuilles elliptiques-oblongues,
obtuses, pétiolées. Épis denses. Fleurs blanches. Limbe calicinal
campanulé, pubescent; lanières ovales, pointues. Pétales glabres.

Cette espèce, qu'on possède dans quelques collections de serre,
croît au Népaul.

COMBRÉTUM A FEUILLES PONCTUÉES. — *Combretum punc-
tatum* Blum. Bijdr.

Arbuste grimpant. Feuilles opposées, elliptiques-oblongues,
acuminées, ponctuées aux 2 faces. Panicules axillaires et terminales, composées d'épis capitellés. Calice velu en dedans.
Carcérule oblong.

M. Blume a trouvé cette espèce dans les montagnes de Java.

Genre CACOUCIA. — *Cacoucia* Aubl.

Limbe calicinal tubuleux, campanulé, 5-denté, caduc.
Pétales 5, saillants. Étamines 10-14, saillantes, égales, insérées à la base du limbe calicinal. Ovaire 3-ovulé. Style
filiforme. Stigmate pointu. Carcérule pulpeux en dedans, ovoïde, 5-angulaire, pointu aux 2 bouts, 1- ou 2-
sperme.

Arbrisseaux sarmenteux. Feuilles alternes, ou opposées,

ou verticillées, subsessiles. Fleurs écarlates, bractéolées, alternes, disposées en épis terminaux.

Outre l'espèce dont nous allons parler, ce genre en renferme deux dont l'une est indigène en Chine, et l'autre dans l'Inde.

CACOUCIA ÉCARLATE. — *Cacoucia coccinea* Aubl. Guian. tab. 179.

Feuilles alternes, coriaces, lisses, entières, ovales-acuminées. Épis lâches, dressés, solitaires. Bractées ovales-lancéolées. Fleurs penchées. Sépales et pétales ovales, acuminés.

Cet arbuste habite les forêts épaisses de la Guiane. Sa tige, de 6 à 7 pouces de diamétre, émet des sarments rameux qui s'élèvent jusqu'à la cîme des plus grands arbres, d'où elles retombent en guirlandes, à la manière de toutes les Lianes. Les fleurs forment de magnifiques épis de deux pieds de long. Le calice, la corolle et les filets sont d'un rouge de corail éclatant.

On cultive ce *Cacoucia* dans les collections de serre.

Genre QUISQUALIS. — *Quisqualis* Linn.

Calice caduc, grêle, infondibuliforme, 5-denté au sommet; tube prolongé longuement au-delà de l'ovaire. Pétales 5, étalés, plus longs que les dents du calice. Étamines 10, saillantes, alternativement plus longues et plus courtes. Ovaire 4-ovulé. Style filiforme, saillant, obtus. Noix pentagone, mouosperme.

Arbrisseaux grimpants. Feuilles opposées ou rarement alternes, très-entières. Épis axillaires et terminaux, disposés en panicule.

Ce genre renferme cinq espèces, presque toutes indigènes dans l'Inde. En voici les plus notables:

QUISQUALIS D'INDE. — *Quisqualis indica* Linn. — Bot. Mag. tab. 2033. — Bot. Reg. tab. 494. — Rumph. Amb. 5, tab. 38 ?

Feuilles opposées, courtement pétiolées, pubescentes, ovales-

elliptiques, ou elliptiques-oblongues, subacuminées, obtuses,
ou pointues, mucronulées, quelquefois cordiformes à la base.
Épis simples ou rameux, pédonculés, lâches, bractéolés, corymbiformes, rapprochés en panicule feuillée. Pétales oblongs,
très-obtus. Dents calicinales pointues.

Arbrisseau à tiges volubiles, très-longues. Ramules jeunes
veloutés. Feuilles membranacées, longues de 2 à 4 pouces,
larges de 1 à 2 pouces. Tube calicinal rougeâtre, long de
2 pouces. Corolle panachée de jaune et de pourpre. Étamines
petites, de moitié plus courtes que le style.

Cette espèce, indigène dans l'Inde et aux Moluques, est l'une
des plantes grimpantes les plus élégantes dont on puisse embel-
lir les serres chaudes. Ses fleurs, très-abondantes, se succèdent
pendant plusieurs mois. On multiplie l'espèce assez facilement
de boutures faites sous cloche.

Selon Rumphius, les fleurs du *Quisqualis indica* sont d'un
blanc pur le matin en s'épanouissant; elles deviennent d'un
rouge pâle dans l'après-midi, et roses le soir; le lendemain enfin,
elles prennent une couleur de sang. Ce phénomène n'a pas lieu
dans nos serres; mais il serait possible aussi que l'espèce dont
parle Rumphius ne fût pas la même.

QUISQUALIS ÉBRACTÉOLÉ. — *Quisqualis ebracteata* Beauv.
Flor. Owar. tab. 35.

Feuilles oblongues ou ovales-oblongues, alternes ou opposées,
brusquement rétrécies en pointe mousse. Épis allongés, ébractéolés. Calices très-longs : dents acérées. Pétales lancéolés-oblongs,
acuminés.

Tiges rameuses, faibles. Feuilles longues de 3 à 4 pouces,
larges d'environ 18 lignes; pétiole court. Fleurs blanches, longues de près de 4 pouces.

Cette espèce a été trouvée sur la côte d'Oware, par Palisot de
Beauvois. Elle n'est pas moins belle que le *Quisqualis indica*;
mais on ne la possède pas en Europe.

SOIXANTE-DEUXIÈME FAMILLE.

LES VOCHYSIÉES. — *VOCHYSIEÆ*. (1)

(*Vochysieæ* Aug. Saint-Hil. in Mém. du Mus. v. 6, p. 265. — E. Meyer, in Act. Nat. Curios. v. 12, p. 812. — De Cand. Prodr. 3, p. 25. — Bartl. Ord. Nat. p. 320. — *Vochysiaceæ* Mart. Nov. Gen. et Spec. Brasil. 3, p. 123.)

Les *Vochysiees* paraissent appartenir exclusivement à l'Amérique méridionale ; on connaît environ quarante espèces. Ces végétaux forment des arbres majestueux, ou des arbrisseaux d'un port très-élégant ; leurs fleurs intéressent par l'éclat des couleurs et par la singularité des formes ; les sucs résineux que beaucoup d'entre eux renferment, font présumer qu'ils ne manquent pas de propriétés médicales, quoique leurs vertus soient inconnues jusque aujourd'hui.

CARACTÈRES DE LA FAMILLE.

Arbres ou *arbrisseaux*. Rameaux opposés. Ramules tétragones.

Feuilles opposées ou verticillées; penninervées, indi-

---

(1) La place que les Vochysiées doivent occuper dans la série des familles naturelles, est assez incertaine. M. Aug. de Saint-Hilaire les classe entre les Légumineuses et les Rosacées ; M. de Candolle entre les Combrétacées et les Rhizophorées. Suivant M. A. de Saint-Hilaire, la famille la plus voisine des Vochysiées est celle des Polygalées, lesquelles ont également des fleurs plus ou moins irrégulières, et un ovaire le plus souvent pluriloculaire. Les Violariées et certaines Onagraires (surtout les *Lopezia*) ont de l'affinité avec les Vochysiacées, par l'irrégularité des fleurs ; les Marcgraviacées et les Guttifares s'en rapprochent par leur port et les sucs résineux qu'ils contiennent ; l'embryon seulement des Vochysiacées offre de l'analogie avec les Combrétacées.

visées, très-entières, courtement pétiolées, le plus souvent coriaces. Stipules géminées.

Fleurs hermaphrodites, irrégulières, jaunes, ou bleues, ou rouges, ou bicolores, disposées en grappe, ou en cyme, ou en thyrse, ou en panicule. Pédoncules terminaux, ou moins souvent axillaires. Pédicelles bractéolés.

Calice adhérent ou inadhérent, 4- ou 5-parti; segments imbriqués en préfloraison, inégaux : le supérieur dissemblable, beaucoup plus grand, éperonné postérieurement.

Pétales insérés au calice, interpositifs, inégaux, en nombre moindre que les segments calicinaux (1-3), ou très-rarement en même nombre que les segments calicinaux.

Étamines 1-5, insérées au fond du calice, antépositives ou rarement interpositives. Filets libres, le plus souvent stériles et difformes à l'exception d'un seul. Anthères (ordinairement une seule dans chaque fleur) adnées, ovales, à 2 bourses déhiscentes chacune antérieurement par une fente longitudinale; connectif souvent prolongé en appendice cuculliforme.

Pistil : Ovaire adhérent ou inadhérent, à 3 loges 1-2- ou pauciovulées. Placentaires axiles. Style et stigmate indivisés (souvent enveloppés avant l'anthèse par l'anthère de l'étamine fertile).

Péricarpe (inconnu dans la plupart des espèces) capsulaire, trigone, triloculaire, loculicide-trivalve.

Graines apérispermées, ailées, ascendantes. Embryon rectiligne : radicule supère; cotylédons grands, plissés, foliacés, convolutés.

Voici les genres classés dans cette famille :

Callisthène Mart. — *Amphilochia* Mart. — *Vochysia* Juss. (Vochy Aubl. Vochya Vandell. Salmonia Neck.

Cucullaria Schreb.) — *Salvertia* Aug. Saint-Hil. — *Qua-lea* Aubl. — *Erisma* Rudg. (Debræa Rœm. et Schult. Ditmaria Spreng.)

GENRES RANGÉS AVEC DOUTE A LA SUITE DES VOCHYSIÉES.

Lozania Mutis. — *Agardhia* Spreng. — *Schweiggera* Spreng.

Section I.

Calice 5-parti. Ovaire inadhérent.

Genre CALLISTHÈNE. — *Callisthene* Mart.

Calice 5-parti; segments inégaux : le supérieur très-grand, éperonné. Corolle à un seul pétale, obliquement obcordiforme. Une seule étamine, insérée à côté du pétale : anthère à bourses disjointes. Filets stériles nuls. Ovaire à 3 loges pauciovulées. Capsule 3-loculaire, 3-valve; épicarpe se détachant de l'endocarpe; valves non-placentifères; loges 1- ou 2-spermes; placentaire central, trigone, épais, septifère. Graines adnées.

Arbres un peu résineux. Feuilles non-persistantes, opposés et distiques de même que les ramules. Fleurs axillaires et latérales. Corolle jaunâtre, striée.

Ce genre renferme les trois espèces suivantes :

CALLISTHÈNE GRANDIFLORE. — *Callisthene major* Mart. et Zuccar. Nov. Gen. et Spec. Brasil. 3, tab. 75.

Glabre. Feuilles elliptiques, ou ovales-oblongues, obtuses, ou pointues. Fleurs solitaires, axillaires.

M. de Martius a trouvé cette espèce dans les régions chaudes du Brésil.

CALLISTHÈNE A PETITES FLEURS. — *Callisthene minor* Mart. l. c. tab. 76.

Pubescent. Feuilles linéaires-oblongues, obtuses, mucronées. Fleurs solitaires, axillaires.

M. de Martius a trouvé cette espèce au Brésil, sur le plateau dit *Chepada de Paragnan.*

CALLISTHÈNE FASCICULÉ. — *Callisthene fasciculata* Mart. l. c. p. 126.

Feuilles ovales-oblongues, obtuses, échancrées, glabres en dessus, velues en dessous. Fleurs axillaires, fasciculées.

Cette espèce croît au Brésil, dans la province des Mines.

Genre VOCHYSIA. — *Vochysia* Juss.

Calice coloré, 5-parti; segments inégaux : les 4 inférieurs petits; le supérieur grand, éperonné. Pétales 3, inégaux, insérés entre les segments du calice : l'intermédiaire plus grand, concave, caréné, embrassant les deux latéraux. Étamines 3, antépositives : les latérales abortives, sub-spathulées; l'intermédiaire fertile : filet court, dressé, dilaté en connectif cuculliforme; anthère infra-apicilaire, souvent barbue. Style filiforme, ascendant, enveloppé avant l'anthèse par l'anthère. Stigmate terminal ou sublatéral. Capsule orbiculaire ou ovale, trigone, loculicide, trivalve, triloculaire. Graines solitaires, ascendantes, ailées au sommet.

Arbres contenant souvent des sucs résineux. Rameaux anguleux. Feuilles opposées en quinconce ou verticillées, ordinairement pétiolées, réticulées, coriaces, ou membraneuses. Fleurs jaunes, odorantes, disposées en grandes grappes terminales rameuses.

On connaît seize espèces de *Vochysia;* la plupart ont été observées par M. de Martius, au Brésil, entre les 10e et 20e degrés de latitude australe. Certaines espèces croissent au bord des rivières dans les forêts vierges, où elles parviennent à des hauteurs gigantesques, et étalent au loin leurs rameaux touffus; d'autres, moins majestueuses, couvrent les vastes savanes qui ne produisent que des broussailles; quelques-unes enfin, forment le terme de la végétation arborescente, sur les montagnes. Voici les espèces les plus remarquables :

VOCHYSIA A FEUILLES RONDES. — *Vochysia rotundifolia* Mart. et Zuccar. Nov. Gen. et Spec. Bras. 1, tab. 83.

Feuilles ternées ou quaternées, subsessiles, cordiformes-arrondies, échancrées, glauques en dessous, coriaces. Grappes terminales, solitaires. Ovaires glabres.

Petit arbre très-glabre à toutes ses parties; ramules effilés, cylindriques : écorce d'un gris jaunâtre. Grappes pyramidales, denses, longues de 3 à 4 pouces.

Cette espèce habite les montagnes de la province des Mines.

VOCHYSIA A FEUILLES ELLIPTIQUES. — *Vochysia elliptica* Mart. l. c. tab. 84.

Feuilles opposées, ou ternées, ou quaternées, elliptiques, obtuses, cordiformes ou arrondies à la base, glabres, coriaces, finement veinées, glauques aux 2 faces. Grappes terminales, solitaires. Pédoncules et calices pubescents. Ovaires velus.

Arbre haut de 10 à 12 pieds. Tronc et rameaux tortueux. Ramules anguleux : écorce rougeâtre. Grappes pyramidales, longues de près d'un demi-pied.

Cette espèce croît sur les plateaux de la province des Mines, à plus de 3,000 pieds d'élévation au-dessus du niveau de la mer.

VOCHYSIA POLYMORPHE. — *Vochysia Tucanorum* Mart. l. c. tab. 85.

Feuilles verticillées 3-8, lancéolées, ou oblongues, ou ovales-oblongues, rétrécies à la base, obtuses ou échancrées, vertes et glabres aux 2 faces. Grappes terminales, solitaires.

Cette espèce croît dans une grande partie du Brésil méridional. Elle se présente sous une multitude de formes; qu'on prendrait volontiers pour des espèces distinctes, si les transitions fréquentes de l'une à l'autre ne prouvaient pas le contraire. La hauteur de l'arbre varie de 15 à 50 pieds. Les grappes sont cylindriques et atteignent jusqu'à un pied de long.

VOCHYSIA FERRUGINEUX.—*Vochysia rufa* Mart. l. c. tab. 86.

Ramules renflés au sommet, cotonneux. Feuilles verticillées 4-8, pétiolées, oblongues, obtuses, réticulées, coriaces, cotonneuses - rougeâtres en dessous. Grappes solitaires, sparsiflores, très-longues. Pédoncules et calices cotonneux. Ovaires hérissés.

Arbre haut de 15 pieds et plus. Grappes cylindriques, d'un pied de long. Fleurs ferrugineuses en dehors, d'un jaune doré en dedans.

Cette espèce croît au Brésil, dans la province des Mines.

VOCHYSIA ALPESTRE. — *Vochysia alpestris* Mart. l. c. tab. 87.

Feuilles opposées, courtement pétiolées, elliptiques ou oblongues-elliptiques, arrondies et échancrées au sommet, glabres, coriaces. Grappes solitaires, allongées, cylindriques, sparsiflores. Ovaire glabre.

Arbre haut de 15 à 25 pieds. Écorce d'un gris blanchâtre. Ramules effilés, anguleux, rougeâtres. Grappes longues de ½ à 1 pied.

Cette espèce croît également dans les montagnes de la province des Mines.

VOCHYSIA ÉLANCÉ. — *Vochysia grandis* Mart. l. c. tab. 88.

Feuilles quaternées, pétiolées, obovales-oblongues, arrondies ou tronquées au sommet, légèrement échancrées, glabres, membranacées. Grappes cylindriques, allongées, agrégées, axillaires et terminales. Ovaire glabre.

Cet arbre, l'un des plus magnifiques du genre, croît dans les forêts vierges de la province de Rio-Négro, où on le nomme *Coariuva*. Son tronc, couvert d'une écorce rougeâtre, atteint jusqu'à cent pieds de haut, sur trois pieds de diamètre. Les branches sont disposées en ample tête hémisphérique. Les grappes, agrégées vers le sommet des ramules, ont près d'un pied de long. Le bois de l'arbre, mou et spongieux, s'emploie fréquemment, dans le pays, à faire des canots.

VOCHYSIA PYRAMIDAL. — *Vochysia pyramidata* Mart. l. c. tab. 90.

Feuilles opposées ou quaternées, oblongues-lancéolées, acuminées, arrondies ou cordiformes à la base, pubescentes-blanchâtres en dessous. Grappes solitaires, terminales, pyramidales, denses, pubescentes. Ovaire glabre.

Arbre très-élégant, haut de 20 pieds et plus. Écorce lisse, d'un gris rougeâtre. Rameaux disposés en tête arrondie. Grappes longues de 4 à 8 pouces.

Cette espèce habite les savanes arides de la province des Mines.

VOCHYSIA FLEURI. — *Vochysia floribunda* Mart. l. c. tab. 91.

Feuilles opposées, ou ternées, ou quaternées, oblongues, acuminées, poilues en dessous. Grappes agrégées, axillaires et terminales. Ovaire glabre.

Ce superbe végétal croît dans les forêts-vierges de la province de Rio-Négro. Il forme un arbre haut de trente pieds ou plus. Les grappes, longues de près d'un demi-pied, sont disposées en panicule très-ample.

VOCHYSIA D'AUBLET. — *Vochysia guianensis* Lamk. Ill. n° 97, tab. 11. — *Vochy guianensis* Aubl. Guian. tab. 6. — *Cucullaria excelsa* Willd.

Feuilles opposées, glabres, oblongues-obovales, courtement acuminées, rétrécies en pétiole. Grappes terminales, solitaires, simples, multiflores, dressées.

Ce Vochysia croît dans les forêts de la Guiane, sur les bords du Sinémari. C'est un arbre magnifique, dont le tronc, cylindrique, dressé, et recouvert d'une écorce grisâtre, atteint jusqu'à quatrevingts pieds de haut, sur deux à trois de diamètre. Son bois est dur et d'un vert jaunâtre. Les rameaux forment une tête touffue d'une forme très-agréable. La plupart des ramules se terminent par de longs bouquets de fleurs, d'un jaune doré et d'une odeur agréable. Les naturels ds la Guiane nomment cet arbre *Vochy*.

Genre SALVERTIA. — *Salvertia* Aug. Saint-Hil.

Calice 5-parti; segments presque égaux, obtus, elliptiques: le supérieur éperonné. Pétales 5, de longueur presque

égale : les 2 supérieurs moins larges que les inférieurs. Étamines 3, antépositives, insérées au-dessous des pétales inférieurs : les latérales rudimentaires; l'intermédiaire fertile :
filet dressé, court, dilaté supérieurement en connectif linéaire-oblong, obtus, naviculaire; anthère enfoncée, oblongue.
Style claviforme, embrassé avant l'anthèse par l'anthère.
Stigmate latéral, scutelliforme. Capsule ovale-trigone, triloculaire, loculicide-trivalve. Graines solitaires, oblongues,
comprimées, ailées au sommet.

L'espèce suivante, indigène dans les savanes du Brésil
méridional, et remarquable par la beauté de ses fleurs,
constitue à elle seule ce genre.

SALVERTIA ODORANT. — *Salvertia convallariodora* Aug.
Saint-Hil. in Mém. du Mus. v. 6, p. 266; et v. 9, p. 340. —
Mart. l. c. tab. 93.

Feuilles verticillées-sénées ou octonées, pétiolées, obovales,
ou obovales-oblongues, obtuses, très-entières, glabres, coriaces.
Panicules terminales, solitaires, lâches, dressées, très-amples.
Pédicelles uniflores, courts, dibractéolés. Calices cotonneux,
rougeâtres. Pétales étalés, oblongs, obtus, glabres.

Tronc haut d'une trentaine de pieds. Écorce rimeuse, d'un
gris noirâtre. Rameaux tortueux, disposés en tête hémisphérique. Feuilles longues de 4 à 10 pouces, sur 3 à 5 pouces de
large. Panicule longue de 1 à 2 pieds. Fleurs très-odorantes, de
la grandeur de celles du *Marronnier d'Inde*. Calice rougeâtre ou
violet. Pétales blancs lors de l'anthèse, puis passant à l'orange et
au violet rougeâtre.

Genre QUALÉA. — *Qualea* Aubl.

Calice 5-parti; segments inégaux, arrondis : le supérieur
très-grand, pétaloïde, ordinairement éperonné. Corolle à un
seul pétale onguiculé, arrondi, déjeté en dehors (rarement
à 2 pétales), inséré à la base du calice ou au réceptacle. Une
seule étamine fertile (rarement 2), insérée à côté du pétale:
filet linéaire; connectif renflé, concave, cordiforme; anthère

oblongue, basifixe. Stigmate capitellé, subtrigone. Capsule polysperme, ovale-trigone, ligneuse, triloculaire, loculicide, trivalve. Graines bisériées, ailées au sommet.

Arbres résineux, à écorce subéreuse. Ramules subdichotomes. Feuilles pétiolées, opposées, ou rarement verticillées, coriaces : veines parallèles, confluentes en nervure marginale. Stipules nulles ou caduques. Fleurs odorantes, axillaires, ou latérales, ou terminales. Corolle jaune, ou bleue, ou rose.

Les *Qualéa* sont remarquables par la ressemblance frappante de leurs fleurs avec celles des Orchis. On en connaît neuf espèces : de même que les Vochysia, elles font l'ornement des immenses savanes de la Guiane et du Brésil. Voici les espèces les plus curieuses.

a) *Calice sans éperon. Fleurs monandres ou diandres.*

QUALÉA NON-ÉPERONNÉ. — *Qualea ecalcarata* Mart. et Zuccar. Nov. Gen. et Spec. Brasil. 1, tab. 78.

Feuilles opposées, oblongues, acuminées, glabres en dessus, réticulées en dessous et couvertes d'un duvet roux. Grappes latérales et terminales, pauciflores, disposées en panicule feuillée. Fleurs monandres ou diandres, unipétales ou dipétales. Pétales arrondis, échancrés.

Cette espèce a été observée par M. de Martius, au Brésil, dans la province des Mines. Elle forme un arbre à tronc tortueux, haut d'une vingtaine de pieds. Les pétales sont d'un blanc jaunâtre et de près de deux pouces de diamètre.

b) *Calice éperonné. Fleurs toujours monandres.*

QUALÉA GRANDIFLORE. — *Qualea grandiflora* Mart. l. c. tab. 79.

Feuilles opposées, oblongues-lancéolées, acuminées, échancrées à la base, glabres en dessus, cotonneuses en dessous. Fleurs solitaires-axillaires et en grappes terminales. Éperon allongé, pointu. Pétales arrondis.

Arbre haut de 10 à 20 pieds. Rameaux formant une tête arrondie.

Cette espèce, également indigène dans les provinces méridionales du Brésil, se distingue par la grandeur de ses fleurs, dont le pétale, de couleur rose et taché de jaune, a plus de deux pouces de diamétre dans tous les sens.

QUALÉA A FLEURS ROSES. — *Qualea rosea* Aubl. Guian. tab. 1.

Feuilles glabres, elliptiques, veineuses, rétrécies en pétiole, terminées brusquement en longue pointe obtuse. Panicules terminales, feuillées, composées de cymes trichotomes. Pétale entier. Éperon plus court que le calice.

Grand arbre. Tronc haut de 60 pieds et plus, sur 2 pieds de diamétre. Écorce ridée. Bois rougeâtre, compacte. Branches presque horizontales, très-allongées.

Ce Qualéa croît en Guiane, dans les forêts des bords du Sinémari. Les naturels du pays le nomment *Laba-Laba*. Rien de plus beau que ses fleurs, dont le pétale a un pouce et demi de long, sur un pouce de large; sa couleur, d'abord rougeâtre, passe au jaune après l'anthèse. Les feuilles ont la singulière forme de celles du *Ficus religiosa*.

QUALÉA A FLEURS BLEUES. — *Qualea cærulea* Aubl. Guian. tab. 2.

Feuilles glabres, elliptiques, arrondies aux 2 bouts, brusquement terminées en pointe courte et obtuse. Panicules composées de grappes presque simples. Éperon de la longueur du calice. Pétale obovale, bilobé au sommet.

Cet arbre croît dans les mêmes localités que le précédent, et il porte dans le pays le nom de *Qualé*. Son tronc acquiert jusqu'à quatre-vingts pieds de haut, sur 3 pieds de diamétre. Le bois est rougeâtre et compacte. Les fleurs, de moitié moins grandes que celles de l'espèce précédente, sont fort belles et exhalent une odeur très-suave. Le sépale pétaloïde est échancré, redressé, de couleur cendrée en dehors et bleuâtre en dedans. Le pétale, de couleur bleue, est marbré de jaune et de noir vers son onglet.

Qualéa multiflore. — *Qualea multiflora* Mart. 1. c. tab. 80.

Feuilles opposées ou ternées, ovales-lancéolées, ou oblongues-lancéolées, acuminées, glabres aux 2 faces, ou pubescentes en dessous. Grappes terminales, feuillées à la base, composées de cymes 3-5-flores, subverticillées. Éperon court, pointu : sépale supérieur tronqué, échancré. Pétale obcordiforme.

Arbrisseau ou petit arbre haut d'une vingtaine de pieds. Rameaux tortueux, formant une tête arrondie. Fleurs nombreuses. Pétales d'un blanc jaunâtre, larges de 1 pouce.

Cette espèce croît au Brésil, dans les montagnes de la province des Mines.

Section II.

Calice adhérent ; limbe 4-ou 5-parti.

Genre ÉRISMA. — *Erisma* Rudg.

Limbe calicinal pétaloïde, 4- ou 5-parti ; segments inégaux : le supérieur obcordiforme, beaucoup plus grand que les inférieurs, concave, éperonné, barbu intérieurement. Corolle à un seul pétale, onguiculé, obcordiforme, déjeté en dehors, inséré devant le sépale inférieur. Une seule étamine fertile, insérée à côté du pétale ; filet linéaire ; anthère médifixe ; 3 ou 4 étamines abortives, subclaviformes. Ovaire uniloculaire, à 5 ovules ascendants. Fruit inconnu.

Arbres à rameaux disposés en tête arrondie. Feuilles opposées en croix, coriaces, glabres : nervures latérales confluentes vers le bord. Stipules membranacées, persistantes. Fleurs en panicule terminale.

Voici les trois espèces qui constituent ce genre :

Érisma a fleurs violettes. — *Erisma violaceum* Mart. et Zuccar. Nov. Gen. et Spec. Brasil. 1, tab. 82.

Feuilles oblongues ou oblongues-lancéolées, acuminées. Rameaux de la panicule glabres, opposés, trichotomes, divariqués, disposés en corymbe. Bractées caduques.

Arbre magnifique. Tronc grêle, haut de 30 pieds ou plus. Panicule multiflore, très-ample. Calice bleu à l'intérieur, blanchâtre à l'extérieur. Pétale d'un violet foncé.

Cette espèce croît au Brésil, dans les forêts humides de la province de Para. Ses fleurs, très-remarquables par leur forme bizarre et semblables à celles des Orchis, forment des panicules d'un aspect élégant.

Érisma multiflore. — *Erisma floribundum* Rudg. Plant. Guian. 1, p. 7, tab. 1.— Tratt. Obs. Bot. 3, p. 71 ; tab. 105. — *Debræa floribunda* Rœm. et Schult. Syst. — *Ditmaria floribunda* Spreng. Syst.

Feuilles ovales, pointues, à 16-18 paires de nervures. Panicule veloutée-ferrugineuse.

Cette espèce croît en Guiane.

Érisma luisant. — *Erisma nitidum* De Cand. Prodr.

Feuilles elliptiques-oblongues, pointues, luisantes en dessus, à 7-9 paires de nervures. Panicule glabre, à rameaux striés.

Cette espèce croît à l'île de Cayenne.

LES RHIZOPHORÉES. — *RHIZOPHOREÆ*.

(*Loranthearum* genn. Juss. — *Rhizophoreæ* R. Brown, Gen. Rem. *in*
Flind. Voy. v. 2, p. 549 ; in Tuck. Cong. p. 437. — De Cand. Prodr.
v. 3, p. 31. — Bartl. Ord. Nat. p. 319.)

Les Palétuviers ou Mangliers (*Rhizophora*) sont le
type de cette famille que M. de Jussieu, à plus juste ti-
tre peut-être, ne sépare pas des Loranthacées. On en
connaît environ vingt espèces.

Les *Rhizophorées* caractérisent d'une manière bizarre
la flore des régions tropicales, où elles forment d'épaisses forêts sur les plages basses que baignent les flots des
marées. Les racines de ces singuliers végétaux, semblables à des arcs-boutants, élèvent le tronc au-dessus
de la surface du sol; le tronc pousse d'autres racines dans presque toute sa longueur ; les branches à
leur tour, offrent le même phénomène : les racines
qu'elles émettent, ayant atteint la terre, s'y fixent, re-
produisent de nouveaux troncs, et finissent par former
des fourrés impénétrables. Enfin, long-temps avant que
le fruit ne se détache de la plante-mère, la graine commence à germer; la radicule perce le péricarpe, et elle
atteint souvent, dans l'air, une longueur de plusieurs
pieds. Les forêts de Rhizophorées servent de demeure à
une multitude d'huîtres, de crabes et d'oiseaux aquatiques; mais elles fourmillent aussi d'essaims de mousqui-
tes et d'autres insectes malfaisans.

CARACTÈRES DE LA FAMILLE.

Arbres.

Feuilles opposées, coriaces, simples, penninervées, très-entières ou dentées, rétrécies en pétiole. Stipules solitaires, interpétiolaires, caduques.

Fleurs hermaphrodites, régulières. Pédoncules axillaires ou terminaux, 1- ou pluriflores.

Calice adhérent (par exception, inadhérent); limbe périgyne, 4-12-fide, persistant; estivation valvaire.

Pétales en même nombre que les segments calicinaux, interpositifs, périgynes, caducs.

Étamines en nombre double des pétales et insérées par paires devant ceux-ci, ou bien en nombre multiple des pétales. Filets libres, subulés, dressés, quelquefois adhérents aux onglets des pétales. Anthères ovales, basifixes.

Pistil : Ovaire semi-adhérent (par exception, inadhérent), 2- ou 3-loculaire. Placentaires centraux. Ovules géminés ou en nombre indéfini, suspendus. Styles le plus souvent soudés. Stigmates libres ou soudés.

Péricarpe indéhiscent, sec ou rarement charnu, uniloculaire, monosperme.

Graine apérispermée ou rarement périspermée, suspendue. Embryon germant le plus souvent dans le péricarpe encore attaché à la plante-mère. Cotylédons planes.

Voici les genres qui constituent la famille :

SECTION Iʳᵉ. RHIZOPHORÉES VRAIES.

Fruit semi-adhérent.

Rhizophora Linn. (Brugniera Lank. Paletuviera Pet.-

Thou.) — *Carallia* Roxb. (Barraldeia Pet.-Thou.) — *Codia* Forst. — *Olisbea* De Cand.

Section II. LEGNOTIDÉES.

Fruit inadhérent.

Cassipourea Aubl. (Tita Scop. Legnotis Swartz.) — *Richœia* Pet.-Thou. (Weihea Spreng.)

Genre RHIZOPHORA — *Rizophora* Linn.

Tube calicinal obovale, adhérent; limbe à 4-13 lobes linéaires-oblongs, persistants. Pétales en même nombre que les lobes du calice, oblongs, biaristés au sommet, convolutés : chacun embrassant en préfloraison les 2 étamines antépositives. Étamines en nombre double des pétales. Anthères dressées, ovales, basifixes. Ovaire biloculaire; loges pluriovulées. Style bifide. Péricarpe sec, indéhiscent, monosperme. Graine petite, apérispermée. Embryon rectiligne : radicule supère, très-allongée en germination.

Arbres glabres, radicants. Feuilles opposées, un peu charnues, très-entières. Pédoncules axillaires. Stipules grandes, enveloppant les feuilles avant leur développement.

Ce genre renferme une quinzaine d'espèces, dont voici les plus remarquables :

a) *Fleurs tétrapétales.*

RHIZOPHORA MANGLIER.—*Rhizophora Mangle* Linn.—Jacq. Amer. tab 89. — Catesb. Carol. 2, tab. 63. — Gærtn. Fruct. v. 1, tab. 45, fig. 1. — Turp. in. Dict. des Scienc. Nat. Ic.

Feuilles obovales-oblongues, obtuses. Pédoncules 2-ou 3-flores, plus longs que le pétiole. Radicule claviforme-subulée.

Arbre haut d'environ 50 pieds. Bois blanchâtre, devenant rouge par la macération. Écorce très-épaisse, d'un brun foncé. Rameaux longs, inclinés. Feuilles longues de 3 à 6 pouces, parsemées de points noirâtres. Pédoncules longs de 1 à 2 pouces, comprimés, 2-ou 3-fides au sommet; pédicelles fructifères longs de 2 pouces. Calice jaunâtre. Pétales blancs, linéaires-lancéolés, velus en-dessus, réfléchis, un peu plus courts que les lobes du calice. Filets presque nuls. Anthères linéaires-lancéolées.

Cette espèce, nommée vulgairement *Manglier* ou *Palétuvier* (*Mangrove* des Anglais), abonde aux Antilles ainsi que sur les côtes de tout le golfe du Mexique, de la Guiane et du Brésil. Son bois et ses fruits servent au tannage des cuirs.

Rhizophora Kandel. — *Rhizophora Candelaria* De Cand. Prodr. — Hort. Malab. 6, tab. 34. — Rumph. Amb. 3, tab. 71 et 72.

Feuilles elliptiques-oblongues, pointues. Pédoncules 1-3-flores, très-courts, épais. Radicule claviforme-subulée.

Cette espèce, qui ressemble beaucoup à la précédente, habite l'Inde et les archipels voisins.

b) Fleurs pentapétales.

Rhizophora du Malabar. — *Rhizophora Kandel* Linn. — Hort. Malab. 6, tab. 35.

Feuilles obovales-oblongues, obtuses, courtement pétiolées. Pédoncules dichotomes, beaucoup plus longs que le pétiole. Radicule très-longue, cylindracée, pointue.

Buisson haut d'environ 7 pieds. Fleurs blanches.

c) Fleurs octopétales.

Rhizophora a fruits cylindriques. — *Rhizophora cylindrica* Linn. — Hort. Malab. 6, tab. 33.

Feuilles elliptiques-oblongues, acuminées aux 2 bouts. Pédoncules 1-ou 2-flores. Lobes calicinaux réfléchis après la floraison. Radicule courte, cylindrique.

Arbrisseau haut de 15 à 18 pieds. Fleurs blanches. Radicule de la longueur et de la grosseur du petit doigt.

Cette espèce habite les marais de la côte de Malabar.

d) Fleurs 10-13-pétales. Style 3-fide.

Rhizophora palétuvier. — *Rhizophora gymnorhiza* Linn.

— Hort. Malab. 6, tab. 31 et 32. — Rumph. Amb. 3, tab. 68 et 70. — *Brugniera gymnorhiza* Lamk. Ill. tab. 397.

Feuilles ovales-oblongues, acuminées aux 2 bouts, luisantes, non-ponctuées. Pédoncules 1-flores, réfléchis, aussi longs que le pétiole. Radicule cylindracée, pointue.

Arbre haut de 10 à 12 pieds. Tronc tortueux. Écorce épaisse, brune, rugueuse, crevassée. Rameaux nombreux, étalés et inclinés, radicants. Feuilles longues de 5 à 6 pouces, courtement pétiolées. Fleurs larges de près de 1 pouce, pendantes, d'un jaune verdâtre. Pétales oblongs, bifides, pointus, ciliés, velus à la base. Radicule atteignant jusqu'à 1 pied de long.

Cette espèce est commune sur les côtes des deux presqu'îles de l'Inde, ainsi qu'aux Moluques. Son bois, rougeâtre, dur et pesant, exhale, à l'état frais, une odeur sulfureuse très-marquée, et il brûle en répandant une vive lumière. Les Chinois emploient l'écorce pour teindre en noir. La radicule en germination sert d'aliment aux Malais et aux Indous. Suivant Rumphius, les jeunes feuilles de l'arbre seraient également comestibles.

SOIXANTE-QUATRIÈME FAMILLE.

LES ONAGRAIRES. — *ONAGRARIEÆ*.

(*Onagrarieæ* Bartl. Ord. Nat. p. 318 (exclus. *Philadelpheis*). — *Onagrarum* sect. II et III, Juss. Gen.—*Onagrariæ* De Cand. Prodr. III, p. 35 (exclusis *Montinieis* et *Hydrocaryeis.*)

Les *Onagraires* ne paraissent douées d'aucune propriété efficace ; mais en général, elles se font remarquer par la beauté de leurs fleurs ; aussi en cultive-t-on beaucoup comme plantes d'ornement. Le nombre des espèces aujourd'hui connues s'élève à près de quatre cents, dont la plupart croissent en Amérique.

CARACTÈRES DE LA FAMILLE.

Herbes, ou moins souvent *arbrisseaux*, ou très-rarement *arbres*. Tiges et rameaux cylindriques, ou anguleux, inarticulés.

Feuilles opposées , ou plus souvent éparses, sessiles ou pétiolées, simples, penninervées, très-entières, ou dentées, ou pennatifides, rarement ponctuées. Stipules nulles.

Fleurs hermaphrodites, régulières (rarement irrégulières), solitaires, axillaires (rarement terminales), souvent rapprochées en grappes ou en épis feuillés. Pédicelles inarticulés ou très-souvent nuls.

Calice : tube adhérent dans toute sa longueur, ou plus ou moins prolongé au-delà de l'ovaire ; limbe à 3-6 (rarement à 2) segments valvaires en préfloraison.

Disque charnu ou pelliculaire, adné au sommet de l'ovaire ou à la partie inadhérente du tube calicinal.

Pétales (par exception nuls ou en nombre moindre des segments calicinaux) en même nombre que les segments calicinaux, insérés entre ceux-ci, onguiculés ou sessiles, non-persistants (souvent fugaces), souvent échancrés ou bilobés, convolutés et imbriqués en préfloraison.

Étamines (par exception en nombre moindre des pétales) en même nombre que les pétales et interpositives, ou bien en nombre double des pétales et insérées soit toutes à la gorge du calice, soit alternativement à la gorge et au tube. Filets filiformes, ou élargis à la base, aplatis : les interpositifs souvent plus longs que ceux opposés aux pétales. Anthères submédifixes ou moins souvent basifixes, ordinairement versatiles, à 2 bourses latéralement déhiscentes. Pollen composé de granules tricoques, souvent gros et visqueux.

Pistil : Ovaire adhérent, à loges en même nombre que les segments calicinaux (par exception en nombre moindre) et alternes avec ceux-ci. Placentaires axiles. Ovules en nombre indéterminé ou rarement en nombre déterminé (par exception solitaires), unisériés, ou bisériés, ou rarement plurisériés, ascendants, ou horizontaux, ou suspendus. Un seul style. Stigmate capitellé, ou disciforme, ou quadridenté, ou profondément partagé en 3 ou 4 lobes linéaires, ou oblongs, ou arrondis.

Péricarpe capsulaire (loculicide ou moins souvent septicide), ou carcérulaire, ou charnu, 2-6 loculaire, ou quelquefois 1-loculaire soit par avortement, soit par le retrait des cloisons, polysperme (rarement monosperme ou oligosperme par avortement). Cloisons membraneuses ou cartilagineuses, endocarpiennes. Placentaires soudés le plus souvent en colonne centrale libre après la déhiscence.

Graines ascendantes, ou horizontales, ou rarement suspendues, rectilignes, ou par exception curvilignes, apérispermées, inappendiculées, ou strophiolées, ou couronnées soit d'une membrane fimbriée, soit d'une houppe de poils. Test lisse, ou chagriné, ou scrobiculé, pelliculaire, ou plus souvent crustacé. Hile ponctiforme, situé le plus souvent à l'un des bouts de la graine : chalaze située au bout opposé au hile. Raphé saillant ou enfoncé, filiforme. Embryon rectiligne ou rarement curviligne : radicule courte, conique, obtuse (rarement allongée, subclaviforme), contiguë au hile ; cotylédons planes d'un côté, convexes de l'autre (rarement convolutés et emboîtés l'un dans l'autre), quelquefois profondément échancrés à la base.

Dans une monographie inédite des Onagraires, que le défaut d'espace ne nous permet pas de reproduire ici en entier, nous divisons cette famille comme suit :

Iʳᵉ. TRIBU. **LES JUSSIÉVÉES.** — *JUSSIEVEÆ.*

Tube calicinal non-prolongé au-delà de l'ovaire ; limbe 4-6-parti, persistant. Disque adné au sommet de l'ovaire, souvent conique ou pyramidal, à 4-6 lobes opposés aux pétales. Étamines en nombre double des segments calicinaux, ou en même nombre que les segments calicinaux. Péricarpe capsulaire : déhiscence septicide. Graines nues, inappendiculées. Radicule souvent allongée.

Vahlia Thunb. — *Jussiæa* Linn. (Jussiæa et Prieurea De Cand.) — *Ludwigia* Linn. — *Isnardia* Linn. (Ludwigia Elliot. Dantia Pet.-Thou.) — *Spondylantha* Presl.

IIᵉ TRIBU. **LES ONAGRÉES.** — *ONAGREÆ.*

Tube calicinal plus ou moins prolongé au-delà de l'ovaire : partie inadhérente caduque ; limbe 4-parti, le plus souvent réfléchi. Disque adné au calice. Etamines en nombre double des segments calicinaux. Péricarpe charnu, ou capsulaire-loculicide, ou carcérulaire. Radicule courte, conique (rarement allongée).

SECTION Ire. **GAYOPHYTÉES**. — *Gayophyteæ.*

Tube calicinal (partie inadhérente) court ou presque nul ; limbe réfléchi. Étamines unisériées, alternativement plus longues et plus courtes. Stigmate indivisé. Péricarpe capsulaire. Graines nues, inappendiculées. Radicule le plus souvent allongée.

Gayophytum Juss. fil. — *Agassizia* Spach. — *Calylophus* Spach.

SECTION II. **ŒNOTHÉRÉES**. — *Énothereæ.*

Tube calicinal (partie inadhérente) allongé ; limbe réfléchi. Étamines unisériées, de longueur égale. Stigmate 4-parti : lobes linéaires. Péricarpe capsulaire ou carcérulaire. Graines nues. Radicule très-courte.

Baumannia Spach. — *OEnothera* Spach. — *Onagra* Spach. — *Megapterium* Spach. — *Pachylophus* Spach. —*Lavauxia* Spach. — *Hartmannia* Spach. — *Kneiffia* Spach. — *Xylopleurum* Spach. — *Gauridium* Spach. — *Gaura* Linn.

SECTION III. **ÉPILOBIÉES**. — *Epilobieæ.*

Tube calicinal (partie inadhérente) court ou presque nul (par exception allongé) ; limbe réfléchi ou dressé. Étamines unisériées ou bisériées, alternativement plus longues et plus courtes. Stigmate claviforme, ou à 4 lobes le plus souvent courts et arrondis, quelquefois connivents. Péricarpe capsulaire. Graines submarginées, ou couronnées soit d'une membrane fimbriée, soit d'une aigrette de longs poils.

Cratericarpium Spach. — *Boisduvalia* Spach. — *Phœostoma* Spach. — *Clarkia* Pursh. — *Chamænerium* Tournef. — *Epilobium* Linn. — *Zauschneria* Presl.

Section IV. **FUCHSIÉES**. — *Fuchsieæ.*

Tube calicinal (partie inadhérente) allongé, resserré au-dessus de l'ovaire ; limbe dressé, ou étalé, ou rarement réfléchi. Étamines unisériées ou bisériées, alternativement plus longues et plus courtes. Stigmate indivisé, ou quadridenté, ou 4-parti. Péricarpe plus ou moins charnu, indéhiscent. Graines nues, inappendiculées, quelquefois réniformes. Radicule courte, conique.

Brebissonia Spach. — *Kierschlegeria* Spach. — *Fuchsia* Linn. — *Schufia* Spach. — *Skinnera* Forst.

IIIᵉ TRIBU. **LES LOPÉZIÉES**· — *LOPEZIEÆ.*

Tube calicinal peu ou point prolongé au-delà de l'ovaire (par exception très-prolongé); partie inadhérente caduque; limbe 2- ou 4-parti. Étamines 2 (l'une souvent pétaloïde et stérile), ou une seule. Stigmate capitellé, échancré. Péricarpe capsulaire (loculicide) ou rarement carcérulaire : placentaire non-séparable des cloisons. Graines nues, inappendiculées, rugueuses. Radicule courte, obtuse, conique.

Section Iʳᵉ. **RIESENBACHIÉES**. — *Riesenbachieæ.*

Tube calicinal prolongé au-delà de l'ovaire. Une seule étamine.

Riesenbachia Presl.

Section II. **LOPÉZIÉES VRAIES.** — *Lopezieæ veræ.*

Tube calicinal non-prolongé. Étamines 2 : l'une le plus souvent pétaloïde.

Lopezia Cavan. — *Circœa* Linn.

Iʳᵉ TRIBU. **LES JUSSIÉVÉES.** — *JUSSIEVEÆ.*

Tube calicinal non-prolongé au-delà de l'ovaire ; limbe 4-6-parti, persistant. Disque adné au sommet de l'ovaire, souvent poilu, à 4-6 lobes opposés aux pétales. Étamines en nombre double des segments calicinaux, ou en même nombre que les segments calicinaux. Péricarpe capsulaire, septicide, membraneux. Graines nues, inappendiculées, très-petites. Embryon rectiligne : radicule souvent aussi longue ou plus longue que les cotylédons.

Fleurs sessiles ou pédicellées, axillaires, régulières (quelquefois apétales), jaunes, ou rarement blanches. Pédicelles souvent dibractéolés. Feuilles alternes ou rarement opposées, entières, ou dentées.

La plupart des Jussiévées croissent dans les régions chaudes de la zone équatoriale.

Genre JUSSIEUA. — *Jussiœa* Linn.

Tube calicinal adhérent ; limbe 4- ou 5-parti (rarement 3- ou 6-parti). Pétales en même nombre que les segments calicinaux (quelquefois nuls), étalés, très-caducs, insérés au disque. Étamines en nombre double des segments calicinaux, ayant même insertion que les pétales. Filets isomètres. Anthères submédifixes, presque didymes. Ovaire prismatique ou cylindrique, tantôt plane au sommet, tantôt prolongé en cône ou en pyramide au-delà du tube calicinal, à 5-6 (ordinairement 4) loges multiovulées. Ovules suspendus, imbriqués, unisériés. Style court. Stigmate capitellé, 5-6-sulqué. Capsule couronnée, souvent anguleuse; valves caduques; côtes persistantes. Graines très-petites, très-nombreuses, souvent soudées par paires. Embryon cylindrique : radicule courte ou allongée, supère.

Herbes, ou arbrisseaux, ou très-rarement arbres. Feuilles alternes, le plus souvent très-entières. Fleurs jaunes ou rarement blanches, axillaires, le plus souvent dibractéolées à la base.

Ce genre, qui sans doute doit être divisé en plusieurs autres, renferme plus de soixante-dix espèces, dont beaucoup sont incomplétement connues. Nous allons en signaler quelques-unes des plus élégantes :

Jussieua de l'Orénoque. — *Jussiæa maypurensis* Kunth, in Humb. et Bonpl. Nov. Gen. et Spec. v. 6, tab. 531.

Feuilles oblongues ou oblongues-lancéolées, mucronulées, très-entières, glabres en dessus, pubérules en dessous aux nervures. Tube calicinal conique, 4-gone; segments 4, ovales, acuminés, 5-nervés, presque aussi longs que la corolle. Pétales arrondis. Style cylindrique, court.

Arbrisseau. Feuilles subsessiles, longues d'environ 2 pouces, larges de 4 à 8 lignes. Pédoncules pubescents, dressés, plus courts que les feuilles; bractées oblongues, acuminées, petites, appliquées contre le calice. Fleurs jaunes, de la grandeur de celles de l'*Épilobe à feuilles étroites*. Étamines de moitié plus courtes que la corolle.

Cette plante a été observée par MM. de Humboldt et Bonpland sur les bords de l'Orénoque.

Jussieua poilu. — *Jussiæa pilosa* Kunth, l. c. tab. 532, *a* et *b*.

Feuilles lancéolées-oblongues, subobtuses, très-entières, rétrécies en pétiole, pubérules aux 2 faces. Pédoncules très-courts, ébractéolés. Tube calicinal linéaire-oblong, 10-sulqué, hispide; segments oblongs-lancéolés, trinervés, plus courts que la corolle.

Pétales obovales-arrondis, échancrés. Capsules linéaires-cylindracées, sillonnées, hispides. Style aussi long que les étamines.

Herbe droite; tiges et rameaux anguleux, couverts de poils étalés. Feuilles longues de 27 à 30 lignes, larges de 6 lignes. Corolle jaune, large d'un demi-pouce. Étamines de moitié plus courtes que les pétales. Capsule longue de 1 pouce.

Cette espèce croît aux environs de Caracas.

JUSSIEUA A GRANDS FRUITS. — *Jussiæa macrocarpa* Kunth, l. c. tab. 533.

Feuilles lancéolées-oblongues, acuminées, très-entières, pubescentes aux 2 faces. Pédoncules poilus, plus courts que les feuilles. Tube calicinal obconique, velu; segments ovales, acuminés, 7-nervés, un peu plus courts que la corolle. Pétales obovales, échancrés. Style conique, plus court que les étamines. Capsule striée, cylindracée-oblongue, rétrécie à la base.

Herbe suffrutescente, dressée, rameuse, haute d'environ 2 pieds, velue. Feuilles longues d'environ 30 lignes, larges de moins de 1 pouce. Pédoncules longs de $^1/_2$ pouce. Fleurs jaunes, de la grandeur de celles de l'*Onagre commune*. Capsule longue de 1 pouce, sur 4 lignes de diamétre.

Cette espèce a été observée par MM. de Humboldt et Bonpland dans la Nouvelle-Grenade.

JUSSIEUA ÉLÉGANT. — *Jussiæa elegans* Cambess. in Flor. Brasil. Merid. 2, tab. 131.

Feuilles elliptiques ou obovales, acuminées aux 2 bouts, scabres, poilues, subsinuées. Pédoncules presque étalés. Tube calicinal turbiné; segments 4, ovales-lancéolés, acérés. Pétales arrondis, plus longs que les sépales. Style épais, conique. Capsule obovale, à 8 côtes.

Arbrisseau haut d'environ 2 pieds. Feuilles subsessiles : les inférieures longues de 18 lignes, sur 15 lignes de large. Pédoncules filiformes, longs de 5 à 8 lignes. Bractées lancéolées. Calice pubescent. Corolle jaune, large de 1 pouce. Étamines plus courtes que les sépales, de la longueur du style.

Cette plante a été observée par M. Aug. de Saint-Hilaire dans la province de Rio-de-Janéiro.

JUSSIEUA CAPAROSA. — *Jussiæa Caparosa* Cambess. in Flor. Brasil. Merid. 2, p. 258.

Feuilles oblongues, courtement acuminées, très-entières, hérissées. Calice 4-fide, hérissé. Capsule obconique, obscurément tétragone. Graines ellipsoïdes.

Arbrisseau. Rameaux hérissés de poils roux. Feuilles longues de 1 1/2 à 2 1/2 pouces, larges de 6 à 12 lignes. Pédoncules longs de 9 à 12 lignes. Pétales obovales, échancrés, jaunes, longs de 8 à 9 lignes.

Cette espèce croît au Brésil, dans la province des Mines. M. Aug. de Saint-Hilaire remarque qu'on s'en sert pour faire de l'encre.

JUSSIEUA A FEUILLES DE MYRTE. — *Jussiæa myrtifolia* Cambess. l. c. tab. 132.

Feuilles lancéolées ou oblongues-lancéolées, pointues, très-entières, sessiles, rapprochées, glabres en dessus, pubescentes en dessous. Segments calicinaux ovales-lancéolés, acérés, 7-nervés. Pétales obovales-arrondis. Style claviforme, un peu saillant.

Arbrisseau très-rameux, haut d'environ 4 pieds. Rameaux feuillés, couverts de poils jaunâtres. Feuilles longues de 6 à 8 lignes, larges de 1 à 2 1/2 lignes. Pédoncules hérissés, presque dressés. Corolle jaune, large de 1 pouce. Étamines de moitié plus courtes que les segments calicinaux.

Cette espèce, semblable par le port à notre Myrte, croît au Brésil, dans la province des Mines.

JUSSIEUA DE PALMITA. — *Jussiæa palmitensis* Cambess. l. c. tab. 133.

Feuilles lancéolées, pointues, très-entières, sessiles, glabres en dessus, pubescentes en dessous aux nervures. Ramules florifères axillaires, plus courts que la feuille. Segments calicinaux ovales, acuminés, 7-nervés. Pétales obovales. Style pyramidal-conique, plus long que le disque. Capsule subclaviforme.

Arbrisseau haut de 3 à 5 pieds. Rameaux nombreux, pubescents vers le haut. Feuilles longues de 24 à 30 lignes, larges de 3 à 4 lignes. Pédoncules courts, axillaires, rapprochés en grappe feuillée. Corolle jaune, large de 1 pouce. Étamines presque aussi longues que les sépales. Capsule longue de 5 à 7 lignes, sur 2 à 3 lignes de diamètre.

Cette espèce a été découverte par M. Aug. de Saint-Hilaire dans les montagnes de la province des Mines.

JUSSIEUA A LONGUES FEUILLES. — *Jussiæa longifolia* De Cand. Plant. Rar. Hort. Genev. 1, tab. 4. — Reichenb. Gart. Mag. 1, tab. 57.

Feuilles subsessiles, lancéolées-linéaires, pointues, très-entières, presque glabres. Pédoncules beaucoup plus courts que les feuilles. Segments calicinaux lancéolés, pointus. Pétales obovales, 2 à 3 fois plus longs que le calice. Capsule claviforme, 4-costée.

Tiges suffrutescentes, hautes de 3 à 4 pieds, glabres, effilées, 3-ou 4-angulaires. Feuilles longues de 5 à 6 pouces, larges de 3 à 5 lignes. Pédoncules longs de 4 à 10 lignes ; bractées linéaires. Corolle d'un jaune pâle, large d'environ 18 lignes. Capsule longue de 1 pouce. Graines oblongues.

Cette espèce, qu'on possède dans les collections de serre, a été observée par M. Aug. de Saint-Hilaire au Paraguay et dans le Brésil méridional. Les Brésiliens lui attribuent des propriétés antisyphilitiques.

JUSSIEUA GRANDIFLORE. — *Jussiæa grandiflora* Mich. Flor. Amer. Bor. — Bot. Mag. tab 2122.

Feuilles très-entières, rétrécies en court pétiole : les radicales glabres, spathulées, obtuses ; les caulinaires lancéolées-oblongues, pointues, poilues. Pédoncules hérissés, de la longueur des feuilles. Segments calicinaux 5, lancéolés, pointus, 5-nervés. Pétales obcordiformes, plus longs que le calice. Ovaire linéaire, 5-sulqué. Style claviforme.

Herbe vivace. Racines rampantes. Tiges ascendantes ou procombantes, simples, velues supérieurement. Feuilles inférieures longues de 9 à 12 lignes, larges de 7 à 9 lignes ; feuilles supé-

rieures longues de 1 à 2 pouces, larges de 4 à 6 lignes. Pédoncules
dressés, longs de 4 à 8 lignes. Fleurs jaunes, larges de près de
2 pouces. Étamines presque aussi longues que les sépales.

Cette plante croît dans les marais du midi des É ats-Unis.
M. Aug. de Saint-Hilaire l'a retrouvée aux environs de Monté-
vidéo, et au Brésil, dans la province Cis-Platine. On la cultive
quelquefois comme plante d'agrément. Elle demande une exposi-
tion constamment humide, et l'orangerie en hiver. Les fleurs sont
très-caduques, mais se succèdent pendant plusieurs mois.

JUSSIEUA A FEUILLES ELLIPTIQUES.—*Jussiœa ovalifolia* Sims,
in Bot. Mag. tab. 2530.

Tige dressée, rameuse. Rameaux tétragones, presque ailés.
Feuilles obovales-elliptiques, ou elliptiques-lancéolées, acuminées, nerveuses, velues. Sépales 4, ovales, acuminés, trinervés,
poilus. Pétales suborbiculaires, de la longueur des sépales. —
Fleurs d'un beau jaune, larges d'environ un pouce.

Cette espèce, originaire de Madagascar, se cultive quelquefois
dans les serres.

IIe TRIBU. **LES ONAGRÉES.** — *ONAGREÆ.*

*Tube calicinal plus ou moins prolongé au-delà de l'ovaire ;
partie inadhérente cylindracée, ou infondibuliforme, ou
subcampanulée, ou obconique, ou cyathiforme, articulée au
sommet de l'ovaire, caduque ; limbe à 4 (par exception 3)
segments réfléchis ou rarement dressés. Disque tapissant le
tube calicinal, souvent épaissi au fond du tube, terminé
tantôt en bourrelet annulaire, tantôt en 4 lobes alternes
avec les pétales. Étamines en nombre double des segments
calicinaux (par exception les 4 opposées aux pétales sont
stériles). Péricarpe charnu, ou carcérulaire, ou capsulaire-
loculicide : placentaire libre après la déhiscence. Graines
nues, ou couronnées à la chalaze soit d'une crête membraneuse, soit d'une aigrette de longs poils, soit d'une mem-*

brane fimbriée. Embryon rectiligne, ou par exception curvi-
ligne; radicule conique et très-courte, ou rarement sub-
claviforme et aussi longue que les cotylédons.
Feuilles alternes, ou quelquefois soit opposées, soit verticil-
lées, très-entières, ou dentées, ou pennatifides. Fleurs ses-
siles, axillaires (rarement terminales), régulières, ou ra-
rement irrégulières, jaunes, ou blanches, ou rouges.

SECTION I. GAYOPHYTÉES. — *Gayophyteæ* Spach.

Tube calicinal (partie inadhérente) court ou presque
nul, subcyathiforme; limbe à 4 segments réfléchis.
Disque formant un bourrelet annulaire à la gorge
du calice. Étamines 8, unisériées, plus courtes que
les pétales. Filets inégaux : les 4 opposés aux pétales plus courts que les 4 alternes. Anthères suborbiculaires ou elliptiques, submédifixes, ou basifixes,
ordinairement très-petites. Stigmate subglobuleux ou
disciforme, indivisé. Capsule membranacée. Graines
nues, inappendiculées, ordinairement très-petites.
Embryon subcylindracé ; radicule aussi longue que
les cotylédons (par exception courte et conique).
Herbes. Feuilles très-entières ou denticulées : les inférieures opposées; les supérieures éparses. Fleurs jaunes ou rarement blanches, diurnes, non-éphémères,
inodores, petites, ou de grandeur médiocre ; boutons toujours dressés.

Genre GAYOPHYTE. — *Gayophytum* Juss. fil.

Tube calicinal (partie inadhérente) presque nul ; limbe à
4 segments obtus. Pétales 4, obovales, très-entiers. Étamines 8 : les 4 antépositives minimes, stériles. Anthères suborbiculaires, échancrées aux 2 bouts, basifixes. Ovaire linéaire-claviforme, tétragone, biloculaire; loges pluriovulées.

Ovules ascendants, imbriqués, unisériés. Style court, filiforme. Stigmate capitellé, échancré. Capsule linéaire-claviforme, tétragone, comprimée, subtoruleuse, tronquée,
courtement stipitée, biloculaire, 4-valve, polysperme; valves inégales : les 2 opposées aux cloisons planes, plus larges,
longtemps cohérentes, à côte dorsale nerviforme, assez
épaisse; les 2 latérales caduques, étroites, carénées, à côte
presque inapparente. Graines petites, lisses, oblongues-obovales, ascendantes, imbriquées, unisériées et au nombre
d'environ 15 dans chaque loge; test membranacé. Embryon
linéaire-claviforme : radicule infère, un peu plus longue que
les cotylédons.

Ce genre, à peu près intermédiaire entre les Jussiévées et
les Onagrées, est en outre très-remarquable par son ovaire
qui, au lieu d'offrir autant de loges qu'il y a de segments
au calice, n'en a que deux, c'est-à-dire la moitié. On ne connaît encore que l'espèce suivante :

GAYOPHYTE NAIN.—*Gayophytum humile* Juss. fil. in Annal.
des Sciences Nat. vol. 25, Descr. et Ic.

Herbe annuelle, haute de 1 à 3 pouces, très-glabre, simple
inférieurement, divisée supérieurement en un grand nombre de
ramules axillaires feuillus. Feuilles longues de 3 à 9 lignes, larges de ¹/₂ à 1 ¹/₂ ligne, très-entières, lancéolées-linéaires, subfalciformes, subobtuses. Ramules florifères filiformes, axillaires,
plus courts que la feuille. Fleurs minimes. Pétales jaunes. Style
débordé par les étamines majeures. Capsules longues de 5 à 6
lignes.

Cette plante a été découverte par Bertero dans les régions alpines des Andes du Chili.

Genre AGASSIZIA. — *Agassizia* Spach.

Tube calicinal (partie inadhérente) infondibuliforme ou
cyathiforme, beaucoup plus court que l'ovaire; limbe 4-
parti, plus long que le tube. Pétales 4, flabelliformes, ou cunéiformes, ou obovales, flabelliveinés, subsessiles, denticu-

lés au sommet. Étamines 8, toutes fertiles. Filets filiformes, aplatis. Anthères médifixes ou supra-basifixes, mobiles, égales, orbiculaires, ou elliptiques, ou oblongues, échancrées à la base. Ovaire tétragone, subcylindracé, 4-loculaire; loges multiovulées, ou par exception pauciovulées. Ovules ascendants, imbriqués, unisériés. Style filiforme. Stigmate épais, subglobuleux, indivisé. Capsule conique ou subcylindracée, tétragone, subsessile, rectiligne, ou arquée, 4-loculaire, 4-valve, polysperme (par exception oligosperme); valves planes, munies d'une côte dorsale très-fine; cloisons membranacées, très-minces; placentaire nerviforme, tétragone. Graines imbriquées ou superposées, unisériées, ascendantes, petites, lisses, ovales, ou obovales, apiculées aux 2 bouts. Embryon conforme à la graine: radicule presque aussi longue que les cotylédons; cotylédons biauriculés à la base.

Herbes annuelles, ordinairement rameuses. Feuilles très-entières ou denticulées, sessiles, ou pétiolées. Boutons ovales ou subglobuleux, obtus. Fleurs axillaires, distantes. Corolle petite, jaune (souvent devenant verdâtre par la dessiccation).

Nous dédions ce genre à M. Agassiz, naturaliste suisse, célèbre par son histoire des poissons fossiles. Toutes les espèces sont indigènes dans les régions tempérées de l'Amérique, tant septentrionale que méridionale. En général, ces plantes ont des fleurs peu apparentes. Voici l'espèce la plus remarquable :

AGASSIZIA A FEUILLES DE GIROFLÉE.—*Agassizia cheiranthifolia* Spach, Monogr. ined. — *OEnothera cheiranthifolia* Lindl. in Bot. Reg. tab. 1040.

Herbe annuelle, multicaule, plus ou moins poilue, haute de 1 pied et plus. Tiges décombantes ou ascendantes, rameuses. Feuilles longues de 6 à 24 lignes, larges de 3 à 8 lignes, pubescentes, ou presque cotonneuses, ponctuées, glauques, obtuses, très-entières ou légèrement dentées : les inférieures obovales- ou oblongues-spathulées, ou subrhomboïdales, longuement pétiolées;

les florales ovales ou ovales-oblongues, subsessiles. Fleurs très-écartées. Tube calicinal infondibuliforme, long d'environ 2 lignes; segments aussi longs que le tube. Péta'es flabelliformes, aussi longs que le tube, 2 fois plus longs que les étamines. Anthères petites, suborbiculaires. Ovaire cotonneux, long de 4 à 5 lignes. Style long de 3 lignes. Stigmate jaunâtre ou rougeâtre. Capsule longue de 6 lignes, cylindracée-conique, défléchie, presque spiralée, hérissée.

Cette espèce, indigène au Chili, se cultive quelquefois comme plante d'agrément.

Genre CALYLOPHUS. — *Calylophus* Spach.

Tube calicinal (partie inadhérente) infondibuliforme, plus court que l'ovaire; limbe à 4 segments concaves, carénés, munis au dos d'une crête membraneuse. Pétales 4, presque dressés, subsessiles, obovales, flabelliveinés, denticulés au sommet. Étamines 8, toutes fertiles. Filets linéaires, fili·formes, plus courts que les anthères. Anthères oblongues, obtuses aux 2 bouts, médifixes, mobiles. Ovaire linéaire-cylindracé, subtétragone, 4-sulqué, 4-loculaire : sillons opposés aux cloisons; loges pluriovulées. Ovules ascendants, bisériés. Style filiforme. Stigmate pelté, disciforme, irrégulièrement crénelé. Capsule linéaire, cylindrique, striée, non-sillonnée, non-stipitée, subcoriace, 1-loculaire par l'oblitération des cloisons, 4-valve, polysperme; valves linéaires, planes, submarginées, obscurément binervées; placentaire tétragone, fongueux. Graines lisses, petites, ascendantes, superposées, par avortement 4-sériées, oblongues, ou subdolabriformes, apiculées aux 2 bouts, irrégulièrement anguleuses. Test chartacé. Chalaze couronnée d'une petite crête membraneuse. Embryon subclaviforme : radicule courte, conique, un peu pointue; cotylédons elliptiques, biauriculés à la base.

Herbes vivaces, suffrutescentes à la base. Racines rampantes. Feuilles subsessiles, profondément denticulées. Fleurs axillaires, distantes, plus courtes que les feuilles florales.

Boutons obovales-claviformes, à 4 crêtes. Corolle d'un jaune vif, assez grande. Stigmate d'un pourpre noirâtre.

Ce genre, dont le nom fait allusion à la crête dorsale qu'offrent les sépales, ne renferme que deux espèces, indigènes en Amérique. La suivante se cultive fréquemment comme plante de parterre :

Calylophus de Nuttal. — *Calylophus Nuttallii* Spach, Monogr. ined. — *OEnothera serrulata* Nutt. Gen. Amer. 1, p. 246. — Hook. Exot. Flor. tab. 140. — Sweet, Brit. Flow. Gard. tab. 133.

Herbe glabre, multicaule, haute de 2 à 3 pieds. Tiges dressées, très-rameuses. Rameaux effilés, ascendants, feuillus. Feuilles longues de 1 à 3 pouces, larges de 1 à 3 ¼ lignes, d'un vert gai, lancéolées, ou lancéolées-linéaires, ou linéaires-lancéolées, ou linéaires, mucronées, sinuolées, dentelées, entières et longuement rétrécies à la base. Calice membraneux, semi-diaphane, glabre, d'un jaune verdâtre : tube nerveux, long d'environ 4 lignes ; segments triangulaires-lancéolés, mucronés, striés. Corolle comme cyathiforme. Pétales longs de 5 à 6 lignes, sur autant de large. Anthères jaunes, longues de 2 lignes. Style jaune, long d'environ 6 lignes. Stigmate large de 1 ligne, condupliqué en préfloraison. Capsule longue de 10 à 12 lignes, grêle, rectiligne ou un peu arquée, brunâtre. Graines longues à peine de 1 ligne, d'un brun de Châtaigne.

Cette plante croît dans les plaines incultes arrosées par le Missouri.

SECTION II. ÉNOTHÉRÉES. — *OEnothereæ* Spach.

Tube calicinal (partie inadhérente) allongé, subcylindracé ; limbe à 4 segments réfléchis, colorés, submembranacés. Disque formant un bourrelet annulaire à la gorge du calice. Étamines 8, unisériées, égales, toutes fertiles. Anthères linéaires ou linéaires-oblongues, submédifixes, versatiles. Stigmate 4-parti : lobes linéaires, allongés. Péricarpe capsulaire ou carcérulaire, plus ou moins coriace. Graines nues ou quelquefois couronnées d'une crête membraneuse. Embryon rectiligne : radicule très-courte, conique, obtuse; cotylédons quelquefois convolutés.

Herbes ou rarement sous-arbrisseaux. Feuilles très-entières, ou dentées, ou pennatifides : les radicales ordinairement roselées; les caulinaires toutes éparses. Fleurs jaunes, ou blanches, ou carnées, ou roses, souvent nocturnes et fugaces, ordinairement grandes, axillaires, ou radicales, sessiles, souvent rapprochées en épis feuillés inférieurement, bractéolés supérieurement (rarement en épis nus). Boutons quelquefois penchés en préfloraison.

Presque toutes les Énothérées croissent dans les régions tempérées de l'Amérique, tant septentrionale que méridionale.

Genre BAUMANNIA. — *Baumannia* Spach.

Calice submembranacé : tube grêle; segments planes, non-carénés, courtement corniculés au sommet. Pétales 4, obcordiformes, ou entiers, subsessiles, flabelliveinés. Étamines 8. Filets filiformes. Anthères linéaires, contournées après l'anthèse. Ovaire grêle, cylindracé, non-stipité, 4-loculaire, 4-sulqué, 4-costé : sillons alternes avec les cloisons; loges multiovulées. Ovules ascendants, unisériés, superposés. Style filiforme, à peine débordé par la corolle. Stigmate à 4 lobes linéaires. Capsule linéaire, tétragone, sillonnée, ou non-sillonnée, 4-dentée au sommet, 4-loculaire, 4-valve. Graines lisses, petites, anguleuses.

Herbes vivaces ou annuelles. Feuilles caulinaires pennatifides ou dentées, sessiles. Fleurs axillaires, distantes, diurnes, non-éphémères, odorantes, assez grandes, pendantes avant l'anthèse. Pétales d'abord carnés ou blanchâtres, maculés de jaune à la base, roses après l'anthèse. Anthères et stigmate jaunes. Filets et style carnés.

Nous avons dédié ce genre à MM. les frères Baumann, célèbres horticulteurs à Bollvyller, en Alsace. Voici les trois espèces connues :

Baumannia de Douglas. — *Baumania Douglasiana* Spach, Monogr. ined. — *OEnothera pallida* Lindl. in Bot. Reg. tab. 1142.

Très-glabre. Tiges décombantes, rameuses. Feuilles lancéolées, ou lancéolées-linéaires, pointues, incisées-dentées, ou denticulées, ou très-entières. Segments calicinaux 2 fois plus courts que le tube. Pétales rétus, 2 fois plus longs que les filets, à peine plus longs que les segments calicinaux.

Racines vivaces, rampantes. Tiges suffrutescentes à la base, longues de 2 à 3 pieds. Rameaux ascendants ou diffus, lisses, effilés, flexueux, blanchâtres, rarement simples. Feuilles longues de 1 à 4 pouces, larges de 1 à 4 lignes, glaucescentes, lisses, ponctuées : côte et veines blanchâtres. Calice carné : tube long de 15 à 16 lignes; boutons ovales, apiculés. Pétales longs de 8 lignes, larges de 10 à 12 lignes, suborbiculaires, cunéiformes à la base, d'abord d'un blanc carné, puis roses. Anthères presque aussi longues que les filets. Style long de près de 2 pouces. Capsule coriace, falciforme.

Cette plante élégante, découverte par M. Douglas dans le nord-ouest de l'Amérique, se cultive dans les parterres.

Baumannia de Nuttal. — *Baumannia Nuttalliana* Spach, Monogr. ined.—*OEnothera albicaulis* Fras. Catal. ex Nuttall, Gen. Amer. 1, p. 245 (non Pursh).—*OEnothera Nuttallii* Sweet, Hort. Brit. ed. 2, p. 199.

Tige dressée, presque simple. Feuilles linéaires-sublancéolées, subdenticulées, velues en-dessous. Segments calicinaux presque aussi longs que le tube, plus longs que les pétales. Pétales entiers.

Herbe vivace. Tige haute de 2 à 3 pieds, dressée, rameuse

supérieurement, lisse, glabre, blanchâtre. Rameaux longs, étalés. Feuilles longues de 2 à 3 pouces, très-entières ou bordées de dentelures très-écartées. Pétales petits, blancs.

Cette espèce, indigène dans l'intérieur de l'Amérique septentrionale, est cultivée en Angleterre.

BAUMANNIA PENNATIFIDE. — *Baumannia pinnatifida* Spach, Monogr. ined. — *OEnothera pinnatifida* Nutt. l. c. (non Kunth). — *OEnothera albicaulis* Pursh, Flor. Amer. Sept. (non Nutt.)

Pubérule. Tige basse, décombante. Feuilles radicales presque entières ; feuilles caulinaires pennatifides : segments linéaires, pointus. Pétales obcordiformes, beaucoup plus longs que les étamines. Capsules prismatiques, sillonnées.

Herbe annuelle. Tige longue de $^1/_2$ pied à 2 pieds, toujours décombante. Tube calicinal plus long que l'ovaire. Corolle grande, d'abord blanche, puis rose. Style filiforme, très-grêle. Capsule longue de 1 pouce, large de 1 $^1/_2$ ligne, quadrangulaire, submarginée.

Cette espèce a été découverte par Nuttal sur les bords du Missouri.

Genre ÉNOTHÈRE. — *OEnothera* (Linn.) Spach.

Tube calicinal (partie inadhérente) strié, très-allongé ; limbe à 4 segments corniculés au sommet, le plus souvent plus courts que le tube. Pétales 4, obcordiformes, flabelliveinés. Étamines 8, ordinairement plus courtes que la corolle. Filets filiformes, subulés au sommet, plus longs que les anthères. Anthères linéaires-oblongues. Ovaire subcylindracé, non-stipité, tétragone, 4-costé, 4-loculaire ; angles alternes avec les cloisons ; loges multiovulées. Ovules ascendants, imbriqués, bisériés. Style long, filiforme. Stigmate à 4 lobes linéaires. Capsule cartilagineuse, claviforme-cylindracée, obscurément tétragone, subrectiligne, non-sillonnée ni stipitée, 4-costée, 4-loculaire, 4-valve, polysperme, couronnée par 4 dents échancrées ; cloisons membranacées ou rarement cartilagineuses ; placentaire tétragone, fongueux. Graines inappendiculées, jaunâtres; petites, très-nombreuses, subfusiformes, ou obovales, scrobiculées (à la loupe), ascendantes, imbriquées, bisériées dans chaque loge. Test dur, crustacé. Embryon conforme à la graine : radicule infère; colytédons non-convolutés.

Herbes annuelles, multicaules. Tiges rameuses. Feuilles toutes sinuolées-denticulées, ou bien les supérieures soit sinuées-dentées, soit pennatifides; les radicales et les caulinaires inférieures rétrécies en pétiole; les supérieures et florales amplexicaules, ou rarement subpétiolées. Fleurs axillaires, distantes, vespertines et nocturnes, fugaces, odorantes, toujours dressées avant la floraison. Pétales et filets d'un jaune plus ou moins vif, passant à l'orange ou au rouge après la floraison. Anthères d'un jaune pâle.

Ce genre, dans les limites que nous lui assignons, ne renferme qu'une vingtaine d'espèces, presque toutes indigènes dans l'Amérique méridionale. Nous allons décrire celles qu'on cultive comme plantes de parterre.

SECTION I.

Feuilles sinuolées-denticulées : les radicales courtement pétiolées, longuement rétrécies vers la base ; les caulinaires sessiles; les florales élargies à la base, amplexicaules. Capsule claviforme-cylindracée; subrectiligne.

A. *Ovaire plus court que la partie inadhérente du tube calicinal, ou moins souvent à peu près aussi long.*

a) *Pétales un peu plus longs que les segmens calicinaux. Filets 1 d 2 fois plus courts que les pétales.*

Énothère a longues fleurs. — *OEnothera longiflora* Jacq. Hort. Vindob. tab. 172. — Bot. Mag. tab. 365.

Tiges diffuses ou ascendantes, presque simples, muriquées, hérissées de même que le calice. Feuilles mucronées, subdenticulées, ciliées, hérissées aux 2 faces : les radicales lancéolées-spathulées ; les caulinaires inférieures lancéolées ou lancéolées-oblongues ; les florales ovales ou ovales-lancéolées. Tube calicinal 3 fois plus court que les segments, 5 à 7 fois plus long que l'ovaire. Capsule fortement hérissée.

Racine épaisse, subfusiforme. Tiges longues de 6 à 18 pouces, anguleuses. Feuilles d'un vert gai : les radicales longues de 5 à 12 pouces, larges de 10 à 15 lignes ; les caulinaires diminuant par degrés en longueur et augmentant en largeur ; les florales longues de 5 à 7 lignes, larges d'environ 1 pouce. Tube calicinal long de 24 à 28 lignes ; segments longs de 10 à 12 lignes. Pétales longs de 14 à 15 lignes, larges de 16 à 18 lignes, profondément obcordiformes, d'un jaune vif passant à l'orange après l'anthèse. Filets longs de 6 à 7 lignes. Capsules longues de 15 à 18 lignes.

Cette espèce habite les contrées les plus méridionales du Brésil, ainsi que les environs de Monté-Vidéo et de Buénos-Ayres.

ÉNOTHÈRE ROIDE. — *OEnothera stricta* Ledebour, in sched. Hort. Dorpat. — Link, Enum.

Tiges et rameaux dressés, hérissés de même que le calice. Feuilles denticulées, pointues, presque glabres aux 2 faces, pubérules ou hérissées aux bords : les radicales et les caulinaires inférieures lancéolées-spathulées ; les supérieures ovales ou oblongues-lancéolées, ou linéaires-lancéolées. Tube calicinal du tiers plus long que les segments, 2 fois plus long que l'ovaire. Capsule poilue ou presque glabre.

Tiges fermes, hautes de 2 à 3 pieds. Feuilles d'un vert gai : les radicales et les caulinaires inférieures longues de 4 à 8 pouces, larges de 3 à 6 lignes ; les florales longues de 1 à 2 pouces, larges de 3 à 6 lignes ; côte et nervures blanchâtres. Tube calicinal long de 12 à 15 lignes, d'un jaune tirant sur le rouge ; segments longs de 9 à 10 lignes, d'un jaune verdâtre. Boutons oblongs. Pétales longs de 12 à 14 lignes, sur autant de large, d'un jaune vif passant à l'orange-violet après l'anthèse. Ovaire hérissé, long de 6 à 7 lignes. Capsule longue de 12 à 14 lignes.

Cette espèce est originaire du Chili.

ÉNOTHÈRE ODORANTE.—*OEnothera odorata* Jacq. Ic. Rar. 3, tab. 356; ejusd. Collect. 3, p. 107. — Bot. Reg. tab. 147. — Bot. Mag. tab 2403. — Hook. Exot. Flor. tab. 183. — *OEnothera undulata* Dryand. (var.)

Presque glabre ou plus ou moins velouté et hérissé. Tiges et rameaux dressés ou ascendants. Feuilles pointues, légèrement denticulées : les radicales et les caulinaires inférieures lancéolées-spathulées; les supérieures lancéolées ou linéaires-lancéolées; les florales ovales-lancéolées, ou oblongues-lancéolées, longuement acuminées, ondulées. Tube calicinal, segments et ovaire de longueur à peu près égale. Capsule glabre ou poilue.

Tiges fermes, anguleuses, subflexueuses, longues de 1 à 2 pieds. Feuilles glauques ou d'un vert gai : les inférieures longues de 4 à 7 pouces, larges de 2 à 4 lignes; les ramulaires inférieures longues de 2 à 4 pouces, larges de 2 à 4 lignes; les florales longues de 2 à 4 pouces, larges (à la base) de 4 à 12 lignes. Calice plus ou moins hérissé et velouté : tube long de 8 à 10 lignes, d'un jaune orangé; segments longs de 9 à 11 lignes. Pétales longs de 12 à 14 lignes, larges de 10 à 12 lignes, d'un jaune vif passant à l'orange après l'anthèse. Filets longs de 7 à 8 lignes; anthères 2 fois plus courtes que les filets. Ovaire cotonneux et hérissé, long de 8 à 9 lignes. Capsule longue d'environ 18 lignes.

Cette espèce est originaire de la Patagonie.

Espèce incomplétement connue, appartenant peut-être à un autre genre.

ÉNOTHÈRE DE DRUMMOND.—*OEnothera Drummondii* Hook. in Bot. Mag. tab. 3361.

Herbe vivace. Tiges longues de 1 ½ à 2 pieds, épaisses, rameuses, procombantes. Feuilles longues de 3 à 5 pouces, lancéolées ou lancéolées-oblongues, subobtuses : les inférieures sinuées-dentées, rétrécies en court pétiole; les supérieures sessiles, légèrement denticulées. Fleurs axillaires, distantes, grandes,

inodores , jaunes. Tube calicinal cylindracé, long de 2 pouces ;
segments réfléchis, linéaires-lancéolés, presque 2 fois plus courts
que le tube. Pétales larges de 1 '/₂ pouce, filiformes, denticulés,
très-étalés. Étamines égales, subdéclinées, beaucoup plus courtes
que les pétales : filets linéaires; anthères oblongues-linéaires,
médifixes, jaunes. Ovaire hérissé, long de 1 pouce, épais,
cylindrique, 4-strié, porté sur un stipe presque aussi long et à
peine moins gros que lui. Fruit inconnu.

Cette espèce, qui se rapproche des *Mégaptères* par le port , la
grandeur de ses fleurs , et par son ovaire porté sur un stipe épais ,
en diffère cependant notablement par son ovaire cylindrique. Elle
a été découverte récemment par M. Drummond, au Mexique,
dans la province de Téxas, et introduite par lui au jardin de
l'Université de Glasgow , où elle a fleuri en 1834. C'est une fort
belle plante d'ornement à ajouter aux Onagraires qui enrichissent
déjà nos jardins.

Genre ONAGRE. — *Onagra* (Tourn.) Spach.

Tube calicinal (partie inadhérente) plus long que l'ovaire,
un peu charnu, cotonneux en dedans; limbe à 4 segments
membranacés, planes, corniculés au dessous du sommet. Pétales 4, obcordiformes , flabelliveinés. Étamines 8. Filets
aplatis, filiformes, plus longs que les anthères. Anthères linéaires, tétragones, versatiles. Ovaire oblong-conique, 4-
sulqué, 4-costé, 4-loculaire: sillons alternes avec les cloisons;
loges multiovulées. Ovules horizontaux, bisériés, sessiles, superposés. Style filiforme. Stigmate 4-parti : lobes linéaires ,
allongés. Capsule subcylindracée ou oblongue-conique , coriace, rectiligne, tétragone, non-stipitée, non-sillonnée, 4-
costée, couronnée par 4 dents échancrées, 4-loculaire, 4-val-
ve, polysperme : angles alternes avec les cloisons; valves
planes, penniveinées : côte dorsale épaisse , large, saillante;
cloisons cartilagineuses; placentaire tétragone, fongueux.
Graines assez grandes, ferrugineuses, lisses, horizontales, bisériées, superposées, inappendiculées, tronquées aux 2 bouts,

prismatiques-cunéiformes, ou dolabriformes, ou presque carrées : test (arille?) fongueux, épais; chalaze et raphé inapparents. Embryon beaucoup plus étroit que la graine, subclaviforme : radicule centripète; cotylédons non-convolutés.

Herbes bisannuelles, unicaules. Racine pivotante, charnue. Feuilles molles, non-ponctuées, nerveuses, sinuolées-denticulées, ou sinuées-dentées : les radicales grandes, rosclées, pétiolées, subspathulées; les caulinaires éparses, courtement pétiolées, rétrécies à la base; les florales sessiles, passant graduellement à l'état de bractées. Fleurs vespertines et nocturnes, odorantes, fugaces, rapprochées en épis feuillés. Tube calicinal toujours dressé en préfloraison, pendant après l'anthèse. Pétales d'un jaune plus ou moins vif.

Nous connaissons douze espèces de ce genre, presque toutes indigènes dans l'Amérique septentrionale. Celles dont nous allons donner la description se cultivent comme plantes de parterre.

a) *Filets 2 à 3 fois plus courts que les pétales.*

ONAGRE ÉLÉGANTE. — *Onagra spectabilis* Spach, Monogr. ined.—*OEnothera spectabilis* Hortor.—*OEnothera corymbosa* Sims, Bot. Mag. tab. 1974 (non Lamk.).

Tige muriquée, hérissée. Feuilles légèrement denticulées, pointues, pubérules aux 2 faces, velues aux bords : les inférieures lancéolées; les florales oblongues-lancéolées ou lancéolées-oblongues. Segments calicinaux presque aussi longs que le tube ou plus courts, presque aussi longs que les pétales. Ovaire cotonneux, hérissé. Capsule hérissée.

Tige haute de 3 à 4 pieds, épaisse, ferme, dressée, rameuse supérieurement, garnie (ainsi que les rameaux) de petites verrues rougeâtres, pointues, scabres, pilifères. Feuilles radicales longues de 8 à 12 pouces, larges de 15 à 20 lignes, sinuées-dentées vers la base. Feuilles raméaires longues de 2 à 3 pouces, larges de 7 à 10 lignes. Calice hérissé, d'un jaune orangé : tube long de

12 à 15 lignes; segments longs de 10 à 15 lignes. Pétales longs de 12 à 15 lignes, sur autant de large, d'un jaune vif passant à l'orange après l'anthèse, flabelliformes, profondément échancrés. Filets longs de 5 à 7 lignes. Anthères longues de 4 à 5 lignes. Ovaire long de 4 lignes. Style un peu débordé par les pétales. Capsule longue de 12 à 14 lignes.

Cette espèce est originaire du Mexique.

ONAGRE ÉLANCÉE. — *Onagra Kunthiana* Spach, Monogr. ined.—*OEnothera elata* Kunth, in Humb. et Bonpl. Nov. Gen. et Spec. v. 6, p. 90. — *OEnothera crasstpes* Hort. Berol.

Pubérule, presque incane. Tige et rameaux non-muriqués. Feuilles sinuolées-denticulées, acuminées : les caulinaires et les raméaires inférieures lancéolées; les florales oblongues-lancéolées, ou ovales-lancéolées, ou lancéolées-oblongues. Segments calicinaux du tiers ou de moitié plus courts que le tube, presque aussi longs que les pétales. Ovaire soyeux. Capsule incane.

Tige haute de 3 à 5 pieds, épaisse, anguleuse, sillonnée, rameuse supérieurement. Jeunes pousses satinées-argentées. Feuilles d'un vert glauque : les radicales longues de 6 à 15 pouces, larges de 12 à 18 lignes; les caulinaires longues de 4 à 5 pouces, larges de 5 à 8 lignes. Calice pubescent, jaunâtre, après l'anthèse orangé : tube long de 20 à 24 lignes : segments longs de 12 à 16 lignes. Pétales longs de 14 à 16 lignes, sur autant de large, d'un jaune vif, flabelliformes, profondément échancrés. Filets 2 fois plus courts que les pétales. Anthères longues de 4 lignes. Style débordé par les pétales. Ovaire long de 5 à 6 lignes. Capsule longue de 15 à 18 lignes : côtes épaisses, rougeâtres avant la maturité.

Cette espèce croît au Mexique.

ONAGRE COMMUNE. — *Onagra europæa* Spach, Monogr. ined. — *OEnothera biennis* Linn. Spec. — Mill. Ic. tab. 189, fig. 2. — Engl. Bot. tab. 1534. — *OEnothera suaveolens* Desf. Hort. Par.

Tige et rameaux poilus, muriqués. Feuilles sinuolées ou légèrement denticulées, pointues, pubescentes : les inférieures lancéolées ou lancéolées-oblongues ; les florales oblongues-lancéolées, ou ovales-lancéolées. Segments calicinaux du tiers environ plus courts que le tube, presque aussi longs que les pétales. Ovaire cotonneux, hérissé. Capsule allongée, subcylindracée, hérissée.

Tige haute de 2 à 4 pieds, dressée, roide, rameuse ou simple. Feuilles radicales longues de 5 à 8 pouces, larges de 1 à 2 pouces, obovales-lancéolées, courtement acuminées ; les caulinaires longues de 3 à 8 pouces, larges de 6 à 30 lignes. Calice pubescent, d'un jaune verdâtre : tube long de 15 a 20 lignes ; segments longs de 12 à 20 lignes (rarement aussi longs que le tube). Pétales longs de 12 à 16 lignes, presque aussi larges que longs, d'un jaune de Citron, flabelliformes, profondément échancrés. Filets longs de 6 à 7 lignes. Anthères longues de 3 à 4 lignes. Ovaire long de 4 $^1/_2$ à 5 lignes. Style atteignant ordinairement la hauteur des filets. Capsule longue de 12 à 16 lignes : valves presque linéaires, larges de près de 2 lignes : côtes rougeâtres avant la maturité.

Cette espèce est commune dans presque toute l'Europe, au bord des rivières et des torrents, souvent fort loin des habitations humaines ; aussi ne nous semble-t-il pas probable qu'elle ait été originairement introduite d'Amérique, ainsi que l'avancent Linnée et ses copistes. Nous doutons même que l'espèce désignée par les botanistes américains sous le nom d'*OEnothera biennis* soit la même que celle en question.

L'*Onagre commune* se nomme vulgairement *Herbe aux ânes*. Ses racines, assez grosses et d'un goût semblable à celui de la Raiponce, se mangent en guise de salade, dans beaucoup de contrées de l'Europe.

ONAGRE INTERMÉDIAIRE. — *Onagra media* Spach, Monogr. ined. — *OEnothera media* Link, Enum. Hort. Berol.

Pubérule. Tige et rameaux poilus, presque lisses. Feuilles subsinuolées, acuminées : les caulinaires inférieures lancéolées ou lancéolées-oblongues ; les supérieures ovales ou ovales-lancéolées. Segments calicinaux presque de moitié plus courts que le tube, du tiers plus courts que les pétales. Ovaire pubérule. Capsules glabrescentes, allongées, subcylindracées.

Tige dressée, rameuse, haute de 2 à 3 pieds. Feuilles radicales longues de 6 à 10 pouces, larges de 12 à 18 lignes, lancéolées ou obovales-lancéolées, pointues, sinuées-dentées à la base : les caulinaires longues de 2 à 4 pouces, larges de 1 à 2 pouces, presque entières. Calice pubescent, d'un jaune verdâtre : tube long de 10 à 13 lignes ; segments longs de 6 à 8 lignes. Pétales longs de 10 à 12 lignes, sur autant de large, d'un jaune de Citron, profondément échancrés. Filets longs de 6 lignes. Ovaire long de 4 lignes. Capsule longue de 14 à 15 lignes.

Cette espèce passe pour originaire de l'Amérique septentrionale.

ONAGRE A FEUILLES DE SAULE. — *Onagra salicifolia* Spach, Monogr. ined. — *OEnothera salicifolia* Desfont. Hort. Par.

Glauque, légèrement pubescente, non-muriquée. Feuilles pointues, légèrement denticulées : les inférieures lancéolées ou lancéolées-oblongues : les florales ovales-lancéolées, ou oblongues-lancéolées. Segments calicinaux de moitié plus courts que le tube, presque aussi longs que les pétales. Ovaire satiné-incane. Capsules allongées, subcylindracées, incanes.

Tige haute de 3 à 4 pieds, dressée, épaisse, sillonnée, rameuse supérieurement. Rameaux effilés, presque simples. Feuilles caulinaires longues de 3 à 4 pouces, larges de 4 à 8 lignes. Calice soyeux, jaunâtre : tube long de 12 à 14 lignes ; segments longs de 8 à 9 lignes. Pétales longs de 8 à 9 lignes, sur autant de large, d'un jaune assez pâle, flabelliformes, échancrés. Filets longs de 4 a 4 ½ lignes. Anthères longues de 2 ½ à 3 lignes. Ovaire long de 6 lignes. Style le plus souvent débordé par les filets. Capsule longue de 18 lignes.

La patrie de cette espèce est inconnue.

ONAGRE SINUOLÉE. — *Onagra erosa* Spach, Monogr. ined. — *OEnothera erosa* Lehm. in Act. Nat. Cur. vol. 14 ; et Pugill. Plant. Nov.

Pubérule, subincane, non-muriquée. Tige et rameaux velus.

Feuilles lancéolées ou lancéolées-oblongues, pointues, sinuées-dentées ou sinuolées inférieurement, légèrement denticulées ou très-entières supérieurement. Segments calicinaux presque 2 fois plus courts que le tube, un peu plus courts que les pétales. Ovaire incane, cotonneux. Capsules oblongues-coniques, ou rétrécies aux 2 bouts, pubérules.

Tige presque simple, ou rameuse supérieurement, effilée, dressée, haute de 2 à 3 pieds, souvent rougeâtre. Feuilles caulinaires longues de 2 à 5 pouces, larges de 4 à 12 lignes. Calice jaunâtre, pubescent : tube long de 11 à 13 lignes ; segments longs de 6 à 7 lignes. Pétales longs de 7 à 9 lignes, larges de 5 à 6 lignes, obcordiformes-bilobés, d'un jaune vif. Filets longs de 3 à 4 lignes. Anthères longues de 2 ¹/₂ à 3 lignes. Style ordinairement un peu débordé par les filets. Capsule longue de 12 à 15 lignes.

Cette espèce est originaire du cap de Bonne-Espérance.

b) *Filets à peine de moitié moins longs ou presque aussi longs que les pétales.*

ONAGRE JAUNE BRILLANT. — *Onagra chrysantha* Spach, Monogr. ined. — *OEnothera parviflora* Linn. Spec. — Meerb. Ic. 1, tab. 34. — *OEnothera muricata* Murr. Comment. Gœtting. 6, tab. 1. (var.) — *OEnothera cruciata* Nutt. (var.)

Tige et rameaux plus ou moins muriqués, poilus. Feuilles sinuolées-denticulées, courtement acuminées, pubérules : les caulinaires lancéolées ; les raméaires et les florales oblongues-lancéolées, ou ovales-lancéolées, ou lancéolées-oblongues. Segments calicinaux 2 à 4 fois plus courts que le tube, plus longs que les pétales. Ovaire velouté. Capsules glabrescentes ou pubérules, oblongues-coniques.

Tige haute de 2 à 5 pieds, dressée, simple ou rameuse, de la grosseur d'un doigt d'homme, souvent rougeâtre, ordinairement parsemée de verrues scabres, pointues, pilifères, d'un pourpre noirâtre. Feuilles radicales longues de 6 à 12 pouces, larges de 6 à 30 lignes, lancéolées-spathulées ou oblongues-spathulées, acuminées, sinuées-dentées à la base. Feuilles caulinaires longues de

3 à 8 pouces, larges de 6 à 24 lignes. Calice pubérule, jaunâtre : tube long de 12 à 16 lignes ; segments longs de 4 à 8 lignes. Pétales longs de 3 à 7 lignes, presque aussi larges que longs, obcordiformes, ou obovales, d'un jaune vif. Filets longs de 3 à 4 lignes. Anthères longues de 2 à 3 lignes. Ovaire long de 4 à 5 lignes. Style tantôt à peine saillant hors le tube, tantôt débordant les filets. Capsule longue de 12 à 15 lignes.

Cette espèce, très-variable dans son port et la grandeur de ses fleurs, est indigène aux États-Unis, et comme naturalisée dans beaucoup d'endroits en France.

Genre MÉGAPTÈRE. — *Megapterium* Spach.

Tube calicinal (partie inadhérente) très-long, épais ; limbe à 4 segments planes, corniculés au sommet. Pétales 4, subsessiles, obcordiformes, ou flabelliformes, mucronés, palmatinervés à la base. Étamines 8. Filets filiformes, aplatis. Anthères linéaires, tétragones, versatiles, arquées après l'anthèse, plus courtes que les filets. Ovaire ellipsoïde, tétraèdre, stipité, 4-costé, 4-loculaire ; loges multiovulées. Ovules ascendants, unisériés, imbriqués, subsessiles, couronnés d'une crête membraneuse. Style filiforme, très-long. Stigmate 4-parti : lobes linéaires. Capsule stipitée, coriace, luisante, lisse, subcomprimée, non-sillonnée, 4-costée, 4-ptère, 4-loculaire, 4-valve, polysperme ; placentaire 4-gone. Graines (suivant Nuttall) gibbeuses, rugueuses, marginées au sommet.

Herbes vivaces, multicaules, touffues. Tiges très-simples, feuillues. Feuilles pétiolées ou subsessiles, nerveuses, denticulées, ou très-entières, marginées, glauques. Fleurs très-grandes, diurnes, non-éphémères, légèrement odorantes, axillaires, plus longues que les feuilles. Calice glauque : tube toujours dressé en préfloraison ; segments marbrés de rouge. Corolle d'un jaune vif. Filets, style et stigmates blanchâtres. Anthères d'un jaune pâle. Capsule très-grande.

Ce genre, propre à l'Amérique septentrionale, ne renferme que les deux espèces dont nous allons parler. Le nom que nous lui avons donné, fait allusion aux grandes ailes qui garnissent la capsule.

MÉGAPTÈRE DE NUTTALL. — *Megapterium Nuttallianum* Spach, Monogr. ined. — *OEnothera macrocarpa* Pursh, Flor. Amer. Sept. (excl. Syn. Bot. Mag.)—Sweet, Brit. Flow. Gard. tab. 5.

Feuilles lancéolées, ou ovales-lancéolées, ou lancéolées-obovales, acuminées-cuspidées, subsinuolées, légèrement denticulées, cotonneuses aux bords, rétrécies à la base. Segments calicinaux aussi longs que les pétales, 4 fois plus courts que le tube. Pétales entiers, flabelliformes. Capsule subsessile, ellipsoïde:

Racine pivotante. Tiges décombantes, épaisses, anguleuses, rougeâtres, longues de 6 à 15 pouces. Feuilles longues de 3 à 4 pouces, larges de 9 à 15 lignes : les jeunes satinées-argentées aux 2 faces; les adultes glabres excepté aux bords et en dessous aux nervures; pétiole comprimé, marginé, long de 4 à 8 lignes. Calice pubérule, incane : tube long de 4 à 7 pouces; segments longs de 15 à 18 lignes, trinervés, calleux au sommet. Pétales longs de 1 ½ à 3 pouces, plus larges que longs, étalés, denticulés au sommet; onglet et nervures d'un jaune orangé. Filets longs de 1 pouce. Anthères longues de 6 à 7 lignes. Ovaire incane, long de 1 pouce : faces planes, larges de 3 lignes; côtes dorsales presque planes, larges de 1 ½ ligne, creusées d'un sillon longitudinal peu profond. Style long de près de ½ pied. Capsule longue de 2 pouces, large de ½ pouce (y compris les ailes).

Cette belle plante, qu'on possède depuis plusieurs années dans les jardins, croît sur les collines calcaires de la haute Louisiane.

MÉGAPTÈRE DU MISSOURI. — *Megapterium missouriense* Spach, Monogr. ined.—*OEnothera missouriensis* Sims, in Bot. Mag. tab. 1592. — *OEnothera alata* Nutt. Gen?

Feuilles linéaires-lancéolées, pointues, denticulées, subsessiles, soyeuses aux bords. Pétales obcordiformes, mucronés. Capsule ellipsoïde, stipitée.

Tiges décombantes, simples, longues d'environ 1 pied; Feuilles longues de 3 à 6 pouces, larges de 3 à 6 lignes. Corolle plus petite que celle de l'espèce précédente.

Cette espèce, qui se cultive aussi comme plante d'agrément, habite les mêmes contrées que la précédente. Nuttall paraît avoir confondu les deux espèces sous le nom d'*OEnothera alata*.

Genre PACHYLOPHE. — *Pachylophus* Spach.

Tube calicinal très-long, épais; limbe à 4 segments carénés, corniculés au sommet. Pétales 4, cunéiformes, bilobés, courtement onguiculés, flabellinervés. Étamines 8. Filets filiformes, aplatis. Anthères linéaires, tétragones, plus courtes que les filets, versatiles, contournées après l'anthèse. Ovaire court, épais, oblong-conique, stipité, sillonné, 12-costé, 4-loculaire; loges multiovulées; ovules horizontaux, bisériés, subsessiles, superposés. Style grèle, très-long. Stigmate 4-parti : lobes linéaires. Capsule coriace, oblongue-conique, 4-costée, 4-loculaire, 4-dentée, 4-valve, polysperme, à 4 crêtes épaisses, alternes avec les cloisons, tuberculeuses, creusées d'un sillon longitudinal. Graines horizontales, superposées, bisériées, ovales, subcylindracées, inappendiculées.

Le nom de ce genre fait allusion aux crêtes épaisses qui garnissent le péricarpe. L'espèce que nous allons décrire le constitue à elle seule.

Pachylophe de Nuttall. — *Pachylophus Nuttallii* Spach, Monogr. ined. — *OEnothera cæspitosa* Nutt. Gen. Amer. 1, p. 246. — Bot. Mag. tab. 1593.

Herbe vivace, multicaule. Racine épaisse, pivotante. Tiges touffues, très-courtes, très-simples, dressées, feuillues. Feuilles longues de 8 à 12 pouces, larges de 1 à 2 pouces, nerveuses, d'un vert glauque, lancéolées, sinuolées-denticulées, pubérules aux 2 faces, rétrécies en long pétiole marginé : dents obtuses ou quelquefois mucronulées. Fleurs grandes, axillaires, rapprochées, nocturnes, odorantes. Tube calicinal long de 2 ¹/₂ à 3 pouces,

carné, toujours dressé en préfloraison, pendant après l'anthèse;
segments longs de 12 à 15 lignes, semi-diaphanes, linéaires-
lancéolés, presque condupliqués, munis d'une crête dorsale tu-
berculeuse. Pétales longs de 12 à 15 lignes, sur autant de large,
d'abord carnés, puis d'un rose pâle : onglet et veines jaunes.
Filets carnés, longs de 6 à 8 lignes. Anthères jaunes, longues de
5 à 6 lignes. Ovaire long de 7 à 8 lignes, pubescent aux angles.
Style long de 3 à 3 ¹/₂ pouces, débordant le plus souvent les filets.
Stigmates longs de 4 à 5 lignes.

Cette plante, découverte par Nuttal sur les bords du Missouri,
se cultive assez fréquemment dans les parterres, depuis plusieurs
années.

Genre LAVAUXIA. — *Lavauxia* Spach.

Tube calicinal (partie inadhérente) très-long, épais; limbe
à 4 segments planes, corniculés au sommet, beaucoup plus
courts que le tube. Pétales 4, obcordiformes, ou flabelliformes, subsessiles, palmatinervés à la base. Étamines 8.
Filets aplatis, filiformes. Anthères linéaires-oblongues,
tétragones, versatiles, plus courtes que les filets, un peu
contournées après l'anthèse. Ovaire obové ou oblong, court,
non-stipité, tétraèdre, 4-costé, 4-loculaire; loges multiovulées. Ovules horizontaux, bisériés, sessiles, superposés. Style
grêle, très-long. Stigmate 4-parti : lobes linéaires. Capsule
ligneuse, elliptique, ou obovale, acuminée, rugueuse, subsessile, 4-dentée, 4-costée, 4-loculaire, tétraèdre : angles prolongés supérieurement en crête cartilagineuse; côtes dorsales
épaisses, ligneuses, presque planes; cloisons cartilagineuses;
placentaire tétragone, fongueux. Graines grandes, horizontales, superposées, bisériées, sessiles, subdolabriformes, ou
carrées, tronquées, enveloppées d'un arille épais, crustacé,
chagriné, marbré de violet et de jaune, déprimé au bout
correspondant à la chalaze; test mince, lisse, jaunâtre. Embryon obovale : radicule centripète; cotylédons elliptiques,
non-convolutés.

Herbes vivaces ou annuelles. Tiges très-simples ou peu rameuses. Feuilles dentées ou pennatifides, longuement pé‑tiolées, nerveuses. Fleurs grandes, axillaires, odorantes, ves‑pertines et nocturnes, fugaces. Tube calicinal toujours dressé en préfloraison, pendant après l'anthèse. Corolle d'un rose pâle, ou jaune, grande.

Nous dédions ce genre à notre respectable ami, M. Fran‑çois Delavaux, fondateur du jardin botanique de Nîmes ; c'est à ses savantes recherches que la flore française doit un grand nombre de découvertes intéressantes.

Les *Lavauxia* habitent l'Amérique. Nous en connais‑sons quatre espèces, toutes remarquables par la beauté de leurs fleurs, et dont plusieurs ne sont pas rares dans les jar‑dins.

SECTION I.

Pétales jaunes, trinervés, trilobés au sommet, un peu plus longs que les étamines. Segments calicinaux longuement acuminés. Racine annuelle, pivotante.

LAVAUXIA A PÉTALES TRILOBÉS. — *Lavauxia triloba* Spach, Monogr. ined. — *OEnothera triloba* Nuttall, in Journ. Acad. Philad. 1821, p. 118.—Bot. Mag. tab. 2566. — *OEno‑thera rhizocarpa* Spreng. Syst.

Feuilles pubérules aux bords : les radicales et les caulinaires supérieures lancéolées, denticulées, souvent incisées-dentées à la base ; les caulinaires inférieures interrupté-pennatifides : lobe terminal lancéolé ou ovale-rhomboïdal, allongé, acuminé ; lobes latéraux triangulaires-lancéolés ou linéaires-lancéolés, pointus, denticulés, ou très-entiers. Segments calicinaux un peu plus longs que les pétales, 5 à 6 fois plus courts que le tube. Capsules ellip‑tiques ou obovales, presque imbriquées.

Racine épaisse. Tige dressée, très-courte, simple, florifère et feuillée dès la base. Feuilles longues de 6 à 12 pouces, larges de 6 à 24 lignes, d'un vert gai, presque glabres, longuement pétio‑lées : segments longs de 6 à 18 lignes. Tube calicinal long de

6 pouces, glabre, rougeâtre : segments longs de 12 à 15 lignes, linéaires-lancéolés, subulés au sommet. Pétales longs de 1 pouce, sur autant de large, cunéiformes : lobes latéraux arrondis, obtus; lobe terminal raccourci, mucroné. Filets grêles, d'un jaune orangé, longs de 7 à 8 lignes. Anthères d'un jaune pâle, longues de 4 lignes. Ovaire long de 4 à 5 lignes. Style débordé par les anthères. Stigmates longs de 3 à 4 lignes, d'un jaune orangé. Capsule longue de 1 pouce, luisante, d'un brun verdâtre, couronnée par 4 dents linéaires-lancéolées, recourbées; crêtes triangulaires; valves rhomboïdales, larges de 6 à 7 lignes.

Cette espèce croît dans l'intérieur de l'Amérique septentrionale, sur les bords du fleuve Red-river.

Section II.

Pétales blanchâtres, 5-nervés, rétus, 2 fois plus longs que les filets. Segments calicinaux courtement apiculés. Racines vivaces, rampantes. Plantes acaules et florifères dès la base, la première année, puis caulescentes et plus ou moins rameuses. Feuilles roselées au collet (dans les jeunes plantes) et au sommet des rameaux (dans les plantes adultes) : les primordiales et les supérieures indivisées; les autres lyrées, ou pennatifides, ou auriculées.

LAVAUXIA A PÉTALES CUSPIDÉS. — *Lavauxia cuspidata* Spach, Monogr. ined.—*OEnothera acaulis* Lindl. in Bot. Reg. tab. 763. (non Cavan.)

Feuilles veloutées (incanes) ou pubescentes aux 2 faces, roncinées, ou interrupté-pennatifides, ou pennatiparties (les primordiales lancéolées) : segments entiers, ou denticulés, ou subsinuolés; lobe terminal lancéolé, ou linéaire-lancéolé, ou ovale-lancéolé, très-allongé, pointu, ou acuminé, ou cuspidé, denticulé, ou incisé. Pétales flabelliformes, acuminés-cuspidés, 2 à 3 fois plus courts que le tube calicinal.

Tiges simples ou rameuses, dressées ou ascendantes, d'abord presque nulles, puis atteignant jusqu'à 1 pied de long. Feuilles longues de 4 à 8 pouces, de largeur très-variable; segments linéaires, ou linéaires-lancéolés, ou triangulaires-lancéolés, ou oblongs ; ou triangulaires, recourbés, ou horizontaux, ou ascendants, très-entiers, ou denticulés, de longueur et de largeur très-variables ; lobe terminal long de 2 à 4 pouces, large de 2 à 18 lignes, souvent incisé-denté à la base. Fleurs plus courtes que la feuille, radicales et très-rapprochées dans les jeunes plantes, éparses sur les tiges dans les plantes adultes. Tube calicinal long de 2 à 3 pouces, pubérule, d'un blanc rosé ; segments linéaires-lancéolés ou triangulaires-lancéolés, verdâtres, semi-diaphanes, longs de 7 à 8 lignes. Pétales longs de 8 à 12 lignes, sur autant de large, d'un blanc carné passant au rose après l'anthèse : nervures et onglet jaunâtres. Filets longs de 4 à 5 lignes. Anthères jaunes, presque aussi longues que les filets. Stigmates jaunes, longs de 3 à 4 lignes, un peu débordés par les anthères. Ovaire velouté, long de 4 à 5 lignes. Capsule longue de 8 lignes, souvent rougeâtre avant la maturité, glabrescente, subsessile, ellipsoïde ou obovale : valves larges de 4 à 6 lignes.

Cette espèce habite les contrées extra-tropicales de l'Amérique méridionale.

LAVAUXIA A PÉTALES MUTIQUES. — *Lavauxia mutica* Spach, Monogr. ined. — *OEnothera taraxacifolia* Sweet, Brit. Flow. Gard. tab. 294. — *OEnothera anisoloba* Sweet, Brit. Flow. Gard. ser. 2, tab. 165. — Bot. Reg. tab. 1479. — *OEnothera grandiflora* Ruiz et Pavon, Flor. Peruv. 3, tab. 318, fig. 6 (nec aliorum). — *OEnothera acaulis* Cavan. Ic. 4, tab. 399 (pessima).

Feuilles roncinées, ou interrupté-pennatifides, ou pennatiparties, ou lyrées, très-finement pubérules aux 2 faces : segments dentés, ou denticulés, ou sinuolés, variiformes ; lobe terminal suborbiculaire, ou ovale, ou lancéolé, incisé, ou denté, ou entier, quelquefois cordiforme à la base. Pétales flabelliformes, mutiques, 2 à 5 fois plus courts que le tube calicinal.

Racine épaisse, presque ligneuse. Tige dressée, ou ascendante, ou décombante, épaisse, longue de 1 à 15 pouces, souvent rougeâtre. Feuilles longues de 3 à 6 pouces, d'un vert glauque,

de forme très-variable sur les mêmes individus : pétiole commun
nu à la base, ou marginé et denticulé ; segments longs de 2 à
12 lignes, larges de 1 à 6 lignes, ovales, ou ovales-lancéolés,
ou subrhomboïdaux, ou lancéolés, ou oblongs, ou linéaires,
pointus ou obtus, souvent réfléchis, ordinairement alternes avec
de courtes dents obtuses ou pointues. Calice pubérule : tube long
de 3 à 6 pouces, rougeâtre ; segments longs de 10 à 12 lignes,
larges de 2 lignes, linéaires-lancéolés, courtement apiculés,
verdâtres. Pétales longs de 15 à 18 lignes, sur autant de large,
d'un blanc carné passant au rose après l'anthèse : nervures et
onglets jaunâtres. Filets longs de 6 à 7 lignes. Ovaire pubescent,
long de 4 à 5 lignes. Style débordant le plus souvent les filets.
Stigmates jaunes, longs de 3 à 4 lignes. Capsule longue de 8 à
12 lignes, glabrescente, violette ou pourprée avant la maturité,
obovale, ou oblongue-obovale, ou ellipsoïde : dents obtuses,
presque dressées ; valves larges de 6 à 7 lignes.

Cette espèce, originaire du Chili, n'est pas rare dans les
jardins.

Genre HARTMANNIA. — *Hartmannia* Spach.

Tube calicinal (partie inadhérente) cylindracé ou infondibuliforme, quelquefois plus court que l'ovaire; limbe à
4 segments planes. Pétales 4, obovales, ou cunéiformes,
courtement onguiculés, flabellinervés. Étamines 8. Filets
capillaires ou filiformes. Anthères elliptiques ou oblongues,
versatiles. Ovaire court, stipité, subclaviforme, tétraèdre,
4-costé, 4-loculaire; loges multiovulées. Ovules horizontaux,
nidulants, attachés à de courts funicules. Style filiforme.
Stigmate 4-parti : lobes linéaires. Capsule claviforme, ou
obovale, ou ovale, acuminée ou tronquée, courte, cartilagineuse, longuement stipitée, 4-dentée, tétraptère ou tétraèdre, 4-costée, 4-loculaire, 4-valve : côtes carénées, assez
épaisses; cloisons membranacées; placentaire tétraèdre, fongueux. Graines ovales ou obovales, petites, lisses, nues, inappendiculées, jaunâtres, ou brunes, nidulantes, horizontales,

superposées, subsessiles, apiculées; test membranacé. Embryon conforme à la graine : cotylédons non-convolutés; radicule centripète.

Herbes annuelles ou vivaces, rameuses. Feuilles radicales très-entières ou dentées, spathulées, roselées; feuilles caulinaires sinuées-dentées, ou pennatifides, ou moins souvent denticulées, courtement pétiolées. Fleurs axillaires, distantes, vespertines et nocturnes, odorantes, toujours dressées en préfloraison. Corolle rose, ou blanchâtre, ou moins souvent jaunâtre.

Nous avons dédié ce genre à M. Emmanuel Hartmann, aujourd'hui en Louisiane, l'un des auteurs du *Stirpes Cryptogamæ Badensi-Alsaticæ*.

Voici les espèces qu'on cultive comme plantes d'agrément:

SECTION I.

Pétales roses ou carnés. Feuilles caulinaires sinuées-dentées, ou incisées-dentées, ou pennatifides.

A. *Tube calicinal grêle, peu amplifié à la gorge, à peu près aussi long que les segments du limbe, ou plus long. Pétales plus courts que les segments calicinaux, à peine plus longs que les filets. Style débordé par les étamines.*

a) *Segments calicinaux un peu plus longs que le tube. Pétales d'un rose vif.*

HARTMANNIA FAUX GAURA. — *Hartmannia gauroides* Spach, Monogr. inéd. — *OEnothera rosea* Ait. Hort. Kew. — Bot. Mag. tab. 347. — *OEnothera purpurea* Lamk. Dict. (non Willd.) — *OEnothera rubra* Cavan. Ic. tab. 400 (mala).

Tige rameuse, pubescente. Feuilles légèrement pubérules : les inférieures sinuées-dentées à la base, ou lyrées, subobtuses, longuement pétiolées; les supérieures ovales-lancéolées ou lancéolées-rhomboïdales, pointues, sinuolées ou denticulées. Pétales obovales ou suborbiculaires, du tiers plus courts que les segments du calice. Capsule obovale ou claviforme, tronquée, rétuse, à 4 angles marginés.

Herbe annuelle, haute de 6 à 18 pouces. Tige dressée. Rameaux grêles, ascendants. Feuilles longues de 1 à 3 pouces, larges de 3 à 8 lignes : les florales supérieures réduites à de courtes bractées. Tube calicinal pubérule, long de 3 lignes ; segments linéaires-lancéolés, courtement apiculés, longs de 4 lignes. Pétales longs de 3 lignes, sur autant de large, denticulés au sommet. Filets capillaires, longs de 2 lignes. Style un peu débordé par les filets. Stigmates courts, blanchâtres. Capsule longue de 3 à 4 lignes, brunâtre, rétrécie à la base, portée sur un stipe grêle, long de 6 à 9 lignes : valves carénées, larges de 1 ¹/₂ ligne. Graines très-petites, jaunâtres.

B. *Tube calicinal infondibuliforme, 2 fois plus court que les segments. Pétales grands, 5-nervés, 2 fois plus longs que les filets. Style débordant les étamines.*

Hartmannia a grandes fleurs. — *Hartmannia macrantha* Spach, Monogr. ined. — *OEnothera tetraptera* Cavan. Ic. 3, tab. 279. — Bot. Mag. tab. 469. — *OEnothera dubia* et *OEnothera capensis* Hortor.

Tige dressée, rameuse, hérissée. Feuilles pubérules aux bords : les radicales et les caulinaires inférieures obovales - spathulées, obtuses ; les supérieures lancéolées, ou ovales-lancéolées, ou lancéolées-rhomboïdales, pointues ou acuminées, dentées, ou anguleuses, ou sinuées-pennatifides, ou interrupté-pennatifides. Pétales flabelliformes, de la longueur des segments du calice. Capsule tétraptère, obovale, acuminée, 4-dentée, presque aussi longue que le stipe : angles et côtes hérissés.

Herbe annuelle, haute de 6 à 15 pouces, ordinairement très-rameuse. Feuilles longues de 2 à 3 pouces, larges de 2 à 12 lignes, d'un vert glauque. Tube calicinal long de 4 lignes ; segments longs de près de 1 pouce, linéaires-lancéolés, pointus. Pétales longs de 12 à 15 lignes, sur autant de large, denticulés au sommet, d'un blanc carné passant au rose après l'anthèse : veines et nervures pourpres. Filets filiformes, longs de 6 à 7 lignes. Anthères jaunes, longues de 5 à 6 lignes. Ovaire fortement hérissé, long de 6 à 7 lignes. Style long de 1 pouce.

Cette espèce croît dans la Nouvelle-Espagne.

Genre KNEIFFIA. — *Kneiffia* Spach.

Tube calicinal cylindracé, plus long que l'ovaire ; limbe à
4 segments planes, corniculés. Pétales 4, obcordiformes, flabelliveinés, courtement onguiculés. Étamines 8. Filets filiformes, subulés au sommet. Anthères linéaires-oblongues,
obtuses, versatiles, arquées après l'anthèse. Ovaire court,
stipité, tétraèdre, 4-costé, 4-loculaire ; loges multiovulées.
Ovules nidulants, horizontaux, attachés à de courts funicules. Style filiforme. Stigmate 4-parti : lobes linéaires.
Capsule claviforme, ou obovale, ou subglobuleuse, stipitée,
ou subsessile, courte, cartilagineuse, luisante, tétraèdre, 4-
costée, 4-loculaire, 4-valve : côtes saillantes, carénées ; cloisons chartacées ; placentaire tétraèdre, grêle. Graines ovales
ou oblongues, petites, lisses, inappendiculées, horizontales,
nidulantes, subsessiles, apiculées ; test membranacé. Embryon conforme à la graine : cotylédons non-convolutés ;
radicule centripète.

Herbes vivaces, touffues. Tiges simples, ou rameuses vers
le haut. Feuilles très-entières ou légèrement denticulées,
ponctuées, peu veineuses : les radicales roselées, rétrécies en
court pétiole ; les caulinaires éparses, subsessiles ; les florales
supérieures fort courtes. Fleurs axillaires et distantes, ou
plus souvent rapprochées en épis feuillus, ou subterminales,
diurnes, non-éphémères, presque inodores, toujours dressées
en préfloraison. Corolle et étamines d'un jaune vif.

Nous avions dédié ce genre à feu M. C. Kneiff, de Stras-
bourg, l'un des auteurs du *Stirpes Cryptogamœ Badensi-Al-
saticœ.* Toutes les espèces habitent l'Amérique septentrionale tempérée. Voici celles qui se cultivent comme plantes
de parterre :

Section I.

Tube calicinal à peu près aussi long que les segments du
limbe, 2 à 3 fois plus long que l'ovaire. Capsule à valves

rétuses. Pétales grands, au moins 2 fois plus longs que les étamines. Style débordant les étamines.

a) *Capsule subsessile, plus longue que le stipe.*

KNEIFFIA GLAUQUE. — *Kneiffia glauca* Spach, Monogr. ined. — *OEnothera glauca* Michx. Flor. Amer. Bor. — Bot. Mag. tab. 1606. — Bot. Reg. tab. 1511.

Très-glabre. Feuilles ovales ou ovales-oblongues, obtuses, sub-sinuolées, légèrement denticulées, glauques. Fleurs subterminales, presque en corymbe. Capsule ellipsoïde, un peu plus longue que le stipe.

Tiges hautes de 1 à 2 pieds, fermes, flexueuses, dressées, un peu anguleuses, rameuses vers leur sommet. Feuilles caulinaires longues de 1 ½ à 3 pouces; feuilles florales longues de 6 à 9 lignes. Calice pubérule : tube grêle, long de 6 à 8 lignes, d'un jaune orangé; segments linéaires-lancéolés, cuspidés, presque aussi longs que le tube, d'un jaune verdâtre. Pétales longs de 10 à 13 lignes, sur autant de large. Filets longs de 5 à 6 lignes ; anthères longues de 2 à 3 lignes. Capsule longue de 5 à 6 lignes : valves larges de 2 ½ à 3 lignes.

Cette espèce croît dans les forêts voisines du Mississipi.

KNEIFFIA SUFFRUTESCENT. — *Kneiffia suffruticosa* Spach, Monogr. ined. — *OEnothera fruticosa* Linn. — Bot. Mag. tab. 332.

Feuilles lancéolées ou oblongues-lancéolées, subacuminées, ou pointues, denticulées, pubescentes aux bords. Fleurs axillaires, disposées en longs épis. Capsules oblongues-claviformes, 2 à 3 fois plus longues que le stipe.

Tiges hautes de 6 à 18 pouces, fermes, presque simples, flexueuses, souvent rougeâtres, quelquefois suffrutescentes à la base. Feuilles caulinaires longues de 1 à 3 pouces, larges de 4 à 6 lignes. Épis multiflores, finissant par acquérir un pied de long et plus. Calice pubérule : tube long de 8 à 9 lignes, grêle, d'un jaune orangé; segments un peu plus longs que le tube, linéaires-lancéolés, jaunâtres. Pétales longs de 1 pouce, sur autant de large.

Filets 2 fois plus courts que les pétales. Capsule pubérule, longue de 13 à 15 lignes (y compris le stipe) : valves oblongues-obovales, larges de 1 $^1/_2$ ligne.

Cette espèce croît dans les États-Unis, depuis la Géorgie jusqu'au Canada.

KNEIFFIA MACULÉ. — *Kneiffia maculata* Spach, Monogr. ined. — *OEnothera serotina* Sweet, Brit. Flow. Gard. tab. 184.

Tiges pubérules, rameuses, suffrutescentes à la base. Feuilles lancéolées, ou lancéolées-linéaires, ou linéaires-lancéolées, pointues, légèrement denticulées, ou très-entières, subsessiles, maculées, pubérules aux bords. Fleurs axillaires, distantes, disposées en longs épis. Capsules oblongues-claviformes, pubérules, presque 3 fois plus longues que le stipe.

Tiges hautes de 1 pied ou plus, fermes, dressées, flexueuses, rougeâtres. Feuilles longues de 1 à 3 pouces, larges de 1 à 8 lignes, d'un vert foncé, luisantes en dessus, maculées de rouge : les florales très-étroites, plus courtes que les fleurs. Épis longs de 4 à 7 pouces. Calice pubérule, jaunâtre : tube long de 8 lignes ; segments linéaires-lancéolés, aussi longs que le tube. Pétales longs de 1 pouce, larges de 9 à 10 lignes. Filets longs de 5 à 6 lignes. Capsule longue de 6 lignes, rétrécie en stipe long de 2 à 2 $^1/_2$ lignes : valves oblongues-obovales, larges d'environ 2 lignes.

KNEIFFIA DE FRASER. — *Kneiffia Fraseri* Spach, Monogr. ined. — *OEnothera Fraseri* Pursh, Flor. Amer. Sept. — Bot. Mag. tab. 1674.

Feuilles ovales, ou ovales-lancéolées, ou lancéolées-oblongues, subobtuses, légèrement denticulées, courtement pétiolées, pubérules aux bords. Fleurs axillaires, disposées en longs épis. Capsule obovale-claviforme, presque 2 fois plus longue que le stipe.

Tiges hautes de 6 à 12 pouces, simples ou rameuses, fermes, flexueuses, souvent rougeâtres. Feuilles longues de 1 $^1/_2$ pouce à 3 pouces, larges de 6 à 12 lignes. Épis multiflores, longs de 5 à 6 pouces. Calice pubérule : tube long de 5 à 6 lignes, grêle, d'un jaune orangé; segments linéaires-lancéolés, jaunâtres, aussi longs que le tube. Pétales longs de 7 à 8 lignes, sur autant de large. Capsule longue de 5 à 6 lignes, pubérule.

Cette espèce est originaire de la Caroline méridionale.

KNEIFFIA MULTIFLORE. — *Kneiffia floribunda* Spach, Monogr. ined. — *OEnothera hybrida* Michx. Flor. Am. Bor. — *OEnothera ambigua* Nutt. Gen. Amer.?— *OEnothera tetragona* Roth.

Tiges simples ou rameuses, hérissées, ou pubescentes. Feuilles lancéolées, ou ovales-lancéolées, ou lanceolées-oblongues, obtuses, légèrement denticulées ou très-entières, pubescentes, ou hérissées, subsessiles. Fleurs rapprochées ou distantes, subterminales. Capsule ovale ou ovale-globuleuse, courtement stipitée.

Tiges hautes de 12 à 18 pouces, dressées, fermes, flexueuses, ordinairement rameuses à toutes les aisselles supérieures. Feuilles caulinaires longues de 1 à 3 pouces, larges de 6 à 12 lignes; feuilles florales petites, linéaires-lancéolées. Fleurs le plus souvent rapprochées au sommet des ramules en épi subcorymbiforme, ou rarement en épi lâche. Calice pubescent : tube long de 5 à 6 lignes, grêle, d'un jaune orangé ; segments jaunâtres, longs de 7 à 8 lignes. Pétales longs de 8 à 12 lignes, sur autant de large. Capsule longue de 3 à 4 lignes, glabre, d'un brun clair, rétrécie en stipe long au plus de 1 ligne : valves ovales ou oblongues, larges de 1 ¹/₂ ligne.

Cette espèce croît dans le midi des États-Unis.

b) Capsule 2 à 4 fois plus courte que le stipe.

KNEIFFIA A FEUILLES LINÉAIRES. — *Kneiffia linearis* Spach, Monogr. ined. — *OEnothera linearis* Michx. Flor. Amer. Bor.

Tiges simples ou rameuses, grêles, pubérules, ou hispides. Feuilles linéaires, ou linéaires-lancéolées, ou lancéolées-linéaires, obtuses, très-entières, ou légèrement denticulées, pubérules, ou soyeuses, ou cotonneuses, ou presque glabres, subsessiles, rétrécies à la base. Fleurs subterminales, en épi lâche. Capsules obovales-claviformes, ou obovales, glabres, ou cotonneuses.

Tiges hautes de 6 à 15 pouces, dressées, subflexueuses, souvent rougeâtres. Feuilles radicales linéaires-spathulées, ou lancéolées-spathulées, longuement pétiolées. Feuilles caulinaires longues de 6 à 24 lignes, larges de $^1/_2$ ligne à 4 lignes. Pétales longs de 5 à 6 lignes, sur autant de large. Capsule longue de 2 à 3 lignes, portée sur un stipe grêle, cotonneux, long de 3 à 6 lignes.

Cette espèce habite le midi des États-Unis.

Section II.

Tube calicinal un peu plus long que les segments du limbe. Pétales petits, à peine plus longs que les étamines. Style débordé par les étamines. Capsule à valves non-rétuses.

Kneiffia nain. — *Kneiffia pumila* Spach, Monogr. ined. — *OEnothera pumila* Linn. Spec. — Bot. Mag. tab. 355. — *OEnothera gracilis* Schrad. in Sched. Sem. Hort. Gœtting.

Tiges ascendantes ou décombantes, presque simples, pubérules. Feuilles obtuses ou pointues, très-entières, pubérules aux bords : les radicales et les caulinaires inférieures oblongues- ou linéaires- ou lancéolées- ou obovales-spathulées, pétiolées; les supérieures lancéolées- oblongues, ou linéaires-oblongues- ou lancéolées, subsessiles; les florales sublinéaires, très-étroites. Fleurs axillaires, subunilatérales, en épis lâches. Tube calicinal de moitié plus long que l'ovaire. Capsules oblongues- ou obovales-claviformes, subsessiles, ou courtement stipitées, pubérules.

Tiges grêles, flexueuses, hautes de 4 à 8 pouces, souvent rougeâtres. Feuilles inférieures longues de 1 à 3 pouces, larges de 2 à 6 lignes. Épis longs de 4 à 6 pouces. Tube calicinal long de 2 lignes à 2 $^1/_2$ lignes; segments linéaires, apiculés. Pétales longs de 3 lignes, sur autant de large. Capsule longue de 4 à 5 lignes, rétrécie en stipe raide, long au plus de 1 ligne.

Cette espèce croît dans la Caroline et la Virginie.

Genre XYLOPLEURUM. — *Xylopleurum* Spach.

Tube calicinal (partie inadhérente) claviforme, aussi long que l'ovaire; limbe à 4 segments planes, acuminés, plus longs que le tube. Pétales 4, obcordiformes, courtement onguiculés, nerveux. Étamines 8. Filets filiformes, subulés au sommet. Anthères linéaires, versatiles, arquées après l'anthèse. Ovaire fusiforme, tétraèdre, 4-costé, 4-loculaire; cloisons pelliculaires; loges multiovulées. Ovules nidulants, subimbriqués, suspendus à des funicules allongés. Style filiforme, très-long. Stigmate 4-parti : lobes linéaires. Capsule 1-loculaire (par l'oblitération des cloisons), polysperme, presque ligneuse, claviforme, ou subfusiforme, sillonnée, courtement acuminée, 4-costée, tétraèdre, 4-valve au sommet : côtes dorsales et angles épais, saillants, presque contigus; placentaire nerviforme. Graines ovales ou oblongues, petites, nidulantes, lisses, jaunâtres, suspendues, ou appendantes, inappendiculées. Test membranacé. Embryon conforme à la graine : cotylédons non-convolutés; radicule supère.

Racine vivace, rampante. Feuilles radicales lyrées; feuilles caulinaires dentées, subsessiles. Épis terminaux, aphylles, lâches, nutants au sommet avant l'anthèse. Fleurs odorantes, diurnes, non-éphémères, penchées avant l'épanouissement. Corolle grande, d'un blanc carné passant au rose après l'anthèse; onglets, nervures et étamines jaunes.

Outre l'espèce que nous allons décrire, ce genre en renferme une autre, indigène au Mexique.

XYLOPLEURUM DE NUTTALL.—*Xylopleurum Nuttallii* Spach, Monogr. ined.—*OEnothera speciosa* Nutt. Gen. Amer. 1, p. 246. — Hook. Exot. Flor. tab. 80. — Sweet, Brit. Flow. Gard. tab. 253. — Bot. Mag. tab. 3189.

Tiges diffuses ou ascendantes, quelquefois ligneuses à la base, rameuses, effilées, incanes, longues de 2 à 3 pieds. Feuilles incanes, pubérules aux 2 faces, penninervées : les radicales roselées, pourpres en dessous, interrupté-pennatifides, ou roncinées; longuement pétiolées, longues d'environ 2 pouces : lobe terminal très-grand, lancéolé, denté, ou sinuolé-denté; les primordiales obovales-spathulées, denticulées; les caulinaires longues de 1 à 2 pouces, larges de 2 à 5 lignes, dentées, ou denticulées, lancéolées, pointues, quelquefois incisées-dentées à la base. Ramules floriferes nus vers leur sommet. Épis flexueux, 5-9-flores : les fructiferes roides, longs de 3 à 6 pouces. Bractées lancéolées-linéaires ou subulées, plus courtes que l'ovaire. Tube calicinal incane, long d'environ 9 lignes; segments longs de 15 à 16 lignes, linéaires-lancéolés. Pétales longs de 15 à 18 lignes, larges de 12 à 15 lignes. Filets 2 fois plus courts que la corolle. Anthères de moitié plus courtes que les filets. Ovaire velouté, long de 7 à 9 lignes. Style débordant le plus souvent les pétales. Stigmates longs de 4 à 5 lignes. Capsule longue de 8 à 10 lignes, incane : valves larges de 2 à 2 ¹/₂ lignes.

Cette belle plante, originaire de la haute Louisiane, est fort recherchée pour l'ornement des parterres.

Genre GAURIDIUM. — *Gauridium* Spach.

Tube calicinal (partie inadhérente) cylindracé, plus long que l'ovaire; limbe à 4 segments planes, pointus. Pétales 4, étalés, ovales, ou obovales, sessiles. Étamines 8. Filets dressés, filiformes. Anthères linéaires, versatiles. Ovaire non-stipité, tétraèdre, 4-costé, 4-loculaire : loges 1-ovulées. Ovules suspendus au-dessous du sommet des loges : funicules allongés. Style filiforme. Stigmate 4-parti : lobes allongés, linéaires. Carcérule tétraèdre, rugueux, 4-costé, non-stipité, osseux, par avortement 1-loculaire, 1-sperme (rarement 2-4-sperme). Graines oblongues ou obovales, assez grosses, lisses, convexes d'un côté, anguleuses de l'autre. Test membranacé. Embryon conforme à la graine : radicule supère; cotylédons convolutés : l'extérieur enveloppant l'intérieur, lequel est roulé en dedans en sens inverse.

Herbes ou sous-arbrisseaux. Feuilles dentées. Fleurs nocturnes, fugaces, presque inodores, disposées en épis non-bractéolés. Corolle jaune ou rose.

Ce genre est propre à l'Amérique septentrionale. Voici les espèces les plus remarquables :

GAURIDIUM A FLEURS CHANGEANTES. — *Gauridium mutabile* Spach, Monogr. ined. — *Gaura mutabilis* Cavan. Ic. 3, tab. 285. — *OEnothera anomala* Curt. Bot. Mag. tab. 388.

Suffrutescent, pubescent. Feuilles ovales ou ovales-lancéolées, pointues, courtement pétiolées. Épis lâches. Tube calicinal grêle, 2 fois plus long que les segments. Pétales ovales-rhomboïdaux, subacuminés, plus longs que les étamines. Carcérules oblongs, acuminés, pubescents.

Sous-arbrisseau très-rameux, haut de 2 à 3 pieds. Feuilles molles, longues de 1 à 2 pouces, larges de 4 à 8 lignes. Calice pubescent, jaunâtre : tube long de 1 pouce, grêle ; bouton obconique, subobtus. Pétales longs de 8 à 9 pouces, d'un jaune pâle passant à l'orange après l'anthèse. Anthères 3 à 4 fois plus courtes que les filets. Carcérules longs d'environ 6 lignes : faces larges de 2 lignes, transversalement veineuses.

Cette espèce, originaire du Mexique, se cultive souvent dans les collections d'orangerie.

GAURIDIUM A FEUILLES MOLLES. — *Gauridium molle* Spach, Monogr. ined. — *Gaura mollis* Kunth, in Humb. et Bonpl. vol. 6, tab. 529.

Feuilles ovales, ou ovales-oblongues, ou lancéolées-oblongues, denticulées, pubescentes. Bractées ovales-oblongues, acuminées, plus courtes que l'ovaire. Segments calicinaux plus longs que les pétales. Pétales ovales, obtus. Carcérules ovales-oblongs, subtétraptères.

Herbe dressée, rameuse, poilue. Feuilles courtement pétiolées, longues de 1 ½ pouce. Épis terminaux, longs de ½ pied et plus. Calice velu ; tube long de 1 pouce. Corolle jaune, large de 1 ½ pouce. Étamines de la longueur des pétales.

Cette espèce croît au Mexique.

Genre GAURA. — *Gaura* (Linn.) Spach.

Tube calicinal (partie inadhérente) subcylindracé, plus long que l'ovaire; limbe à 4 segments (par exception toutes les parties de la fleur sont en nombre ternaire) planes, linéaires. Pétales 4, ascendants, spathulés, onguiculés. Étamines 8, déclinées. Filets longs, capillaires. Anthères submédifixes, subversatiles, linéaires-sagittiformes, obtuses. Ovaire sessile ou stipité, tétraèdre, 4-costé, à 4 loges 1- ou 3-ovulées. Ovules suspendus au-dessous du sommet des loges; funicules allongés. Style filiforme, décliné. Stigmate 4-fide : lobes courts, dentiformes, trièdres. Carcérule sessile, ou stipité, tétraèdre, ligneux, tuberculeux, ou réticulé, par avortement 1-loculaire, 1-4-sperme. Graines oblongues ou obovales, lisses, assez grosses, convexes d'un côté, anguleuses de l'autre : radicule supère; cotylédons convolutés : l'extérieur enveloppant l'intérieur, lequel est roulé en dedans en sens inverse.

Herbes annuelles, ou bisannuelles, ou vivaces. Feuilles entières ou dentées, alternes. Fleurs blanches, ou rougeâtres, nocturnes, fugaces, disposées en épis bractéolés.

Les *Gaura* croissent dans l'Amérique septentrionale, tant entre les tropiques que dans les contrées tempérées. Voici les espèces les plus notables :

GAURA BISANNUEL. — *Gaura biennis* Linn. — Bot. Mag. tab. 389.

Tige dressée, rameuse, hérissée. Feuilles lancéolées ou lancéolées-oblongues, pointues, denticulées, sessiles, pubescentes. Épis longuement pédonculés, denses, souvent rameux à la base. Tube calicinal renflé au-dessus de l'ovaire, un peu plus court que les segments. Pétales obovales-spathulés, obtus, un peu plus courts que les étamines. Ovaire à loges triovulées. Carcérules sessiles, imbriqués, rugueux, tétraèdres, ovales-rhomboïdaux, pointus aux 2 bouts.

Herbe vivace, haute de 3 à 5 pieds. Feuilles longues de 2 à 4

pouces, molles, d'un vert foncé. Épis multiflorcs. Bractées petites, caduques. Calice pubescent, rougeâtre : tube long de 4 à 5 lignes, grêle. Pétales blancs, courtement onguiculés. Carcérules
longs d'environ 4 lignes : faces larges de 2 lignes. .

Cette espèce, indigène aux États-Unis, se cultive comme plante
d'ornement.

GAURA A FEUILLES ÉTROITES. — *Gaura angustifolia* Michx.
Flor. Amer. Bor.

Feuilles linéaires, ou linéaires-oblongues, ou lancéolées-
linéaires : les inférieures sinuées; les supérieures sinuolées.
Grappes paniculées. Carcérules tétraédres, oblongs, acuminés
aux 2 bouts.

Herbe vivace. Tige cylindrique, pubescente, haute d'environ
3 pieds. Ramules florifères très-grêles. Segments calicinaux beaucoup plus longs que le tube. Pétales blancs, obtus, spathulés, de
moitié plus courts que les segments du calice.

Cette espèce croît dans la Géorgie et dans les deux Carolines.

GAURA ÉCARLATE. — *Gaura coccinea* Nuttall, Gen. Amer.
i, pag. 249.

Tiges simples, décombantes. Feuilles linéaires-lancéolées, denticulées, incanes, velues. Grappes lâches, multiflores. Pétales arrondis, un peu plus longs que les segments calicinaux; onglets
filiformes. Carcérule pointu aux 2 bouts, tétrasperme.

Herbe vivace, multicaule, presque cotonneuse, haute d'environ i pied. Feuilles souvent fasciculées. Fleurs d'abord roses,
puis d'un écarlate pâle.   •

Cette espèce a été découverte par Nuttall dans la haute Louisiane.

SECTION III. ÉPILOBIÉES. — *Epilobieæ*.

Tube calicinal (partie inadhérente) cyathiforme ou infondibuliforme, le plus souvent court, quelquefois presque nul; limbe à 4 segments réfléchis ou souvent non-
réfléchis. Disque terminé en bourrelet annulaire, ou

plus souvent en 4 lobes opposés aux segments calicinaux. Étamines 8 : les 4 opposées aux pétales ordinairement plus courtes et insérées plus bas que les 4
alternes. Anthères elliptiques, ou oblongues, ou suborbiculaires, infra-médifixes, ou basifixes : les 4 opposées aux pétales souvent plus petites, quelquefois
stériles. Stigmate claviforme ou quadrifide : lobes étalés ou connivents, courts, obtus. Péricarpe capsulaire.
Graines submarginées, ou couronnées soit par une aigrette de longs poils, soit par une membrane fimbriée.
Herbes ou rarement sous-arbrisseaux. Feuilles opposées
ou éparses, le plus souvent dentées. Fleurs roses, ou
pourpres, ou blanches, ou violettes (très-rarement
jaunes), diurnes, non-fugaces, inodores, sessiles ou
pédicellées. Pollen non-visqueux.

Genre BOISDUVALIA. — *Boisduvalia* Spach.

Calice (partie inadhérente) infondibuliforme : tube obconique, plus long que l'ovaire; limbe à 4 segments presque
dressés. Disque membranacé, 4-lobé. Pétales 4, réticulés,
obovales, profondément bilobés, presque dressés, onguiculés. Étamines 8, bisériées, toutes fertiles, alternativement
plus longues et plus courtes. Anthères linéaires ou elliptiques, égales, submédifixes, versatiles. Ovaire oblong-cylin-
dracé, subtétragone, 4-costé, 4-loculaire; loges pauci-ovulées. Ovules ascendants, subsessiles, superposés, unisériés.
Style filiforme. Stigmate à 4 lobes obtus, recourbés. Capsule oblongue-cylindracée, obscurément 8-gone, subrectiligne, non-stipitée, 1-loculaire (par l'oblitération des cloisons),
4-valve, 16-20-sperme; placentaire caduc, membraneux,
tétraèdre : angles marginés ou aliformes. Graines 4-sériées,
ascendantes, subimbriquées, ovales ou obovales, brunes,
luisantes, lisses d'un côté, scabres de l'autre, marginée s
aux 2 bouts. Test crustacé. Embryon conforme à la

graine : radicule infère, courte, conique, obtuse; cotylédons presque planes , suborbiculaires, profondément échancrés à la base.

Herbes annuelles, très-rameuses, fortement pubescentes.
Feuilles sessiles, dentées, presque sans veines : les basilaires
opposées ; les autres éparses ; les florales élargies à la base.
Fleurs bractéolées, sessiles, toujours dressées avant l'anthèse,
glomérulées aux extrémités des ramules, ou, par l'avortement des ramules, aux aisselles des feuilles : les inférieures
quelquefois axillaires et solitaires. Corolle pourpre, ou rose.
Anthères jaunes.

Ce genre, que nous dédions à notre savant collaborateur
le docteur Boisduval, ne renferme que les deux espèces suivantes :

SECTION I.

Pétales et étamines antépositives insérés à la même hauteur
au-dessous de la gorge du calice ; filets des 4 étamines
alternes du tiers plus longues que les autres et débordant
les segments du calice. Anthères linéaires, submédifixes.
Style débordant la corolle. Placentaire à angles marginés, asperme dans sa moitié supérieure.

BOISDUVALIA ÉLÉGANT. — *Boisduvalia concinna* Spach,
Monogr. ined. — *OEnothera concinna* Sweet, Brit. Flow.
Gard. ser. 2, tab. 183.

Peu velu et presque cotonneux. Feuilles caulinaires et ramulaires lancéolées ou linéaires-lancéolées, pointues, légèrement
dentées. Feuilles florales ovales ou ovales-lancéolées, longuement
acuminées, souvent très-entières. Tube calicinal grêle, un peu
plus long que les segments. Pétales de moitié plus longs que les
segments calicinaux.

Herbe haute de 6 à 18 pouces. Tige dressée ou ascendante,
très-rameuse dès la base. Rameaux dressés, ou ascendants, ou
divariqués, subfastigiés, ou en pyramide, ramulifères à presque
toutes les aisselles : les inférieurs opposés ; les supérieurs alternes.

Feuilles longues de 1 à 2 pouces, larges de 2 à 4 lignes. Ramules florifères courts ou presque nuls. Glomérules pauciflores. Bractées lancéolées, très-entières, petites, plus courtes que les fleurs. Calice pubescent, long de 7 lignes : tube long de 3 $\frac{1}{4}$ à 4 lignes, rougeâtre; segments verdâtres, sublinéaires, acuminés. Pétales longs de 5 lignes, larges de 3 lignes, carnés, veinés de pourpre; lobes obtus, denticulés. Style carné, long de 8 à 9 lignes. Stigmates oblongs, obtus, roses. Capsule longue de 4 à 5 lignes, rectiligne ou légèrement arquée, cotonneuse, oblongue-conique, sub-20-sperme : valves presque linéaires, larges d'environ 1 ligne. Graines longues de 1 ligne.

Cette espèce, indigène au Chili, mérite d'être cultivée comme plante de parterre.

SECTION II.

Pétales insérés entre les segments calicinaux. Étamines antépositives insérées plus bas que les pétales, à peine saillantes hors le tube. Étamines alternes presque aussi longues que les segments calicinaux. Anthères minimes, elliptiques, supra-basifixes. Style court, débordé par les segments du calice. Placentaire tétraptère, presque aussi large que la capsule, asperme seulement au sommet.

BOISDUVALIA DE DOUGLAS. — *Boisduvalia Douglasii* Spach, Monogr. ined. — *OEnothera densiflora* Lindl. in Bot. Reg. tab. 1583.

Pubescent-incane. Feuilles caulinaires et ramulaires lancéolées ou linéaires-lancéolées, subfalciformes, pointues, sinuolées-denticulées; feuilles florales ovales ou ovales-lancéolées, acuminées, entières. Tube calicinal obconique, à peine plus long que les segments. Pétales 2 fois plus longs que les segments calicinaux.

Plante haute de 8 à 24 pouces. Tige dressée, roide, le plus souvent rameuse dès la base. Rameaux grêles, étalés, subfastigiés : les inférieurs opposés; les autres alternes. Ramules florifères courts, axillaires, rapprochés. Feuilles caulinaires longues de 6 à 30 lignes, larges de 1 à 4 lignes. Glomérules pauciflores. Bractées lancéolées, étroites, plus courtes que les fleurs. Calice long de 3 lignes, cotonneux : segments triangulaires-lancéolés. Pétales longs de 3 ¹/₂ à 4 lignes, larges de 1 ¹/₂ ligne, pourpres : lobes obtus, denticulés. Stigmate à lobes très-courts. Capsule longue de 4 à 5 lignes : valves à peine larges de 1 ligne. Graines d'un brun de Châtaigne, longues d'environ 1 ligne.

Cette espèce, découverte par M. Douglas en Californie, se cultive comme plante d'ornement.

Genre GODÉTIA. — *Godetia* Spach.

Tube calicinal (partie inadhérente) cyathiforme ou infondibuliforme, aussi long que l'ovaire ou plus court, barbu en dedans au dessus de la base; limbe à 4 segments concaves, pointus, réfléchis. Disque épaissi en bourrelet annulaire. Pétales 4, subsessiles, entiers, flabelliformes, flabelliveinés, denticulés au sommet. Étamines 8, toutes fertiles. Filets aplatis, linéaires-lancéolés : les 4 opposés aux pétales très-courts. Anthères égales, oblongues, supra-basifixes, non-versatiles, arquées après l'anthèse. Ovaire subcylindracé, 8-sulqué, 4-loculaire; loges multiovulées. Ovules ascendants ou subhorizontaux, imbriqués, unisériés. Style court, filiforme. Stigmate 4-parti : lobes courts ou rarement allongés, recourbés. Capsule conique, ou subcylindracée, octogone, ou tétragone, subcoriace, non-stipitée (par exception stipitée), 4-dentée au sommet, 4-loculaire, 4-valve, polysperme; cloisons cartilagineuses; placentaire nerviforme, tétragone. Graines cubiques ou irrégulièrement anguleuses, petites, fauves, ascendantes ou subhorizontales, unisériées : test crustacé, granuleux; chalaze grande, suborbiculaire, couronnée par un rebord fimbrié. Embryon ovale ou obovale : cotylédons suborbiculaires, échancrés à la base; radicule infère ou centripète.

Herbes annuelles, rameuses. Feuilles denticulées ou très-entières, peu veineuses, rétrécies en pétiole. Fleurs axillaires, distantes, toujours dressées avant l'anthèse. Pétales roses ou pourpres. Disque et stigmate jaunâtres, ou blanchâtres, ou rougeâtres. Anthères jaunes.

Nous dédions ce genre à M. Charles Godet, de Neufchâtel en Suisse, botaniste et entomologiste très-distingué, dont les découvertes ont enrichi la science de beaucoup d'espèces nouvelles du Caucase.

Toutes les espèces sont remarquables par l'élégance de leurs fleurs. Nous allons décrire celles qui se cultivent comme plantes de parterre.

SECTION I.

Ovules subhorizontaux. Capsule obscurément octogone,
sillonnée.

a) *Tube calicinal infondibuliforme, de même longueur que
l'ovaire.*

GODÉTIA DE WILLDENOW.—*Godetia Willdenowiana* Spach, Monogr. ined. — *OEnothera pupurea* Willd. Spec. — Sims, Bot. Mag. tab. 352.

Tige et rameaux roides, dressés. Feuilles oblongues ou lancéolées-oblongues, subobtuses, subsessiles, glauques, entières. Segments calicinaux triangulaires-lancéolés, acuminés, aussi longs que le tube, de moitié plus courts que les pétales. Ovaire hérissé. Stigmate à lobes très-courts, obovales. Filets des étamines antépositives très-courts.

Tige haute de 6 à 15 pouces, roide, pubérule, simple ou plus souvent rameuse dès la base. Rameaux feuillus, subfastigiés. Feuilles longues de 6 à 18 lignes, larges de 3 à 4 lignes, d'un vert glauque, glabres ou légèrement pubérules. Tube calicinal long de 5 lignes, velu : segments glabres. Pétales longs de 6 à 7 lignes, d'un pourpre vif. Étamines majeures à peu près aussi longues que les segments du calice. Ovaire long de 4 à 5 lignes. Style saillant, débordé par les étamines. Stigmate rouge de même que le disque. Capsule longue de 6 à 8 lignes.

Cette espèce est originaire de la Californie.

8.

b) *Tube calicinal cyathiforme, 3 à 4 fois plus court que*
l'ovaire.

GODÉTIA DIFFUS. — *Godetia decumbens* Spach, Monogr.
ined. — *OEnothera decumbens* Dougl. — Bot. Reg. tab. 1221.
— Bot. Mag. tab. 2889.

Tiges très-rameuses, diffuses. Feuilles ovales, ou lancéolées,
ou lancéolées-oblongues, subobtuses, légèrement denticulées ou
très-entières, glauques, glabres, courtement pétiolées. Segments
calicinaux un peu plus courts que les pétales, presque 2 fois
plus longs que le tube. Filets des étamines mineures très-courts.
Stigmate à lobes très-courts. Capsule incane.

Tiges longues de 12 à 20 pouces, effilées, velues. Rameaux
grêles, feuillus, ascendants. Feuilles longues de 1 à 2 pouces,
larges de 3 à 6 lignes. Tube calicinal long de 2 lignes; segments
triangulaires-lancéolés. Disque jaunâtre. Pétales longs de 5 à
6 lignes, larges de 4 lignes, d'un rose vif. Étamines majeures
plus courtes que les segments calicinaux. Ovaire cotonneux, long
de 5 à 6 lignes. Style débordé par les étamines majeures. Stigmates
jaunâtres ou rougeâtres. Capsule longue de 5 à 7 lignes, conique-
cylindracée.

Cette espèce a été découverte par M. Douglas dans la Californie
septentrionale.

SECTION II.

Ovules ascendants. Capsule tétragone, 4-costée, non-
sillonnée.

A. *Filets des étamines mineures plus courts que les anthères.*
Capsule non-stipitée.

a) *Étamines au moins 3 fois plus courtes que les pétales : anthères des*
4 mineures presque sessiles. Stigmates à lobes ovales ou suborbicu-
laires, très-courts. Capsule non-rétrécie inférieurement.

GODÉTIA EFFILÉ. — *Godetia viminea* Spach, Monogr. ined.
— *OEnothera viminea* Douglas. — Bot. Reg. tab. 1220. —
Bot. Mag. tab. 2873.

Tiges ascendantes ou dressées, effilées, raméuses. Feuilles oblongues, ou lancéolées-oblongues, ou oblongues-lancéolées, subobtuses, légèrement denticulées, glauques, subsessiles. Tube calicinal infondibuliforme, presque aussi long que l'ovaire : segments un peu plus longs que le tube, presque 2 fois plus courts que la corolle. Style saillant. Stigmates ovales. Capsule pubérule, subincane.

Tiges touffues, longues de 1 à 2 pieds. Feuilles longues de 1 à 2 pouces, larges de 1 à 4 lignes. Tube calicinal long de 4 à 5 lignes, pubescent ; segments longs de 6 lignes, linéaires-lancéolés, pointus. Disque jaunâtre. Pétales longs de 6 à 10 lignes, larges de 4 à 7 lignes, cunéiformes-obovales, d'un rose vif. Étamines majeures à-peu près aussi longues que les segments du calice. Ovaire long de 6 à 7 lignes, presque cotonneux. Style long d'environ 8 lignes. Stigmate pourpre ou jaunâtre. Capsule longue d'environ 1 pouce ; valves à peine larges de 1 ligne.

Cette espèce a été découverte par M. Douglas dans la Californie septentrionale.

GODÉTIA QUADRIMACULÉ. — *Godetia quadrivulnera* Spach, Monogr. ined. — *Œnothera quadrivulnera* Dougl. ined. ex Lindl. in Bot. Reg. tab. 1119.

Tiges ascendantes ou diffuses, effilées, pubérules. Feuilles linéaires ou lancéolées-linéaires, très-entières ou denticulées, mucronulées, subsessiles, glauques, pubérules aux bords. Tube calicinal infondibuliforme, 3 fois plus court que l'ovaire ; segments 2 à 3 fois plus longs que le tube, presque aussi longs que les pétales. Style saillant. Lobes du stigmate suborbiculaires. Capsule hispidule.

Herbe touffue, haute de 1 à 2 pieds, assez semblable à l'*Epilobium rosmarinifolium*. Rameaux grêles. Feuilles longues de 6 à 20 lignes, larges de 1 à 3 lignes. Tube calicinal à peine long de plus de 1 ligne, poilu ; segments longs de 3 lignes, linéaires-lancéolés, subulés au sommet. Pétales longs de 4 lignes, larges de 3 lignes, obovales-cunéiformes, denticulés au sommet, d'un rose pâle, marqués à leur base d'une tache pourpre. Ovaire velu, long de 3 lignes. Style long de 3 à 4 lignes , blanchâtre de même que le stigmate. Capsule longue de 6 à 8 lignes , rectiligne ou subfalciforme : valves larges de 1 ligne.

Cette espèce a été découverte par M. Douglas sur la côte nord-ouest de l'Amérique.

Godétia de Romanzow. — *Godetia Romanzowii* Spach , Monogr. ined. — *OEnothera Romanzowii* Ledeb in Horn. Hort. Hafn. — Bot. Reg. tab. 662.

Tige et rameaux roides, dressés. Feuilles linéaires-oblongues, ou linéaires-spathulées, ou lancéolées-oblongues, obtuses, soyeuses, subsessiles, ordinairement très-entières. Tube calicinal cyathiforme, 2 fois plus court que l'ovaire ; segments 2 fois plus longs que le tube , 2 fois plus courts que les pétales. Style très-court. Stigmate non-saillant hors le tube : lobes elliptiques. Capsule cotonneuse, incane.

Tige haute de 6 à 15 pouces , incane de même que les rameaux. Feuilles longues de 1 à 3 pouces , larges de 1 à 4 lignes , tantôt très-entières , tantôt légèrement denticulées : les jennes satinées aux 2 faces ; les adultes glauques, pubérules. Tube calicinal long de 2 lignes ; segments longs de 4 lignes, linéaires-lancéolés, pointus. Disque violet. Pétales longs de 6 à 8 lignes , sur autant de large, d'un violet pâle lavé de blanc. Étamines majeures presque aussi longues que les segments calicinaux. Ovaire incane, long de 4 à 5 lignes. Stigmates pourpres, presque aussi longs que le style. Capsule longue de 1 pouce.

Cette espèce a été découverte par M. Chamisso en Californie.

Godétia de Cavanilles. — *Godetia Cavanillesii* Spach, Monogr. ined. — *OEnothera tenella* Cavan. Ic. 4 , tab. 396, fig. 2. — Ruiz et Pav. Flor. Peruv. 3 , tab. 316. — Sweet, Brit. Flow. Gard. tab. 167.

Tige dressée , effilée. Feuilles linéaires-spathulées , ou oblongues-spathulées , ou linéaires-oblongues, ou lancéolées-linéaires, obtuses, très-entières ou légèrement denticulées , subsessiles , pubérules aux bords. Tube calicinal cyathiforme , très-court ; segments 2 à 3 fois plus longs que le tube , presque 3 fois plus courts que les pétales. Style saillant. Stigmate à lobes elliptiques. Capsule pubérule.

Tige haute de 6 à 18 pouces, simple ou plus souvent rameuse. Rameaux ascendants ou divariqués, pubérules. Feuilles longues de 1 à 3 pouces, larges de ¹/₂ à 3 lignes : les florales ordinairement linéaires. Calice presque glabre : tube long de 1 à 1 ¹/₂ ligne; segments longs de 3 lignes, linéaires-lancéolés ou oblongs-lancéolés, pointus. Disque d'un pourpre violet. Pétales longs de 5 à 6 lignes, sur autant de large, flabelliformes, denticulés, d'un pourpre violet, panachés de blanc et de rose. Ovaire incane, long de 4 à 8 lignes. Style blanchâtre, filiforme, long de 2 à 3 lignes. Stigmates d'un pourpre violet. Capsule longue de 10 à 12 lignes, rectiligne, ou un peu arquée.

Cette espèce croît au Chili.

b) *Étamines d peine 2 fois plus courtes que les pétales : anthères des 4 mineures de moitié plus longues que leurs filets. Stigmate à lobes linéaires-oblongs, allongés. Capsule rétrécie aux 2 bouts.*

GODÉTIA ÉLÉGANT. — *Godetia Lehmanniana* Spach, Monogr. ined. — *OEnothera amœna* Lehm. Pug. Plant. Nov. fasc. 1, p. 22, et in Act. Nat. Cur. vol. 14, tab. 45. — *OEnothera roseo-alba* Bernh. in Cat. Sem. Hort. Erfurt. — Reichenb. Gart. Mag. tab. 47 et 150. — Sweet, Brit. Flow. Gard. tab. 268.

Tige dressée; rameaux ascendants ou érigés. Feuilles oblongues ou lancéolées-oblongues, pétiolées, obtuses, très-entières, ou légèrement denticulées, pubérules, subincanes. Tube calicinal cyathiforme, beaucoup plus court que l'ovaire; segments 2 fois plus longs que le tube, 2 fois plus courts que les pétales.

Plante haute de 6 à 15 pouces, le plus souvent très-rameuse. Rameaux subfastigiés. Feuilles longues de 1 à 2 pouces, larges de 3 à 6 lignes, assez semblables à celle de la Julienne de Mahon, rétrécies en pétioles longs de 4 à 6 lignes. Calice incane : tube long de 2 à 3 lignes; segments longs de 6 à 7 lignes, linéaires-lancéolés, pointus. Pétales longs de 10 à 12 lignes, larges de 5 à 7 lignes, cunéiformes, denticulés, panachés de rose et de blanc, marqués vers leur base d'une tache couleur de sang. Étamines majeures longues de 6 lignes. Filets blanchâtres. Ovaire long de 1 pouce. Style long de 7 lignes, saillant, débordé par les anthères. Stigmates blanchâtres, longs de 2 à 3 lignes. Capsule longue de 18 à 20 lignes.

Cette belle plante est originaire de la Californie.

GODÉTIA DE LINDLEY. — *Godetia Lindleyana* Spach, Monogr. ined. — *OEnothera Lindleyi* Dougl. — Hook. in Bot. Mag. tab. 2832. — Sweet, Brit. Flow. Gard. ser. 2, tab. 19.— *OEnothera bifrons* Bot. Reg. tab. 1405. (var.)

Tiges diffuses ou ascendantes, rameuses. Feuilles lancéolées, ou lancéolées-linéaires, ou lancéolées-oblongues, pétiolées, pointues, denticulées, presque glabres. Tube calicinal cyathiforme, beaucoup plus court que l'ovaire; segments 3 à 4 fois plus longs que le tube, de moitié plus courts que les pétales.

Tiges longues de 6 à 18 pouces, effilées, flexueuses, pubérules. Feuilles longues de 1 à 3 pouces, larges de 3 à 5 lignes, glauques. Calice pubérule, incane : tube long de 2 lignes ; segments longs de 6 lignes, linéaires-lancéolés, pointus. Disque violet de même que les anthères. Pétales longs de 8 à 12 lignes, larges de 7 à 10 lignes, cunéiformes, denticulés, panachés de rose et de blanc, pourpres à la base. Étamines majeures longues de 6 lignes. Filets blancs. Ovaire incane, pubérule, long de 12 à 18 lignes. Style saillant, débordé par les anthères. Stigmates blanchâtres. Capsule longue de près de 2 pouces.

Cette espèce a été découverte par M. Douglas sur la côte nord-ouest de l'Amérique.

Genre PHÉOSTOME. — *Phæostoma* Spach.

Tube calicinal (partie inadhérente) cyathiforme, plus court que l'ovaire; limbe à 4 segments réfléchis. Disque assez charnu, ponctué, hérissé, 4-lobé au sommet. Pétales 4, rhomboïdaux, longuement onguiculés. Étamines 8, toutes fertiles : les 4 opposées aux pétales plus courtes, à anthères jaunes, plus petites; les 4 alternes 3 fois plus longues, à anthères violettes. Anthères inégales, linéaires-sagittiformes, basifixes, contournées après l'anthèse. Ovaire courtement stipité, subcylindracé, 8-costé, 8-sulqué, 4-loculaire; loges multiovulées. Ovules unisériés, ascendants, subimbriqués, sessiles. Style filiforme, long. Stigmate 4-parti : lobes courts, ovales, obtus, révolutés. Capsule subcylindracée, subsessile, subcoriace, 4-costée, 4-sulquée, 4-valve, 4-loculaire, polysperme; cloisons cartilagineuses ; placentaire nerviforme, tétragone. Graines ascendantes, unisériées, subimbriquées, sessiles, obovales, petites, granuleuses : test crustacé; chalaze faciale, subterminale, couronnée par un rebord fimbrié. Embryon conforme à la graine : cotylédons elliptiques, échancrés à la base ; radicule infère.

Herbe annuelle. Feuilles dentées, courtement pétiolées, éparses. Fleurs axillaires, distantes, nutantes avant l'épanouissement. Pétales à faces discolores.

Ce genre, intermédiaire entre le précédent et le suivant, ne renferme que l'espèce que nous allons décrire.

PHÉOSTOME ÉLÉGANT. — *Phæostoma Douglasii* Spach, Monogr. ined. — *Clarkia elegans* Dougl. ined. ex Lindl. in Bot. Reg. tab. 1575. — Don, in Sweet, Brit. Flow. Gard. ser. 2, tab. 209. — *Clarkia rhomboidea* Dougl. in Hook. Flor. Bor. Amer. 1, p. 214.

Plante haute de 1 à 2 pieds. Tige rameuse dès la base, glauque ou rougeâtre et glabre de même que les rameaux. Rameaux effilés, grêles, dressés ou étalés. Feuilles longues de 1 à 2 pouces, distantes, glauques, glabres, légèrement denticulées, pointues, penninervées : les inférieures ovales; les supérieures ovales-lancéolées ou lancéolées; pétiole long de 1 ligne ou moins. Calice glabre : tube long de 1 ligne ; segments longs de 5 à 6 lignes, linéaires-lancéolés, pointus, striés. Disque d'un pourpre violet. Pétales longs de 6 à 8 lignes (y compris l'onglet), étalés : lame ovale-rhomboïdale, subobtuse, flabelliveinée, denticulée aux bords, large de 5 à 7 lignes, pourpre en dessus, rose en dessous ; onglet linéaire, rose, aussi long que la lame. Étamines majeures presque aussi longues que les pétales. Ovaire long de 5 à 7 lignes, hérissé de longs poils filiformes entremêlés de courtes soies claviformes. Style débordant les étamines. Stigmate à lobes blanchâtres, veloutés en dessus. Capsule arquée ou subrectiligne, hispide, luisante, d'un brun clair, longue à peine de 1 pouce.

Cette plante, découverte par M. Douglas dans le nord-ouest de l'Amérique, est encore assez rare dans les jardins; mais elle ne mérite pas moins que le *Clarkia* d'être multipliée pour l'ornement des parterres.

Genre CLARKIA. — *Clarkia* Pursh.

Tube calicinal (partie inadhérente) infondibuliforme, plus court que l'ovaire; limbe à 4 segments réfléchis. Disque un peu charnu, papilleux, glabre, gibbeux au sommet. Pétales 4, longuement onguiculés, profondément trilobés (cruciformes) : onglets 1-dentés de chaque côté. Étamines 8, unisériées : les 4 opposées aux pétales stériles, minimes, à anthères abortives; les 4 alternes fertiles, à peine plus longues que les onglets : filets filiformes; anthères adnées au filet, oblongues, contournées après l'anthèse. Ovaire subcylindracé, stipité, 8-costé, 8-sulqué, 4-loculaire; loges multiovulées. Ovules sessiles, ascendants, unisériés, subimbriqués. Style filiforme, long. Stigmate 4-parti : lobes courts, obovales, obtus, révolutés. Capsule stipitée, subcylindracé, 4-costée, 4-sulquée, 4-valve, 4-loculaire, polysperme, subcoriace : cloisons cartilagineuses; placentaire nerviforme, tétragone. Graines petites, sessiles, ascendantes, unisériées, subimbriquées, granuleuses, obovales, convexes au dos, légèrement concaves à la face : test crustacé. Chalaze grande, faciale, subterminale, obovale, couronnée par un rebord fimbrié. Embryon conforme à la graine : cotylédons suborbiculaires; radicule infère.

Herbe annuelle ou bisannuelle. Feuilles éparses, trèsentières, étroites, rétrécies en pétiole. Fleurs axillaires, distantes, défléchies et nutantes avant l'épanouissement. Péta-

les de couleur lilas (pourpres ou blancs, dans des variétés).
Anthères jaunes.

L'espèce suivante constitue à elle seule le genre.

CLARKIA ÉLÉGANT. — *Clarkia pulchella* Pursh, Flor. Amer.
Sept. 1, p. 260, Ic. — Bot. Reg. tab. 1100. — Bot. Mag.
tab. 2918. — Sweet, Brit. Flow. Gard. ser. 2, tab. 157. —
Reichenb. Gart. Mag. 3, tab. 211.

Herbe haute de 1 à 2 pieds, ordinairement très-touffue. Tige
dressée. Rameaux dressés ou ascendants, grêles, flexueux, pubérules. Feuilles longues de 1 à 3 pouces, larges de 1 à 4 lignes
(les florales supérieures réduites à de courtes bractées), pubérules, glauques, très-entières, lancéolées ou lancéolées-linéaires,
pointues; pétiole long de 2 à 4 lignes. Calice pubérule : tube
long d'environ 2 lignes; segments linéaires-lancéolés, pointus,
longs de 6 à 7 lignes (souvent cohérents par paires). Pétales
longs de 8 à 12 lignes (y compris l'onglet) : onglet linéaire,
étroit, muni de chaque côté d'un appendice étroit, presque subulé,
recourbé; lame aussi longue que l'onglet ou un peu plus longue,
ayant 6 à 8 lignes de large dans sa plus grande dimension : lobes
oblongs, ou oblongs-spathulés, ou obovales, obtus, denticulés
au sommet : les latéraux ordinairement divariqués, plus étroits
et plus courts que le lobe terminal. Filets des étamines fertiles
pourpres ou carnés, aussi longs que les onglets. Anthères fertiles
plus courtes que les filets. Étamines stériles à peine longues de
1 ligne. Ovaire incane, pubérule, long de 4 lignes, rétréci en
stipe roide long de 2 à 3 lignes. Style débordant les étamines
fertiles. Stigmates planes, blanchâtres, glabres. Capsule longue
de 6 à 9 lignes, d'un brun clair, pubérule, rectiligne, ou quelquefois arquée, ascendante, 2 à 4 fois plus longue que le stipe;
valves presque linéaires, à peine larges de 1 ligne. Graines d'un
brun roux.

Cette plante, qui occupe aujourd'hui le premier rang parmi
les espèces de parterre, fut d'abord découverte dans le nord-ouest
de l'Amérique par Lewis et Clark; mais son introduction en
Europe est due aux soins de l'infatigable Douglas, et ne date que
de 1827.

Genre CHAMÉNÉRION. — *Chamœnerium* (Tourn.) Spach.

Calice (partie inadhérente) à 4 segmens soudés par la base, réfléchis pendant l'anthèse. Disque épais, adné au fond du calice. Pétales 4, courtement onguiculés, inégaux, étalés, rétus. Étamines 8, unisériées, ascendantes, toutes fertiles. Filets filiformes, dilatés à la base : les 4 opposés aux pétales un peu plus longs que les alternes. Anthères égales, elliptiques, obtuses, submédifixes, contournées après l'anthèse. Ovaire subfusiforme, tétragone, 4-loculaire ; loges multiovulées. Ovules ascendants, imbriqués. Style filiforme, décliné, velu à la base. Stigmate 4-parti : lobes linéaires, révolutés. Capsule mince, 4-gone, oblongue-cylindracée, longuement stipitée, 4-loculaire, 4-valve, polysperme ; placentaire membraneux, comprimé. Graines petites, ascendantes, imbriquées, unisériées, oblongues : test crustacé ; chalaze apicilaire, couronnée par une aigrette de longs poils soyeux. Embryon conforme à la graine : radicule infère ; cotylédons minces, presque planes.

Herbes vivaces, multicaules. Tiges simples ou rameuses. Feuilles subsessiles, denticulées, ou entières, éparses : les florales supérieures réduites à de petites bractées. Fleurs axillaires, pendantes en préfloraison, rapprochées en grappe. Corolle violette, ou pourpre, ou blanche, ou rarement jaune.

On trouve des *Chaménérion* en Europe, en Sibérie et dans l'Amérique septentrionale. Le genre renferme cinq ou six espèces, dont voici les plus remarquables :

CHAMÉNÉRION MULTIFLORE.— *Chamœnerium angustifolium* Scopol. — *Epilobium angustifolium* Linn. — Flor. Dan. tab. 289. — Engl. Bot. tab. 1947. — *Epilobium Gesneri* Allion. — *Epilobium spicatum* Lamk.

Tiges dressées, presque simples. Feuilles lancéolées ou lancéolées-oblongues, pointues, acuminées, entières, mucronées, glabres, veineuses. Épis multiflores : bractées subulées, non-adnées au stipe. Pétales obovales-orbiculaires, onguiculés. Style aussi long que les étamines.

Racine fibreuse, stolonifère. Tiges hautes de 3 à 5 pieds, roides, anguleuses, souvent rougeâtres, rameuses supérieurement. Feuilles longues de 2 à 4 pouces, larges de 4 à 8 lignes, d'un vert foncé en dessus, glauques en dessous, subsinuolées, ou ondulées, ou bordées de dentelures glanduliformes très-écartées. Épis lâches, penchés au sommet en préfloraison, longs de 1 à 2 pieds : axe et fleurs couverts d'une pubescence pulvérulente incane. Bractées la plupart très-petites, réfléchies. Fleurs d'abord pendantes, puis étalées, enfin (lors de l'épanouissement) presque dressées. Boutons obconiques, mucronés. Segments calicinaux lancéolés-oblongs, obliques, striés, mucronés, longs d'environ 4 lignes. Pétales d'un rose vif (blancs dans une variété), rétus, veinés, obliques : les majeurs longs de 6 lignes ; les mineurs longs de 5 lignes. Étamines-majeures un peu plus courtes que les pétales ; étamines mineures à peu près aussi longues que les sépales. Filets de même couleur que les pétales. Anthères jaunes. Ovaire un peu plus long que les sépales, un peu plus court que le stipe. Style long de 5 à 6 lignes. Lobes du stigmate 3 fois plus courts que le style. Capsules longues d'environ 2 pouces, divergentes à angle plus ou moins ouvert, ou presque étalées, oblongues-linéaires, incanes, rétrécies aux 2 bouts, tronquées au sommet, portées sur un stipe long de 4 à 8 lignes.

Cette espèce élégante, qu'on cultive fréquemment comme plante de parterre, abonde dans les montagnes de presque toute l'Europe, et se plaît surtout dans les bois-taillis, où elle envahit souvent le terrain, à l'exclusion de tous les autres végétaux. Dans quelques parties de la France on lui donne le nom vulgaire de *Laurier de saint Antoine*. Sa floraison, qui commence en juin, se prolonge jusqu'en automne.

CHAMÉNÉRION A FEUILLES DE ROMARIN. — *Epilobium rosmarinifolium* Hænk. — Reichenb. Plant. Crit. Ic. 522. — *Epilobium angustifolium* Lamk. — Waldst. et Kit. Plant. Hungar.

Rar. tab. 76. — *Epilobium angustissimum* Suter, Flor. Helvet.

Tiges ascendantes ou procombantes, effilées, rameuses. Feuilles linéaires, pointues, mucronées, pubérules aux bords, très-entières, non-veineuses. Épis pauciflores : bractées lancéolées-linéaires, adnées inférieurement au stipe. Pétales lancéolés-elliptiques. Style aussi long que les étamines.

Racines stolonifères. Tiges longues de 1 à 3 pieds, suffrutescentes à la base, cylindriques, feuillues, touffues, ramulifères à presque toutes les aisselles. Feuilles longues de 1 à 2 pouces, larges de ¹/₂ à 1 ¹/₂ ligne, un peu charnues, d'un vert gai aux 2 faces. Bractées plus grandes que celles de l'espèce précédente. Épis ne s'allongeant guère à plus de 6 pouces. Fleurs presque semblables à celles du *Chamœnerium angustifolium*. Capsules grêles, longues de 2 à 3 pouces.

Cette espèce, commune dans les endroits pierreux et découverts des Alpes, ne mérite pas moins que la précédente une place dans les parterres.

CHAMÉNÉRION DENTICULÉ. — *Epilobium angustissimum* Ait. Hort. Kew. — Bot. Mag. tab. 76. — Reichenb Plant. Crit. Ic. 523. — *Epilobium Dodonœi* Villars. — *Epilobium denticulatum* Wender. — Mert et Koch. Flor. Germ.

Cette espèce diffère de la précédente par ses feuilles un peu plus larges et très-visiblement denticulées, de même que par son style de moitié plus court que les étamines. Elle croît dans les Alpes et se cultive aussi comme plante d'ornement.

Genre ÉPILOBE. — *Epilobium* (Linn.) Spach.

Calice (partie inadhérente) infondibuliforme, ou subcampanulé, 4-fide : segments dressés. Disque pelliculaire, 4-lobé. Pétales 4, dressés, égaux, courtement onguiculés, profondément échancrés. Étamines 8, bisériées, toutes fertiles : les 4 opposées aux pétales insérées plus bas que ceux-ci ; les 4 alternes plus longues, insérées à même hauteur que les pétales. Filets filiformes, non-dilatés à la base. Anthères petites, suborbiculaires, médifixes. Ovaire linéaire, tétra-

gone, stipité, 4-loculaire; loges multiovulées. Ovules
unisériés, ascendants, imbriqués. Style filiforme, dressé.
Stigmate claviforme, ou 4-parti, ou 4-fide. Capsule grêle,
subcylindracée; tétragone, courtement stipitée, mince, 4-
loculaire, 4-valve, polysperme. Graines petites, oblongues,
cylindriques, unisériées, ascendantes, imbriquées : test crustacé; chalaze apicilaire, couronnée par une aigrette de longs
poils soyeux. Embryon conforme à la graine : radicule infère; cotylédons minces, presque planes.

Herbes vivaces. Feuilles sessiles ou courtement pétiolées,
denticulées, ou entières : les inférieures (ou presque toutes)
opposées (quelquefois verticillées-ternées); les supérieures
éparses. Fleurs axillaires, distantes, souvent nutantes avant
l'épanouissement. Corolle rose ou blanchâtre.

La plupart des *Épilobes* habitent le nord de l'ancien continent ou de l'Amérique; on en trouve aussi quelques-uns
dans les régions alpines et subalpines de la zone équatoriale,
ainsi que dans les contrées tempérées de l'hémisphère austral. L'espèce suivante seule se fait remarquer par des fleurs
de quelque apparence.

Épilobe grandiflore. — *Epilobium grandiflorum* Allion.
Pedem. — *Epilobium hirsutum* Willd. Spec. — Engl. Bot.
tab. 838. — Flor. Dan tab. 326. — *Epilobium tomentosum*
Vent. Hort. Cels. tab. 90 (var.)

Racine rampante. Tige, très-rameuse, hérissée, cylindrique.
Feuilles opposées, amplexicaules, subdécurrentes, oblongues-lancéolées, ou oblongues, pointues, denticulées, plus ou moins cotonneuses ou hérissées. Stigmate 4-parti.

Tige haute de 4 à 5 pieds, hérissée de poils horizontaux entremêlés d'une pubescence visqueuse. Pétales obcordiformes, d'un
rose vif, longs de près de 6 lignes. Ovaire et calice pubescents,
presque cotonneux. Sépales lancéolés, mucronés.

Cette espèce est commune dans les prairies humides et au
bord des eaux, dans presque toute l'Europe.

Genre ZAUSCHNÉRIA. — *Zauschneria* Presl.

Tube calicinal (partie inadhérente) infondibuliforme, renflé en globe au-dessus de l'ovaire, coloré; limbe à 4 segments réfléchis. Pétales 4, obovales, bifides. Étamines 8, bisériées. Filets filiformes, plus longs que les pétales. Anthères linéaires, médifixes. Ovaire linéaire, tétragone, non-stipité, 1-loculaire, multiovulé. Style filiforme, dressé. Stigmate capitellé, 4-lobé. Capsule linéaire, tétragone, courtement stipitée, 1-loculaire, 4-valve, polysperme. Graines oblongues, comprimées, sublétragones, superposées, couronnées au sommet par une aigrette de longs poils soyeux.

Sous-arbrisseaux. Feuilles opposées, étroites. Fleurs en épis terminaux, lâches, bractéolés. Calice et pétales écarlates.

Ce genre curieux tient le milieu entre les Épilobes et les Fuchsiées : ses fleurs sont semblables à celles de ces dernières, tandis que son fruit ne diffère point de celui des premiers. On ne connaît que deux espèces, dont la suivante est la plus notable :

ZAUSCHNÉRIA DE CALIFORNIE. — *Zauschneria californica* Presl, Rel. Hænk. 2, p. 28, tab. 52.

Sous-arbrisseau très-rameux, cotonneux-incane à toutes ses parties herbacées. Tiges décombantes ou ascendantes, grêles, ligneuses, longues d'environ 1 pied. Rameaux et ramules opposés, cylindriques; entre-nœuds rapprochés. Feuilles longues de 3 à 8 lignes, larges de 1 ligne, sessiles, linéaires, pointues aux 2 bouts, denticulées au sommet : celles des ramules axillaires fasciculées, linéaires, très-entières, très-petites. Épis simples, lâches, 3-8-flores, dressés. Fleurs dressées, alternes. Calice long de 9 lignes, pubescent, écarlate : tube renflé à la base en globe large de 1 ligne; segments ovales, acuminés, glabres en dessus, 3 fois plus courts que le tube. Pétales écarlates, aussi longs que les segments calicinaux, bifides presque jusqu'au milieu : lobes divergents, obtus, crénelés. Style débordant les étamines. Ovaire long de 2 lignes, dressé, cotonneux. Capsule longue de 8 lignes, dressée, portée sur un style long de 1 ligne. Graines brunâtres, longues de moins de 1 ligne : aigrette jaunâtre, 3 fois plus longue que la graine.

Cette plante, qui croît en Californie, aux environs de Montérey, mériterait d'être introduite en Europe comme plante d'ornement.

L'autre espèce du genre croît au Mexique.

Section IV. FUCHSIÉES. — *Fuchsieœ.*

Tube calicinal (partie inadhérente) obconique ou cylindracé, resserré au-dessus de l'ovaire ; limbe à segments dressés, ou étalés, ou rarement réfléchis. Disque épaissi au fond du calice en urcéole 4-lobé. Pétales 4, dressés, courtement onguiculés, souvent convolutés. Étamines 8, unisériées ; les 4 filets opposés aux pétales plus courts que les 4 alternes. Anthères courtes, elliptiques, submédifixes. Stigmate indivisé, ou 4-denté, ou à 4 lobes courts. Baie sèche ou charnue, polysperme. Graines nues, inappendiculées, assez grosses, quelquefois réniformes. Radicule courte, conique, obtuse.

Arbrisseaux ou rarement arbres. Feuilles opposées, ou verticillées-ternées, ou rarement alternes. Fleurs pédicellées, axillaires (rarement en panicule terminale aphylle), non-éphémères, diurnes, inodores. Calice rose ou pourpre. Pétales violets ou roses.

Toutes les *Fuchsies* croissent en Amérique : elles abondent surtout sur les plateaux tempérés des Andes.

Genre BRÉBISSONIA. — *Brebissonia* Spach.

Tube calicinal (partie inadhérente) subcylindracé, allongé, plus large que l'ovaire ; limbe à 4 segments dressés, ou étalés, ou réfléchis. Pétales 4, subsessiles, non-convolutés, 3-

lobés au sommet. Étamines 8, incluses, très-courtes. Filets aplatis, élargis à la base : les 4 opposés aux pétales réfléchis dans le tube ; les 4 alternes dressés. Anthères petites, elliptiques, submédifixes. Ovaire subglobuleux, à 4 loges pauci-ovulées. Ovules bisériés, horizontaux. Style filiforme, inclus. Stigmate à 4 lobes courts, linéaires, divergents, obtus. Baie presque sèche, oligosperme. Graines réniformes, lisses, non-anguleuses, médifixes. Embryon curviligne, conforme à la graine.

Arbustes très-rameux. Feuilles très-entières ou dentées, opposées, pétiolées. Pédicelles solitaires, axillaires, penchés, filiformes. Fleurs de grandeur médiocre.

Nous dédions ce genre à notre savant collaborateur M. de Brébisson. Voici les espèces qui se cultivent comme plantes d'ornement dans les orangeries :

BRÉBISSONIA A PETITES FEUILLES. —*Brebissonia microphylla* Spach, Monogr. ined.—*Fuchsia microphylla* Kunth, in Humb. et Bonpl. Nov. Gen. et Spec. v. 6, tab. 534. — Sweet, Brit. Flow. Gard. ser. 2, tab. 16.

Feuilles ovales, ou ovales-elliptiques, ou ovales-oblongues, subobtuses, denticulées, ou dentelées, pubérules aux bords, ou très-glabres. Pédicelles plus longs que les feuilles. Segments calicinaux oblongs-lancéolés, mucronés, dressés, 2 fois plus courts que le tube. Pétales suborbiculaires, cunéiformes à la base.

Buisson atteignant 3 à 4 pieds de haut. Rameaux grêles, opposés. Ramules courts, feuillus. Feuilles, longues de 2 à 3 lignes, larges de 1 $^1/_2$ à 2 lignes, d'un vert sombre ; pétiole long de $^1/_2$ ligne. Pédicelles longs de 2 à 4 lignes. Fleurs longues d'environ 5 lignes. Calice d'un pourpre foncé. Pétales d'un rose vif, de moitié plus courts que les segments du calice. Baie noire, globuleuse, de la grosseur d'un Pois.

Cette espèce a été découverte au Mexique, par MM. de Humboldt et Bonpland, sur le volcan de Jorullo, à 3300 pieds d'élévation ; elle est introduite en Europe depuis plusieurs années, et peut se cultiver en plein air, dans une situation abritée.

BRÉBISSONIA BACILLAIRE. — *Brebissonia bacillaris* Spach, Monogr. ined. — *Fuchsia bacillaris* Lindl. in Bot. Reg. tab. 1480.

Feuilles ovales, ou ovales-lancéolées, denticulées, glabres. Fleurs géminées ou ternées, plus longues que les feuilles. Segments calicinaux subulés, étalés. Pétales obovales.

Branches dressées, grêles, effilées. Fleurs d'un rose vif.

Cette espèce, originaire du Mexique, n'est introduite que depuis peu en Angleterre. M. Lindley observe qu'elle semble plus rustique que la plupart des autres Fuchsiées. Ses fleurs se succèdent pendant tout l'été et jusqu'à la fin de l'automne.

BRÉBISSONIA A FEUILLES DE THYM. — *Brebissonia thymifolia* Spach, Monogr. ined. — *Fuchsia thymifolia* Kunth, l. c. tab. 535. — Sweet, Brit. Flow. Gard. ser. 2, tab. 25.

Feuilles opposées ou alternes, ovales, ou ovales-orbiculaires, ou obovales, obtuses, très-entières, pubescentes en dessus et aux bords; presque glabres en dessous. Pédicelles solitaires, plus longs que le pétiole. Segments calicinaux réfléchis, oblongs, cuspidés, plus courts que le tube. Pétales cunéiformes.

Buisson touffu, haut d'environ 3 pieds. Rameaux et ramules grêles, opposés, pubescents, rougeâtres. Feuilles longues de 4 à 5 lignes, larges d'environ 3 lignes, d'un vert glauque; pétiole long de 1 à 2 lignes. Fleurs longues de 3 à 4 lignes. Tube calicinal pourpre; segments verdâtres. Pétales d'un rose vif. Baie globuleuse, pubérule, noirâtre, de la grosseur d'un Pois.

Cette espèce croît au Mexique sur les plateaux élevés de 1100 à 1200 toises au-dessus du niveau de la mer; aussi résiste-t-elle assez facilement en pleine terre aux hivers des environs de Paris.

Genre KIERSCHLÉGÉRIA. — *Kierschlegeria* Spach.

Calice infondibuliforme : tube allongé, subcylindracé; limbe à 4 segments étalés. Pétales 4, convolutés, entiers, subsessiles. Étamines 8, presque aussi longues que les pétales, toutes dressées. Filets filiformes. Anthères elliptiques, médifixes. Ovaire ovale, à 4 loges multiovulées. Ovules bisériés, horizontaux. Style filiforme, saillant. Stigmate gros, à 4 lobes subglobuleux, connivents. Baie sèche, polysperme. Graines irrégulièrement anguleuses. Embryon rectiligne.

Rameaux munis de courts aiguillons presque coniques, formés par la base des anciens pétioles. Feuilles éparses, entières, longuement pétiolées. Pédicelles axillaires, subfasciculés, penchés. Fleurs de grandeur médiocre.

Nous dédions ce genre à notre ami, le docteur Kierschleger, auteur d'un flore de l'Alsace. L'espèce suivante est la seule que nous connaissions :

Kierschlégéria Faux-Lyciet. — *Kierschlegeria lycioides* Spach, Monogr. ined. — *Fuchsia lycioides* Andr. Bot. Rep. tab. 120. — Bot. Mag. tab. 1024.

Buisson à rameaux longs, grêles, effilés, rougeâtres, épineux, inclinés, glabres, un peu anguleux. Feuilles longues de 6 à 12 lignes, larges de 4 à 6 lignes, ovales, ou ovales-orbiculaires, ou elliptiques, ou oblongues, ou sublancéolées, subobtuses, glabres, glauques ; pétiole grêle, à peu près aussi long que la lame. Pédicelles géminés, ou ternés, ou quelquefois solitaires, plus courts que les feuilles. Fleurs longues de 8 à 10 lignes, rapprochées en grappe feuillée. Calice long de 6 à 7 lignes ; tube d'un rose pâle ; segments triangulaires-lancéolés, pointus, un peu plus courts que le tube, 2 fois plus longs que les pétales, d'un rose vif en dessus. Pétales cunéiformes-oblongs, obtus, d'un pourpre violet. Baie ellipsoïde, mucronée, longue d'environ 3 lignes. Graines ferrugineuses.

Cette espèce, indigène au Chili, n'est pas rare dans les collections d'orangerie.

Genre FUCHSIA. — *Fuchsia* (Linn.) Spach.

Calice (partie inadhéreute) infondibuliforme : tube renflé ou subcylindracé, allongé ; limbe à 4 segments étalés ou dressés. Pétales 4, courtement onguiculés, convolutés, entiers, plus courts que les segments du calice. Étamines 8, incluses ou saillantes, toutes dressées. Filets filiformes. Anthères elliptiques, submédifixes. Ovaire ellipsoïde ou oblong, à 4 loges pluriovulées. Ovules horizontaux, bisériés. Style saillant ou inclus, filiforme. Stigmate conique ou subglobuleux, très-entier, ou 4-denté. Baie 4-loculaire, polysperme. Graines anguleuses. Embryon rectiligne.

Arbrisseaux ou rarement arbres. Feuilles opposées ou verticillées. Pédicelles filiformes, penchés, axillaires, solitaires. Fleurs souvent très-longues.

Ce genre renferme une trentaine d'espèces, toutes indigènes dans l'Amérique méridionale extra-tropicale, ou sur les hauts plateaux des Andes. Les *Fuchsia* forment des buissons d'une grande élégance, ornés de fleurs pendant toute la belle saison. Plusieurs espèces se cultivent en pleine terre dans le midi et dans l'ouest de la France, ainsi qu'en Angleterre; elles résistent même aux hivers des environs de Paris, à la faveur d'une situation abritée. Leur multiplication s'exécute facilement par boutures.

Voici les espèces déjà cultivées en Europe, ou qui méritent d'être introduites :

A. *Tube calicinal à peu près aussi long que le limbe, ou plus court que le limbe. Étamines très-saillantes (plus longues que les segments calicinaux). Style débordant les étamines.*

FUCHSIA DÉCUSSÉ. — *Fuchsia decussata* Ruiz et Pav. Flor. Peruv. tab. 323, fig. *b*. (non Bot. Mag.)

Ramules veloutés. Feuilles opposées, ou verticillées-ternées, pétiolées, lancéolées, pubescentes aux 2 faces. Pédicelles axillaires, pendants, plus longs que le calice. Segments calicinaux oblongs, pointus, plus longs que le tube. Pétales oblongs, pointus. Étamines peu saillantes.—Calice d'un rose vif. Pétales écarlates.

Cette espèce croît au Pérou.

FUCHSIA GRÊLE. — *Fuchsia gracilis* Lindl. in Bot. Reg. tab. 847. — *Fuchsia decussata* Sims, in Bot. Mag. tab. 2507. (non Ruiz et Pav.) — *Fuchsia multiflora* Lindl. in Bot. Reg. tab. 1052 (var.)

Feuilles opposées ou verticillées-ternées, longuement pétiolées ; ovales-lancéolées, ou lancéolées, acuminées, denticulées, glabres. Pédicelles plus longs que les feuilles. Boutons obconiques, pointus. Segments calicinaux oblongs-lancéolés, pointus, dressés. Pétales cunéiformes-obovales, rétus. Ovaire ellipsoïde. Stigmate conique ou fusiforme.

Arbrisseau touffu, haut de 3 à 4 pieds. Rameaux grêles, réclinés. Ramules filiformes, rougeâtres, presque glabres. Feuilles longues de 6 à 18 lignes, larges de 3 à 8 lignes ; pétiole 1 à 2 fois moins long que la lame. Calice grêle, long d'environ 18 lignes, d'un pourpre tirant sur l'écarlate. Pétales violets. Filets d'un rouge pâle. Anthères pourpres avant l'anthèse.

Ce Fuchsia est l'un des plus rustiques du genre, et fort commun dans les orangeries ; suivant M. Lindley il serait indigène au Mexique ; M. Sweet le regarde comme une variété du *Fuchsia macrostemma*.

FUCHSIA A LONGUES ÉTAMINES.—*Fuchsia macrostemma* Ruiz et Pav. Flor. Peruv. tab. 334, fig. *b*. — Lodd. Bot. Cab. tab. 1062. — Feuill. Peruv. 2, tab. 47.

Rameaux glabres. Feuilles opposées, ou verticillées-ternées, courtement pétiolées, ovales, pointues, denticulées, presque glabres. Pédoncules plus longs que les fleurs. Segments calicinaux dressés, oblongs, pointus. Pétales obovales. Étamines très-saillantes. Stigmate 4-denté.

Arbuste touffu. Fleurs longues de près de 2 pouces. Calice écarlate. Pétales violets. Style et étamines d'un rouge pâle.

Cette espèce, indigène au Chili, se rencontre fréquemment dans les collections. En Angleterre, on la cultive en pleine terre.

FUCHSIA A BOUTONS GLOBULEUX. — *Fuchsia globosa* Lindl. in Bot. Reg. tab. 1556. — Bot. Mag. tab. 3364. — *Fuchsia macrostemma* var. *globosa* Don, in Sweet, Brit. Flow. Gard. sér. 2, tab. 216.

Feuilles ovales, pointues, denticulées, glabres. Boutons globuleux. Segments calicinaux pointus, 2 fois plus longs que la corolle.

Arbrisseau ayant le port du *Fuchsia grêle*. Feuilles d'un vert sombre. Fleurs de la grandeur de celles du *Fuchsia commun*. Calice pourpre. Pétales violets. Étamines de moitié plus longues que le calice. Stigmate conique, entier.

L'origine de ce *Fuchsia*, que M. Sweet regarde comme une variété du *Fuchsia macrostemma*, est inconnue; il a été présenté à la société horticulturale de Londres, en 1832.

Fuchsia conique. — *Fuchsia conica* Lindl. in Bot. Reg. tab. 1062.

Feuilles ternées ou quaternées, ovales, denticulées, glabres. Pédoncules plus longs que les feuilles. Tube calicinal obconique. Pétales presque aussi longs que le limbe du calice. Stigmate conique, entier.

Arbrisseau feuillu, haut de 2 à 3 pieds. Feuilles d'un vert sombre; pétiole pubescent, 3 fois plus court que la lame. Ovaire ovale. Calice écarlate, long de 1 pouce : segments lancéolés, de la longueur du tube. Pétales échancrés, d'un pourpre violet. Éta·mines 1 fois plus longues que les segments du calice, de moitié plus courtes que le style. Filets violets.

Suivant M. Don, ce Fuchsia est aussi une variété du *Fuchsia macrostemma*.

Fuchsia commun. — *Fuchsia coccinea* Ait. Hort. Kew.— Bot. Mag. tab. 97. — Duham. Arb. ed. nov. 1, tab. 13. — *Fuchsia pendula* Salisb. Stirp. Rar. tab. 7. —*Fuchsia magel·lanica* Lamk. Dict. — *Nahusia coccinea* Schneev. Ic. n° 21.

Ramules pubescents. Feuilles opposées ou verticillées-ternées, courtement pétiolées, ovales, ou ovales-lancéolées, acuminées, denticulées, subcordiformes à la base, poilues aux bords. Pédoncules plus longs que les fleurs. Calice infondibuliforme : segments oblongs-lancéolés, pointus. Pétales cunéiformes-obovales, tronqués, convolutés. Stigmate grêle, fusiforme.

Buisson très-rameux, haut de 3 à 4 pieds. Rameaux réclinés; ramules grêles, rougeâtres. Feuilles horizontales ou réfléchies, rapprochées, d'un vert très-foncé en dessus, pâles en dessous, longues de 6 à 18 lignes. Calice long d'environ 1 pouce, d'un pourpre écarlate. Pétales d'un bleu violet. Filets et anthères rouges.

Ce Fuchsia, originaire des terres de Magellan, est introduit en Europe depuis 1788. C'est de toutes les espèces cultivées, celle qui résiste le mieux au climat des environs de Paris. En Angleterre ainsi que sur les côtes occidentales de la France, elle prospère en pleine terre, et forme des buissons charmants, couverts de fleurs pendant une grande partie de l'année.

FUCHSIA PUBESCENT. — *Fuchsia pubescens* Cambess. in Flor. Brasil. Merid. v. 2, tab. 134.

Feuilles verticillées-ternées ou quaternées, ovales, ou ovales-lancéolées, pointues, denticulées, pubérules. Pédoncules de la longueur des feuilles. Tube calicinal infondibuliforme, de la longueur du limbe; segments lancéolés, pointus. Pétales obovales, très-entiers. Fruit ovoïde-sphérique, pubérule.

Tiges touffues, grêles, hautes d'environ 5 pieds. Feuilles longues d'environ 18 lignes, sur 9 lignes de large; pétiolé long de 2 à 3 lignes. Calice écarlate, long de 1 pouce; limbe campanulé. Pétales violets, 3 fois plus courts que les lobes du calice. Fruit noirâtre, luisant, d'environ 4 lignes de diamètre.

Cette espèce, assez semblable au *Fuchsia commun*, a été observée par M. Aug. de Saint-Hilaire au Brésil, dans les *Campos geraës* de la province de Saint-Paul, et dans les montagnes élevées de la province des Mines.

FUCHSIA DES MONTAGNES. — *Fuchsia montana* Cambess. l. c. tab. 135.

Feuilles ovales-oblongues, ou ovales-lancéolées, pointues, subcordiformes à la base, denticulées, presque glabres, verticillées-ternées. Pédoncules de la longueur des feuilles. Tube calicinal infondibuliforme, de la longueur du limbe; segments oblongs-lancéolés, acuminés. Pétales obovales-arrondis, très-entiers. Fruit ovoïde-oblong.

Sous-arbrisseau presque simple, haut de 1 à 2 pieds. Feuilles subsessiles, longues de 18 à 24 lignes, larges de 6 à 8 lignes : les jeunes pubérules; les adultes glabres. Pédoncules longs de

12 lignes. Calice pubérule, écarlate, long de 14 lignes : lobes
7-veinés. Pétales violets, 2 fois plus courts que les lobes du
calice. Baie subtétragone, longue d'environ 7 lignes, sur 2 lignes
de diamètre.

Cette espèce a été trouvée par M. Aug. de Saint-Hilaire au
Brésil, dans les montagnes de la province des Mines.

B. *Tube calicinal 2 à 3 fois plus long que le limbe. Étamines
incluses de même que le style.*

Fuchsia de Loxa. — *Fuchsia loxensis* Kunth, in Humb. et
Bonpl. Nov. Gen. et Spec. vol. 6, tab. 536.

Feuilles ternées, elliptiques-oblongues, ou lancéolées-oblongues,
pointues, glabres excepté aux nervures, légèrement sinuolées.
Calice hypocratériforme : tube renflé au-dessus de l'ovaire, dilaté
supérieurement ; lobes ovales-oblongs, pointus, un peu plus
courts que la corolle. Pétales ovales-arrondis, courtement onguiculés, pointus, très-entiers. Étamines un peu plus longues que
les pétales.

Rameaux pubescents. Feuilles longues de 2 pouces, sur 1 pouce
de large ; pétiole poilu, long d'environ 4 lignes. Pédoncules filiformes, longs de près de 1 pouce. Fleurs longues de 1 ¼ pouce.
Calice écarlate ; limbe large de près de 1 pouce. Pétales rougeâtres.

MM. de Humboldt et Bonpland ont découvert cette plante
élégante aux environs de Loxa, à plus de six mille pieds d'élévation.

Fuchsia élégant. — *Fuchsia venusta* Kunth, l. c. —
Fuchsia multiflora Linn.

Feuilles opposées ou ternées, elliptiques, pointues, très-
entières, glabres, luisantes. Calice hypocratériforme : tube élargi
supérieurement ; segments ovales-lancéolés, acuminés, un peu
plus longs que la corolle. Pétales oblongs-lancéolés, pointus,
ondulés. Étamines de moitié plus courtes que les pétales. Ovaire
oblong.

Ramules pubescents. Feuilles longues de 24 à 28 lignes, larges de 11 à 14 lignes ; pétiole long d'environ 3 lignes. Pédoncules filiformes , longs de 15 lignes. Fleurs longues de 2 pouces. Calice pourpre ; limbe large de plus de 1 pouce. Pétales écarlates.

Cette espèce a été trouvée dans la Nouvelle-Grenade , par MM. de Humboldt et Bonpland.

FUCHSIA ÉCLATANT. — *Fuchsia fulgens* Flor. Mex. Ic. ined. ex De Cand. Prodr.

Rameaux glabres. Feuilles opposées , pétiolées , cordiformes-ovales , pointues , denticulées , glabres. Pédicelles axillaires , plus courts que les fleurs : les supérieurs en grappe. Segments calicinaux ovales-lancéolés, pointus , plus longs que les pétales. — Fleurs écarlates , longues de 2 pouces. Grappes nutantes au sommet.

Cette espèce croît au Mexique.

FUCHSIA DENTICULÉ. — *Fuchsia denticulata* Ruiz et Pav. Flor. Peruv. 3, tab. 325 , fig. *b*.

Rameaux trigones. Feuilles verticillées-ternées , pétiolées, oblongues-lancéolées , acuminées aux 2 bouts , denticulées , velues en dessous à la côte. Pédicelles plus courts que les fleurs. Segments calicinaux lancéolés , acuminés , presque 2 fois plus longs que la corolle. Pétales obovales. — Fleurs nutantes ; de couleur pourpre.

Cette espèce croît au Pérou.

FUCHSIA A CORYMBES. — *Fuchsia corymbiflora* Ruiz et Pav. Flor. Peruv. 3, tab. 325 , fig. *a*.

Rameaux subtétragones. Feuilles opposées , pétiolées , oblongues-lancéolées , très-entières. Pédicelles subterminaux , nutants, plus courts que les fleurs. Segments calicinaux lancéolés , pointus, 2 fois plus longs que la corolle. Pétales oblongs-lancéolés. — Fleurs d'un pourpre vif, longues de près de 2 pouces. Baie ovale-oblongue, pourpre.

Cette espèce croît au Pérou , dans les forêts des environs de **Chinchao et de Muna.**

Fuchsia dentelé. — *Fuchsia serratifolia* Ruiz et Pav. Flor. Peruv. 3, tab. 323, fig. *a*.

Rameaux sillonnés. Feuilles opposées ou verticillées, pétiolées, oblongues, dentelées, légèrement pubescentes en dessous. Pédicelles penchés, plus courts que les fleurs. Segments calicinaux acuminés, plus longs que la corolle. Pétales ovales-oblongs. — Calice long d'environ 18 lignes, bouffi à la base, d'un rose vif. Pétales pourpres.

Cette espèce habite les mêmes contrées que la précédente.

Fuchsia a tige simple. — *Fuchsia simplicicaulis* Ruiz et Pav. Flor. Peruv. 3, tab. 322, fig. *a*.

Tige simple, très-glabre. Feuilles verticillées-quaternées, lancéolées-linéaires, subsessiles. Pédicelles quaternés, très-courts, subterminaux, presque en corymbe. Segments calicinaux lancéolés, plus longs que la corolle. — Sous-arbrisseau. Verticilles écartés. Involucre tétraphylle, un peu pubescent. Fleurs pendantes. Calice rose. Pétales pourpres.

Cette espèce habite les forêts du Pérou.

Genre SCHUFIA. — *Schufia* Spach.

Calice (partie inadhérente) hypocratériforme : tube obconique, un peu renflé à la base; limbe à 4 segments réfléchis, plus longs que le tube. Pétales 4, courtement onguiculés, planes, obtus, un peu plus courts que les segments calicinaux. Étamines 8, saillantes, toutes dressées. Anthères elliptiques, supra-médifixes. Ovaire à 4 loges pluriovulées. Ovules bisériés, horizontaux. Style filiforme, saillant. Stigmate à 4 lobes oblongs, obtus, courts. (Péricarpe inconnu.)

Feuilles opposées ou verticillées-ternées, grandes, pétiolées, très-faiblement sinuolées, ou très-entières. Fleurs terminales, disposées en panicules cymeuses, subtrichotomes, subsessiles; pédicelles grêles, dressés.

L'espèce suivante constitue à elle seule le genre :

Schufia arborescent. — *Schufia arborescens* Spach, Mo⁴

nogr. ined.—*Fuchsia arborescens* Sims, Bot. Mag. tab. 2620.
— Lindl. in Bot. Reg. tab. 943.

Arbrisseau. Rameaux glabres, presque étalés. Ramules rougeâtres, feuillus. Feuilles longues de 3 à 5 pouces, larges de 12 à 18 lignes, lancéolées, ou lancéolées-elliptiques, acuminées, subsinuolées, molles, d'un vert gai; côte large, proéminente en dessous, rougeâtre de même que les nervures; pétiole long de 2 à 4 lignes. Panicule multiflore, sessile, très-rameuse : les deux ramules inférieurs accompagnés chacun d'une feuille; les supérieurs nus de même que les pédoncules secondaires et les pédicelles. Pédicelles grêles, raides, longs de 4 à 6 lignes. Calice d'un rose vif : tube long d'environ 2 lignes; segments ovales-lancéolés, subobtus, de moitié plus longs que le tube. Pétales lancéolés-oblongs, obtus, roses, un peu plus courts que les segments calicinaux. Filets roses, plus longs que les pétales. Anthères jaunes. Style débordant les étamines.

Cette espèce, introduite en 1823 du Mexique en Angleterre, se cultive en orangerie comme plante d'agrément. Elle fleurit pendant presque toute l'année, même en hiver. Ses grandes feuilles et ses panicules dressées la font distinguer sans peine de toutes les autres Fuchsiées.

IIIᵉ TRIBU. **LES LOPÉZIÉES.** — *LOPEZIEÆ* Spach.

Calice (partie inadhérente) caduc, 2-ou 4-parti, réfléchi (rarement tubuleux). Disque adné au sommet de l'ovaire (ou au calice si celui-ci est tubuleux). Corolle irrégulière, ou nulle. Étamines 2 (l'une souvent stérile, pétaloïde), ou une seule. Péricarpe capsulaire, ou carcérulaire; placentaire non-séparable des cloisons. Graines inappendiculées, rugueuses. Radicule courte, obtuse, conique.
Herbes ou sous-arbrisseaux. Feuilles alternes, ou opposées, ou quelquefois verticillées, dentelées, ou dentées. Fleurs axillaires, ou en grappe terminale bractéolée, pédicellées, rouges, ou blanches, diurnes, non-éphémères.

Section I. RIESENBACHIÉES. — *Riesenbachieæ* Spach.

Calice infondibuliforme, coloré. Corolle nulle. Une seule étamine. Ovaire linéaire, tétragone.

Genre RIESENBACHIA. — *Riesenbachia* Presl.

Tube calicinal (partie inadhérente) grêle; limbe à 4 segments inégaux : 3 ovales, obtus, étalés; le quatrième plus grand, oblong. Corolle nulle. Étamine insérée entre les 2 petits segments du calice. Filet subulé, plane. Anthère linéaire, médifixe, plus courte que le filet. Ovaire oblong, 4-loculaire, multiovulé. Style dressé, filiforme, saillant, adné inférieurement au tube calicinal. Stigmate pelté, sub-globuleux. Capsule oblongue, tétragone, 4-loculaire, 4-valve au sommet. Graines petites, oblongues, anguleuses, rugueuses, suspendues : radicule supère; cotylédons obovales, foliacés.

Herbe. Feuilles dentelées. Grappes terminales, multiflores. Fleurs alternes, petites, bractéolées.

L'espèce suivante constitue à elle seule ce genre :

Riesenbachia a grappes. — *Riesenbachia racemosa* Presl, Rel. Hænk. 2, tab. 54.

Herbe annuelle, couverte d'une pubescence glanduleuse. Tige cylindrique, rameuse. Rameaux épars ou opposés. Feuilles longues de 1 pouce, larges de 3 lignes, pétiolées, ovales-lancéolées, acuminées, inégalement dentelées vers le sommet, pubescentes aux 2 faces, molles. Grappes simples, allongées, dressées, multiflores. Bractées longues de 4 lignes, oblongues-lancéolées, acuminées, dentelées, étalées. Pédicelles plus courts que la bractée : les florifères dressés; les fructifères étalés. Calice rougeâtre, long de 3 lignes. Étamine aussi longue que les petits segments. Capsule pubescente, longue de 3 lignes. Graines d'un brun fauve.

Cette plante croît au Mexique.

Section II. LOPÉZIÉES VRAIES. — *Lopezieæ veræ* Spach.

Calice 4-parti, non-tubuleux. Pétales 2 ou 4. Étamines 2 :
l'une souvent pétaloïde, stérile. Ovaire subglobuleux.

Genre LOPÉZIA. — *Lopezia* Cavan.

Calice (partie inadhérente) 4-parti, coloré : segments défléchis. Pétales 4, inégaux, dissemblables, défléchis, courtement onguiculés. Étamines 2 : l'une stérile, pétaloïde, enveloppant en préfloraison la fertile ainsi que le style. Filet de
l'étamine fertile court, défléchi. Anthère elliptique, submé-
difixe. Disque urcéolé, épigyne. Ovaire subglobuleux, à 4
loges pluriovulées. Style court, décliné. Stigmate subglobuleux, échancré. Capsule subglobuleuse, 4-sulquée, 4-locu-
laire inférieurement, 1-loculaire supérieurement, 4-dentée,
4-valve au sommet : axe placentifère, épais ; loges par avortement monospermes. Graines obovales, tuberculeuses : embryon subglobuleux.

Herbes ou sous-arbrisseaux. Feuilles alternes ou rarement
opposées, dentelées, pétiolées. Fleurs petites, axillaires, rapprochées en grappe feuillée, ou quelquefois subterminales.
Corolle pourpre, ou rose. Pédicelles florifères dressés ; pédicelles fructifères défléchis.

Les espèces de ce genre, au nombre d'une dizaine, croissent toutes au Mexique. Plusieurs se cultivent comme plantes
d'agrément. En voici les plus notables :

Lopézia couronné. — *Lopezia coronata* Andr. Bot. Rep.
tab. 551. — Jacq. fil. Ecl. tab. 110.

Feuilles ovales ou ovales-lancéolées, pointues aux 2 bouts,
subsinuolées, inégalement denticulées, longuement pétiolées.
Grappes allongées, feuillées inférieurement.

Herbe annuelle, dressée, glabre, lisse, rameuse, haute d'environ 1 pied. Feuilles longues d'environ 1 pouce, larges de 3

6 lignes : les florales graduellement plus petites , et réduites 'au sommet des ramules à des bractées beaucoup plus courtes que le pédicelle. Pédicelles filiformes , rougeâtres , longs d'environ 1 pouce. Fleurs petites. Calice d'un pourpre violet. Pétales d'un rose vif. Filet pétaloïde obcordiforme , blanc. Capsule obovale , de la grosseur d'un grain de Poivre.

Cette espèce se cultive fréquemment comme plante de parterre, à cause de la longue durée de sa floraison plutôt qu'en raison de son élégance.

LOPÉZIA A COURTES GRAPPES. — *Lopezia racemosa* Cavan. Ic. 1 , tab. 18. — Bot. Mag. tab. 254. — Bonpland , Nav. tab. 25. — *Lopezia mexicana* Jacq. Ic. Rar. tab. 203.

Cette plante ne diffère de l'espèce précédente , dont elle est peut-être une variété, que par ses grappes raccourcies , corymbiformes , non-feuillées.

LOPÉZIA ROUGE. — *Lopezia miniata* De Cand. — Jacq. Fil. Ecl. tab. 109. — *Lopezia frutescens* Rœm. et Schult. Syst.

Tige ligneuse , glabre , cylindrique. Feuilles ovales-lancéolées, dentelées. Étamine pétaloïde de même couleur que les pétales.

LOPÉZIA HÉRISSÉ. — *Lopezia hirsuta* Jacq. Collect. 5, tab. 15, fig. 4.

Tige suffrutescente , hérissée , cylindrique. Feuilles ovales-lancéolées , dentelées , hérissées. Étamine pétaloïde de même couleur que les pétales.

Genre CIRCÉA. — *Circœa* Linn.

Calice (partie inadhérente) biparti : segments réfléchis, subpétaloïdes. Disque épigyne, conique. Pétales 2, obcordiformes-bilobés, rétrécis à la base , égaux , étalés, concaves , un peu plus courts que le calice. Étamines 2, fertiles. Filets capillaires, dressés. Anthères suborbiculaires. Ovaire turbiné, biloculaire; loges uniovulées. Ovules ascendants, attachés presque à la base des loges. Style court, filiforme. Stigmate capitellé, échancré. Capsule biloculaire, disperme,

2-valve à la base, hérissée de poils crochus. Graines solitaires, ascendantes, oblongues. Embryon conforme à la graine : radicule minime.

Herbes vivaces. Feuilles opposées, pétiolées, sinuolées-dentelées. Grappes terminales, nues, simples, ou paniculées. Pédicelles filiformes : les florifères dressés; les fructifères réfléchis. Fleurs petites. Corolle blanche.

Ce genre renferme quatre espèces, dont voici la plus notable :

CIRCÉA COMMUN. — *Circæa lutetiana* Linn. — Flor. Dan. tab. 210. — Schkuhr, Handb. tab. 2, *a*. — Engl. Bot. tab. 1056. — Bull. Herb. tab. 297.

Racine rampante. Tige haute de 1 à 2 pieds, ascendante, pubescente, cylindrique, grêle, simple, ou rameuse au sommet. Feuilles longues de 1 ¹/₂ à 3 pouces, larges de 12 à 18 lignes, cordiformes-ovales, ou ovales lancéolées, acuminées, sinuolées-dentelées, longuement pétiolées, pubescentes en dessous, d'un vert foncé et opaque en dessus, nerveuses, molles; pétiole cylindrique, fortement pubescent, non-marginé. Grappes longues de 4 à 12 pouces, pubérules, grêles, très-lâches. Calice rougeâtre : segments oblongs, acuminés. Pétales profondément bilobés. Capsule petite, pyriforme, 3 à 4 fois plus courte que le pédicelle.

Cette plante croît dans les bois humides de l'Europe moyenne. Autrefois la superstition lui attribuait une foule de propriétés imaginaires, d'où lui viennent ses noms vulgaires de *Herbe des Sorciers*, *Herbe aux Magiciennes*, *Herbe de saint Étienne*, etc.

LES LYTHRARIÉES. — *LYTHRARIEÆ*.

(*Salieariæ* Juss. Gen. — *Calycanthemæ* Vent. Tabl. III , p. 298. — *Lytharieæ* Juss. in Dict. des Sciences Nat. v. 27, p. 453. — De Cand. Mém. Soc. Hist. Nat. Genev. III, 2 , p. 65 ; Prodr. III, p. 75. —Bartl. Ord. Nat. p. 318.)

Les *Lythrariées* ou *Salicariees* (noms empruntés aux *Salicaires* ou *Lythrum*) sont réparties entre toutes les contrées du globe ; mais la plupart des espèces croissent dans les régions équatoriales ; on en connaît environ trois cents. Un grand nombre de ces végétaux méritent d'être cultivés pour l'ornement des serres ou des jardins ; plusieurs possèdent des propriétés astringentes très-prononcées : propriétés qui, d'ailleurs, paraissent assez générales à tout le groupe.

Caractères de la Famille.

Herbes annuelles ou vivaces, ou bien *arbrisseaux*, ou rarement *arbres*. Tige et rameaux cylindriques ou tétragones.

Feuilles opposées, ou verticillées, ou quelquefois éparses, simples, indivisées, très-entières ou légèrement dentées, penninervées, sessiles ou pétiolées. Stipules nulles.

Fleurs hermaphrodites, régulières (rarement irrégulières), axillaires, ou alaires, solitaires, ou glomérulées, ou en cyme, ou en épi, ou en grappe , jaunes , ou plus souvent rouges, rarement blanches.

Calice tubuleux ou campanulé, inadhérent, persistant, quelquefois très-court, 3-12-denté, ou 3-6-fide ; sinus quelquefois appendiculés ; estivation valvaire ou distante.

Disque adné au fond du calice, régulier, ou irrégulier.

Pétales (quelquefois nuls) insérés à la gorge du calice, alternes avec les lobes de celui-ci, onguiculés, fugaces, ou caducs, souvent crépus avant l'épanouissement.

Etamines insérées au tube calicinal plus bas que les pétales, en même nombre que ceux-ci, ou en nombre moindre, ou double, ou triple, ou quadruple, libres. Anthères médifixes, incombantes, inappendiculées, à 2 bourses longitudinalement déhiscentes. Connectif plus ou moins apparent, articulé au filet.

Pistil : Ovaire inadhérent, 2-5-loculaire. Placentaire central, multiovulé. Styles en même nombre que les loges, ou soudés en un seul terminé par un stigmate capitellé.

Péricarpe capsulaire, ou pyxidien, ou irrégulièrement déhiscent, 1-5-loculaire, souvent membranacé ; cloisons le plus souvent pelliculaires. Placentaire central, libre, épais, globuleux, ou anguleux, polysperme.

Graines horizontales ou appendantes, inarillées, souvent très-petites, apérispermées. Embryon rectiligne (toujours?) ; radicule courte, contiguë au hile ; cotylédons foliacés.

M. Bartling classe les genres des Lythrariées comme suit :

Iᵉ TRIBU. LES ÉLATINÉES. — *ELATINEÆ*.

Calice 3-5-parti. *Styles* 3-5, libres.

Elatine Linn. — *Bergia* Linn.

IIᵉ TRIBU. LES SALICARIÉES. — *SALICARIEÆ*.

*Calice tubuleux ou campanulé. Un seul style. Graines
aptères.*

Rotala Linn. — *Cryptotheca* Blum. — *Suffrenia* Bell.
— *Ameletia* De Cand. — *Peplis* Linn. (Chabræa Adans.)
— *Ammannia* Linn. (Cornelia Ard.) — *Lythrum* Linn.
(Salicaria Tourn. Pythagorea Rafin.) — *Cuphea* Jacq.
(Melanium et Parsonsia P. Browne. Balsamona Vand.)
— *Acisanthera* P. Browne. — *Fatioa* De Cand. — *Pem-
phis* Forst. — *Heimia* Link et Otto. — *Diplusodon* Pohl.
(Friedlandia Chamiss.) — *Physocalymma* Pohl. — *De-
codon* Gmel. — *Nesœa* Commers. — *Crenea* Aubl. —
Lawsonia Linn. — *Antherylium* Rohr. — *Dodecas* Linn.
fil. — *Ginoria* Jacq. — *Adenaria* Kunth. — *Grislea*
Lœffl. (Woodfordia Salisb.) — ? *Hydropityon* Gærtn.

IIIᵉ TRIBU. LES LAGERSTRÉMIÉES. — *LAGERSTROE-
MIEÆ*.

Un seul style. Graines bordées d'une membrane aliforme.

Lagerstrœmia Linn. (Munchhausia Linn. Adambea
Lamk.) — *Lafœnsia* Vand. (Calyplectus Ruiz et Pav.)

Genre SALICAIRE. — *Lythrum* Linn.

Calice tubuleux, subcylindracé, 6-denté; dents courtes,
triangulaires, dressées, ou courbées en-dedans, plus ou moins
distantes en préfloraison; sinus prolongés en cornicules subulés, recourbés. Pétales 6 (quelquefois nuls), oblongs, obtus, divergents, plissés en préfloraison. Étamines 6 ou 12
(quelquefois par avortement moins de 6), insérées au milieu
ou vers la base du tube calicinal. Filets subulés. Anthères
ovales. Ovaire oblong, biloculaire. Style décliné. Stigmate
capitellé. Capsule membraneuse, 2-loculaire, polysperme,

recouverte par le calice, s'ouvrant par 2 ou 4 dents; placentaire épais, adné à la cloison; cloison pelliculaire. Graines petites, obovales.

Herbes ou sous-arbrisseaux. Feuilles entières. Fleurs axillaires ou en épis terminaux. Corolle pourpre ou blanche.

Ce genre renferme une quinzaine d'espèces; voici celles qui se cultivent comme plantes de parterre :

a) *Fleurs solitaires aux aisselles. Calice cylindracé. Pédicelles dibractéolés à la base.*

SALICAIRE AILÉE. — *Lythrum alatum* Pursh, Flor. Amer. Sept.—Bot. Mag. tab. 1812.—*Lythrum Vulneraria* Schranck, Hort. Monac. tab. 27. — *Pythagorea alata* Rafin.

Très-glabre. Tige et rameaux dressés, à 4 angles marginés. Feuilles sessiles ou courtement pétiolées, opposées, oblongues ou ovales-oblongues, mucronulées, subcordiformes à la base. Fleurs 6-pétales, 6-andres. Style plus long que le calice.

Herbe vivace, très-rameuse, haute d'environ 1 pied. Feuilles longues de 3 à 6 lignes, à peu près aussi longues que les entrenœuds. Fleurs subsessiles, à peu près aussi longues que les feuilles. Pétales d'un pourpre vif. Capsule subcylindracée.

Cette espèce habite le midi des États-Unis.

SALICAIRE LANCÉOLÉE.—*Lythrum lanceolatum* Elliot, Sketch. 1, p. 344.

Très-glabre. Tige et rameaux dressés, effilés, tétragones. Feuilles lancéolées : les inférieures opposées; les supérieures subalternes. Fleurs 6-pétales, 6-andres. Style plus long que le calice.

Herbe vivace, haute de 3 à 5 pieds. Tige haute de 3 à 5 pieds, légèrement marginée, paniculée au sommet. Feuilles caulinaires longues de 1 ½ pouce, larges de ½ pouce; feuilles raméaires petites. Pédicelles longs de 1 à 2 lignes, dibractéolés à la base. Pétales violets, 2 fois plus longs que le calice, aussi longs que les filets. Style aussi long que les étamines. Capsule oblongue.

Cette espèce croît dans le midi des États-Unis.

b) *Fleurs solitaires (les inférieures quelquefois géminées, ou ternées), axillaires, rapprochées en épis. Pédicelles non-bractéolés.*

Salicaire effilée.—*Lythrum virgatum* Linn.—Bot. Mag. tab. 1003. — *Lythrum austriacum* Jacq. Flor. Austr. tab. 7.

Très-glabre. Tiges dressées, effilées, paniculées au sommet. Feuilles lancéolées ou oblongues-lancéolées, pointues, subsessiles, non amplexicaules : les inférieures arrondies à la base; les supérieures pointues aux 2 bouts; les florales très-petites. Fleurs 6-pétales, 12-andres. Dents calicinales étalées, aussi longues que les appendices des sinus.

Herbe vivace, touffue. Tige haute de 1 à 2 pieds, grêle, subtétragone, souvent rougeâtre. Feuilles longues de 1 à 2 pouces, larges de 2 à 4 lignes. Épis lâches, très-grêles. Feuilles florales lancéolées-linéaires, ou linéaires-lancéolées, plus courtes que le calice. Pétales pourpres ou d'un rose vif. Style saillant ou inclus.

Cette espèce croît dans l'Europe orientale.

Salicaire diffuse. — *Lythrum diffusum* Sweet, Brit. Flow. Gard. tab. 149. — *Lythrum virgatum* Pursh, Flor. Amer. Sept.

Tige ailée, très-rameuse, suffrutescente à la base; rameaux diffus, pubescents, tétraptères. Feuilles opposées, subsessiles, oblongues-lancéolées, pointues, glabres, légèrement ciliées. Pédicelles ternés ou quaternés. Fleurs 6-pétales, 12-andres.

Herbe vivace, touffue, haute de 12 à 15 pouces. Feuilles beaucoup plus larges que celles du *Lythrum virgatum*. Pétales d'un pourpre vif.

Cette espèce habite les États-Unis.

c) *Fleurs fasciculées, disposées en épis verticillés. Pédicelles non-bractéolés.*

Salicaire commune. — *Lythrum Salicaria* Linn. —Flor. Dan. tab. 671. — Engl. Bot. tab. 1061.

Pubérule. Tige dressée, tétragone. Feuilles opposées ou ternées, oblongues, ou oblongues-lancéolées, pointues, ou obtuses, subamplexicaules, cordiformes à la base. Fleurs 6-pétales, 12-andres. Appendices des sinus calicinaux 2 fois plus longs que les dents, presque dressés. Style inclus ou saillant.

Racine épaisse, ligneuse, rameuse, multicaule, garnie de grosses fibres. Tiges simples ou rameuses, raides, hautes de 3 à 5 pieds, ordinairement rougeâtres. Feuilles subsessiles, d'un vert foncé, longues de 1 à 3 pouces. Épis longs de 6 à 18 pouces, plus ou moins denses : verticilles inférieurs multiflores. Feuilles florales cordiformes : les inférieures plus longues que les fleurs ; les supérieures très-courtes. Calice pubescent, souvent rougeâtre. Pétales pourpres, un peu plus courts que les étamines. Anthères alternativement bleues et jaunes.

Cette belle plante, nommée vulgairement *Lysimachie rouge*, abonde dans les prairies humides, et aux bords des eaux. Ses propriétés astringentes la faisaient employer jadis comme remède détersif.

Genre CUPHÉA. — *Cuphea* Jacq.

Calice tubuleux, gibbeux ou éperonné en dessus à sa base, 12-denté, 12-nervé, coloré : 6 des dents triangulaires, plus grandes, alternes avec les 6 autres beaucoup plus petites (quelquefois inapparentes) et un peu plus externes. Pétales (très-rarement nuls) ordinairement 6, alternes avec les grandes dents, onguiculés : les 2 supérieurs ordinairement plus grands. Étamines 11, ou 12, ou rarement moins, insérées à hauteur inégale au tube calicinal. Ovaire sessile, léguminiforme, biloculaire (quelquefois uniloculaire par le retrait des cloisons). Style subulé, courbé. Stigmate capitellé, bilobé. Capsule membranacée, léguminiforme, irrégulièrement déhiscente, 1-loculaire, polysperme. Graines lenticulaires, aplaties. Hile marginal. Cotylédons orbiculaires, biauriculés à la base.

Arbrisseaux, ou sous-arbrisseaux, ou herbes, souvent visqueux. Ramules axillaires ou rarement extra-axillaires. Feuilles opposées, ou verticillées, ou alternes et opposées sur le même individu, très-entières. Stipules nulles. Fleurs souvent penchées, axillaires, ou en grappes axillaires et terminales, ou extra-axillaires. Pédicelles ou pédoncules souvent dibractéolés. Pétales blancs, ou roses, ou pourpres, ou violets, ou jaunes.

Ce genre, dont on connaît plus de soixante-dix espèces, appartient à l'Amérique, et surtout aux régions équatoriales de ce continent. Beaucoup de Cuphéa se font remarquer par l'élégance de leurs fleurs, et l'on en cultive plusieurs en Europe comme plantes d'agrément. Voici les espèces les plus intéressantes :

a) *Rameaux axillaires. Feuilles opposées. Fleurs alternes, éparses.*

Cuphéa Faux Thym.—*Cuphea thymoides* Cham. et Schlecht. in Linnæa, v. 2, p. 368. — Aug. Saint-Hil. Flor. Brasil. Merid. vol. 3, p. 98.

Tige suffrutescente, souvent très-rameuse. Rameaux pubescents. Feuilles nombreuses, courtement pétiolées, petites, très-obtuses à la base, ovales-lancéolées, presque linéaires. Pédoncules plus courts que la feuille. Fleurs peu nombreuses, ordinairement horizontales. Calice gibbeux, hispidule. Ovaire pauciovulé.

Sous-arbrisseau d'un port très-variable. Feuilles longues de 2 à 7 lignes, glabres, ou plus ou moins poilues ou ciliées. Fleurs longues d'environ 5 lignes. Pétales obovales-elliptiques, très-obtus, de couleur pourpre.

Cette plante croît aux environs de Montévidéo, ainsi que dans les provinces méridionales du Brésil.

Cuphéa a feuilles d'Acinos. — *Cuphea acinifolia* Aug. Saint-Hil. l. c. p. 99.

Tige suffrutescente, décombante, rameuse, pubescente ou hispide. Feuilles petites, subsessiles, rétrécies à la base, lancéolées, ou lancéolées-obovales, ciliées : les inférieures souvent alternes ; les autres opposées. Fleurs peu nombreuses, courtement pédonculées. Calice gibbeux, hispidule. Disque trilobé. Ovaire pauciovulé.

Tige visqueuse, très-rameuse. Feuilles longues de 3 à 6 lignes, larges de 1 $\frac{1}{2}$ à 2 lignes. Fleurs longues d'environ 6 lignes. Pétales oblongs, obtus, carnés. Filets barbus.

Cette espèce a été découverte par M. Aug. de Saint-Hilaire, dans la province de Saint-Paul.

CUPHÉA FAUSSE AIRELLE. — *Cuphea Pseudo-Vaccinium* Aug. Saint-Hil. l. c. p. 102.

Tige ligneuse, rameuse. Feuilles très-nombreuses, courtes, subsessiles, lancéolées, ou elliptiques, coriaces, presque glabres, plus ou moins scabres, subdenticulées, ciliolées. Pédoncules extra-axillaires ou axillaires, très-courts, dibractéolés au-dessous du milieu. Calice scabre : bosse presque cochléariforme.

Arbrisseau haut de 2 à 2 $\frac{1}{2}$ pieds. Feuilles longues de 6 à 11 lignes, larges de 2 à 4 lignes, croisées, recouvrantes. Calice long d'environ 3 lignes. Pétales oblongs, étroits, glabres, de couleur pourpre. Étamines plus ou moins barbues.

M. Aug. de Saint-Hilaire a trouvé cette plante au Brésil, dans les montagnes de la province des Mines.

CUPHÉA POLYMORPHE. — *Cuphea polymorpha* Aug. Saint-Hil. l. c. p. 103.

Tige décombante ou retombante, strigueuse, pubescente d'un côté. Feuilles opposées, scabres, courtement pétiolées : les inférieures ovales, pointues ; les supérieures oblongues-lancéolées ou ovales. Pédoncules infra-pétiolaires, unilatéraux. Trois des étamines glabres. Disque semi-cupulaire, engaînant la base de l'ovaire. Ovaire 8-12-ovulé.

Sous-arbrisseau plus ou moins ligneux ou herbacé, très-variable. Tiges longues de $\frac{1}{2}$ pied à 2 pieds. Feuilles longues de 5 à 12 lignes, larges de 4 à 5 lignes. Calice long de 3 à 6 lignes, velu, rougeâtre. Pétales obovales-oblongs, glabres, roses.

Ce *Cuphéa* a été trouvé par M. Aug. de Saint-Hilaire au Brésil, dans les montagnes des provinces des Mines et de Saint-Paul.

CUPHÉA LLAVÉA. — *Cuphea Llavea* De Cand. Prodr. — Bot. Reg. tab. 1386.

Tiges nombreuses, hispidules. Rameaux ascendants. Feuilles subsessiles, lancéolées, scabres. Pédicelles interfoliaires, défléchis. Pétales 6 : 2, grands, obovales; les autres abortifs. Étamines 11.

Herbe vivace, haute de 1 à 2 pieds. Calice tubuleux, fortement gibbeux à la base, velu, rougeâtre, 6-denté. Pétales d'un pourpre noir.

Cette espèce est indigène au Mexique, dans les montagnes de la province de Méchoacan.

b) *Rameaux axillaires. Feuilles opposées. Fleurs alternes, ou en courtes grappes axillaires.*

CUPHÉA TRÈS-VISQUEUX. — *Cuphea viscosissima* Jacq. Hort. Vindob. tab. 177. — Aug. Saint-Hil. Flor. Brasil. Merid. v. 3, p. 110. — *Lythrum Cuphea* Linn. fil.

Plante annuelle, très-visqueuse. Tige dressée, hérissée. Feuilles pétiolées, ovales-lancéolées, ou rarement oblongues-lancéolées, ordinairement arrondies à la base, pubescentes aux bords. Fleurs courtement pédonculées, éparses, souvent en grappe au sommet des ramules et quelquefois aussi aux aisselles. Calice à bosse très-obtuse. Ovaire pauciovulé.

Tige haute de 1 à 2 pieds. Rameaux alternes, écartés. Feuilles longues de 5 à 9 lignes. Calice long d'environ 4 lignes, velu et glanduleux, violet.

Cette espèce, qu'on cultive quelquefois dans les jardins comme plante d'agrément, croît dans les États-Unis, ainsi que dans les provinces méridionales du Brésil.

c) *Rameaux axillaires. Feuilles opposées ou rarement verticillées. Grappes terminales, courtes, très-denses.*

CUPHÉA MELVILLE. — *Cuphea Melvillæ* Lindl. in Bot. Reg. tab. 852.

Feuilles lancéolées ou ovales-lancéolées, scabres, rétrécies aux 2 bouts. Grappes terminales, simples, multiflores. Calices arqués, bicolores, poilus. Pétales nuls.

Feuilles longues de 3 à 4 pouces. Calice scabre, long de

1 ¹/₂ pouce, écarlate, vert au sommet. Étamines un peu saillantes.

Cette belle plante, originaire de l'île d'Esséquébo, est cultivée dans les collections de serre chaude.

Cuphéa densiflore. — *Cuphea densiflora* Aug. Saint-Hil. l. c. p. 112.

Tige presque simple, hispide. Feuilles subsessiles, strigueuses, très-scabres : les inférieures orbiculaires ; les supérieures ovales, ou ovales-lancéolées. Grappe terminale, dense, courte, simple, ou composée.

Herbe vivace. Tiges ligneuses à la base, longues de 5 à 7 pouces. Feuilles longues d'environ 18 lignes. Entrenœuds plus longs que les feuilles. Calice subhorizontal, long d'environ 6 lignes. Pétales larges, très-obtus, de couleur pourpre.

Cette espèce a été trouvée par M. Aug. de Saint-Hilaire au Brésil, dans la province de Saint-Paul.

d) Rameaux axillaires. Feuilles la plupart verticillées.
Fleurs alternes, ou souvent opposées, ou verticillées.

Cuphéa Faux Hyssope. — *Cuphea hyssopoides* Aug. Saint-Hil. Flor. Brasil. Merid. v. 3, p. 114.

Tige ligneuse, simple, effilée, hérissée. Feuilles très-nombreuses, éparses et verticillées, sessiles, oblongues-lancéolées, étroites, très-pointues, uninervées, imbriquées, hispidules-pubescentes, scabres. Pédoncules interpétiolaires, alternes. Calice courtement éperonné. Pétales courts. Capsule oligosperme.

Arbuscule visqueux, haut de 15 à 20 pouces. Feuilles longues d'environ 12 lignes, sur 2 ¹/₂ lignes de large. Calice long d'environ 3 lignes, velu, glanduleux, violet. Pétales obovales, très-obtus.

Cette espèce croît au Brésil, dans la province des Mines.

Cuphéa Faux Lysimachia. — *Cuphea lysimachioides* Cham. et Schlecht. in Linnæa, v. 2, p. 376. — Aug. Saint-Hil. l. c. p. 115.

Tige suffrutescente, presque simple, pubescente. Feuilles verticillées, subsessiles, oblongues-lancéolées, subacuminées et pointues, poilues, scabres. Pédoncules interpétiolaires, opposés, ou verticillés. Éperon du calice allongé, courbé en-dedans. Pétales presque aussi longs que le calice. Ovaire pauciovulé.

Tiges longues de 7 à 17 pouces, grêles, ligneuses à la base. Feuilles ternées ou quaternées, longues de 10 à 18 lignes, larges de 2 ¹/₂ à 5 lignes. Calice long d'environ 5 lignes, horizontal, dilaté au sommet, couvert de poils blancs. Pétales lancéolés, glabres, carnés.

Cette espèce habite le Brésil méridional.

CUPHÉA A FEUILLES DE DIOSMA. — *Cuphea diosmifolia* Aug. Saint-Hil. Flor. Brasil. Merid. tab. 184.

Tige suffrutescente, rameuse. Feuilles petites, opposées et ternées, ou fasciculées, imbriquées, sessiles, ovales, ou oblongues, pointues, scabres. Pédoncules interfoliaires et axillaires, bractéolés à la base, rapprochés en grappe au sommet des ramules. Calice à bosse très-courte. Disque incomplet, subglobuleux. Ovaire triovulé.

Tige bifurquée, ou irrégulièrement rameuse au sommet. Feuilles longues d'environ 3 lignes, sur 1 ¹/₂ ligne de large. Calice horizontal, hispide. Pétales elliptiques, roses.

Cette espèce a été trouvée par M. Aug. de Saint-Hilaire au Brésil, dans la province des Mines.

CUPHÉA FAUSSE BRUYÈRE. — *Cuphea ericoides* Cham. et Schlecht. in Linnæa, vol. 2, p. 166. — Aug. Saint-Hil. l. c. p. 183. (var.)

Tige suffrutescente, très-rameuse. Feuilles linéaires, très-étroites, la plupart ternées, imbriquées. Fleurs solitaires, subterminales, très-rapprochées ou presque en grappe. Disque cordiforme, très-obtus, défléchi. Ovaire pauciovulé.

Sous-arbrisseau très-variable, ayant le port d'une Bruyère. Tiges dressées, nombreuses, longues de 2 pieds ou moins. Feuilles plus ou moins rapprochées, ou glabres, ou plus ou moins pubescentes ou hispides, longues de 1 à 7 lignes, larges de ¹/₂ à ³/₄ de ligne. Calice glanduleux et hispidule, d'un violet foncé, long de 4 à 8 lignes. Pétales violets ou pourpres, oblongs, ou cunéiformes-oblongs, obtus, glabres, presque aussi longs que le calice, ou moins longs.

Cette espèce croît dans les provinces méridionales du Brésil, tant en-deçà qu'au-delà du tropique. Les habitants de la province des Mines l'appellent *Hervita*, et ils lui attribuent des vertus vulnéraires très-efficaces.

Genre PEMPHIS. — *Pemphis* Forst.

Calice turbiné, à 12 lobes alternativement plus longs et plus courts. Pétales 6, obovales, alternes avec les grands lobes du calice. Étamines 12, alternativement plus longues et plus courtes, insérées vers le milieu du calice. Ovaire globuleux. Style court. Stigmate capitellé. Pyxide membranacé, 6-valve, 5-loculaire inférieurement, polysperme ; placentaire tridenté. Graines aptères.

L'espèce suivante constitue à elle seule ce genre :

PEMPHIS ACIDULE.—*Pemphis acidula* Forst. Gen. tab. 34.— *Lythrum Pemphis* Linn. — *Melanium fruticosum* Spreng. Syst. — Rumph. Amb. 3, tab. 84.

Arbrisseau. Feuilles opposées, glauques, rapprochées, subsessiles, pubescentes, ovales-lancéolées, très-entières. Pédoncules solitaires, axillaires, courts, penchés, uniflores, dibractéolés. Fleurs blanches. Pyxide globuleux.

Ce végétal abonde dans les archipels des Indes ainsi que dans ceux de la Polynésie, et à Madagascar. Ses feuilles, qui ont une saveur acidule, servent aux Malais en guise d'herbe potagère.

Genre HEIMIA. — *Heimia* Link et Otto.

Calice campanulé, dibractéolé à la base, à 6 dents dressées, alternes avec 6 appendices subulés, étalés, ou recourbés. Pétales 6, égaux. Étamines 12, presque égales. Ovaire sessile, 4-loculaire, globuleux. Style filiforme, saillant, géniculé. Stigmate capitellé. Capsule mince, globuleuse, 4-loculaire, polysperme, recouverte par le calice. Graines petites, cunéiformes, aptères.

Arbrisseaux glabres. Feuilles opposées, ou verticillées-ternées, ou alternes, très-entières, sessiles, presque coriaces. Fleurs axillaires, solitaires, courtement pédicellées, dressées. Corolle jaune.

Ce genre renferme les trois espèces suivantes :

HEIMIA A FEUILLES DE SAULE. — *Heimia salicifolia* Link et Otto. Ic. Rar. Hort. Berol. tab. 28. — *Nesœa salicifolia* Kunth, in Humb. et Bonpl. Nov. Gen. et Spec. v. 6, p. 192.

Rameaux effilés, presque simples. Feuilles opposées ou verticillées, lancéolées-oblongues, mucronées, glauques en dessous. Pétales obovales.

Arbrisseau haut de 4 à 5 pieds. Rameaux anguleux, grêles, très-longs, florifères à presque toutes les aisselles. Feuilles longues d'environ 1 pouce, sur 3 à 4 lignes de large. Bractéoles apprimées, lancéolées, de la longueur du calice. Fleurs larges d'environ 6 lignes. Calice vert. Pétales et filets d'un jaune orangé. Calice fructifère hémisphérique, large de 3 lignes.

Cette espèce croît dans la Nouvelle-Espagne, sur le volcan de Jorullo. Elle résiste ordinairement en plein air aux hivers des environs de Paris, et se recommande par l'élégance de son feuillage, ainsi que par la durée presque continuelle de sa floraison.

HEIMIA ANTISYPHILITIQUE. — *Heimia syphilitica* De Cand. Prodr.

Feuilles alternes, recouvrantes, linéaires-lancéolées, rétrécies aux 2 bouts. Pétales obovales-oblongs.

Cette espèce croît au Mexique, où on la nomme vulgairement *Hanchinotl.* Au dire des habitants de ces contrées, son suc, pris à forte dose, est diurétique, sudorifique et purgatif ; ce remède passe pour un excellent antisyphilitique.

HEIMIA A FEUILLES DE MYRTE. — *Heimia myrtifolia* Link et Otto.

Rameaux paniculés. Feuilles lancéolées ou lancéolées-linéaires, mucronées, opposées ou ternées, vertes ou glauques en dessous, très-rapprochées.

Le port de cette espèce est beaucoup plus touffu que celui du

Heimia à feuilles de Saule ; ses feuilles sont plus rétrécies aux 2 bouts; ses fleurs 2 fois plus petites. Elle est originaire du Mexique·, et se cultive dans les orangeries.

Genre DIPLUSODON. — *Diplusodon* Pohl.

Calice dibractéolé à la base, hémisphérique-subcampanulé, 12-nervé, à 6 lobes triangulaires, alternes avec 6 appendices extérieurs subulés. Pétales 6, égaux. Étamines 6, ou plus souvent 12, ou 18, ou 24, ou 30, ou 36, ou quelquefois, par avortement, 15 ou 16, unisériées, insérées au fond du calice. Filets filiformes. Anthères contournées après l'anthèse. Ovaire subglobuleux. Style filiforme, saillant. Stigmate capitellé. Capsule recouverte par le calice, globuleuse , bivalve, 1-loculaire : placentaires 2, libres, basilaires, opposés aux valves. Graines très-nombreuses, elliptiques, comprimées, marginées. Radicule allongée. Cotylédons suborbiculaires.

Arbuscules. Rameaux cylindriques où tétragones, opposés. Feuilles opposées ou rarement verticillées-ternées, très-entières. Fleurs sessiles ou pédicellées, axillaires, souvent rapprochées en grappe ou en épi. Corolle rose, ou d'un pourpre violet, ou blanche. .

Ce genre, qui appartient à l'Amérique méridionale, paraît être très-riche en espèces; on en connaît déjà trente-cinq, toutes remarquables par l'élégance de leurs fleurs. Nous allons en désigner les plus notables.

a) *Feuilles 3-nervées : nervures latérales marginales.*

DIPLUSODON PONCTUÉ. — *Diplusodon punctatus* Pohl, Plant. Brasil. Ic. tab. 72.

Très-glabre. Rameaux grêles, subtétragones. Feuilles sessiles, lancéolées, ponctuées, subcoriaces. Pédicelles plus courts que les feuilles, dibractéolés au sommet; bractéoles linéaires-lancéolées. Appendices des sinus calicinaux très-courts. Étamines 12-15. — Feuilles distantes, longues de 6 lignes, larges de 2 lignes. Pétales d'un pourpre violet.

Cette espèce croît au Brésil, dans la province de Goyaz.

b) *Feuilles penninervées ou penniveinées.*

DIPLUSODON EFFILÉ. — *Diplusodon virgatus* Pohl, l. c.
tab. 73.

Glabre. Ramules tétragones. Feuilles elliptiques-oblongues,
obtuses, rétrécies à la base, planes, penniveinées. Pédicelles
courts. Bractéoles ovales-oblongues, obtuses, aussi longues que
le tube du calice. Appendices calicinaux subulés, recourbés.
Étamines 12-15. — Tige très-rameuse. Feuilles longues de 8 à
9 lignes, larges de 3 à 4 lignes. Aisselles des feuilles barbellulées. Fleurs blanches.

Cette espèce croît au Brésil dans la province des Mines.

DIPLUSODON A PETITES FEUILLES. — *Diplusodon microphyl-
lus* Pohl, l. c. tab. 76.

Ramules tétragones, pubérules. Feuilles subsessiles, elliptiques, penninervées, glabres et luisantes en dessus, velues en
dessous. Fleurs subsessiles. Bractéoles oblongues, obtuses, ciliées, un peu plus courtes que le calice. Calice velu : appendices
linéaires-subulés, dressés, presque aussi longs que les lobes.
Étamines 12. — Fleurs violettes, rapprochées au sommet des
ramules.

Cette espèce habite les mêmes contrées que la précédente.

DIPLUSODON LANCÉOLÉ.—*Diplusodon lanceolatus* Pohl, l.c.
tab. 81.

Presque velouté. Ramules comprimés. Feuilles subsessiles,
oblongues, pointues, scabres aux bords et en dessus, cotonneuses
et penninervées en dessous. Fleurs sessiles. Bractéoles obovales-
oblongues, plus longues que le tube calicinal. Appendices calicinaux subulés, beaucoup plus longs que les lobes. Étamines 36.

Cette espèce croît au Brésil, dans les savanes de la province de
Goyaz.

DIPLUSODON VELOUTÉ. — *Diplusodon alutaceus* Pohl, l. c.
tab. 80.

Scabre et velouté. Ramules comprimés. Feuilles subsessiles,
subovales, ou oblongues, pointues, penninervées : les florales

petites. Fleurs sessiles. Bractéoles elliptiques-oblongues, plus longues que le calice. Appendices calicinaux subulés, dressés, plus longs que les lobes. — Feuilles longues de près de 2 pouces, larges de 10 à 12 lignes.

Cette espèce habite les mêmes contrées que la précédente.

DIPLUSODON SCABRE. — *Diplusodon scaber* Pohl, 1. c. tab. 79.

Ramules comprimés, scabres. Tige et rameaux cylindriques, glabres. Feuilles courtement pétiolées, oblongues, un peu pointues, glabres et ponctuées en dessus, scabres et penninervées en dessous : les florales beaucoup plus petites, presque ovales. Fleurs sessiles. Bractéoles obovales-oblongues, presque aussi longues que le calice. Appendices calicinaux subulés, dressés, plus longs que les lobes. Étamines 12. — Feuilles longues d'environ 18 lignes, larges de 5 à 6 lignes. Fleurs petites.

Cette espèce croît au Brésil, dans les savanes des montagnes de la province de Goyaz.

DIPLUSODON OVALE. — *Diplusodon ovatus* Pohl, 1. c. tab. 69.

Très-glabre. Ramules comprimés, plus tard cylindriques. Feuilles sessiles, ovales, pointues, coriaces, penninervées. Fleurs pédicellées. Bractéoles lancéolées, plus courtes que le tube calicinal. Appendices calicinaux subulés, étalés, aussi longs que les lobes. Étamines 15-18. — Feuilles longues de 2 pouces, larges de 15 à 16 lignes. Fleurs pourpres.

Cette espèce croît au Brésil, dans les savanes de la province des Mines.

DIPLUSODON OBLONG. — *Diplusodon oblongus* Pohl, 1. c. tab. 68.

Très-glabre. Ramules tétraèdres. Feuilles courtement pétiolées, oblongues, coriaces, subobtuses, penninervées. Fleurs sessiles, beaucoup plus courtes que la feuille. Bractéoles oblongues, 1-nervées, aussi longues que le tube. Étamines 12.

Cette espèce croît au Brésil, dans les savanes de la province de Goyaz.

DIPLUSODON TRÈS-RAMEUX. — *Diplusodon ramosissimus* Pohl, l. c. tab. 77.

Glabre, très-rameux. Ramules un peu comprimés. Feuilles coriaces : les inférieures pétiolées, elliptiques-oblongues, pointues, penninervées; les florales plus petites, subsessiles, lancéolées-oblongues, triplinervées. Fleurs subsessiles, 15-18-andres. Bractéoles oblongues, 2 fois plus courtes que le tube calicinal. Appendices calicinaux linéaires-subulés, presque dressés, plus courts que les lobes. — Feuilles longues de près de 3 pouces, larges d'environ 18 lignes. Fleurs roses.

Cette espèce habite les mêmes contrées que la précédente.

DIPLUSODON STRIGUEUX. — *Diplusodon strigosus* Pohl, l. c. tab. 71.

Hérissé de poils étalés. Ramules comprimés, puis cylindriques. Feuilles sessiles, ovales, ou elliptiques-oblongues, pointues, penninervées. Fleurs subsessiles. Bractéoles suborbiculaires, aussi grandes que le calice. Appendices calicinaux lancéolés, aussi longs que les lobes. Étamines 24-30. — Feuilles longues de 3 pouces et plus, larges de 2 à 2 $^{1}/_{2}$ pouces. Lobes calicinaux squamelleux. Pétales d'un pourpre violet.

Cette espèce croît dans les mêmes contrées que les deux précédentes.

DIPLUSODON VELU. — *Diplusodon villosus* Pohl, l. c. tab. 74.

Tige et rameaux hérissés de poils mous. Ramules tétragones. Feuilles sessiles, elliptiques-oblongues, subobtuses, scabres aux 2 faces, penninervées. Fleurs sessiles. Bractéoles elliptiques, 2 à 3 fois plus courtes que le calice. Calice velu : appendices subulés, courts, réfléchis. Étamines 15-18. — Feuilles longues de 9 lignes, larges de 4 lignes. Pétales d'un bleu tirant sur le rouge.

Cette espèce croît au Brésil, dans les montagnes de la province des Mines.

DIPLUSODON FAUSSE SALICAIRE.—*Diplusodon lythroides* De Cand. Prodr. — *Diplusodon villosissimus* Pohl, l. c. tab. 75.

Tige et rameaux hérissés de poils mous. Feuilles sessiles,

ovales, pointues, velues, penninervées. Fleurs subsessiles, subfasciculées aux aisselles. Bractéoles elliptiques-oblongues, pointues, plus courtes que le tube calicinal. Appendices calicinaux
subulés, dressés. Étamines 12 ou 15. — Feuilles opposées ou
verticillées-ternées. Fleurs roses, assez grandes.

Cette espèce croît au Brésil, dans la province des Mines.

DIPLUSODON DIVARIQUÉ. — *Diplusodon divaricatus* Pohl,
l. c. tab. 67.

Glauque, presque glabre. Rameaux cylindriques. Feuilles
coriaces, sessiles, penninervées, ovales, pointues, subcordiformes à la base. Fleurs subsessiles. Bractéoles ovales, minimes.
Appendices calicinaux tuberculiformes. Étamines 18.

Cette espèce croît au Brésil, dans les montagnes de la province
de Goyaz.

DIPLUSODON MARGINÉ. — *Diplusodon marginatus* Pohl, l.c.
tab. 66.

Très-glabre. Feuilles sessiles, ovales-orbiculaires, cordiformes
à la base, coriaces, penninervées, marginées de pourpre. Fleurs
pédicellées. Bractéoles ovales, plus courtes que le tube. Appendices calicinaux très-courts, étalés. Étamines 3o. — Feuilles
longues de près de 2 pouces, larges de 12 à 13 lignes. Fleurs
pourpres.

Cette espèce croît au Brésil.

DIPLUSODON IMBRIQUÉ. — *Diplusodon imbricatus* Pohl, l. c.
tab. 75.

Glabre. Feuilles sessiles, ovales, pointues, cordiformes à la
base, glauques, ponctuées, imbriquées, penninervées. Pédicelles
1-flores, de moitié plus courts que la feuille. Bractéoles ovales-
elliptiques. Tube calicinal globuleux : appendices et lobes réfléchis. Étamines 18. — Pétales pourpres.

Cette espèce habite les savanes du Brésil.

Genre PHYSOCALYMMA. — *Physocalymma* Pohl.

Calice dibractéolé à la base, campanulé, bouffi, 8-denté.
Pétales 8, ovales, ondulés et crépus aux bords. Étamines 24,
très-longues, égales, insérées à la base du calice plus bas que

l'ovaire. Ovaire globuleux. Style filiforme, décliné au sommet, plus long que les étamines. Stigmate hémisphérique, concave, oblique. (Péricarpe inconnu.)

L'espèce suivante constitue à elle seule ce genre :

PHYSOCALYMMA FLEURI. — *Physocalymma floridum* Pohl, Plant. Brasil. Ic. tab. 82 et 83.

Arbre très-rameux, haut de 40 pieds et plus, sur 1 pied de diamètre. Rameaux opposés, écartés, divariqués, subtétragones, feuillus. Feuilles opposées, non-persistantes, membranacées, fermes, courtement pétiolées, étalées, elliptiques, un peu pointues, scabres aux 2 faces, veineuses, d'un vert sombre en dessus, longues de 4 pouces, sur 2 pouces de large. Panicule terminale, lâche, subpyramidale, aphylle, longue de 1 pied et plus, composée de grappes très-lâches, bractéolées, opposées. Pédicelles allongés, opposés. Bractéoles suborbiculaires, mucronées, concaves, recouvrant le bouton avant l'anthèse. Pétales d'un pourpre violet.

Cet arbre, remarquable par sa magnifique inflorescence, croît au Brésil, dans les forêts de la province de Goyaz.

Genre LAWSONIA. — *Lawsonia* Linn.

Calice 4-fide, inappendiculé : tube turbiné ; segments étalés, valvaires en préfloraison, onguiculés, étalés. Étamines 8, insérées au fond du calice, alternes par paires avec les pétales. Filets filiformes, divergents, plus longs que les pétales. Anthères petites, didymes. Ovaire sessile, subglobuleux. Style filiforme, géniculé. Stigmate tronqué. Baie sèche, 4-loculaire, polysperme. Graines petites, cunéiformes.

Arbrisseaux. Feuilles opposées ou éparses, très-entières, coriaces. Fleurs petites, blanches, en panicule terminale, feuillées à la base.

L'espèce suivante est la seule qu'on puisse rapporter avec certitude à ce genre.

LAWSONIA HENNÉ. — *Lawsonia alba* Lamk. Dict. ; Ill. Gén. ab. 296, fig. 1. — Rumph. Amb. 4, tab. 7. — *Lawsonia inermis* et *Lawsonia spinosà* Linn. — *Alcanna spinósa* Gærtn. Fruct. tab. 110.

Petit arbre à tronc atteignant 1 pied et plus de diamètre, ou plus souvent buisson haut de 6 à 8 pieds, très-rameux, ayant le port du *Troëne*. Bois très-dur. Rameaux nombreux, divariqués. Ramules souvent spinescents. Écorce grisâtre, ridée. Feuilles longues de 4 à 10 lignes, larges de 2 à 6 lignes, subsessiles, glabres, obovales, ou lancéolées-obovales, ou oblongues-obovales, acuminées ou obtuses, mucronées, toujours pointues à la base. Panicules multiflores, longues de 2 à 6 pouces, décomposées : ramifications opposées ou alternes, anguleuses, divariquées, ou ascendantes; pédicelles tétragones, à peu près aussi longs que le calice, le plus souvent en cymules 3-flores, munis au-dessus de la base de 2 bractéoles minimes. Boutons obovales, mucronés, jaunâtres, longs de 1 ligne. Étamines 2 fois plus longues que les pétales. Style à peu près aussi long que les pétales. Baie globuleuse, brunâtre, de la grosseur d'un Pois, membraneuse. Graines brunâtres, longues de 1 ligne.

Le *Lawsonia* (*Henna* des Arabes) croît sur les côtes de l'Égypte, de l'Arabie, de la Perse, de l'Inde et du Senégal. On le cultive fréquemment dans les jardins en Barbarie, en Orient, en Perse, dans plusieurs parties de l'Inde, ainsi qu'aux Moluques. Ce végétal, connu des Hébreux sous le nom de *Hacopher,* et des Grecs sous celui de *Kypros,* servait de temps immémorial aux Orientaux pour teindre soit en rouge, soit en jaune orangé les ongles, les cheveux, la barbe, ou la peau de différentes parties du corps, selon la coutume ou l'empire de la mode. Toutes les femmes mahométanes de même que celles de beaucoup de contrées l'Inde, ont conservé jusqu'à nos jours l'usage de colorer ainsi les ongles et l'extrémité des doigts : pratique indispensable à leur toilette, et dont elles ne s'abstiennent qu'en signe de deuil.

On recueille les feuilles de Henné au commencement du printemps; on les fait sécher à l'air et on les réduit en poudre dans des moulins. Cette poudre est un article d'exportation considérable pour l'Égypte; Prosper Alpin assure que, de son temps, le commerce en rapportait à ce pays plus de quatre-vingt-mille ducats par an. Le Henné s'applique aux parties que l'on veut teindre, sous forme de pâte à laquelle on ajoute de la chaux vive et du jus de Citron, ou de l'alun. La couleur dont il empreint les substances animales est indélébile; on dit qu'il existe des momies dont les ongles l'offrent encore d'une manière très-visible. On attribue aussi aux feuilles de Henné, qui d'ailleurs sont fortement astringentes, des propriétés vulnéraires et rafraîchissantes.

Les fleurs du Henné répandent une odeur forte, semblable, selon Olivier, à celles des fleurs de Châtaignier ou d'Épine-Vinette; les Orientaux aiment à en parfumer les vêtements et les appartements; les Hébreux les répandaient dans les habits des nouveau-mariés. On en prépare en Égypte, par la distillation, une eau de toilette fort estimée.

Genre GINORIA — *Ginoria* Jacq.

Calice coloré : tube campanulé; limbe partagé en 6 lanières lancéolées, acuminées, étalées, alternes. Pétales 6, suborbiculaires, corniculés, longuement onguiculés, insérés au sommet du tube calicinal. Étamines 12, de la longueur du calice, insérées plus bas que les pétales. Anthères réniformes. Ovaire arrondi. Style subulé. Stigmate obtus. Capsule arrondie, quadrisulquée, uniloculaire, quadrivalve, polysperme.

L'espèce suivante constitue à elle seule ce genre :

GINORIA D'AMÉRIQUE. — *Ginoria americana* Jacq. Amer. tab. 91; Icon. pict. tab. 137.

Arbrisseau rameux, glabre, à tige haute de 3 à 4 pieds. Feuilles opposées, subsessiles, nombreuses, très-entières, lancéolées, pointues, longues de 1 pouce. Pédoncules axillaires et terminaux, uniflores, solitaires, étalés. Fleurs inodores, de près de 1 pouce de diamètre, d'un rouge bleuâtre. Étamines plus courtes que la corolle.

Cet arbrisseau charmant croît à Cuba, sur le bord des rivières; les habitants de cette île le connaissent sous le nom de *Rose du fleuve* (*Rosa del Rio*). Le calice des fleurs est rougeâtre; leur corolle bleue; la capsule très-luisante et d'un pourpre foncé, a l'aspect d'un fruit charnu : elle persiste longtemps après la dissémination des graines.

Genre GRISLÉA. — *Grislea* Lœffl.

Calice tubuleux, coloré, à 4-6 dents dressées ; sinus corniculés. Pétales 4-6, petits, oblongs, onguiculés, insérés à la gorge du calice. Étamines en nombre double des pétales, insérées à la base du calice, saillantes. Ovaire sessile, biloculaire. Style filiforme, saillant, épaissi au sommet. Stigmate tronqué. Capsule globuleuse, recouverte par le calice. Graines aptères.

Arbrisseaux. Feuilles opposées, très-entières, ponctuées de noir en dessous. Grappes axillaires, pauciflores, subsessiles. Fleurs écarlates.

Ce genre renferme quatre espèces, dont les suivantes méritent d'être décrites ici :

GRISLÉA COTONNEUX. — *Grislea tomentosa* Roxb. Corom. 1, tab. 31.

Ramules pubescents. Feuilles oblongues-lancéolées, pointues, cotonneuses en dessous. Grappes 7-15-flores. Pédicelles courts.

Tige et branches dressées. Rameaux ascendants. Écorce d'un brun fauve. Feuilles longues de 1 à 3 pouces, larges de 4 à 10 lignes, obcordiformes à la base, glauques en dessus, blanchâtres en dessous. Grappes beaucoup plus courtes que les feuilles. Calice long de 8 à 10 lignes, panaché de vert et de pourpre. Pétales écarlates.

Cette espèce croît dans le nord de l'Inde. Les fleurs dont il est couvert, et qui conservent leur belle couleur jusqu'à la maturité du fruit, lui donnent un aspect très-élégant.

GRISLÉA MULTIFLORE. — *Woodfordia floribunda* Salisb. Parad. tab. 42.

Ramules pubérules. Feuilles ovales-lancéolées ou oblongues-lancéolées, subobtuses, vertes aux 2 faces, un peu scabres en dessous, sessiles. Grappes subcorymbiformes. Pédicelles allongés.

Feuilles longues d'environ 2 pouces, sur 10 lignes de large, penniveinées, subcordiformes à la base. Grappes 7-15-flores, quelquefois rameuses. Calice long de 6 lignes, panaché de vert et d'écarlate. Pétales écarlates, à peine saillants. Filets presque 2 fois plus longs que le calice, écarlates.

Cette espèce, fort distincte de la précédente, avec laquelle elle a été confondue, croît en Chine, à Timor et à Java. On la possède dans les collections de serre-chaude.

Genre LAGERSTRÉMIA. — *Lagerstrœmia* Willd.

Calice dibractéolé à la base, 6-fide : tube plane ou plissé ; segments valvaires en préfloraison ; sinus inappendiculés. Pétales 6, suborbiculaires, onguiculés, insérés à la gorge du calice. Étamines 18-30, ou plus, insérées au-dessus de la base du calice. Ovaire subglobuleux. Style filiforme, tronqué au sommet. Capsule recouverte par le calice, cartilagineuse, 3-6-loculaire, 4-6-valve, polysperme. Graines munies d'une aile membraneuse.

Arbres ou arbrisseaux. Rameaux tétragones. Feuiles opposées, très-entières. Pédoncules axillaires, 1-ou pluri-flores, souvent rapprochés au sommet des ramules en panicule ou en grappe. Corolle pourpre ou blanche.

Ce genre renferme sept espèces, indigènes dans l'Asie équatoriale. Celles dont nous allons traiter se font remarquer par des fleurs d'une rare beauté.

SECTION I. SIBIA De Cand. (*Lagerstrœmia* Linn.)

Calice non-sillonné ni plissé. Les 6 étamines extérieures beaucoup plus longues que les autres.

LAGERSTRÉMIA DE CHINE. — *Lagerstrœmia indica* Linn. — Rumph. Amb. 7, tab. 28. — Bot. Mag. tab. 405. — Lamk. Ill. tab. 473, fig. 1.

Feuilles ovales-orbiculaires, pointues, glabres. Panicules multiflores, terminales. Pétales crépus, longuement onguiculés.

Arbrisseau haut d'environ 6 pieds, ayant le port du *Grenadier*. Rameaux bruns ou rougeâtres, un peu anguleux. Feuilles longues de 1 pouce. Fleurs roses. Capsule petite, ovale-globuleuse.

Cette espèce, qu'on cultive dans les serres chaudes, habite la Chine et le Japon ; dans ces contrées on la plante fréquemment dans les jardins et autour des habitations, à cause de l'élégance de ses fleurs.

Section II. MUNCHHAUSIA Linn.

Calice non-plissé ni sillonné. Étamines toutes de même longueur.

LAGERSTRÉMIA ÉLÉGANT. — *Lagerstrœmia speciosa* Pers. Ench. — *Munchhausia speciosa* Linn. — *Lagerstrœmia Munchhausia* Willd.

Feuilles elliptiques-oblongues, acuminées, glabres. Panicules terminales. Pétales planes : onglets plus courts que la lame.

Arbrisseau haut d'environ 7 pieds. Rameaux presque cylindriques. Feuilles courtement pétiolées, grandes : les supérieures alternes. Calice turbiné, cotonneux. Pétales d'un pourpre bleuâtre, longs de 9 lignes.

Cette espèce croît en Chine.

LAGERSTRÉMIA GRANDIFLORE. — *Lagerstrœmia grandiflora* Roxb. Cat. — De Cand Prodr.

Feuilles ovales, glabres aux 2 faces, courtement acuminées, cordiformes à la base. Panicules subcorymbiformes, terminales. Pétales ovales-oblongs, courtement onguiculés. — Calice grand, profondément 5-fide. Pétales longs de 1 pouce.

Cette espèce croît dans l'Inde.

Section III. ADAMBEA Lamk.

Calice longitudinalement sillonné et plissé. Étamines de longueur presque égale.

LAGERSTRÉMIA ROYAL. — *Lagerstrœmia Reginæ* Roxb. Corom. 1, tab. 65. — Hort. Malab. 4, tab. 20 et 21. — *Adambea glabra* Lamk. Dict.

Feuilles oblongues ou elliptiques-oblongues, acuminées aux 2 bouts, glabres. Panicules terminales, simples. Calices cotonneux. Pétales orbiculaires, ondulés, courtement onguiculés.

Arbre de moyenne taille. Branches horizontales. Écorce lisse, d'un brun roux. Ramules anguleux, presque ailés. Feuilles courtement pétiolées, longues de 4 à 5 pouces, sur 2 pouces de large. Panicules roides, pyramidales, longues de ½ pied. Pédoncules courts, 3-flores. Fleurs larges de 2 à 3 pouces, d'un rose pâle le matin lors de l'épanouissement, puis d'un pourpre vif.

Cette espèce, une des plus magnifiques du genre, habite les montagnes de la côte de Coromandel.

Genre LAFONSIA. — *Lafœnsia* Vandell

Calice dibractéolé à la base, campanulé, plissé, 5- ou 6-denté; sinus prolongés en languettes membraneuses, réflé-chies en dehors. Pétales 10 ou 12, égaux, onguiculés. Éta-mines en nombre double des pétales, insérées au-dessus de la base du calice. Filets grèles, saillants, tortueux. Ovaire biloculaire. Style filiforme, tronqué au sommet. Baie sphé-rique, cortiquée, polysperme : placentaire globuleux. Grai-nes comprimées.

Arbres inermes. Feuilles opposées, pétiolées, très-entiè-res, glabres. Pédoncules axillaires, solitaires, uniflores. Fleurs blanches, très-grandes. Bractéoles caduques.

De même que les Lagerstrémia, les *Lafonsia* se parent d'une inflorescence magnifique. Le genre renferme quatre espèces, dont voici la plus notable :

LAFONSIA SUPERBE.—*Lafœnsia speciosa* De Cand. Prodr. 3, p. 94. — *Calyplectus speciosus* Kunth, in Humb. et Bonpl. Nov. Gen. et Spec. v. 6, tab. 548, A et B.

Grand arbre. Écorce lisse. Bois très-dur, jaunâtre. Feuilles longues de 2 à 4 pouces, larges de 12 à 20 lignes, luisantes, courtement pétiolées, oblongues, courtement acuminées. Pédon-cules dressés, presque aussi longs que les feuilles. Fleurs nom-breuses, larges de 3 à 4 pouces. Languettes calicinales ovales, cuspidées. Pétales oblongs, obtus, ondulés, veineux, étalés. Filets longs de 2 $^1/_2$ pouces. Baie lisse, sphérique.

MM. de Humboldt et Bonpland ont découvert cet arbre dans la Nouvelle-Grenade, où il croît en vastes forêts, dans les Andes, entre 1000 et 1200 toises d'élevation. Son bois sert aux habitants pour la construction des édifices. Ses fleurs donnent une infusion de couleur jaune.

SOIXANTE-SIXIÈME FAMILLE.

LES HALORAGÉES. — *HALORAGEÆ*.

(*Halorageœ* R. Brown, Gen. Rem. in Flind. Voy. II , p. 549. — Bartl. Ord. Nat. p. 314. — De Cand. Prodr. III, p. 65.)

Les *Haloragées* se composent en général d'herbes aquatiques , la plupart d'un intérêt purement scientifique. On en connaît environ cinquante espèces : elles sont réparties entre toutes les contrées du globe.

CARACTÈRES DE LA FAMILLE.

Herbes aquatiques, ou rarement *sous-arbrisseaux*.

Feuilles opposées, ou verticillées, ou éparses, simples, entières ou dentées : les submergées quelquefois pennatiparties, pectinées. Stipules nulles.

Fleurs régulières, le plus souvent incomplètes ou unisexuelles, inapparentes, axillaires, ou en épi, ou en verticille.

Calice adhérent : limbe 4-parti (rarement 3-parti) ou quelquefois inapparent; éstivation valvaire.

Pétales (souvent nuls) insérés entre les lobes du calice, fugaces.

Étamines insérées à la gorge du calice , en même nombre que les pétales et alternes avec eux, ou en nombre moindre, ou en nombre double des pétales, libres. Anthères dressées , à 2 bourses parallèles (quelquefois à une seule bourse réniforme) , contiguës , longitudinalement déhiscentes : connectif nul.

Pistil : Ovaire 4-loculaire (rarement 3-ou 2-loculaire, ou par avortement 1-loculaire), adhérent; loges uniovulées, alternes avec les lobes du calice. Ovules suspendus au sommet des loges. Stigmates en même nombre que les loges, sessiles ou rarement supportés par un seul style.

Péricarpe carcérulaire, 2-4-loculaire, 2-4-sperme, ou par avortement 1-loculaire et monosperme.

Graines inarillées. Périsperme mince ou nul. Embryon axile, rectiligne : radicule supère, allongée, cylindrique, appointante ; cotylédons courts, entiers (par exception inégaux).

Les genres des *Haloragées* sont classés comme suit :

Iʳᵉ TRIBU. **LES HIPPURIDÉES.** — *HIPPURIDEÆ* Link.

Limbe calicinal entier, presque inapparent. Pétales nuls. Une seule étamine. Péricarpe 1 - loculaire, monosperme.

Hippuris Linn. (Limnopeuce Vaill.)

IIᵉ TRIBU. **LES CALLITRICHÉES.** — *CALLITRICHEÆ* Link.

Limbe calicinal entier, inapparent. Pétales nuls. Une ou deux étamines. Anthères à une seule bourse réniforme. Styles 2. Péricarpe 1-loculaire.
Callitriche Linn.

IIIᵉ TRIBU. **LES HYGROBIÉES.** — *HYGROBIEÆ* Rich.

(*Cercodianæ* Juss. — *Hydrocaryes* Link.)

Limbe calicinal 4-parti (rarement 3-parti). Pétales 4, ou rarement nuls. Etamines 3, ou 4, ou 8.

Trapa Linn. — *Myriophyllum* Linn. (Ptilophyllum Nutt. Purshia Rafin.) — *Mejonectes* R. Br. — *Proserpinaca* Linn. (Trixis Michx) — *Cercodia* Murr. — *Haloragis* Forst (Goniocarpus Thunb. Gonatocarpus Willd.) — *Serpicula* Linn. (Laurembergia Berg.)

Genre MACRE. — *Trapa* Linn.

Limbe calicinal 4-parti, persistant, accrescent. Pétales 4, obovales. Étamines 4. Filets filiformes. Anthères ovales.

Disque épigyne, annulaire, crénelé. Ovaire biloculaire. Style filiforme. Stigmate capitellé. Noix osseuse, par avortement 1-loculaire et monosperme, armée de 2 ou de 4 cornes spinescentes provenant des dents calicinales. Graine grosse, apérispermée. Cotylédons inégaux : l'un très-grand, stationnaire en germination; l'autre minime, saillant hors la noix en germination.

Herbes aquatiques, flottantes, annuelles, multicaules. Tiges grêles, radicantes à la base. Feuilles hétéromorphes : les submergées opposées, pectinées, pennatiparties; les flottantes roselées, longuement pétiolées : pétiole semi-cylindrique, d'abord non-dilaté, puis (lors de la floraison et plus tard) renflé au milieu en ampoule creuse. Fleurs petites, axillaires, solitaires, blanchâtres, courtement pédicellées : pédicelles fructifères très-allongés.

Les *Macres* croissent dans les eaux lentes ou dormantes. Leurs graines se composent de fécule presque pure et d'un goût assez agréable : aussi les fruits de ces végétaux servent-ils d'aliment à l'homme, là où ils abondent. Le genre renferme les cinq espèces suivantes :

MACRE COMMUNE. — *Trapa natans* Linn. — Camer. Epit. tab. 715.— Schk. Handb. tab. 25.—Mirb. in Annàl. du Mus. v. 16, p. 447, tab. 19. — De Cand. Organogr. tab. 55. — Sturm, Deutschl. Flor. fasc.30. — Lamk. Ill. tab. 75. —Turp. in Dict. des Scienc. Nat. Ic.

. Feuilles flottantes subcoriaces, rhomboïdales, dentelées supérieurement, pointues, luisantes en dessus, laineuses en dessous aux nervures. Pédoncules et sommet des pétioles cotonneux. Noix noirâtre, à 4 cornes subulées, opposées-croisées : les 2 supérieures étalées ; les 2 inférieures ascendantes.

Tiges grêles, noueuses, cylindriques, simples, ascendantes, plus ou moins allongées selon la profondeur des eaux : entrenœuds très-écartés. Feuilles submergées longues de 1 à 3 pouces : segments capillaires. Feuilles flottantes formant une rosette de 6 à 12 pouces de diamètre : les inférieures longuement pétiolées; les pétioles des supérieures graduellement plus courts; lame nerveuse, réticulée, large de 12 à 18 lignes, un peu moins longue, le plus souvent rougeâtre en dessous; ampoule fusiforme. Segments calicinaux lancéolés, pointus, glabres. Pétales plus longs que les segments du calice, obtus. Étamines petites. Noix de la grosseur d'une petite Châtaigne, d'un noir tirant sur le gris. Embryon blanc.

Cette espèce croît dans les étangs en France, en Allemagne, en Hongrie, et dans la Russie méridionale. Ses fruits, cuits ou rôtis, ont un goût de Châtaigne : d'où leur vient le nom vulgaire de *Châtaignes d'eau.* Dans quelques contrées de la Russie, les pauvres en font une sorte de pain.

MACRE A QUATRE ÉPINES. — *Trapa quadrispinosa* Roxb, Flor. Ind.

Noix à 4 cornes opposées-croisées, roides, pointues.

Cette espèce croît au Silhet.

MACRE BICORNE. — *Trapa bicornis* Linn. fil. — Gærtn. Fruct. 2, tab. 89. — *Trapa chinensis* Lour. Flor. Cochinch.

Feuilles entières ou dentées, rhomboïdales. Noix (d'un brun roux) à 2 cornes opposées, épaisses, obtuses, recourbées au sommet.

Cette espèce est indigène dans le midi de la Chine et en Cochinchine. Loureiro remarque qu'on la cultive avec soin aux environs de Canton, comme plante alimentaire.

MACRE DE COCHINCHINE. — *Trapa cochinchinensis* Lour. Flor. Cochinch.

Feuilles oblongues-rhomboïdales, incisées au sommet, cotonneuses en dessous. Noix turbinées, sillonnées, à 2 cornes opposées, épaisses, obtuses, recourbées.

Tige longue, cylindrique, rameuse. Feuilles d'un brun roux. Noix noirâtre.

Cette espèce habite les marais de la Cochinchine ; ses fruits servent aux usages alimentaires.

MACRE A DEUX ÉPINES. — *Trapa bispinosa* Roxb. Corom. 3, tab. 234.

Feuilles rhomboïdales, dentelées, cotonneuses en dessous. Pétioles fortement bouffis. Noix à 2 cornes opposées, roides, piquantes, barbellulées.

Cette espèce abonde dans l'Inde, où ses fruits, de la grosseur d'une Châtaigne, se vendent aux marchés, comme denrée alimentaire.

Genre MYRIOPHYLLE. — *Myriophyllum* Linn.

Fleurs monoïques ou rarement hermaphrodites. — *Fleurs mâles* : Calice 4-parti. Pétales 4, fugaces (quelquefois nuls). Étamines 4, ou 6, ou 8. — *Fleurs femelles* : Limbe calicinal 4-parti, caduc. Corolle nulle. Ovaire 4-loculaire. Stigmates 4, barbus, sessiles. Carcérule 4-lobé. Périsperme mince. Embryon cylindrique : radicule allongée.

Herbes vivaces, submergées excepté les sommités florifères. Feuilles opposées, ou verticillées, ou rarement alternes, pennatiparties. Fleurs petites, en épis verticillés : verticilles supérieurs mâles ; verticilles inférieurs femelles.

Les *Myriophylles* habitent les eaux stagnantes ou dormantes, en Europe et dans l'Amérique septentrionale. Ces végétaux sont très-utiles comme engrais, si l'on peut se les procurer en quantité. On connaît dix-huit espèces du genre ; nous allons en désigner deux des plus communes en France et dans presque toute l'Europe,

MYRIOPHILLE A ÉPIS NUS. — *Myriophyllum spicatum* Linn. — Flor. Dan. tab. 681. — Engl. Bot. tab. 83. — Schk. Handb. tab. 296.

Feuilles verticillées, pectinées-multifides : segments capillaires. Verticilles femelles feuillés, distants ; verticilles mâles rapprochés, bractéolés. Bractéoles plus courtes que les fleurs : les inférieures dentelées ; les supérieures très-entières.

MYRIOPHYLLE VERTICILLÉ. — *Myriophyllum verticillatum* Linn. — Engl. Bot. tab. 218. — Turp. in Dict. des Scienc. Nat. Ic. — Reichenb. Plant. Crit. X, Ic.

Feuilles verticillées, pectinées-multifides : lobes capillaires. Verticilles tous écartés, feuillés : feuilles florales à lobes linéaires. Stigmates oncinés.

FIN DU TOME QUATRIÈME DES PHANÉROGAMES.

COLLABORATEURS.

MM.

AUDINET-SERVILLE, *ex-président de la Société Entomologique, Membre de plusieurs Sociétés savantes, nationales et étrangères.* (ORTHOPTÈRES, NÉVROPTÈRES ET HÉMIPTÈRES).

AUDOUIN, *Professeur-Administrateur du Muséum, Membre de plusieurs Sociétés savantes nationales et étrangères.* (ANNÉLIDES).

BIBRON, *Aide-Naturaliste au Muséum, collaborateur de M. Duméril pour les Reptiles.*

BOISDUVAL, *Membre de plusieurs Sociétés savantes, nationales et étrangères, auteur de l'Entomologie de l'Astrolabe, de l'Icones des Lépidoptères d'Europe; de la Faune de Madagascar, etc. etc.* (LÉPIDOPTÈRES).

DE BLAINVILLE, *Membre de l'Institut, Professeur-Administrateur du Muséum d'Histoire Naturelle, Professeur à la Faculté des Sciences, etc.* (MOLLUSQUES).

DE BRÉBISSON, *Membre de plusieurs Sociétés savantes, auteur des Mousses et de la Flore de Normandie* (PLANTES CRYPTOGAMES).

A. DE CANDOLLE, *de Genève,* (BOTANIQUE).

CUVIER (Fr.), *Membre de l'Institut,* (CÉTACÉS).

DEJEAN (le comte) *Lieut.-général, Pair de France.* (COLÉOPTÈRES).

DESMAREST, *Membre correspondant de l'Institut, Professeur de Zoologie à l'École vétérinaire d'Alfort.* (POISSONS).

DUMÉRIL, *Membre de l'Institut, Professeur-Administrateur du Muséum d'Histoire Naturelle, Professeur à l'École de Médecine, etc. etc.* (REPTILES).

LACORDAIRE, *Naturaliste-voyageur, Membre de la Société Entomologique, etc.* (INTRODUCTION À L'ENTOMOLOGIE.)

SANDER-RANG, *Officier au corps Royal de la Marine* (ZOOPHYTES ET VERS) *avec M. Lesson.*

LESSON, *Membre correspondant de l'Institut, Professeur à Rochefort, etc.* (ZOOPHYTES ET VERS).

MACQUART, *Directeur du Muséum de Lille, auteur des Diptères du Nord de la France, etc. etc.* (DIPTÈRES).

MILNE-EDWARS, *Professeur d'Histoire Naturelle, Membre de diverses Sociétés savantes, etc. etc.* (CRUSTACÉS).

LE PELETIER DE SAINT FARGEAU, *Président de la Société Entomologique, auteur de la Monographie des Tenthrédines, etc. etc.* (HYMÉNOPTÈRES).

SPACH, *Aide-Naturaliste au Muséum,* (PLANTES PHANÉROGAMES).

WALCKENAER, *Membre de l'Institut: travaux sur les Arachnides, etc. etc.* (ARACHNIDES, ET INSECTES APTÈRES).

CONDITIONS DE LA SOUSCRIPTION.

Les Suites à Buffon *formeront 45 volumes in-8° environ, imprimés avec le plus grand soin et sur beau papier; ce nombre paraît suffisant pour donner à cet ensemble toute l'étendue convenable. Chaque auteur s'occupant depuis long-temps de la partie qui lui est confiée, l'éditeur sera à même de publier en peu de temps la totalité des traités dont se composera cette utile collection.*

A partir de janvier 1834, il paraîtra au moins tous les mois un volume in-8°, accompagné de livraisons d'environ 10 planches noires ou coloriées.

Prix du texte, chaque volume (1), . .	5 f 50 c
Prix de chaque livraison { noire . .	3.
{ coloriée . .	6

N.^a Les personnes qui souscriront pour des parties séparées paieront chaque volume 6 fr. 50.

Un petit nombre d'exemplaires seront imprimés sur grand papier vélin, dont le prix sera double.

ON SOUSCRIT, SANS RIEN PAYER D'AVANCE,

A LA LIBRAIRIE ENCYCLOPÉDIQUE DE RORET,

RUE HAUTEFEUILLE, N° 10 BIS, A PARIS,

AU COIN DE CELLE DU BATTOIR.

(1) *L'Éditeur ayant à payer pour cette collection des honoraires aux auteurs, le prix des volumes ne peut être comparé à celui des réimpressions d'ouvrages appartenant au domaine public et exempts de droits d'auteur, tels que Buffon, Voltaire, etc. etc.*

9 782013 654470